SQL Server

與R開發實戰講堂

幫助您從資料庫躍升到大數據預測分析的領域

不論資訊科技的演進如何顛覆 IT 傳統的思維,從大型主機,雲端運算,社交網路,行動化到現在最熱的大數據等應用,「資料」始終都是企業運營最重要的要素。而企業面對來自不同管道以及各式結構與非結構式的爆炸資料量,如何善用有效的工具分析這些龐大的資料並轉換對企業決策有幫助的 Business Insight,是目前企業在做數位轉型重要的課題之一。

R 語言已然耀升為資料分析的重要工具,可說是現代資料科學家必備技能之一,數據分析的目的不只是從現有的數據看出歷史的軌跡,而更應該是可以預測未來可能會發生的現象,而做出相對應的決策,幫助企業做到先知先覺而決勝千里。

現在企業已開始重視 R 語言來做各式的數據模型與預測分析,楊志強老師以他多年在資料庫領域的實務經驗與超強功力,為讀者細細闡釋如何透過 R 來進行各式分析,書中除了如何安裝 R 語言,並利用微軟的股價來做案例分享,以及如何整合 Power BI 呈現更清楚的數據報表與圖形。搭配圖表讓讀者一目瞭然,相信讀者透過這本書可以迅速了解 R 的應用並進而提升自己的功力。

楊志強老師是少數熟悉各種異質平台資料庫的專家,在資料庫的領域有口皆碑,現在更是跳脫資料庫的範疇,往上提升到利用大數據的語言進入預測分析的領域,我非常開心可以有 R 語言應用的書籍,這本書會是我最想推薦給您的選擇。相信這本書絕對可以帶給讀者更多的收穫,幫助您從資料庫的領域躍升到大數據預測分析的領域!

邱敏珍

台灣微軟資深產品行銷協理

推薦序 II

透過本書開發出實際的企業級應用程式

連續榮獲 13 年 Data Platform Microsoft MVP 榮銜的楊志強老師，致力於微軟技術的推廣已超過十多年，平常更熱心於 SQL PASS 社群中分享所學。本書詳細介紹實務上的資料庫與大數據整合的概念，讓讀者更容易解讀，讓讀者可以在最快時間內，學習到機器學習模型建立等等功能服務，同時透過這本書來實際開發出適合企業級的應用程式。

張嘉容 *Reneata Chang*

微軟雲端開發體驗暨平台推廣事業部技術社群行銷經理

➤ **什麼是微軟最有價值專家 Microsoft® Most Valuable Professional ？**

微軟最有價值專家（MVP）是積極幫助他人的傑出社群領導者，他們主動在技術社群內分享對於技術的熱忱、實用的專業知識與技術專長。目前全球獲頒微軟最有價值專家（Microsoft Most Valuable Professional）有三千多名，分別來自於全球九十多個國家，其中位居亞洲的台灣，目前將近 100 位的 MVP 獲此殊榮。更多訊息，請參考以下網址：
https://mvp.microsoft.com/zh-tw/

自序

筆者從事資料庫工作，征戰經驗超過二十年，從 SQL Server 6.0 到最新的 SQL Server 2017，都持續研究與實作，過程累積許多案例的解決經驗，這些經驗背後都有段精彩的故事，與其對應的解決技巧。本書籍就是將實戰案例的解決經驗，藉由淺顯易懂的描述方式，搭配不同 SQL Server 資料庫版本，提出對應範例程式，讓筆者多年實戰經驗，藉此書傳承給更多資料庫使用者。

SQL Server 資料庫軟體發展日新月異，許多過去難以辦到或是根本辦不到的功能，在新版本的 SQL Server 中都逐一被實現。例如 SQL Server 結合 R 語言平台、.NET 前端程式與 Azure 雲端科技等等諸多功能，將複雜的事情變成簡單。本書籍的實戰案例，就是根據上述三大方向進行收集與撰寫，讓讀者了解 SQL Server 在使用方面，不僅僅是個傳統資料庫軟體，更是企業發展雲端技術與大數據分析的好幫手。

為了提升讀者學習資料庫效率，作者將所有資料庫實戰案例，區分成以下三本書。

- ◆ 資料庫開發與 T-SQL 問題集：(SQL Server 與 R 開發實戰講堂)
- ◆ 資料庫管理與 Azure 問題集：(SQL Server 與 Azure 管理實戰講堂)
- ◆ 高可用度與異質平台問題集：(SQL Server 與 Linux 高可用度實戰講堂)

本書著重的範圍是資料庫開發與 T-SQL 問題集，搜羅的案例就是開發 SQL Server 資料庫程式時，經常會碰到的問題與對應解決技巧。

此外，本書結合時下最有效率的學習管道 (網路社群論壇)，讀者可以藉由以下提供的專屬網址，熟悉 SQL Server 資料庫開發功能與實際企業案例的活用技巧，解決開發資料庫應用程式所碰到問題。歡迎各位讀者，加入本書籍所提供的專屬社群，獲得最佳的學習資訊。

https://www.facebook.com/groups/sqlclassroom

積沙成塔，得以累積經驗，感謝恩師 **李樹謹（Tree Lee）**的啟蒙與提攜，讓筆者造福更多人。

楊志強

台灣微軟 MVP

如何使用本書，快速提升學習效率

本書內容結合「網路社群論壇」與「實際企業案例」解決技巧，囊括有 66 個精彩個案，讓讀者可以在最短時間內，快速上手範例程式，並且開發出企業級的應用軟體系統。

有關三種學習主題的軟體安裝與下載，可以參考以下的方式：

- ◆ 16 個 SQL Server R 語言實作大數據活用案例：
  - 下載最新的版本安裝 SQL ServerR 語言：

    https://www.microsoft.com/en-us/sql-server/sql-server-downloads

  - 下載 RStudio 軟體

    https://www.rstudio.com/products/rstudio/download/

- ◆ 44 個經典 SQL Server T-SQL 超級案例與效能解決技巧：
  - Visual Studio Community 下載網址：

    https://www.visualstudio.com/vs/community/

- ◆ 8 大 SQL Server 程式開發新功能：
  - 下載最新的 SQL Server2016 / 2017 都可以實作此功能

    https://www.microsoft.com/en-us/sql-server/sql-server-downloads

  - 申請雲端帳號

    https://azure.microsoft.com/en-us/free/

- ◆ 本書籍 SQL Server 與 R 開發實戰講堂，所有範例程式碼的下載路徑如下：

  https://goo.gl/gtdA9S

本書內容都已完成數次校閱，若有遺漏或疏失，懇請來信告知，以期讓書籍更加完美。

電子郵件信箱：sqlgreatmatser@gmail.com

Part 1 資料庫與大數據整合

Part 2 資料庫開發技術聖殿

Part 3 SQL Server 2016 新功能介紹

Part 1

資料庫與大數據整合

00 SQL Server R 服務系列之導讀說明

從大數據與深度學習的角度來看，R 與 Python 是種非常適合分析數據的電腦語言，微軟自 SQL Server 2016 開始，將 R 語言列入資料庫中的標準服務後，新版 SQL Server 2017 更加入 Python 為標準機器學習語言，從以下的安裝畫面就可以看到 Database Engine Services 中包含 Machine Learning Services(In-Database) 的 [R] 與 [Python] 的選項，合併在資料庫安裝過程之中。另外微軟也允許使用者，下載與安裝獨立的版本自行安裝。

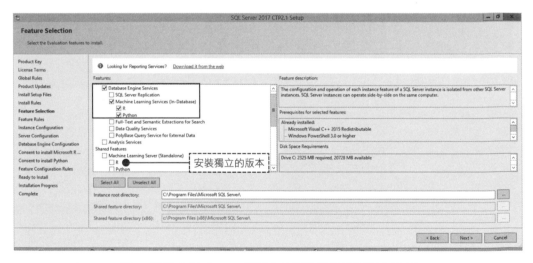

圖 1 安裝 SQL Server 過程中檢視的機器學習語言選項

R 語言之所以被許多資料科學家使用，主要原因就是內建豐富的統計與數據分析圖形功能，加上也是一種開源軟體，支援自行開發與社群分享的套件 (Packages)，可以讓 R 語言的功能，擴增到許多面向。例如預測消費者行為、股市分析與機器學習模型建立等等，都可以藉由 R 語言輕鬆達成。

微軟截止到目前為止，可以從 Microsoft R Open 中安裝到最新的 3.4.0 的版本，若是安裝最新的 SQL Server 2017 CTP2.1 版本，還僅支援的 R 語言是 3.3.3，尚未更新到 3.4.0。有關 Microsoft 到底支援多少種 R 服務？答案到目前為止有以下的四種，微軟的 R 基本上是建置在 Open Source R 之上，提供多功能服務包含有。

1. Microsoft R Server

   伺服器版本的 R 服務，整合 RevoScaleR 功能，路徑為 C:\Program Files\Microsoft\R Server\R_SERVER\bin>R

2. Microsoft R Client

   可以由 SQL Server 安裝過程選擇 Standalone R，包含 RevoScaleR 功能，路徑為 C:\Program Files\Microsoft SQL Server\140\R_SERVER\bin>R

3. Microsoft R Open

   功能等同 CRAN 的 Revolution R Open (RRO)，可以從下列 URL 下載，https://mran.microsoft.com/，但是沒有包含 RevoScaleR 功能，路徑為 C:\Program Files\Microsoft\MRO-3.3.2\bin>R

4. R services (In Database)

   這就是特殊版本的 R 服務，可以整合到 SQL Server 引擎主體，藉由 SQL Server Launchpad 的介面，使用 T-SQL 與 SQL Server R，進行資料分析，它也包含 RevoScaleR 功能，C:\Program Files\Microsoft SQL Server\MSSQL14.MSSQLSERVER\R_SERVICES\bin>R

上述四種的 Microsoft R 語言，其中除了 Microsoft R Open 不支援 RevoScaleR 套件之外，其他都全數支援。有關 RevoScaleR 套件，就是微軟針對 R 語言所設計的專屬套件，可以加速與提供更高效能的分析套件。

此外在實作 SQL Server R 的之前，建議要先檢查所安裝 R 服務的版本，以下的方式可以知道安裝的 SQL Server R 的版本訊息，過程中建議下載 https://www.rstudio.com/products/rstudio/download/，並且將 R 服務的選項指向安裝的 R services (In Database) 如下圖。

```
----------------------------------------------
-- 以下是使用 RStudio 檢查 SQL Server 的安裝 R 語言版本
----------------------------------------------
# 以下是使用 RStudio 檢查 SQL Server 的安裝 R 語言版本
print(sessionInfo())
```

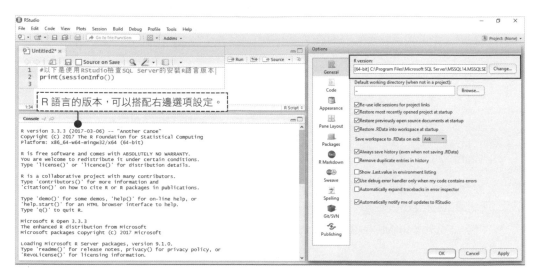

圖 2　使用 RStudio 檢查 SQL Server 的安裝 R 語言版本

```
----------------------------------------------------------------------------
-- 以下是使用 T-SQL 檢查 SQL Server 的安裝 R 語言版本
-- 注意要先啟用 SQL Server 外部服務並且重新啟動 SQL Server
--exec sp_configure 'external scripts enabled' ,1
--reconfigure
----------------------------------------------------------------------------
EXEC sp_execute_external_script
      @language =N'R',
      @script=N'print(sessionInfo())';
GO
-- 結果
STDOUT message(s) from external script:
R version 3.3.3 (2017-03-06)
Platform: x86_64-w64-mingw32/x64 (64-bit)
Running under: Windows Server x64 (build 14393)
```

```
locale:
[1] LC_COLLATE=English_United States.1252
[2] LC_CTYPE=English_United States.1252
[3] LC_MONETARY=English_United States.1252
[4] LC_NUMERIC=C
[5] LC_TIME=English_United States.1252
```

圖 3　啟動 SQL Server 整合外部服務，注意要重新啟動 SQL Server

大數據 R 語言整合 SQL Server 就從本章節開始，藉由實戰案例搭配 R 語言，來看
SQL Server 怎樣活用這些的外部語言資源，這些案例包含有從各種 Microsoft R 語言
版本的比較、安裝 SQL Server R 語言、啟動與撰寫 T-SQL 語言整合 R 進行數據抓取
與分析。

Lesson

01 安裝 SQL Server R 服務

針對許多 SQL Server 用戶來說，整合 R 語言已經不用再像以往一樣，僅可以透過 RStudio 搭配 ODBC 去連接 SQL Server，進行資料抓取，然後再進行分析。現在有更棒的選擇，就是從 SQL Server 2016 開始，就可以從光碟安裝整合 SQL Server 引擎的 In-Database R 語言伺服器，然後在 SQL Server 環境中整合 R 語言分析數據。

▶ 案例說明

若是要安裝 R 語言，直接整合在 SQL Server 的引擎，請選擇安裝 SQL Server 2016/2017 安裝檔案的 [New SQL Server stand-alone installation or add feature to an existing installation] 版本，就可以看到安裝的步驟，此版本是由 Microsoft 公司提供整合 SQL Server 引擎的 R 語言版本。

過程中請小心若是選擇安裝檔案為，New Machine Learning Server(Standalone) installation，所安裝的 R 版本是獨立於 SQL Server 引擎，就不易整合 SQL Server 數據與 T-SQL 直接進行分析。

▶ 實戰解說

由於要使用較新版本的 R，建議下載 SQL Server 2017 的安裝光碟，它可以從 https://www.microsoft.com/en-us/sql-server/sql-server-2017 網址取得，本案例將使用最新的 R 版本進行內容說明。

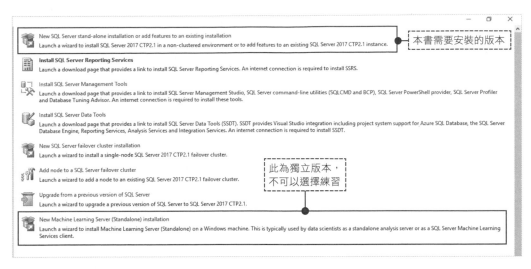

圖 1　安裝 SQL Server 可以從中安裝 R 語言

安裝的過程中，在 Feature Selection 的時候要選擇 [Database Engine Services | Machine Leaning Services(In-Database) | R] 功能，不要選擇 [Shared Features] 中的 R 語言，因為 [Shared Features] 中的 R 語言就是獨立版本，不直接與 SQL Server 引擎直接整合。

安裝過程後會在 Services.msc 中看到一個服務，名稱為 [SQL Server Launchpad]，該服務就是整合 SQL Server 引擎與外部 R 服務最重要的介面服務，要確保該服務一直啟動，就可以順利從 SQL Server 引擎，連結到安裝的 R 服務。

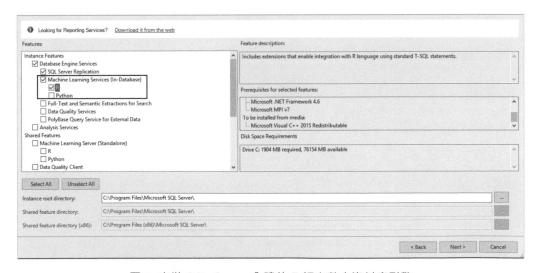

圖 2　安裝 SQL Server 內建的 R 語言整合資料庫引擎

Microsoft R Open is an enhanced distribution of R made available by Microsoft under the GNU General Public License v2.

R is © the R Foundation for Statistical Computing. For more information on R-related products and services, visit http://r-project.org.

By clicking "Accept" you are choosing to download Microsoft R Open and install it on your machine, and agreeing to accept patches and updates to this software according to your SQL Server update preferences.

Accept

圖 3 安裝 SQL Server 檢視所選的 R 版本

安裝完成後就，可以開啟命令列 R.exe 或是使用 RStudio 的軟體連接到 SQL Server 安裝的 R 服務，最後就可以在命令列模式中輸入 print(sessionInfo())，列印出所安裝的 SQL Server R 服務的版本。

```
-- 命令列方式連接 SQL Server R 服務。
Microsoft Windows [Version 10.0.14393]
(c) 2016 Microsoft Corporation. All rights reserved.

C:\Users\Administrator>cd C:\Program Files\Microsoft SQL Server\MSSQL14.MSSQLSERVER\
R_SERVICES\bin

C:\Program Files\Microsoft SQL Server\MSSQL14.MSSQLSERVER\R_SERVICES\bin>R.exe

R version 3.3.3 (2017-03-06) -- "Another Canoe"
Copyright (C) 2017 The R Foundation for Statistical Computing
Platform: x86_64-w64-mingw32/x64 (64-bit)

R is free software and comes with ABSOLUTELY NO WARRANTY.
You are welcome to redistribute it under certain conditions.
Type 'license()' or 'licence()' for distribution details.

  Natural language support but running in an English locale

R is a collaborative project with many contributors.
```

```
Type 'contributors()' for more information and
'citation()' on how to cite R or R packages in publications.

Type 'demo()' for some demos, 'help()' for on-line help, or
'help.start()' for an HTML browser interface to help.
Type 'q()' to quit R.
```

Microsoft R Open 3.3.3
```
The enhanced R distribution from Microsoft
Microsoft packages Copyright (C) 2017 Microsoft

Loading Microsoft R Server packages, version 9.1.0.
Type 'readme()' for release notes, privacy() for privacy policy, or
'RevoLicense()' for licensing information.

Using the Intel MKL for parallel mathematical computing(using 2 cores).
Default CRAN mirror snapshot taken on 2017-03-15.
See: https://mran.microsoft.com/.
```

> print(sessionInfo())
```
R version 3.3.3 (2017-03-06)
Platform: x86_64-w64-mingw32/x64 (64-bit)
Running under: Windows Server x64 (build 14393)

locale:
[1] LC_COLLATE=English_United States.1252
[2] LC_CTYPE=English_United States.1252
[3] LC_MONETARY=English_United States.1252
[4] LC_NUMERIC=C
[5] LC_TIME=English_United States.1252

attached base packages:
[1] stats     graphics  grDevices utils     datasets  methods   base

other attached packages:
[1] RevoUtilsMath_10.0.0 RevoUtils_10.0.3     RevoMods_11.0.0
[4] MicrosoftML_1.3.0    mrsdeploy_1.1.0      RevoScaleR_9.1.0
[7] lattice_0.20-34      rpart_4.1-10

loaded via a namespace (and not attached):
```

```
[1] codetools_0.2-15        CompatibilityAPI_1.1.0 foreach_1.4.3
[4] grid_3.3.3             R6_2.2.0                jsonlite_1.3
[7] curl_2.3               iterators_1.0.8         tools_3.3.3
[10] mrupdate_1.0.1
>
```

如果要使用 RStudio 連接 SQL Server R 服務可以先下載與安裝 https://www.rstudio.com/products/rstudio/download/，完成安裝後的 RStudio 需要從 [Tools | Global Options | General | R version]，設定 C:\Program Files\Microsoft SQL Server\MSSQL14.MSSQLSERVER\R_SERVICES 路徑，就可以從 RStudio 執行 SQL Server R 的服務。

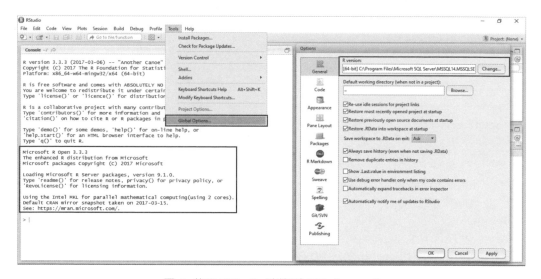

圖 4　使用 RStudio 連接到 SQL Server R

如果要驗證 SQL Serve R 服務是否可以正常運作，可以按照以下的方式。唯一要注意的事情，就是該驗證方式是直接使用 SQL Server R 服務，安裝套件、存取網路資源再劃出圖表，過程中尚未使用到 SQL Server 引擎去整合 SQL Server R 服務。

◆ 啟動 C:\Program Files\Microsoft SQL Server\MSSQL14.MSSQLSERVER\R_SERVICES\bin\R.exe

◆ 安裝套件 >install.packages('quantmod')

◆ 載入 quantmod 套件 >library("quantmod");

◆ 取得 MSFT(Microsoft) 股價 >getSymbols.google("MSFT",env = .GlobalEnv);

◆ 請 SQL Server R 服務劃圖 >chartSeries(MSFT, subset='last 10 days');

◆ 加入走向 addMACD()，劃出移動平均 >addMACD();

```
-- 使用 R.exe 安裝 quantmod 套件，劃出 Microsoft 最近 10 天股價
> install.packages('quantmod')
also installing the dependencies 'xts', 'zoo', 'TTR'


trying URL 'https://mran.microsoft.com/snapshot/2017-03-15/bin/windows/contrib/3.3/
xts_0.9-7.zip'
Content type 'application/zip' length 662519 bytes (646 KB)
downloaded 646 KB


trying URL 'https://mran.microsoft.com/snapshot/2017-03-15/bin/windows/contrib/3.3/
zoo_1.7-14.zip'
Content type 'application/zip' length 905857 bytes (884 KB)
downloaded 884 KB


trying URL 'https://mran.microsoft.com/snapshot/2017-03-15/bin/windows/contrib/3.3/
TTR_0.23-1.zip'
Content type 'application/zip' length 433768 bytes (423 KB)
downloaded 423 KB


trying URL 'https://mran.microsoft.com/snapshot/2017-03-15/bin/windows/contrib/3.3/
quantmod_0.4-7.zip'
Content type 'application/zip' length 473789 bytes (462 KB)
downloaded 462 KB


package 'xts' successfully unpacked and MD5 sums checked
package 'zoo' successfully unpacked and MD5 sums checked
package 'TTR' successfully unpacked and MD5 sums checked
package 'quantmod' successfully unpacked and MD5 sums checked


The downloaded binary packages are in
        C:\Users\Administrator\AppData\Local\Temp\RtmpQBtV4S\downloaded_packages
> #載入套件
> library("quantmod");
Loading required package: xts
Loading required package: zoo
```

```
Attaching package: 'zoo'

The following objects are masked from 'package:base':

    as.Date, as.Date.numeric

Loading required package: TTR
Version 0.4-0 included new data defaults. See ?getSymbols.
> getSymbols.google("MSFT",env = .GlobalEnv);
[1] "MSFT"
> chartSeries(MSFT, subset='last 10 days');
> addMACD();
```

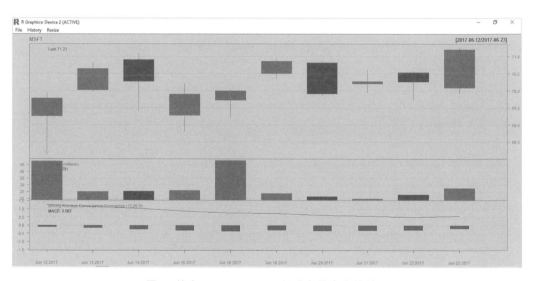

圖 5　藉由 SQL Server R 程式實做出來的結果

圖形界面是大多數的人都可以輕鬆上手的方式，以下就是使用 RStudio 驗證 SQL Server R 服務，可以參考以下的方式，新增 Script 之後，輸入以下的指令。

```
install.packages('quantmod'); # 安裝套件
library("quantmod");          # 引用套件
getSymbols.google("MSFT",env = .GlobalEnv);# 選擇股票
chartSeries(MSFT, subset='last 10 days');# 選取最近十天資料
addMACD();# 劃出移動平均
```

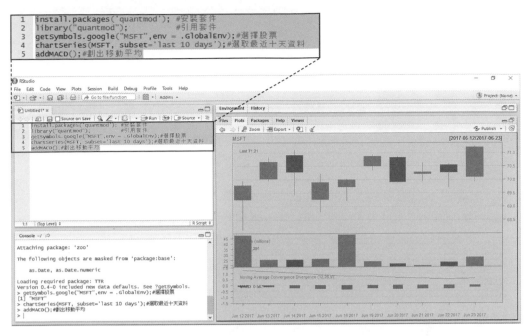

圖 6　使用 RStudio 方式針對 SQL Server R 執行抓取資料畫圖

► 注意事項

截至 2017/7 月為止，CRAN R (https://cran.r-project.org/) 已經更新到 3.4 版本，由於 SQL Server 2017 CTP2.1 提供的 R 僅有 3.3.3，若是要使用 3.4 的版本，可以直接安裝 Microsoft R Open 3.4.0 獨立版本，https://mran.microsoft.com/download/。

► 本書相關問題導覽

2.【使用 SQL Server R 服務之 sp_execute_external_script 劃出股價圖】。

02 使用 SQL Server R 服務之 sp_execute_external_script 劃出股價圖

上一篇中，已經學到如何安裝 SQL Server R 服務，並且使用命令列 R.exe 與 RStudio 的工具驗證 SQL Server R 服務的功能。緊接著將帶大家在 SQL Server Management Studio 環境中，使用標準 T-SQL 陳述式結合 SQL Server R 服務，進行網路資料擷取並將繪製的結果，利用簡易的方式輸出到前端。

▶ 案例說明

本實際的案例，就是去分析最近常被討論的 YAHOO 股價，它的美國股票代號為 YHOO。過程中會先讓大家熟悉 SQL Server 的 T-SQL 提供的 sp_execute_external_ script 預存程序，利用它可以將 SQL Server R 服務的運算結果，搭配 varbinary (max) 的方式，回傳到 SQL Server Management Studio，再轉換成 binary base64 的 XML 格式，最終使用網路服務 https://codebeautify.org/base64-to-image-converter 將 binary base64 結果繪製成圖片。

▶ 實戰解說

在實戰之前，需要檢查 SQL Server 是否啟動 R 語言的支援。過程中可以使用以下的 T-SQL 去驗證。該 SQL Server 整合 R 服務，僅需要啟動一次，就可以永久有效，特別留意，該 [SQL Server Launchpad (MSSQLSERVER)] 服務也要啟動，否則無法使用 T-SQL 去執行 SQL Server 呼叫 R 服務。

```
-- 使用 T-SQL 檢查 SQL Server R 服務是否已經啟動
USE master
EXEC sp_execute_external_script
    @language =N'R',
    @script=N'print(sessionInfo())';
```

```
GO
-- 不正常結果
Msg 39023, Level 16, State 1, Procedure sp_execute_external_script, Line 1 [Batch
Start Line 0]
'sp_execute_external_script' is disabled on this instance of SQL Server. Use sp_
configure 'external scripts enabled' to enable it.

-- 解決方式
EXEC sp_configure 'external scripts enabled' , 1
RECONFIGURE
-- 結果
Configuration option 'external scripts enabled' changed from 0 to 1. Run the
RECONFIGURE statement to install.
```

需要再重新啟動一次 SQL Server 並且留意 SQL Server Launchpad 是否有啟動

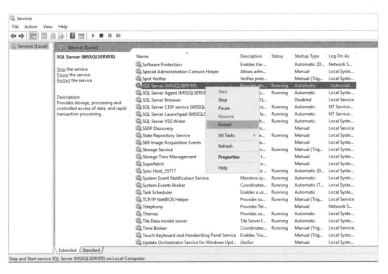

圖 1　重新啟動 SQL Server 才可以讓 R 服務生效

```
-- 最後驗證就可以看到正確結果
EXEC sp_execute_external_script
    @language =N'R',
    @script=N'print(sessionInfo())';
GO


-- 結果
```

```
STDOUT message(s) from external script:
R version 3.3.3 (2017-03-06)
Platform: x86_64-w64-mingw32/x64 (64-bit)
Running under: Windows Server x64 (build 14393)

locale:
[1] LC_COLLATE=English_United States.1252
[2] LC_CTYPE=English_United States.1252
[3] LC_MONETARY=English_United States.1252
[4] LC_NUMERIC=C
[5] LC_TIME=English_United States.1252

attached base packages:
[1] stats      graphics  grDevices utils     datasets  methods   base

other attached packages:
[1] RevoUtilsMath_10.0.0 RevoUtils_10.0.3      RevoMods_11.0.0
[4] MicrosoftML_1.3.0    mrsdeploy_1.1.0       RevoScaleR_9.1.0
[7] lattice_0.20-34      rpart_4.1-10

loaded via a namespace (and not attached):
[1] R6_2.2.0                tools_3.3.3         curl_2.3
[4] CompatibilityAPI_1.1.0  codetools_0.2-15    grid_3.3.3
[7] iterators_1.0.8         foreach_1.4.3       jsonlite_1.3
```

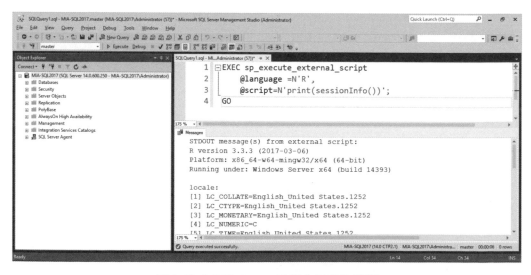

圖 2　完成 SQL Server R 整合 T-SQL 驗證

另外要注意就是，SQL Server 2016/2017 安裝的過程中，在 Feature Selection 時候要選擇 [Database Engine Services | Machine Leaning Services(In-Database) | R] 功能，不要選擇 [Shared Features] 中的 R 語言，因為 [Shared Features] 中的 R 語言是獨立版本，不直接與 SQL Server 引擎直接整合。安裝後在 Services.msc 會看到一個服務，名稱為 [SQL Server Launchpad]，它就是整合 SQL Server 引擎與外部 R 服務最重要的介面服務，要確保該服務一直啟動，就可以順利從 SQL Server 引擎，連結到安裝的 R 服務。

```
-- create or alter proc 僅支援 SQL Server 2016 SP1 含以後的版本
-- 使用 sp_execute_external_script 呼叫 SQL Server R 服務進行繪圖
--
use tempdb
go
-----------------------------------------------------------
-- 建立預存程序該指令支援 SQL Server 2016 SP1 or 2017
--sp_execute_external_script 支援 R 語言與 SQL Sever 交換資料
--@language ： 指定哪一種外部語言
--@script   ： 指定 R 語言，OutputDataSet 關鍵字輸出結果
--with result sets((plot varbinary(max))) 指定輸出成 varbinary(max)
-----------------------------------------------------------
create or alter proc usp_r_plot_yahoo_stock
as
execute sp_execute_external_script
  @language = N'R'
, @script = N'
    image_file = tempfile(); #將圖片先輸出到暫存檔案
    jpeg(filename = image_file, width = 800, height = 800); #指令圖片大小
    library("quantmod"); #使用 quantmod 套件
    getSymbols.google("YHOO",env = .GlobalEnv);  # 抓取 YAHOO 股價
    chartSeries(YHOO, subset=''last 10 days'');  # 資料範圍是過去 10 天
    dev.off(); # 關閉畫圖
    OutputDataSet <- data.frame(data=readBin(file(image_file,"rb"),what=raw(),n=1e6));
    #將結果輸出到 OutputDataSet 使用 R 的 readBin 函數讀入檔案，使用二進位元回傳'
with result sets((plot varbinary(max)));
go
-----------------------------------------------------------
-- 使用資料表變數將 varbinary(max) 的結果轉換成 binary base64
-- 宣告資料表變數 @i，執行預存程序將結過新增到該 @i 變數
-- 使用 SELECT 搭配 FOR XML AUTO , BINARY BASE64 輸出影響結果
```

```
--------------------------------------------------------
declare @i table(c1 varbinary(max))
insert into @i(c1) exec usp_r_plot_yahoo_stock
select * from @i for xml auto, binary base64
go
```

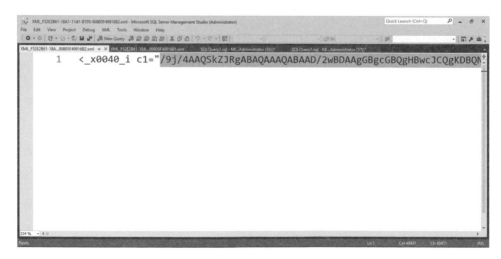

圖 3 執行 T-SQL 呼叫 R 服務進行 YAHOO 股價抓取

最後將 Binary Base64 的 XML 結果手動複製到 https://codebeautify.org/base64-to-image-converter 網站,就可以順利看到由 SQL Server 呼叫 R 服務繪製的結果,經過 Binary Base64 的 XML 轉換之後,就順利看到最近十日的 YAHOO 股價。

圖 4 擷取轉換成 binary base64 的格式

圖 5　使用網路資源將結果傳換成圖片

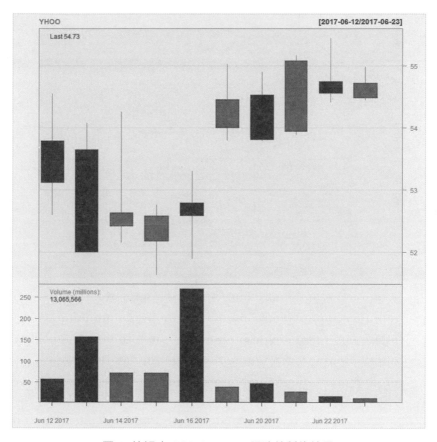

圖 6　檢視由 SQL Server R 服務繪製的結果

如果驗證的過程中看到以下的錯誤訊息：

```
Msg 39011, Level 16, State 1, Line 0
SQL Server was unable to communicate with the LaunchPad service. Please verify the
configuration of the service.
```
表示 services.msc 的服務有關 SQL Server R 的介面沒有啟動，可以檢查 [SQL Server Launchpad
(MSSQLSERVER)] 是否已經啟動。

輸出 XML 結果時，務必要確認前後都需要類似 <_x0040_i c1="/9j/...9k=" /> 這樣的
標記，才是一個完整的 XML 格式，否則貼入網路轉換連結之後，會發生無法解析相
片的狀況。因此如果 SQL Server Management Studio 有發生 XML 截斷的時候，可以
調整輸出大小如下。

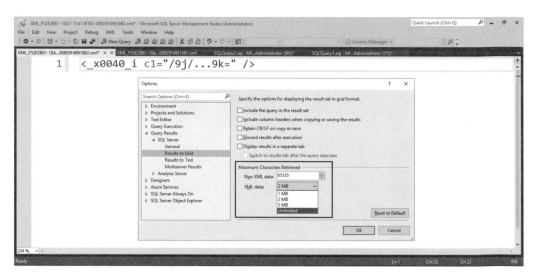

圖 7　調整 XML 輸出大小避免發生截斷狀況

有關預存程序撰寫方式，create or alter proc 語法，僅支援 SQL Server 2016 SP1 含
以後的版本，還有許多時候若開啟資料庫所在位置的防火牆，會導致 quantmod 套件
無法抓取網路的股票資料，建議可以暫時關閉防火牆，驗證是否可以完成股票資料抓
取，再去開啟防火牆例外。

```
Msg 39004, Level 16, State 20, Line 25
A 'R' script error occurred during execution of 'sp_execute_external_script' with
HRESULT 0x80004004.
Msg 39019, Level 16, State 2, Line 25
An external script error occurred:
Loading required package: xts
Loading required package: zoo

Attaching package: 'zoo'

The following objects are masked from 'package:base':

    as.Date, as.Date.numeric

Loading required package: TTR
Version 0.4-0 included new data defaults. See ?getSymbols.
Error in download.file(paste(google.URL, "q=", Symbols.name, "&startdate=",  :
  cannot open URL 'http://finance.google.com/finance/historical?q=YHOO&startdate=Jan+0
1,+2007&enddate=Jul+19,+2017&output=csv'
Calls: source ... withVisible -> eval -> eval -> getSymbols.google -> download.file
In addition: Warning message:
In download.file(paste(google.URL, "q=", Symbols.name, "&startdate=",  :
  InternetOpenUrl failed: 'A connection with the server could not be established'

Error in ScaleR.  Check the output for more information.
Error in eval(expr, envir, enclos) :
  Error in ScaleR.  Check the output for more information.
Calls: source -> withVisible -> eval -> eval -> .Call
Msg 39019, Level 16, State 2, Line 25
An external script error occurred:
Execution halted (0 row(s) affected)
(0 row(s) affected)
```

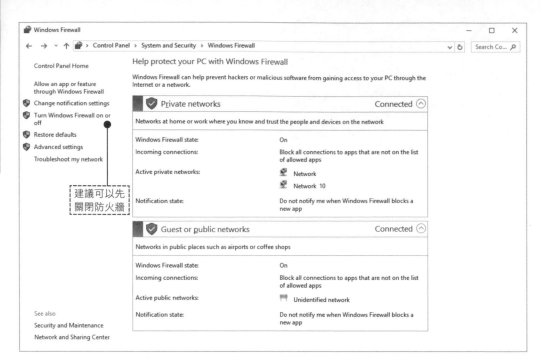

圖 8　建議關閉防火牆之後驗證 quantmod 套件

► **本書相關問題導覽**

1.【安裝 SQL Server R 服務】

03 活用 SQL Server R 服務在 4 秒內將過去十年微軟股價載入到資料庫

以往許多時候要將 R 服務擷取或是計算後的結果，回傳到 SQL Server 端，進行儲存與分析，需要透過許多程式介面例如 RODBC，才可以將結果回存到 SQL Server 的資料表。現在使用 SQL Server R 的整體服務之後，過去的複雜方式，將可以濃縮成幾行 T-SQL 指令就完成。

▶ 案例說明

MSFT(Microsoft) 是微軟的股價代號，過去十年資料，2517 筆資料，四秒內全數從 API 取得完成載入，網路的股價 API 資料可從眾所皆知 https://www.google.com/finance?cid=358464 取得，但是如果要將資料載入到資料庫，可以藉由以下的幾種方式：

◆ 前端應用程式，使用 .NET/JAVA/PYTHON，將取得資料逐筆回存到資料庫。

◆ 撰寫 SQLCLR(SQL Server Common Language Runtime)，編譯成 DLL 之後，將 DLL 部署到 SQL Server 內部執行。

現在當使用 SQL Server 2016/2017 之後，可以有另一種更快的方式，答案就是使用 SQL Server R 服務，經過驗證可以於 [四秒] 內，將微軟過去十年的股價資料，快速載入並且儲存於資料表。過程中只會使用 INSERT INTO TABLE EXEC PROCEDURE 方式，無形中可以節省很多 .NET 與 JAVA 程式的撰寫，並且搭配批次取代逐筆執行增加效率。

▶ 實戰解說

在實戰之前,先使用 R 服務的預設 [Iris] 資料集,配合 T-SQL 陳述式,將結果儲存到資料表。該 Iris 資料集是許多 R 服務預設提供的資料集,當然在 SQL Server R 服務也可以直接取得。

```
-- 直接在 RStudio 環境中執行
```

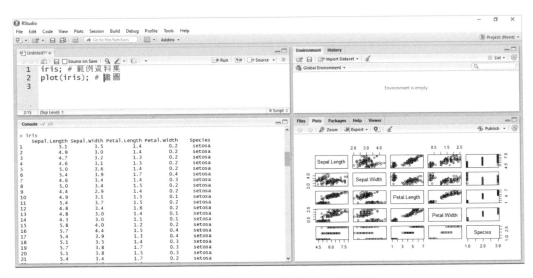

圖 1 直接在 RStudio 中顯示 iris 資料集

```
-- 直接啟動 SQL Server R.exe
Microsoft R Open 3.3.3
The enhanced R distribution from Microsoft
Microsoft packages Copyright (C) 2017 Microsoft


Loading Microsoft R Server packages, version 9.1.0.
Type 'readme()' for release notes, privacy() for privacy policy, or
'RevoLicense()' for licensing information.


Using the Intel MKL for parallel mathematical computing(using 2 cores).
Default CRAN mirror snapshot taken on 2017-03-15.
See: https://mran.microsoft.com/.


> iris
```

```
    Sepal.Length Sepal.Width Petal.Length Petal.Width    Species
1            5.1         3.5          1.4         0.2     setosa
2            4.9         3.0          1.4         0.2     setosa
3            4.7         3.2          1.3         0.2     setosa
4            4.6         3.1          1.5         0.2     setosa
...................................................................
146          6.7         3.0          5.2         2.3  virginica
147          6.3         2.5          5.0         1.9  virginica
148          6.5         3.0          5.2         2.0  virginica
149          6.2         3.4          5.4         2.3  virginica
150          5.9         3.0          5.1         1.8  virginica
>
```

完成上述的 R 資料集顯示之後，緊接著要學會怎樣從 T-SQL 的方式抓取該資料集並且顯示到前端的 SQL Server Management Studio。答案就是使用 T-SQL 的 sp_execute_external_script 預存程序，呼叫 SQL Server R 服務，然後將結果輸出到 OutputDataSet 變數，就可以順利從 SQL Server Management Studio 看到結果，其中 WITH RESULT SETS 部分可以指定輸出欄位名稱，也可以使用 [0] 為開始的方式輸出結果。

```
-- 使用 sp_execute_external_script 呼叫 SQL Server R 服務進行輸出資料
-- OutputDataSet<-iris 這表示將 iris 結果轉給變數 OutputDataSet
-- 該變數 OutputDataSet 是 sp_execute_external_script 預存程序固定輸出變數
execute sp_execute_external_script
  @language = N'R'
, @script   = N'OutputDataSet<-iris;'
WITH RESULT SETS
( ([Sepal.Length] varchar(50),
   [Sepal.Width] varchar(50),
   [Petal.Length] varchar(50),
   [Petal.Width] varchar(50),
   [Species] varchar(50)) );
GO
-- 結果，指定輸出欄位名稱
```

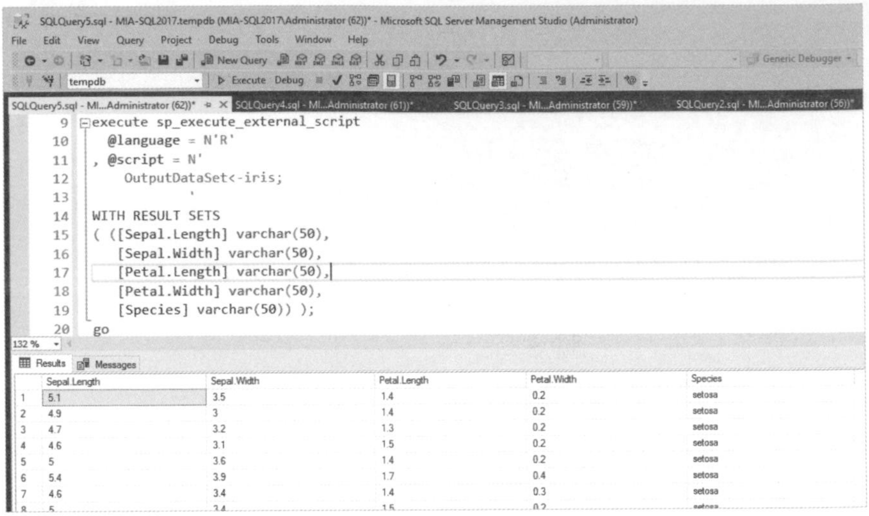

圖 2 使用指定欄位名稱輸出 iris 結果

```
-- 使用 [0] 為開始的方式輸出 iris 結果
execute sp_execute_external_script
  @language = N'R'
, @script   = N'OutputDataSet<-iris;'
WITH RESULT SETS( ([0] varchar(50),[1] varchar(50),
                   [2] varchar(50),[3] varchar(50),
                   [4] varchar(50)) );
GO
-- 結果，使用 [0] 為開始的輸出欄位名稱
```

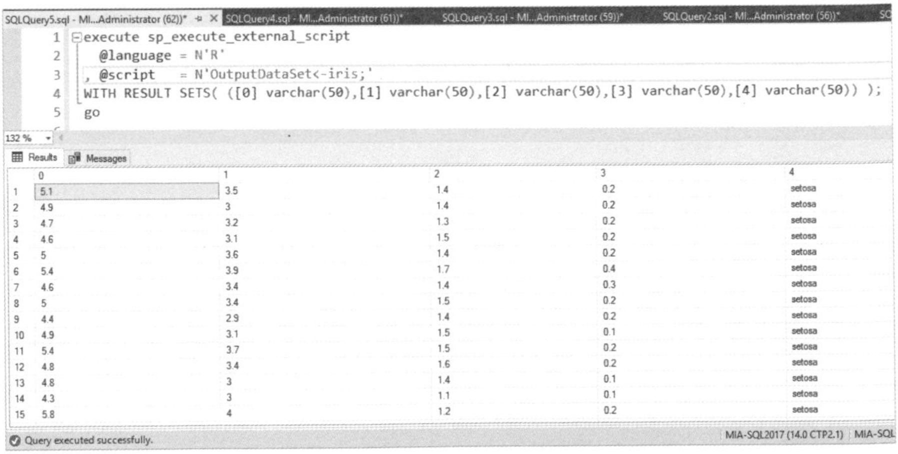

圖 3 使用指定數字編號輸出 iris 結果

瞭解上述如何使用 sp_execute_external_script 預存程序搭配 OutputDataSet 變數輸出資料之後，接下來就可以直接撰寫 R 指令搭配 T-SQL，將整個 SQL Server R 抓到的 MSFT(Microsoft) 過去十年的資料，直接儲存到 SQL Server 的資料表。過程中會使用 getSymbols 的 R 函數，指定 "MSFT" 股票代號，並且指定來源為 "google" 的網路 API。

```
-- 抓取過去十年 MSFT 股價資料
--create or alter proc 語法僅支援 SQL Server 2016 SP1 含以上的版本
use tempdb
go
-- 取得 Microsoft MSFT 股價資料
-- 使用 sp_execute_external_script 預存程序
create or alter proc usp_r_plot
as
execute sp_execute_external_script
  @language = N'R'
, @script   = N'
                library("quantmod");
                ds <- new.env();
                date.start <-seq(Sys.Date(), length=2, by="-10 years")[2] ;
                date.end   <-Sys.Date();
                getSymbols("MSFT", env = ds, src = "google", from = date.start, to =
date.end )
                tblstock <- table((ds$"MSFT"));
                dfstock  <- data.frame(ds$"MSFT");
                dfrow    <- rownames(dfstock);
                rownames(dfrow) <- NULL;
                dfstock  <- cbind(dfrow,dfstock);
                OutputDataSet<-dfstock;'
WITH RESULT SETS(
([0] varchar(50),[1] float,[2] float,[3] float,[4] float,[5] float) );
go
-- 注意 drop table if exists 語法僅支援 SQL Server 2016 SP1 含以上的版本
-- 建立資料表
drop table if exists tblStock
go
create table tblStock
([StockDate] datetime,
 [Open]   decimal(10,3),
```

```
[High]    decimal(10,3),
[Low]     decimal(10,3),
[Close]   decimal(10,3),
[Volume] bigint)
GO


-- 執行預存程序將結果輸入到 SQL Server
insert into tblStock execute usp_r_plot
GO


-- 查詢資料
SELECT * FROM tblstock order by 1
GO
-- 結果
```

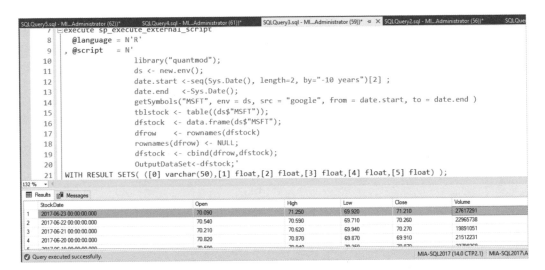

圖 4 利用 R 語言整合 T-SQL 新增過去十年微軟股票資料

過 程 中 需 要 留 意 ， 就 是 要 監 控 執 行 的 速 度 ， 可 以 啟 動 [Query | Include Client Statistics] 就可以從前端，看到每次執行的速度。

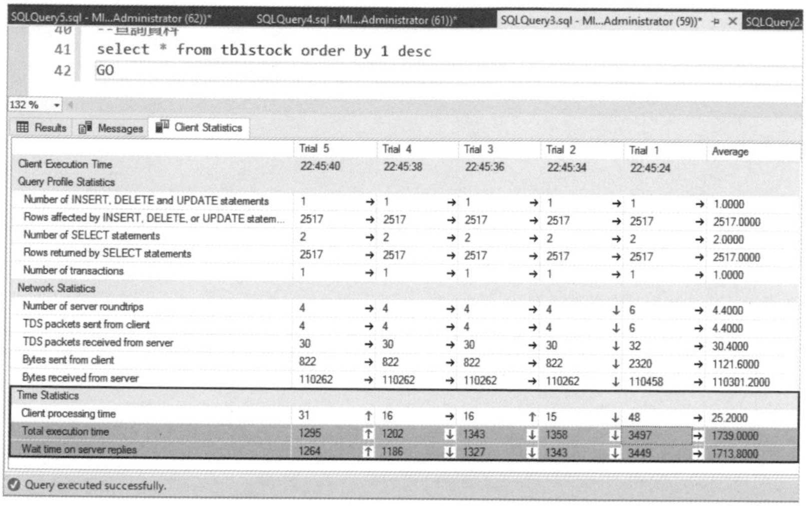

圖 5　檢視整體處理的耗用時間

▶ 注意事項

某些人會習慣使用 getSymbols("MSFT", env = ds, src = "yahoo") 從 Yahoo API 取得股價資料，若是發生下述問題如下：

```
Error in download.file(paste(yahoo.URL, "s=", Symbols.name, "&a=", from.m,  :
  cannot open URL 'http://ichart.finance.yahoo.com/table.csv?s=MSFT&a=5&b=26&c=2007&d=
5&e=26&f=2017&g=d&q=q&y=0&z=MSFT&x=.csv'
```

表示 quantmod 的套件針對 Yahoo 的 API 抓取無法正常作業，建議可以使用文章的 google API 如下，getSymbols("MSFT", env = ds, src = "google")

另外如果發生無法以下的狀況，建議關閉防火牆再驗證一次

```
Msg 39004, Level 16, State 20, Line 587
A 'R' script error occurr
ed during execution of 'sp_execute_external_script' with HRESULT 0x80004004.
Msg 39019, Level 16, State 1, Line 587
An external script error occurred:
Loading required package: xts
Loading required package: zoo

Attaching package: 'zoo'
```

The following objects are masked from 'package:base':

    as.Date, as.Date.numeric

Loading required package: TTR
Version 0.4-0 included new data defaults. See ?getSymbols.
    As of 0.4-0, 'getSymbols' uses env=parent.frame() and
 auto.assign=TRUE by default.

 This behavior will be phased out in 0.5-0 when the call will
 default to use auto.assign=FALSE. getOption("getSymbols.env") and
 getOptions("getSymbols.auto.assign") are now checked for alternate defaults

 This message is shown once per session and may be disabled by setting
 options("getSymbols.warning4.0"=FALSE). See ?getSymbols for more details.
Error in download.file(paste(google.URL, "q=", Symbols.name, "&startdate=", :
  cannot open URL 'http://finance.google.com/finance/historical?q=MSFT&startdate=Jul+0
4,+2007&enddate=Jul+04,+2017&output=csv'
Msg 39019, Level 16, State 1, Line 587
An external script error occurred:
Calls: source ... getSymbols -> do.call -> getSymbols.google -> download.file
In addition: Warning message:
In download.file(paste(google.URL, "q=", Symbols.name, "&startdate=", :
  InternetOpenUrl failed: 'A connection with the server could not be established'

Error in ScaleR. Check the output for more information.
Error in eval(expr, envir, enclos) :
  Error in ScaleR. Check the output for more information.
Calls: source -> withVisible -> eval -> eval -> .Call
Execution halted
Msg 11536, Level 16, State 1, Line 590
EXECUTE statement failed because its WITH RESULT SETS clause specified 1 result
set(s), but the statement only sent 0 result set(s) at run time.

► 本書相關問題導覽

1. 【安裝 SQL Server R 服務】

2. 【使用 SQL Server R 服務之 sp_execute_external_script 劃出股價圖】

04

整合 SQLCLR 匯出 R 的圖片可節省 $150USD 的軟體授權費用

許多時候「點子」換「銀子」，在資料庫的領域處處可見。今天來分享一個價值美金 $150 元的點子，該點子的價值可以藉由外部軟體的價值來評估，此軟體名稱為 ssmsboost，http://www.ssmsboost.com/Purchase，該軟體可以整合 SSMS (SQL Server Management Studio)，直接檢視由 SQL Server R 所產生的 binary 的圖片資料。這樣說來是很方便，但是對於自動化的導入，著實還需要多一點人工按下右鍵，才可以將 SQL Server R 所產生之 binary 的圖片儲存到作業系統來，説真的可以再想想，如何應用現在的知識，進行這樣作業的突破。

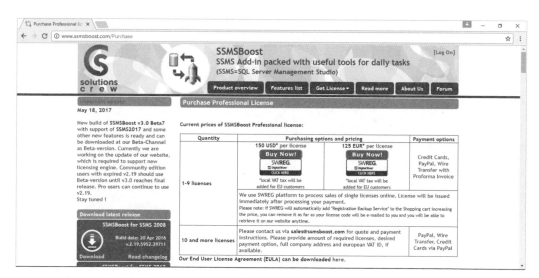

圖 1　購買 SSMSBOOST 可以直接將 Binary Base64 資料匯出成圖片

▶ **案例說明**

首先要實作，將 SQL Server R 所產生的 Binary Base64 的圖片儲存到作業系統，可以使用以下的流程。

◆ 使用 SQL Server R 將圖片資料取回，並且儲存成 T-SQL 的 varbinary(max) 變數

◆ 傳遞 T-SQL 的 varbinary(max) 變數給 SQLCLR 組件 (Assembly)

◆ 組件將 varbinary(max) 變數輸出到指定的作業系統路徑與檔案

這樣的實作過程，需要使用到 Visual Studio 的 C# 程式開發 SQLCLR 組件，然後，將組件部署到 SQL Server 資料庫後，就可以全部使用 T-SQL 的作業，完成自動化。

▶ **實戰解說**

使用 Visual Studio 2013/2015 建立一個 Database Project，新增一個 SQL CLR Procedure，該 SQLCLR 預存程序主要是承接兩個參數，一個是 SQL Server R 所產生的 binary 的串流，另外就是需要輸出的檔案路徑。

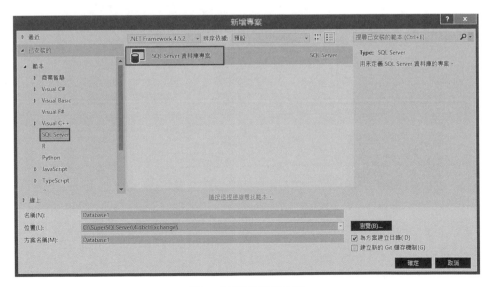

圖 2　新增資料庫專案

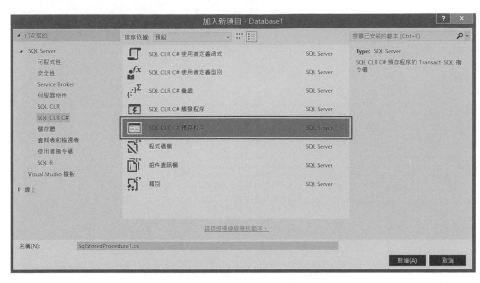

圖 3 新增 SQL CLR C# 預存程序項目

```
-- 使用 Visual Studio 2015 建立的 Database Project
-- 並且加入程序並且使用 SqlContext.Pipe.Send 輸出成功訊息
using System.Data.SqlTypes;
using Microsoft.SqlServer.Server;
using System.IO;
public partial class StoredProcedures
{
    [Microsoft.SqlServer.Server.SqlProcedure]
    public static void SqlSPfileByParameter(SqlBytes pByteArr, SqlString pPath)
    {   //SQLCLR 預存程序主要是承接兩個參數
        // 一個是 SQL Server R 所產生的 binary 的串流，另外就是需要輸出的檔案路徑
        byte[] byteArr =  pByteArr.Buffer;
        using (var fs = new FileStream((string)pPath, FileMode.OpenOrCreate))
        {
            for (int i = 0; i < byteArr.Length; i++)
            {
                fs.WriteByte(byteArr[i]);
            };
            SqlContext.Pipe.Send("Successfully Exported");
        }
    }
}
```

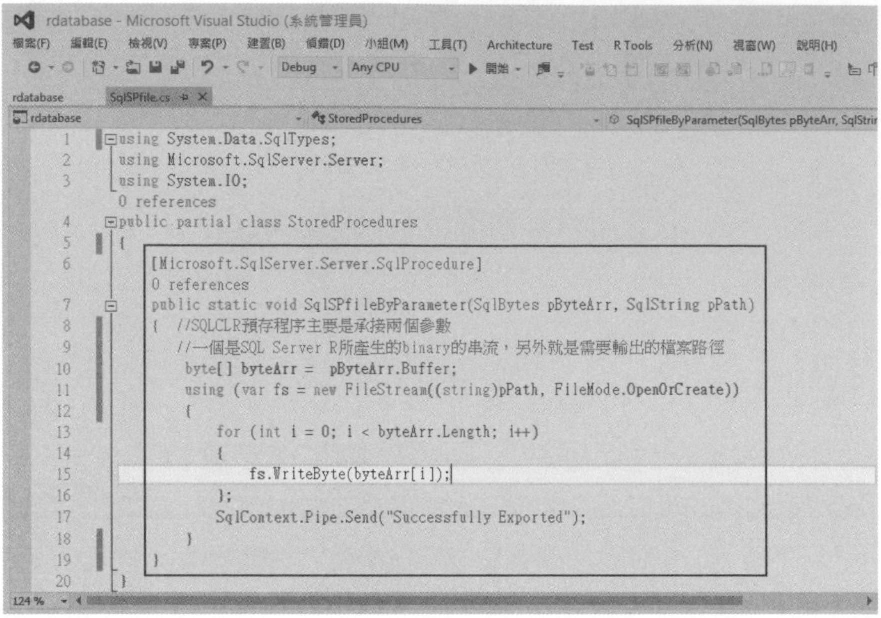

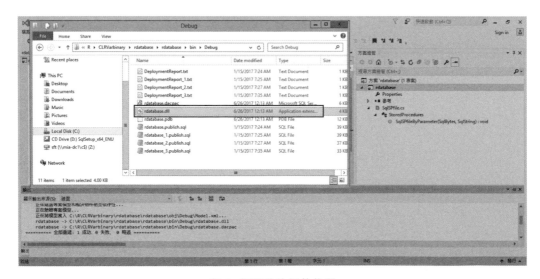

圖 4　完成 SQLCLR 專案輸出圖片程式撰寫

完成上述的專案建置之後，就可以進行編譯，然後在路徑中看到 C:\R\CLRVarbinary\
rdatabase\rdatabase\bin\Debug\rdatabase.dll，該 DLL 就是所謂的組件，它包含輸
出圖片的預存程序。接下來就可以複製該 DLL 檔案到指定資料庫的 C:\temp，然後再
啟動該資料庫的 TRUSTWORTHY 的選項，就可以匯入該 DLL 並且設定為 UNSAFE
的安全性項目。

圖 5　編譯後的組件位置

```
-- 使用 T-SQL 匯入組件。
USE master
go
-- 請先建立資料庫 RDB 啟動該資料庫權限設定，讓 SQL Server 完全信賴該資料庫作業
ALTER DATABASE RDB
SET TRUSTWORTHY ON
GO
-- 匯入組件
USE [RDB]
GO
CREATE ASSEMBLY [rdatabase]
AUTHORIZATION [dbo]
FROM 'C:\temp\rdatabase.dll'
WITH PERMISSION_SET = UNSAFE
GO
-- 結果
Command(s) completed successfully.


-- 建立對應預存程序
USE [RDB]
GO
-- 建立對應的預存程序，該程序有兩參數
-- 分別是圖片串流資料與輸出路徑名稱
CREATE PROCEDURE [dbo].[SqlSPfileByParameter]
    @pByteArr [varbinary](max),
    @pPath [nvarchar](max)
WITH EXECUTE AS CALLER
AS
EXTERNAL NAME [rdatabase].[StoredProcedures].[SqlSPfileByParameter]
GO
```

當完成組件部署與預存程序建立之後，就可以從 SQL Server Management Studio 界面中看到對應的物件。

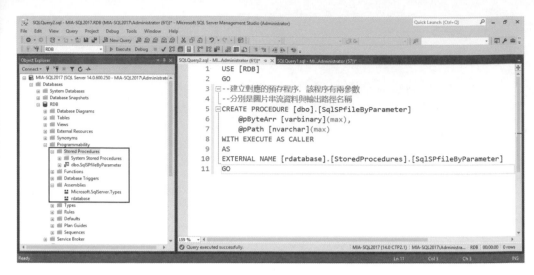

圖 6　檢視已經完成部署的組件與預存程序

緊接著就可以驗證，是否可以將之前的【使用 SQL Server R 服務之 sp_execute_
external_script 劃出股價圖】資料，直接利用 T-SQL 將圖片儲存到作業系統。

```
use tempdb
go
--------------------------------------------------------
-- 建立預存程序該指令支援 SQL Server 2016 SP1 or 2017
--sp_execute_external_script 支援 R 語言與 SQL Sever 交換資料
--@language：指定哪一種外部語言
--@script　：指定 R 語言，OutputDataSet 關鍵字輸出結果
--with result sets((plot varbinary(max))) 指定輸出成 varbinary(max)
--------------------------------------------------------
create or alter proc usp_r_plot_yahoo_stock
as
execute sp_execute_external_script
  @language = N'R'
, @script = N'
    image_file = tempfile(); #將圖片先輸出到暫存檔案
    jpeg(filename = image_file, width = 800, height = 800); #指令圖片大小
    library("quantmod"); #使用 quantmod 套件
    getSymbols.google("YHOO",env = .GlobalEnv);  #抓取 YAHOO 股價
    chartSeries(YHOO, subset=''last 10 days'');  #資料範圍是過去 10 天
    dev.off(); # 關閉畫圖
```

```
    OutputDataSet <- data.frame(data=readBin(file(image_file,"rb"),what=raw(),n=1e6));
# 將結果輸出到 OutputDataSet 過程中使用 R 的 readBin 函數讀入檔案，使用二進位元回傳
        '
with result sets((plot varbinary(max)));
go
---------------------------------------------------------
-- 使用資料表變數將 varbinary(max) 的結果轉換成 binary base64
---------------------------------------------------------
declare @i table(c1 varbinary(max))
insert into @i(c1) exec usp_r_plot_yahoo_stock
declare @plot varbinary(max)=(select c1 from @i)
exec RDB.[dbo].[SqlSPfileByParameter]
      @pByteArr= @plot,
      @pPath=N'C:\temp\YAHOO-Stock2017.jpg'
GO
-- 結果
STDERR message(s) from external script:
Loading required package: xts
Loading required package: zoo


Attaching package: 'zoo'


The following objects are masked from 'package:base':


    as.Date, as.Date.numeric


Loading required package: TTR
Version 0.4-0 included new data defaults. See ?getSymbols. (1 row(s) affected)
Successfully Exported
```

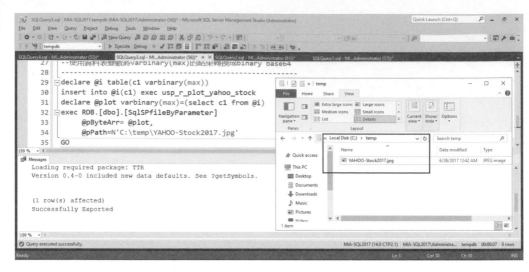

圖 7　成功執行 SQLCLR 搭配 SQL Server R 將圖片匯出到作業系統

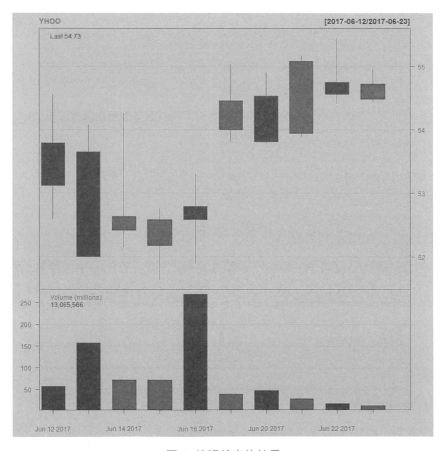

圖 8　檢視輸出的結果

▶ 注意事項

執行匯出圖片到作業系統的時候，如果發生以下的狀況

```
Msg 6263, Level 16, State 1, Line 32
Execution of user code in the .NET Framework is disabled. Enable "clr enabled"
configuration option.
```

表示該 SQL Server 尚未啟動 SQLCLR 選項，這樣可以藉由以下的 T-SQL 解決。

```
-- 啟動 SQL Server 執行個體的 SQLCLR
exec sp_configure 'clr enabled',1
reconfigure
go
-- 結果
Configuration option 'clr enabled' changed from 0 to 1. Run the RECONFIGURE statement
to install.
```

▶ 本書相關問題導覽

1.【安裝 SQL Server R 服務】

2.【使用 SQL Server R 服務之 sp_execute_external_script 劃出股價圖】

05 報表服務與 SQL Server R 呈現微軟過去一年股價資料圖

任何的資料庫新功能，最重要的部分就是終端呈現，微軟 SQL Server 的 SSRS(SQL Server Reporting Services)，就是最經濟與快速的呈現選擇。新版的 SSRS 具有許多功能，如整合 Power BI 與 Mobile Report。本範例將介紹如何整合之前的兩大範例包含有 [使用 SQL Server R 服務之 sp_execute_external_script 劃出股價圖] 與 [活用 SQL Server R 服務在 4 秒內將過去十年微軟股價載入到資料庫]，讓 SSRS 輕鬆將 SQL Server R 服務所抓取的資料，呈現出來。

▶ 案例說明

要從 SQL Server 的 SSRS(SQL Server Reporting Services) 繪製 SQL Server R 所抓取的資料，過程中在報表服務僅需要執行兩段 T-SQL，就可以分別 SQL Server R 匯出明細資料與 T-SQL 將 R 產生的 varbinary 資料，繪製到 SSRS 的 Image 元件。這樣的整合可以是將以下的元件應用，發揮到極致的層級。

- ◆ SQL Server R
- ◆ SQL Server T-SQL
- ◆ SQL Server Reporting Service

▶ 實戰解說

首先準備 SQL Server R 抓取微軟股價過去一年資料程式，該程式主要是使用 quantmod 套件搭配 getSymbols 方法從 Google API 取得微軟股票資訊，以下的程式中有一個重點就是需要將日期轉換成輸出資料行，預設的 R 服務抓取的股價資料日期是沒有辦法當成資料行。首先會取出 dfstock 的 row name 再將該 row name(就日期)，使用 cbind(column bind) 的方式，整合原來的 columns。

```
dfrow      <- rownames(dfstock) # 取出資料集的 row name 就是日期資料
rownames(dfstock) <- NULL; # 將原來資料集的 row name 設為空
dfstock    <- cbind(dfrow,dfstock); # 合併取出的 row name 與剩下的 columns 成為新資料集
```

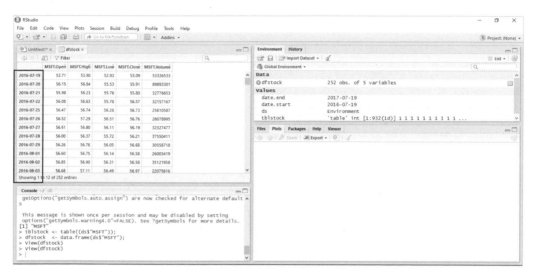

圖 1　預設的日期是沒有辦法當成輸出資料行

```
-- 取得 Microsoft MSFT 股價資料
-- create or alter proc 語法僅支援 SQL Server 2016 SP1 含以上的版本
-- 使用 sp_execute_external_script 預存程序
use tempdb
go
create or alter proc usp_r_msft_data
as
execute sp_execute_external_script
  @language = N'R'
, @script   = N'
        library("quantmod");
        ds <- new.env();
        date.start <-seq(Sys.Date(), length=2, by="-1 years")[2] ;
        date.end   <-Sys.Date();
        getSymbols("MSFT", env = ds, src = "google", from = date.start, to = date.end )
        tblstock <- table((ds$"MSFT"));
        dfstock  <- data.frame(ds$"MSFT");
        dfrow    <- rownames(dfstock)
        rownames(dfstock) <- NULL;
```

```
        dfstock  <- cbind(dfrow,dfstock);
        OutputDataSet<-dfstock;'
WITH RESULT SETS( ([StockDate] datetime,
[Open]    decimal(10,3),
[High]    decimal(10,3),
[Low]     decimal(10,3),
[Close]   decimal(10,3),
[Volume]  bigint) );
GO
```

此外還要準備可以將股價資料輸出影像格式的預存程序。

```
--create or alter proc 語法僅支援 SQL Server 2016 SP1 含以上的版本
-- 將 SQL Server R 服務結果匯出成圖片資料
use tempdb
go
create or alter proc usp_r_msft_plot
as
execute sp_execute_external_script
  @language = N'R'
, @script   = N'
    image_file = tempfile();
    # 將圖片先輸出到暫存檔案
    jpeg(filename = image_file, width = 800, height = 800);
    # 指令圖片大小
    library("quantmod");
    # 使用 quantmod 套件
    getSymbols.google("MSFT",env = .GlobalEnv);
    # 抓取 MSFT 股價
    chartSeries(MSFT, subset=''last 1 years'');
    # 資料範圍是過去 1 年
    dev.off();
    # 關閉畫圖
    OutputDataSet <- data.frame(data=readBin(file(image_file,"rb"),what=raw(),n=1e6));
    # 將結果輸出到 OutputDataSet
    # 過程中使用 R 的 readBin 函數讀入檔案
    # 使用二進位元回傳
```

```
         '
with result sets((plot varbinary(max)));
GO
```

最後使用 SQL Server Reporting Services（該部分已經在 SQL Server 2017 改成 Microsoft Power BI Report Server）搭配 SQL Server Data Tools 建立報表專案。Microsoft Power BI Report Server 在 CTP 2.1 開始已經不再支援從 SQL Server 安裝光碟中直接安裝，必須使用下載方式進行，下載路徑如下：

https://www.microsoft.com/en-US/download/details.aspx?id=55329

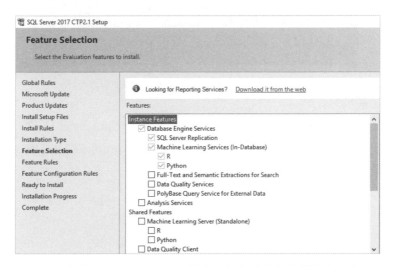

圖 2 安裝 SQL Server 2017 過程已經無法直接安裝報表服務

安裝 Microsoft Power BI Report Server 的過程十分簡單，僅需要啟動下載的 PowerBIReportServer.exe 就可以快速安裝並且完成組態設定。

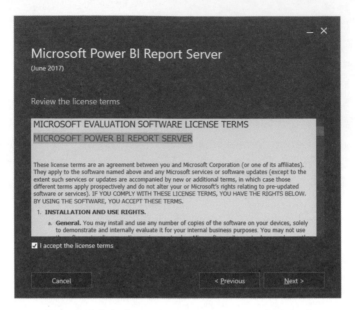

圖 3 安裝全新的 PowerBI Report Server 報表服務

開始開發報表之前需要確定是否已經安裝 SQL Server Data Tools 工具，該工具可以從以下的連結取得與安裝，https://docs.microsoft.com/en-us/sql/ssdt/download-sql-server-data-tools-ssdt。

圖 4 安裝 SSDT 方便開發報表專案

最後就可以開發報表專案，首先連接到 SQL Server 當成資料來源，過程中會使用上
述建立的兩個預存程序，分別為 [usp_r_msft_data] 與 [usp_r_msft_plot]，然後建立兩
個資料集，該資料集中的 T-SQL 指令如下。

```
-- 繪圖的 T-SQL 指令
DECLARE @i table(c1 varbinary(max))
INSERT INTO @i(c1) EXEC usp_r_msft_plot
SELECT * FROM @i
```

圖 5　檢視輸出圖片報表資料集

```
-- 輸出資料清單的 T-SQL 指令，該部分主要是要讓資料可以由近往遠排序
-- 其中 DECLARE @t TABLE 就是宣告一個資料表值變數
--INSERT INTO @t EXEC 預存程序可以將預存程序結果新增到變數

DECLARE @t table
([StockDate] datetime,
[Open]    decimal(10,3),
[High]    decimal(10,3),
[Low]     decimal(10,3),
[Close]   decimal(10,3),
[Volume]  bigint)
INSERT INTO @t EXEC usp_r_msft_data
SELECT * FROM @t ORDER BY 1 DESC
```

圖 6　檢視輸出資料清單的報表資料集

當完成上述設定之後，就可以輕鬆檢視到微軟股價在過去一年的表現。

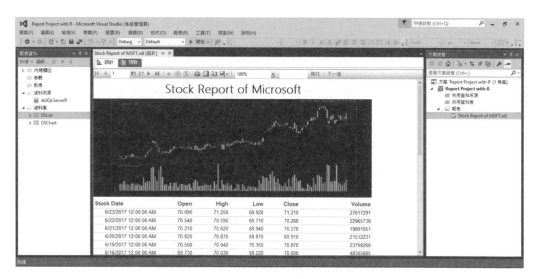

圖 7　檢視微軟過去一年的股價表現

最後可以直接部署到 Power BI Report Server 進行檢視,部署到 Power BI Report Server 時,需要設定 TargetServerURL 選項,如 http://localhost/ReportServer。

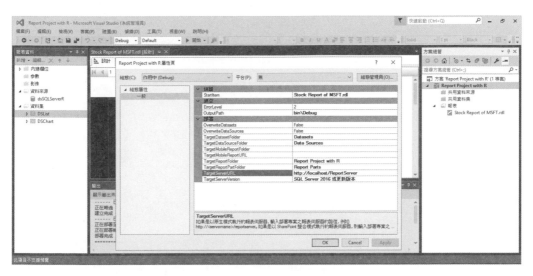

圖 8　部署已經完成的報表

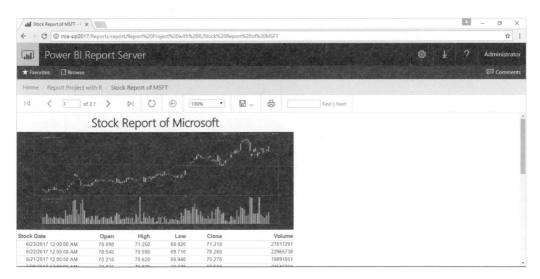

圖 9　從 Power BI Report Server 中執行報表

► **注意事項**

在設定報表影像屬性的時候，留意選取影像來源為資料庫，並將欄位設定為
=First(Fields!c1.Value, "DSChart")。

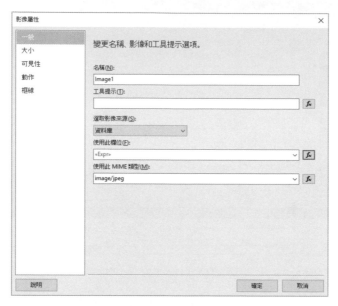

圖 10　選擇影像來源為資料庫

► **本書相關問題導覽**

2.【使用 SQL Server R 服務之 sp_execute_external_script 劃出股價圖】

3.【活用 SQL Server R 服務在 4 秒內將過去十年微軟股價載入到資料庫】

Lesson　　➤ **Part 01 資料庫與大數據整合**

06 快速整合 Power BI 與 SQL Server R 服務呈現數據與圖形

微軟在商業智慧分析的領域中，提出 Power BI 的工具，來方便分析者可以使用視覺化方式，呈現資料的走向。若是要顯示 SQL Server R 服務的數據，除了使用微軟的 SQL Server Reporting Services(SSRS) 報表服務之外，這裡要介紹如何使用 Power BI Desktop 版本，結合 R 語言的技巧，直接在 Power BI Desktop 中，搭配指定 SQL Server R 服務快速取得資料，然後在 Power BI Desktop 中，繪出圖形走向，或是使用 R 語言直接產生圖片資料，呈現在 Power BI Desktop。

▶ 案例說明

有關 Power BI Desktop 版本可以到下述網址下載，取得 PBIDesktopRS_x64.msi 進行安裝。

https://www.microsoft.com/en-us/download/details.aspx?id=55329

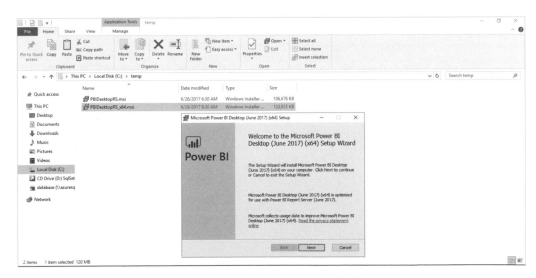

圖 1　安裝 Power BI Desktop 版本

該應用程式可以支援兩種 R 語言的功能，第一種就是 [Get Data | Other | R Script]，該部分可以直接輸入 R 語言 Script，就可以從指定的 R 伺服器中取得資料成為表格。第二種就是 R Script Visual，該部分可以針對 Power BI Desktop 中的數據結合 R 進行分析，劃出走勢圖。

▶ 實戰解說

啟動後的 Power BI Desktop 可以從 [Get Data | Other | R Script] 輸入 R 語言 Script，過程中如果沒有指定 R 伺服器路徑的時候，可以從以下的畫面指定到 SQL Server R 服務，就可以讓 Power BI Desktop 使用 SQL Server R 服務，進行 R Script 語言的輸入。

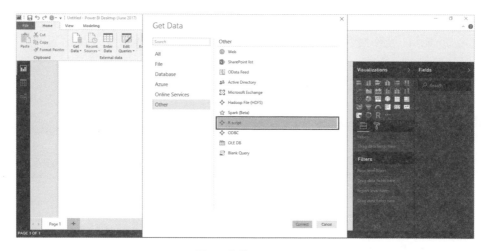

圖 2　啟動 R Script

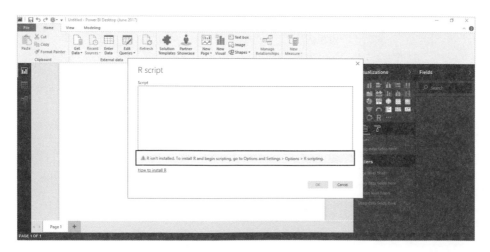

圖 3　需要正確設定 R Server

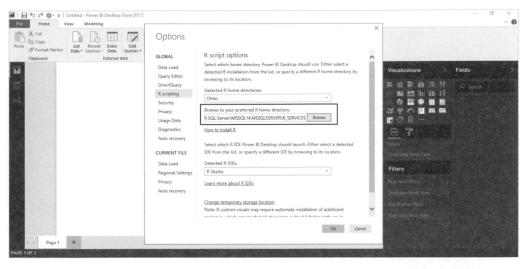

圖 4 設定 R 的路徑

最後再輸入 R Script 該內容主要是取出過去一年 MSFT 的股價資料，該範例是使用 quantmod 結合 getSymbols 方法抓取 google API，取得過去一年微軟的股價。過程中額外處理將 rownames 取出再整合到 data frame，這樣一來就可以在 Power BI Desktop 中完整呈現日期時間與所有股價的數據。

```
library("quantmod");
ds <- new.env();
date.start <-seq(Sys.Date(), length=2, by="-1 years")[2] ;
date.end   <-Sys.Date();
getSymbols("MSFT", env = ds, src = "google", from = date.start, to = date.end )
tblstock <- table((ds$"MSFT"));
dfstock  <- data.frame(ds$"MSFT");
dfrow    <- rownames(dfstock);
rownames(dfrow) <- NULL;
dfstock  <- cbind(dfrow,dfstock);
```

圖 5　輸入 R Script

當取得資料之後就可以選擇右邊的圖形，劃出資料分布狀況。

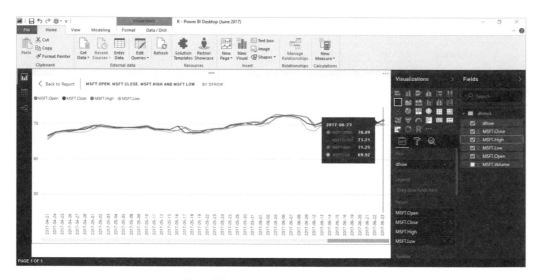

圖 6　檢視已經從 R 抓取到的數據

除了上述 R Script 功能之外，Power BI Desktop 還可以使用 R Script Visual 去分析已經匯入的資料集，劃出走勢圖或是進行分析預測，以下就是額外開啟 R Script Visual 針對上述的資料集，繪製成走勢圖。

```
# 使用 R Script Visual 繪製成走勢圖
plot(dataset,col="DarkRed")
```

圖 7　使用 R Script Visual 針對微軟股價各種變數進行繪圖

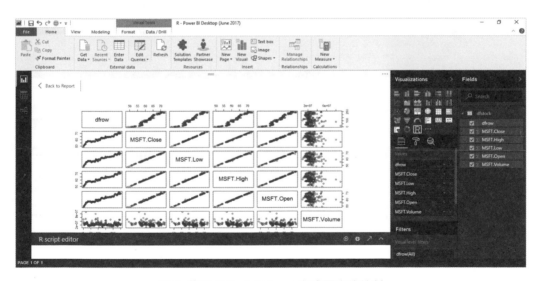

圖 8　使用 R Script Visual 完成圖表的繪製

► 注意事項

當使用 R Script Visual 功能的時候需要留意，就是需要先有資料集已經存在於 Power BI Desktop 的環境中，該資料可以是來自資料庫或是其他種類的資料，不一定需要來自 R Script。 這樣一來才可以啟用 R Script Visual 去分析現有存在於 Power BI Desktop 的數據，否則就會出現以下無法輸入 R 語言的狀況。

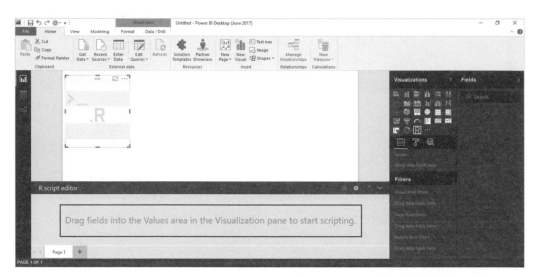

圖 9　沒有資料狀況下無法啟動 R Script Visual

► 本書相關問題導覽

2.【使用 SQL Server R 服務之 sp_execute_external_script 劃出股價圖】

5.【報表服務與 SQL Server R 呈現微軟過去一年股價資料圖】

07 完美整合 SQL Server R 與 Database Mail 遞送數據與圖表

當使用 T-SQL 的 sp_execute_external_script 預存程序，去整合 SQL Server 與 R 服務時，最重要的環節就是直接從 SQL Server 資料庫中取出數據後，馬上轉給 R 服務，進行分析與預測，這樣可以省下大量數據在 SQL Server 與 R 服務之間傳遞 的時間。本範例將使用 sp_execute_external_script 直接整合 T-SQL 查詢結果，將結 果轉給 R 服務進行分析，最後藉由 SQL Server 的 database Mail 的功能，傳送給指 定的收件者。

▶ 案例說明

在 這 個 案 例，會 用 到 SQL Server R、SQL CLR、SQL Server Database Mail、SQL Server T-SQL 等技術，其中 SQLCLR 主要是 SQL Server R 繪製的圖片匯出到指定路 徑，再交給後續的 Database Mail 進行傳送。

首先，要先了解怎樣使用 sp_execute_external_script 預存程序抓取由 SQL Server T-SQL 傳遞過來的資料集，然後再將取得的結果，轉給 SQL Server R 的繪圖功能， 繪製出整體數據的走向，最後使用 SQLCLR 將結果轉換成作業系統的檔案圖片，並且 使用 SQL Server Database Mail 夾檔案的方式送出。

▶ 實戰解說

開始這樣的一連串技術整合之前，先來了解每個環節的運作方式，首先，是如何使用 sp_execute_external_script 預存程序，抓取由 SQL Server T-SQL 傳遞過來的資料 集。這一段是很重要的部分，可以試試看以下的範例，可以將現在時間、資料庫名稱 與版本傳遞給 SQL Server R 當成 data frame，再使用簡易 R 的 print 輸出結果。

```
-- 使用預存程序傳遞資料給 SQL Server R 進行顯示
-- InputDataSet：其中 InputDataSet 表示由 SQL Server 傳遞的資料集
-- ds<-data.frame：意思就是將資料集轉換成 data frame 並且指定給變數 ds
-- print(ds)：使用 print 方式輸出 data frame 結果
-- @input_data_1：就是該預存程序取得 T-SQL 指令 然後輸出結果方式
EXEC sp_execute_external_script
    @language=N'R',
    @script  =N'
                ds<-data.frame(InputDataSet);
                print(ds); ',
@input_data_1 =N'select getdate() as DT,db_name() as DB'
GO
-- 結果
STDOUT message(s) from external script:
                DT    DB
1 2017-06-27 01:30:48 TSQL
```

圖 1 使用 sp_execute_external_script 匯入資料到 SQL Server R 服務

緊接著準備完整 T-SQL 要查詢資料，再送給 sp_execute_external_script 當成 SQL Server R 的內部 data frame。以下的樣本會查詢範例資料庫 [TSQL]，該部分可以取得客戶的訂單資料。

```
-- 命令列方式連接 SQL Server R 服務。
SELECT  [ordermonth] as orderdate,sum([qty])   as qty
FROM [TSQL].[Sales].[CustOrders]
GROUP BY ordermonth
ORDER BY 1
-- 結果
orderdate                      qty
2006-07-01 00:00:00.000        1462
2006-08-01 00:00:00.000        1322
2006-09-01 00:00:00.000        1124
2006-10-01 00:00:00.000        1738
2006-11-01 00:00:00.000        1735
2006-12-01 00:00:00.000        2200
2007-01-01 00:00:00.000        2401
2007-02-01 00:00:00.000        2132
2007-03-01 00:00:00.000        1770
2007-04-01 00:00:00.000        1912
2007-05-01 00:00:00.000        2164
2007-06-01 00:00:00.000        1635
2007-07-01 00:00:00.000        2054
2007-08-01 00:00:00.000        1861
2007-09-01 00:00:00.000        2343
2007-10-01 00:00:00.000        2679
2007-11-01 00:00:00.000        1856
2007-12-01 00:00:00.000        2682
2008-01-01 00:00:00.000        3466
2008-02-01 00:00:00.000        3115
2008-03-01 00:00:00.000        4065
2008-04-01 00:00:00.000        4680
2008-05-01 00:00:00.000        921
```

下一個步驟就是準備預存程序執行 sp_execute_external_script 並且將上述的 T-SQL 陳述式結果匯入到 SQL Server R 進行繪圖。

```
--create or alter proc 語法僅支援 SQL Server 2016 SP1 含以上的版本
-- 使用預存程序整合 SQL Server R 服務
USE [TSQL]
GO
```

```
CREATE or ALTER proc usp_r_plot_order_detail
AS
EXEC  sp_execute_external_script  @language =N'R',
@script=N'
    image_file = tempfile();
    jpeg(filename = image_file, width = 800, height = 800);
    OutputDataSet<-InputDataSet;
    TSQL2016<-data.frame(OutputDataSet);
    plot(TSQL2016, type="h")
#https://stat.ethz.ch/R-manual/R-devel/library/graphics/html/plot.html
    axis.Date(1, at=TSQL2016$orderdate,format="%Y/%m/%d") #https://stat.ethz.ch/
R-manual/R-devel/library/graphics/html/axis.POSIXct.html
    lines(lowess(TSQL2016),col="red");
#https://stat.ethz.ch/R-manual/R-devel/library/stats/html/lowess.html
    text(TSQL2016$orderdate, TSQL2016$qty, TSQL2016$qty)
#https://stat.ethz.ch/R-manual/R-devel/library/graphics/html/text.html
    dev.off();
    OutputDataSet <- data.frame(data=readBin(file(image_file,"rb"),what=raw(),n=1e6)); ',

@input_data_1 =N'SELECT  [ordermonth] as orderdate
                   ,sum([qty])   as qty
             FROM [TSQL].[Sales].[CustOrders]
             GROUP BY ordermonth order by 1 '
with result sets((plot varbinary(max)));
GO
-- 結果
Command(s) completed successfully.
```

最後就可以使用 SQLCLR 的組件，該組件已經安裝好在之前的範例，名稱為 [整合 SQLCLR 匯出 R 的圖片可節省 $150USD 的軟體版權]，最後再整合 SQL Server Database Mail 將產出的圖片使用夾檔的方式寄送出去。

```
-- 利用已經安裝好 SQLCLR 的 RDB 資料庫協助產生圖片
-- 輸出檔案名稱為動態 newid() 編碼

declare @filename nvarchar(128)=(select 'C:\temp\R'+cast(newid() as nvarchar(64))+'.
jpg')
declare @i table(c1 varbinary(max))
```

```
insert into @i(c1) exec usp_r_plot_order_detail
declare @plot varbinary(max)=(select c1 from @i)
EXEC RDB.[dbo].[SqlSPfileByParameter]
      @pByteArr= @plot,
      @pPath=@filename
-- 遞送郵件並且夾檔案
EXEC msdb.dbo.sp_send_dbmail
@profile_name='SQLDB',
@recipients='sqlserver2016@AdventureWorks.com',
@subject='SQL Server R with plot',
@body='Dear All, Here is the plot with SQL Server R',
@file_attachments=@filename
GO
-- 執行結果

(1 row(s) affected)
Successfully Exported
Mail (Id: 5) queued.
```

最後就可以從 Outlook 看到由 SQL Server R 搭配 T-SQL 整合 SQLCLR 與 Database Mail 發出的郵件。

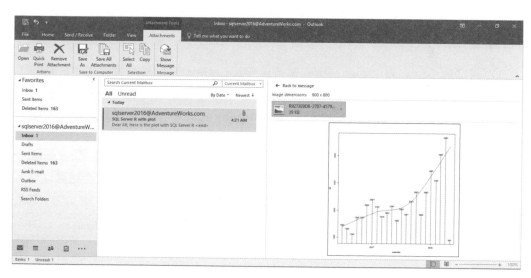

圖 2 檢視 SQL Server 發送的郵件

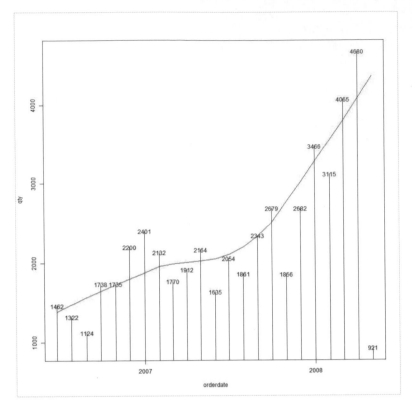

圖 3 由 SQL Server R 繪製的訂單走勢圖

注意在最後的 T-SQL 程式要執行匯出圖片與呼叫 Database Mail 傳送夾檔案的時候，有使用到一個變數 @filename，該變數需要跨越兩大程式區塊，如果貿然在中間，如 EXEC msdb.dbo.sp_send_dbmail 加上 GO 的指令，就會發生以下的錯誤。

主要的原因就是因為變數無法跨越 GO 的宣告，因此第一段程式宣告的 @filename，一碰到 GO 就會自動消失，就無法傳遞到第二個區段的預存程序，進行發送郵件。另外，為了避免發生多人使用的時候，檔案名稱重複，因此特別設計加上 NEWID() 函數產生亂數名稱，這樣就能確保多人使用的環境，依然可以正確遞送正確檔案。

```
-- 不可以在以下兩個程式區段中加上 GO
declare @filename nvarchar(128)=(select 'C:\temp\R'+cast(newid() as nvarchar(64))+'.
jpg')
declare @i table(c1 varbinary(max))
insert into @i(c1) exec usp_r_plot_order_detail
declare @plot varbinary(max)=(select c1 from @i)
EXEC RDB.[dbo].[SqlSPfileByParameter]
     @pByteArr= @plot,
      @pPath=@filename
GO
EXEC msdb.dbo.sp_send_dbmail
@profile_name='SQLDB',
@recipients='sqlserver2016@AdventureWorks.com',
@subject='SQL Server R with plot',
@body='Dear All, Here is the plot with SQL Server R',
@file_attachments=@filename
GO
-- 執行結果
(1 row(s) affected)
Successfully Exported
Msg 137, Level 15, State 2, Line 42
Must declare the scalar variable "@filename".
```

▶ 本書相關問題導覽

2.【使用 SQL Server R 服務之 sp_execute_external_script 劃出股價圖】

4.【整合 SQLCLR 匯出 R 的圖片可節省 $150USD 的軟體版權】

Lesson ➤ **Part 01 資料庫與大數據整合**

08 使用 SQL Server R 的資料採礦 進行決策分析取代傳統分析服務

從SQL Server 2005 開始，SQL Server Analyze Service 導入九種演算法，協助決策人員，進行資料採礦的分析。令大家印象極為深刻的一個範例，就是分析電信業的現有客戶是否會續約的因素，當初使用 SQL Server Analysis Service（分析服務）的技術進行分析，結果與影響強度由強到弱如下：

1. 你朋友是否跟你在相同電信業者（Same），因為網內互打免費

2. 每月撥打分鐘數（ARPU，Average Revenue Per User）

3. 年收入（Yearly Income）

4. 性別（Gender）。

▶ 案例說明

以往如果需要使用 SQL Server Analysis Service 的技術進行分析，需要開啟（Business Intelligent Development Studio(BIDS)，BIDS 為早期 SQL Server 2005/2008 版本）或是（SQL Server Data Tools(SSDT)，現在版本）中的分析服務選項。然後經過 data source、data source view 設定後，進行 data mining model 的建立，再根據精靈的輔助，就可以取得 decision tree 的分析結果。

現在有一個更簡單的選擇，可以直接整合 SQL Server 中的資料表（儲存現有電信業者的基本特徵），然後傳遞給 SQL Server R 的 sp_execute_external_script 的 @input_data_1 參數，就可以將客戶資料直接從 SQL Server 中的資料表讀出，載入給 SQL Server R 的 library("party") 套件中的 ctree 方法，使用 decision tree 的分析，直接預測是否會購買 [Buy]，過程中根據特徵 [Gender + YearIncome + ARPU + SameTelecom]，進行分析導出結果。這樣的整合就可以省下去使用傳統的 SSAS 分析服務的工具。

開始這樣之前，先準備 T-SQL 查詢資料送給 sp_execute_external_script 當成 SQL Server R 的內部 data frame。以下的樣本會查詢範例資料庫 [TeleCom]，該部分可以取得以下的資料。

```
-- 進行分析之前先使用 T-SQL 檢視資料表內容
SELECT CustID,Gender,YearIncome,ARPU,SameTelecom,Buy
FROM    [TeleCom].[dbo].[Promotions]
GO
-- 結果如下圖
```

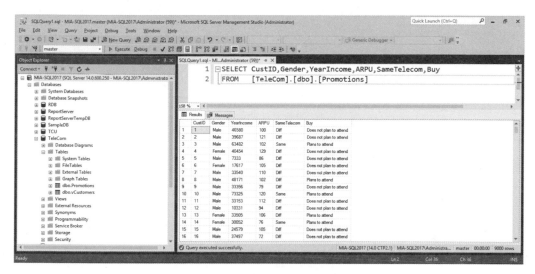

圖 1　檢視資料庫中的電信業資料

開始使用 SQL Server R 服務之前，建議先安裝完畢 party 套件，可以使用 C:\Program Files\Microsoft SQL Server\MSSQL14.MSSQLSERVER\R_SERVICES\Bin\R.exe，執行 install.packages("party");

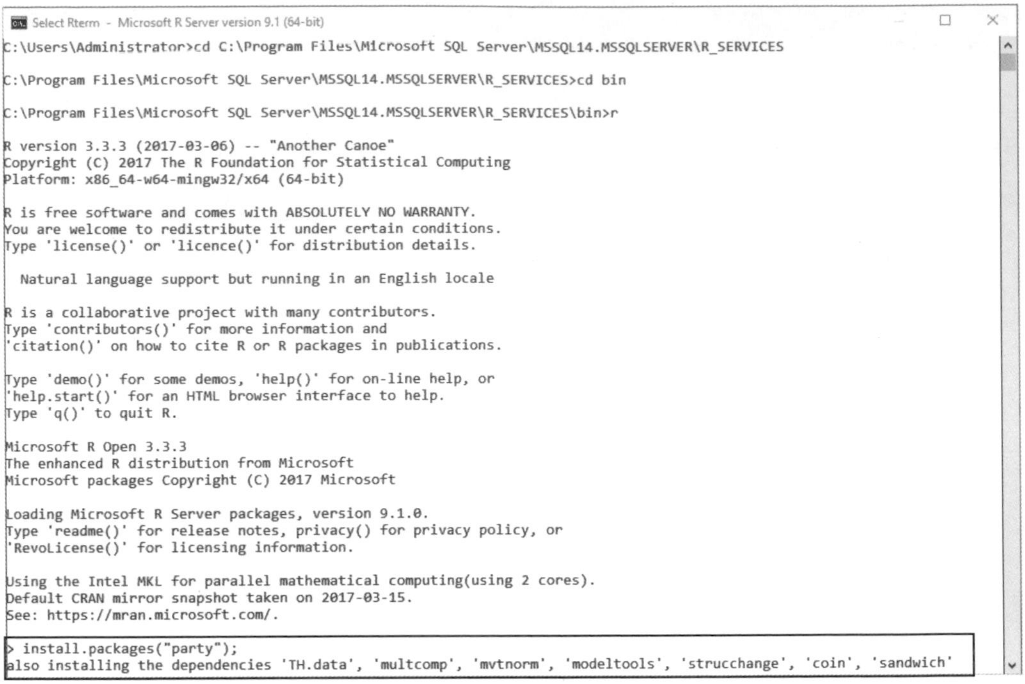

```
Select Rterm - Microsoft R Server version 9.1 (64-bit)
C:\Users\Administrator>cd C:\Program Files\Microsoft SQL Server\MSSQL14.MSSQLSERVER\R_SERVICES

C:\Program Files\Microsoft SQL Server\MSSQL14.MSSQLSERVER\R_SERVICES>cd bin

C:\Program Files\Microsoft SQL Server\MSSQL14.MSSQLSERVER\R_SERVICES\bin>r

R version 3.3.3 (2017-03-06) -- "Another Canoe"
Copyright (C) 2017 The R Foundation for Statistical Computing
Platform: x86_64-w64-mingw32/x64 (64-bit)

R is free software and comes with ABSOLUTELY NO WARRANTY.
You are welcome to redistribute it under certain conditions.
Type 'license()' or 'licence()' for distribution details.

  Natural language support but running in an English locale

R is a collaborative project with many contributors.
Type 'contributors()' for more information and
'citation()' on how to cite R or R packages in publications.

Type 'demo()' for some demos, 'help()' for on-line help, or
'help.start()' for an HTML browser interface to help.
Type 'q()' to quit R.

Microsoft R Open 3.3.3
The enhanced R distribution from Microsoft
Microsoft packages Copyright (C) 2017 Microsoft

Loading Microsoft R Server packages, version 9.1.0.
Type 'readme()' for release notes, privacy() for privacy policy, or
'RevoLicense()' for licensing information.

Using the Intel MKL for parallel mathematical computing(using 2 cores).
Default CRAN mirror snapshot taken on 2017-03-15.
See: https://mran.microsoft.com/.

> install.packages("party");
also installing the dependencies 'TH.data', 'multcomp', 'mvtnorm', 'modeltools', 'strucchange', 'coin', 'sandwich'
```

圖 2 安裝決策樹需要的套件 Party

下一個步驟就是準備預存程序執行 sp_execute_external_script，並且將上述的 T-SQL 陳述式結果匯入到 SQL Server R 進行決策樹分析與繪圖。

```
--create or alter proc 語法僅支援 SQL Server 2016 SP1 含以上的版本
-- 使用預存程序整合 SQL Server R 服務
create or alter proc usp_r_plot_decision_tree
AS
EXEC sp_execute_external_script
@language =N'R',
@script   =N'
    # 記得先安裝 install.packages("party");
     library("party"); # 使用決策樹演算法
    image_file = tempfile();
    jpeg(filename = image_file, width = 800, height = 800);
    OutputDataSet<-InputDataSet;
    TeleCom<-data.frame(OutputDataSet);
    TeleCom_ctree <- ctree(Buy ~ Gender + YearIncome + ARPU + SameTelecom ,
 data=TeleCom);
```

```
# 利用 Gender + YearIncome + ARPU + SameTelecom 變數預測是否會購買 Buy
plot(TeleCom_ctree)
dev.off();
OutputDataSet <- data.frame(data=readBin(file(image_file,"rb"),what=raw(),
n=1e6)); ',
@input_data_1 =N'SELECT CustID,Gender,YearIncome,ARPU,SameTelecom,Buy
                FROM [TeleCom].[dbo].[Promotions]'
with result sets((plot varbinary(max)));
GO


declare @i table(c1 varbinary(max))
insert into @i(c1) exec usp_r_plot_decision_tree
declare @plot varbinary(max)=(select c1 from @i)
exec RDB.[dbo].[SqlSPfileByParameter]
    @pByteArr= @plot,
    @pPath=N'C:\temp\usp_r_plot_decision_tree.jpg'
GO
-- 結果
STDERR message(s) from external script:
Loading required package: grid
Loading required package: mvtnorm
Loading required package: modeltools
Loading required package: stats4
Loading required package: strucchange
Loading required package: zoo


Attaching package: 'zoo'


The following objects are masked from 'package:base':


    as.Date, as.Date.numeric


Loading required package: sandwich


(1 row(s) affected)
Successfully Exported
```

最後就可以從 C:\temp\usp_r_plot_decision_tree.jpg 看到使用決策樹建立的預測模型，該模型中可以看出來影響最深的因素，就是是否有相同電信業，意思就是說國內網內互打免費的方式，該比較強的因素會去左右使用者，是否願意繼續使用該電信業者的服務（SameTelecom）。其次重要的因素就是每月撥打的分鐘數（ARPU），再其次就是年收入（YearIncome），最後就是性別（Gender）。

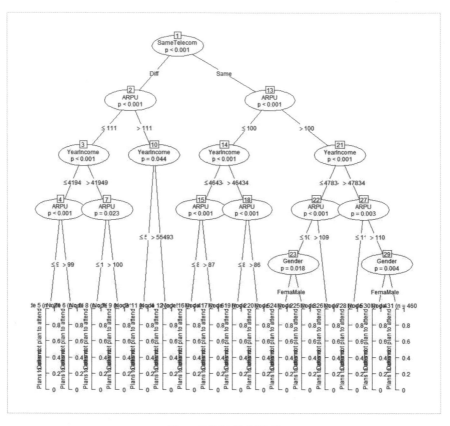

圖 3　檢視決策樹模型

在執行上述程式的過程中，如果看到以下的錯誤，就是表示沒有安裝 party 套件，過程中需要使用 R.exe 安裝指定的 party 套件。

```
Msg 39004, Level 16, State 20, Line 20
A 'R' script error occurred during execution of 'sp_execute_external_script' with
HRESULT 0x80004004.
```

```
Msg 39019, Level 16, State 2, Line 20
An external script error occurred:
Error in library("party") : there is no package called 'party'
Calls: source -> withVisible -> eval -> eval -> library

Error in ScaleR.  Check the output for more information.
Error in eval(expr, envir, enclos) :
  Error in ScaleR.  Check the output for more information.
Calls: source -> withVisible -> eval -> eval -> .Call
Execution halted
```

如果需要檢查該 SQL Server R 是否已經安裝與載入 party 套件，可以使用 R 的指令 search()，就可以檢查是否有 party 套件存在於結果之中。

► **本書相關問題導覽**

2. 【使用 SQL Server R 服務之 sp_execute_external_script 劃出股價圖】

4. 【整合 SQLCLR 匯出 R 的圖片可節省 $150USD 的軟體版權】

09 使用 SQL Server R rxDTree 演算法產生互動式決策樹

微軟的 SQL Server R 服務功能，除了之前介紹的整合 R in database 之外，更提供許多專屬於 RevoScaleR 特有的演算法給用戶，讓 SQL Server R 可以使用微軟提供的套件，例如 rpart 來進行類別型態決策樹（classification-type trees）與迴歸型態決策樹（regression-type trees），其中 rxDTree 演算法支援平行處理與多核心，加速大數據處理的速度。

▶ **案例說明**

在之前案例中有使用 party 傳統的決策樹演算法，進行電信業數據的分析，實作出決策樹。針對巨大資料量，可以考慮使用微軟提供的 RevoScaleR 的 rxDTree 演算法，過程中無須安裝，就可以直接在引用，至於那些微軟的 R 服務可以使用 RevoScaleR 功能，可以參考下的說明。

微軟的 R 基本上是建置在 Open Source R 之上，提供多功能服務包含有

1. Microsoft R Server

   伺服器版本的 R 伺服器，整合 RevoScaleR functions。

   ```
   C:\Program Files\Microsoft\R Server\R_SERVER\bin>R


   R version 3.3.2 (2016-10-31) -- "Sincere Pumpkin Patch"
   Copyright (C) 2016 The R Foundation for Statistical Computing
   Platform: x86_64-w64-mingw32/x64 (64-bit)
   * 注意有 RevoScaleR 套件 *
   > search()
    [1] ".GlobalEnv"           "package:RevoUtilsMath" "package:RevoUtils"
    [4] "package:RevoMods"     "package:RevoScaleR"    "package:lattice"
   ```

```
[7]  "package:rpart"        "package:stats"       "package:graphics"
[10] "package:grDevices"    "package:utils"       "package:datasets"
[13] "package:methods"      "Autoloads"           "package:base"
```

2. Microsoft R Client

   可以由 SQL Server 安裝過程選擇 Standalone R，包含 RevoScaleR functions。

```
c:\Program Files\Microsoft SQL Server\140\R_SERVER\bin>R

R version 3.3.2 (2016-10-31) -- "Sincere Pumpkin Patch"
Copyright (C) 2016 The R Foundation for Statistical Computing
Platform: x86_64-w64-mingw32/x64 (64-bit)
** 注意有 RevoScaleR 套件 **
> search()
 [1] ".GlobalEnv"           "package:RevoUtilsMath" "package:RevoUtils"
 [4] "package:RevoMods"     "package:RevoScaleR"    "package:lattice"
 [7] "package:rpart"        "package:stats"         "package:graphics"
[10] "package:grDevices"    "package:utils"         "package:datasets"
[13] "package:methods"      "Autoloads"             "package:base"
```

3. Microsoft R Open

   功能等同 CRAN 的 Revolution R Open (RRO)。https://mran.microsoft.com/，
   沒有包含 RevoScaleR functions。

```
C:\Program Files\Microsoft\MRO-3.3.2\bin>R

R version 3.3.2 (2016-10-31) -- "Sincere Pumpkin Patch"
Copyright (C) 2016 The R Foundation for Statistical Computing
Platform: x86_64-w64-mingw32/x64 (64-bit)
** 注意【沒有】RevoScaleR 套件 **
> search()
 [1] ".GlobalEnv"           "package:stats"       "package:graphics"
 [4] "package:grDevices"    "package:utils"       "package:datasets"
 [7] "package:RevoUtilsMath" "package:methods"     "Autoloads"
[10] "package:base"
```

4. R services (In Database)

這就是獨立版本的 R 伺服器整合到 SQL Server，藉由 SQL Server Launchpad 的介面，整合 T-SQL 與 SQL Server R。

```
C:\Program Files\Microsoft SQL Server\MSSQL14.MSSQLSERVER\R_SERVICES\bin>R

R version 3.3.2 (2016-10-31) -- "Sincere Pumpkin Patch"
Copyright (C) 2016 The R Foundation for Statistical Computing
Platform: x86_64-w64-mingw32/x64 (64-bit)
** 注意有 RevoScaleR 套件 **
> search()
 [1] ".GlobalEnv"          "package:RevoUtilsMath" "package:RevoUtils"
 [4] "package:RevoMods"    "package:RevoScaleR"    "package:lattice"
 [7] "package:rpart"       "package:stats"         "package:graphics"
[10] "package:grDevices"   "package:utils"         "package:datasets"
[13] "package:methods"     "Autoloads"             "package:base"
>
```

▶ 實戰解說

當瞭解上述的各種的 Microsoft R 版本之後，就可以清楚知道要執行 rpart 套件，需要安裝的版本為 R services (In Database)、Microsoft R Client 或是 Microsoft R Server，由於要展示的是動態 RevoTreeView 需要啟動瀏覽器，因此以下的展示將使用 RStudio 搭配 R 程式進行執行。過程中會使用 csv 表格，將之前 [使用 SQL Server R 的資料採礦進行決策分析取代傳統分析服務] 的資料庫 Telecom 匯出成 csv 表格，再使用 read.csv 方式讀取。當然也可以搭配 RODBC 方式，安裝 RODBC 的套件加上設定 ODBC 連線字串，就可以使用 RStudio 將資料庫資料取出。

首先確認 RStudio 是否連上 Microsoft 提供的任何 R 伺服器，以下是的畫面可以看到 RStudio 已經連上 SQL Server R in database 版本。

圖 1　確認 RStudio 是否已經連上任何 Microsoft R 服務

此外再檢查 C:\temp\telecom.csv 的內容，該數據就是 Telecom 資料庫資料表匯出並且使用 CSV 格式儲存。

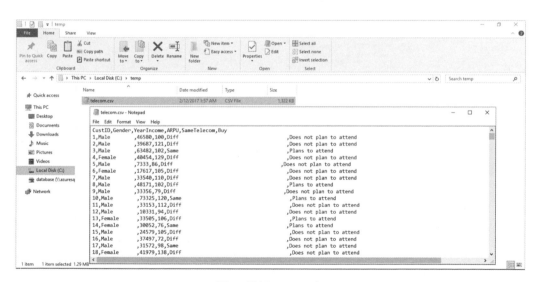

圖 2　檢視 CSV 內容

最後使用 RStudio 執行以下的程式，就可以看到產生額外的瀏覽器，在該瀏覽器中有動態決策樹結果。

```
InputDataSet <- read.csv(file="c:/temp/telecom.csv", header=TRUE, sep=",")
library("rpart");
library("RevoTreeView");
OutputDataSet<-InputDataSet;
TeleCom<-data.frame(OutputDataSet);
TeleCom_ctree <- rxDTree(Buy ~ Gender + YearIncome + ARPU + SameTelecom , data=TeleCom
, cp=2.5e-4);
# 產生動態的瀏覽視窗
plot(createTreeView(TeleCom_ctree));
```

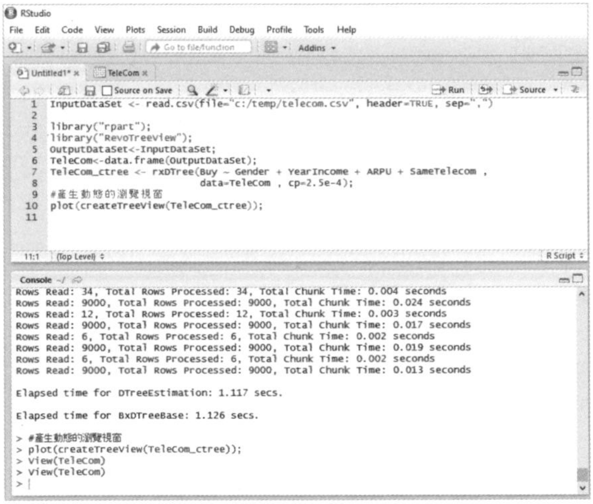

圖 3 使用 Rstudio 搭配 SQL Server R 服務執行

完成上述的模型建立之後，就可以看到 RStudio 會產生一個瀏覽視窗該視窗包含有 createTreeView 產生的動態瀏覽方式。

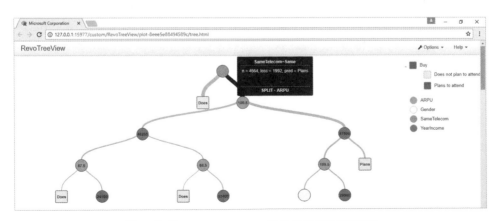

圖 4 檢視 createTreeView 產生的動態瀏覽視窗

如果要使用 RODBC 直接連接後端資料庫取得電信資料，可以參考以下設定，首先要安裝，install.packages("RODBC")，然後設定 ODBC 名稱 DSN(Data Source Name)，其中最需要留意就是，轉換資料集中的欄位為分類變數，過程中需要使用 as.factor 轉換方式。

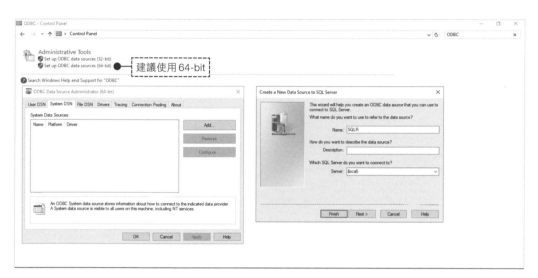

圖 5 使用 ODBC 對應 RStudio 版本為 64 位元

```
#install.packages("RODBC");
library(RODBC);
drv <- odbcConnect("SQLR")
InputDataSet = sqlQuery(drv, "SELECT CustID,Gender,YearIncome,ARPU,SameTelecom,Buy
                        FROM [TeleCom].[dbo].[Promotions]"
                    , stringsAsFactors = FALSE)


library("rpart");
library("RevoTreeView");
OutputDataSet<-InputDataSet;
TeleCom<-data.frame(OutputDataSet);
# 轉換分類變數
TeleCom$Buy<-as.factor(TeleCom$Buy);
TeleCom$Gender<-as.factor(TeleCom$Gender);
TeleCom$SameTelecom<-as.factor(TeleCom$SameTelecom);
```

```
TeleCom_ctree <- rxDTree(Buy ~ Gender + YearIncome + ARPU + SameTelecom ,
                    data=TeleCom , cp=2.5e-4);
#產生動態的瀏覽視窗
plot(createTreeView(TeleCom_ctree));
```

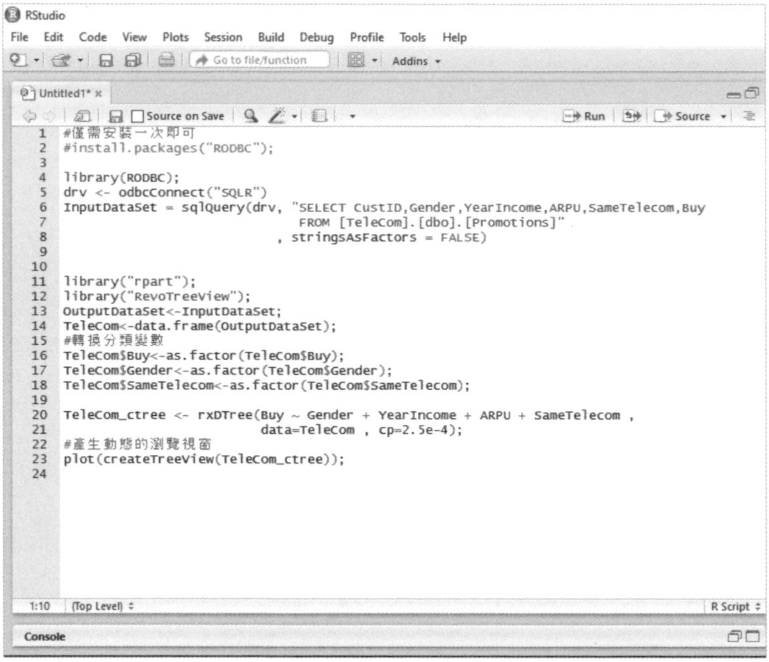

圖 6　使用 RODBC 連接資料

▶ **本書相關問題導覽**

8.【使用 SQL Server R 的資料採礦進行決策分析取代傳統分析服務】

10 使用 SQL Server R 作為網路爬蟲抓取台灣銀行與國際匯率資料

技 術可貴在於精進與提升，在筆者數年前撰寫的《SQL Server2005 資料庫程式開發達人手冊第二版》一書當中，曾經使用到 XML 技術搭配 SQLCLR 實作，取得 [立陶宛] 地區的匯率交換。過程中使用以下的方式，拿到匯率交換的資訊。

◈ **T-SQL 搭配**

- ◆ 預存程序

- ◆ SQLCLR

- ◆ Web Services(ASMX)

- ◆ http://webservices.lb.lt/ExchangeRates/ExchangeRates.asmx

這可說是當時最簡易的網路資料擷取方式，因為整合 SQLCLR 直接在 SQL Server 2005 的引擎中，處理資料庫的資訊下載與解析的自動化作業。

▶ 案例說明

隨著時間來到 SQL Server 整合 R 語言之後，就可以更簡易的方式，解決上述相同的問題，以下就是整個處理的簡易過程。其中最大的改變就是 SQLCLR 更換成 SQL Server R 技術，然後藉由 R 的豐富套件，快速完成之前的工作。

◈ **T-SQL**

- ◆ sp_execute_external_script

- ◆ SQL Server R 加上套件 (httr) 與 (XML)

- ◆ Web Services(ASMX)

- ◆ http://webservices.lb.lt/ExchangeRates/ExchangeRates.asmx

這樣就能省下時間，不用再去使用 Visual Studio 開發 C# 或是 VB.NET，讓資料處理更為順暢與快速。

▶ **實戰解說**

首先要安裝以下兩個套件，方便 SQL Server R 進行網路資料抓取，並且可以整合與解析 XML 資料。

```
-- 請使用 RStudio 連上 SQL Server R
-- 或是 C:\Program Files\Microsoft SQL Server\MSSQL14.MSSQLSERVER\R_SERVICES\bin\R.exe
install.packages("XML");
install.packages("httr");
```

完成上述的安裝之後，接著先使用 RStudio 驗證，是否可以順利執行以下抓取網路資料，http://webservices.lb.lt/ExchangeRates/ExchangeRates.asmx/getListOfCurrencies 。

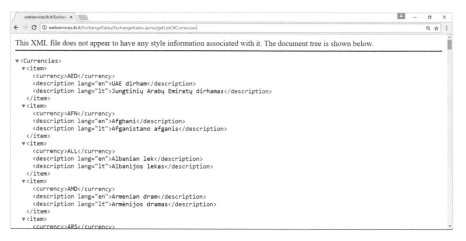

圖 1　檢視網路資料

```
-- 請使用 RStudio 連上 SQL Server R
-- 或是 C:\Program Files\Microsoft SQL Server\MSSQL14.MSSQLSERVER\R_SERVICES\bin\R.exe
library(httr)
library(XML)
lblt<-"http://webservices.lb.lt/ExchangeRates/ExchangeRates.asmx/getListOfCurrencies"
myxml<-xmlParse(content(GET(lblt), "text"))
```

```
class(myxml)
xmltop = xmlRoot(myxml)
currency <- xmlSApply(xmltop, function(x) xmlSApply(x, xmlValue))
currency_df <- data.frame(t(currency),row.names=NULL)
print(currency_df)
```

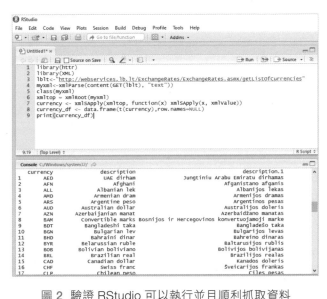

圖 2 驗證 RStudio 可以執行並且順利抓取資料

上述的 R 指令可以匯出 Web Services 成為一個資料集，這樣就可以準備使用 SQL Server R 進行整合，並且將結果直接輸出到資料表。接下來就是準備 T-SQL 整合 sp_execute_external_script，使用 SQL Server R 將結果儲存到 SQL Server。

```
--create or alter proc 語法僅支援 SQL Server 2016 SP1 含以上的版本
-- 整合 sp_execute_external_script
use RDB
GO
create or alter proc usp_r_xml
AS
execute sp_execute_external_script
  @language = N'R'
, @script   = N'
            library(httr)
            library(XML)
lblt<-"http://webservices.lb.lt/ExchangeRates/ExchangeRates.asmx/getListOfCurrencies"
```

```
            myxml<-xmlParse(content(GET(lblt), "text"))
            class(myxml)
            xmltop = xmlRoot(myxml)
            currency <- xmlSApply(xmltop, function(x) xmlSApply(x, xmlValue))
            currency_df <- data.frame(t(currency),row.names=NULL)
            OutputDataSet<-as.data.frame(currency_df)
        '
WITH RESULT SETS( ([0] nvarchar(64),[1] nvarchar(64),[2] nvarchar(64)) );
GO
--drop table if exists 語法僅支援 SQL Server 2016 SP1 含以上的版本
-- 建立儲存資料表
drop table if exists tblXML
GO
create table tblXML
(currency    nvarchar(64),
 short_name nvarchar(64),
 long_name   nvarchar(64)
)
GO
-- 在 SQL Server 中執行，將結果從網路取出並且新增到 table
insert into tblXML exec usp_r_xml
GO
-- 檢視結果
select * from tblXML
GO
```

圖 3 檢視 R 語言抓取 XML 資料結果

有關網路爬蟲的方式，除了上述的 XML 內容之外，許多情況是使用 download.file 去下載，以下的範例就是另外一種爬蟲程式，過程中直接使用預設的網路銀行匯率資料。實作過程中需要找出下載的路徑 http://rate.bot.com.tw/xrt?Lang=zh-TW ，該網站提供台灣銀行即時台幣匯率，該網站支援下載 Excel 檔案方式，直接下載所有即時匯率。因此可以使用以下的 R 程式整合 SQL Server 進行匯入，並且儲存到資料庫。

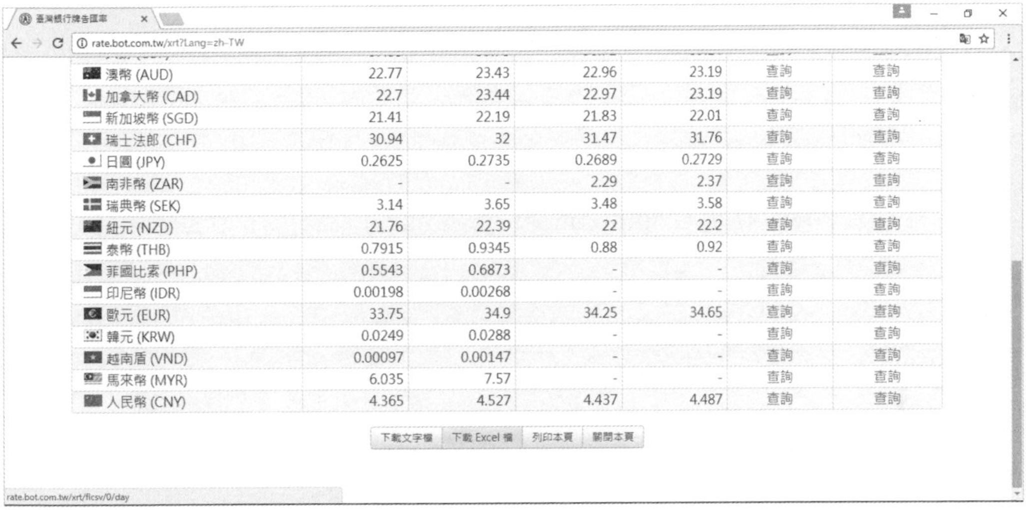

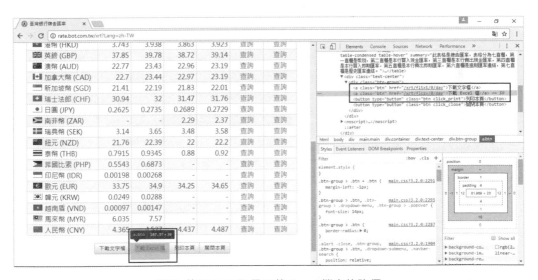

圖 4　檢視台灣即時匯率網站

圖 5　使用 F12 取得下載 Excel 檔案的路徑

然後輸入以下的三行 R 指令，就可以輕鬆將台灣銀行即時國際匯率資料下載。

第一行 R 語言，就是使用 R 內建函數下載匯率資料，並且儲存在指定的路徑。

```
download.file("http://rate.bot.com.tw/xrt/flcsv/0/day","c:\\temp\\r.bank.txt")
```

第二行 R 語言，就是使用 read.csv 讀入 UTF-8 編碼資料。

```
MyData <- read.csv("c:\\temp\\r.bank.txt", header = FALSE,encoding = "UTF-8")
```

第三行 R 語言，就是使用 OutputDataSet<-MyData[-1,1:21]，表示去除第一行標題列，並且取 21 個欄位。

```
------------------------------------------
-- 以下是 SQL Server R 直接下載然後儲存到資料庫
------------------------------------------
use RDB
GO
-- 建立預存程序
create or alter proc usp_r_csv
AS
BEGIN
exec sp_execute_external_script
  @language =N'R',
  @script=N'
  download.file("http://rate.bot.com.tw/xrt/flcsv/0/day","c:\\temp\\r.bank.txt")
  MyData <- read.csv("c:\\temp\\r.bank.txt", header = FALSE,encoding = "UTF-8")
  OutputDataSet<-MyData[-1,1:21]'
  WITH RESULT SETS( (
    [ 幣別 ] [nvarchar](50)  ,
    [ 買入匯率 ] [nvarchar](50)  ,
    [ 買入現金 ] [nvarchar](50)  ,
    [ 買入即期 ] [nvarchar](50)  ,
    [ 買入遠期 10 天 ] [nvarchar](50)  ,
    [ 買入遠期 30 天 ] [nvarchar](50)  ,
    [ 買入遠期 60 天 ] [nvarchar](50)  ,
    [ 買入遠期 90 天 ] [nvarchar](50)  ,
    [ 買入遠期 120 天 ] [nvarchar](50)  ,
```

```
    [買入遠期 150 天] [nvarchar](50)  ,
    [買入遠期 180 天] [nvarchar](50)  ,
    [賣出匯率] [nvarchar](50)  ,
    [賣出現金] [nvarchar](50)  ,
    [賣出即期] [nvarchar](50)  ,
    [賣出遠期 10 天] [nvarchar](50)  ,
    [賣出遠期 30 天] [nvarchar](50)  ,
    [賣出遠期 60 天] [nvarchar](50)  ,
    [賣出遠期 90 天] [nvarchar](50)  ,
    [賣出遠期 120 天] [nvarchar](50)  ,
    [賣出遠期 150 天] [nvarchar](50)  ,
    [賣出遠期 180 天] [nvarchar](50)  )
    );
END
GO
-- 判斷該資料表是否存在
DROP TABLE if exists dbo.tblBANK
GO
-- 建立資料表
CREATE TABLE [dbo].[tblBank](
    [幣別] [nvarchar](20) NULL,
    [買入匯率] [nvarchar](20) NULL,
    [買入現金] [nvarchar](20) NULL,
    [買入即期] [nvarchar](20) NULL,
    [買入遠期 10 天] [nvarchar](20) NULL,
    [買入遠期 30 天] [nvarchar](20) NULL,
    [買入遠期 60 天] [nvarchar](20) NULL,
    [買入遠期 90 天] [nvarchar](20) NULL,
    [買入遠期 120 天] [nvarchar](20) NULL,
    [買入遠期 150 天] [nvarchar](20) NULL,
    [買入遠期 180 天] [nvarchar](20) NULL,
    [賣出匯率] [nvarchar](20) NULL,
    [賣出現金] [nvarchar](20) NULL,
    [賣出即期] [nvarchar](20) NULL,
    [賣出遠期 10 天] [nvarchar](20) NULL,
    [賣出遠期 30 天] [nvarchar](20) NULL,
    [賣出遠期 60 天] [nvarchar](20) NULL,
    [賣出遠期 90 天] [nvarchar](20) NULL,
    [賣出遠期 120 天] [nvarchar](20) NULL,
    [賣出遠期 150 天] [nvarchar](20) NULL,
```

```
        [ 賣出遠期 180 天 ] [nvarchar](20) NULL)
GO
-- 執行預存程序後將結果匯入到資料表
INSERT INTO [tblBank] EXEC usp_r_csv

-- 顯示結果
SELECT * FROM [tblBank]
GO
```

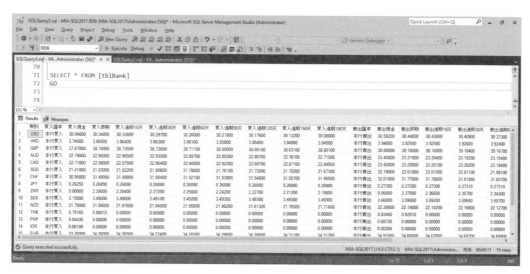

圖 6　檢視使用 R 搭配 download.file 匯入的台灣即時國際匯率

▶ 注意事項

當使用 R 語言進行網路爬蟲時，某些下載的檔案若是編碼為 "UTF-8" 者，需要在讀取
檔案時特別指定編碼格式，否則會發生以下錯誤：

```
download.file('http://rate.bot.com.tw/xrt/flcsv/0/day','c:\\temp\\r.bank.txt')
MyData <- read.csv("c:\\temp\\r.bank.txt", header = FALSE)
-- 結果，因為沒有使用編碼就會產生錯誤
> MyData <- read.csv("c:\\temp\\r.bank.txt", header = FALSE)
Error in type.convert(data[[i]], as.is = as.is[i], dec = dec, numerals = numerals,  :
  invalid multibyte string at '<e6><9c><ac> 銝 眺 <e5> '
```

```
download.file('http://rate.bot.com.tw/xrt/flcsv/0/day','c:\\temp\\r.bank.txt')
MyData <- read.csv("c:\\temp\\r.bank.txt", header = FALSE,encoding = "UTF-8")
-- 結果正確使用 UTF-8 編碼就沒有錯誤
> MyData <- read.csv("c:\\temp\\r.bank.txt", header = FALSE,encoding = "UTF-8")
>
```

此外會影響 read.csv 是否可以使用 encoding = "UTF-8" 編碼的方式還有 R 服務所在的地區資料，因此建議可以將 R 服務所在作業系統資訊，調整成以下的國際標準格式 LC_COLLATE=English_United States.1252，就可以順利下載與使用 encoding = "UTF-8" 方式將台灣銀行的國際匯率資訊進行讀取。

```
-----------------------------------
-- 以下是檢查 SQL Server 的安裝 R 語言版本
-----------------------------------
exec sp_execute_external_script
  @language =N'R',
  @script=N'print(sessionInfo())'
go

STDOUT message(s) from external script:
R version 3.3.3 (2017-03-06)
Platform: x86_64-w64-mingw32/x64 (64-bit)
Running under: Windows Server x64 (build 14393)

locale:
[1] LC_COLLATE=English_United States.1252
[2] LC_CTYPE=English_United States.1252
[3] LC_MONETARY=English_United States.1252
[4] LC_NUMERIC=C
[5] LC_TIME=English_United States.1252

attached base packages:
[1] stats     graphics  grDevices utils     datasets  methods   base

other attached packages:
[1] RevoUtilsMath_10.0.0 RevoUtils_10.0.3     RevoMods_11.0.0
[4] MicrosoftML_1.3.0    mrsdeploy_1.1.0      RevoScaleR_9.1.0
[7] lattice_0.20-34      rpart_4.1-10
```

```
loaded via a namespace (and not attached):
[1] R6_2.2.0                tools_3.3.3           curl_2.3
[4] CompatibilityAPI_1.1.0 codetools_0.2-15      grid_3.3.3
[7] iterators_1.0.8         foreach_1.4.3         jsonlite_1.3
```

▶ **本書相關問題導覽**

2. 【使用 SQL Server R 服務之 sp_execute_external_script 劃出股價圖】

11

實戰問題之 SQL Server R 無法取得更多記憶體問題解決方案

大數據的分析需要的不僅是超強的 CPU 資源，還需要更多的記憶體，才能順暢地完成資料的載入、處理與分析，經過前面幾個 SQL Server R 的技術案例後，當要針對線上大型資料進行分析時，往往會碰到以下的錯誤。這樣的錯誤對新技術實作過程，對於沒有資料庫管理經驗的人而言，一時之間真的很難抓到問題癥結點。

```
-- 執行 SQL Server R 載入大數據分析過程產生的異常訊息
Msg 39004, Level 16, State 20, Line 27
A 'R' script error occurred during execution of 'sp_execute_external_script' with
HRESULT 0x80004004.
Msg 39019, Level 16, State 2, Line 27
An external script error occurred:

ERROR: failure to allocate requested memory.
Error in doTryCatch(return(expr), name, parentenv, handler) :
Calls: source ... tryCatch -> tryCatchList -> tryCatchOne -> doTryCatch -> .Call

Error in ScaleR.  Check the output for more information.
Error in eval(expr, envir, enclos) :
  Error in ScaleR.  Check the output for more information.
Calls: source -> withVisible -> eval -> eval -> .Call
Execution halted
```

▶ 案例說明

發生這樣的上述案例之後，首先要先從眾多的錯誤訊息中找出有用的資訊，或是利用嘗試的方式逐步縮小問題的範圍。首先來看以下的 SQL Server R 程式，檢視該程式的功用並且學習如何從中找出可能錯誤。以下的程式是一個 SQL Server R 整合 rpart

套件，進行預測模型的建立與驗證，過程中會匯入大量的數據到 SQL Server R 當成 dataframe。

```
--create or alter proc 語法僅支援 SQL Server 2016 SP1 含以上的版本
use EUDB
GO
-- 建立預存程序
create or alter proc usp_r_plot_decision_tree_eudb
AS
exec sp_execute_external_script  @language =N'R',
@script=N'
    library("rpart");
    image_file = tempfile();
    jpeg(filename = image_file, width = 800, height = 800);
    OutputDataSet<-InputDataSet;
    TSQL<-data.frame(OutputDataSet);
    # 取樣當成訓練資料與驗證資料
    sub <- sample(nrow(InputDataSet), floor(nrow(InputDataSet) * 0.8))
    training <- InputDataSet[sub, ]
    testing <- InputDataSet[-sub, ]
    # 建立預測模型
    TSQL_ctree <- rxDTree(Buy ~
                CustID+Gender+YearIncome+SRCases+SameColleague+SRDays ,
                data=training , cp=2.5e-4);
    # 預測
    predict <- rxPredict(TSQL_ctree,data = testing, type = "prob")
    testing$no <- predict[,1]
    testing$yes <- predict[,2]
    roc_data <- data.frame(predict[,2],as.integer(testing$Buy)-1)
    names(roc_data) <- c("predicted_value","actual_value")
    # 劃出 ROC 曲線
    rxRocCurve("actual_value","predicted_value",
                roc_data,title="ROC Curve for rxDTree Model")
    dev.off();
    OutputDataSet <- data.frame(data=readBin(file(image_file,"rb"),what=raw(),n=1e6)); ',
@input_data_1 =N'SELECT CustID,Gender,YearIncome,SRCases,SameColleague,Buy,SRDays
                FROM [EUDB].[dbo].[CustHugeModel]'
with result sets((plot varbinary(max)));
go
-- 將 ROC 曲線輸出到作業系統
```

```
declare @i table(c1 varbinary(max))
insert into @i(c1) exec usp_r_plot_decision_tree_eudb
declare @plot varbinary(max)=(select c1 from @i)
exec RDB.[dbo].[SqlSPfileByParameter]
    @pByteArr= @plot,
    @pPath=N'C:\temp\usp_r_plot_decision_tree_eudb.jpg'
GO
-- 結果
Msg 39004, Level 16, State 20, Line 33
A 'R' script error occurred during execution of 'sp_execute_external_script' with
HRESULT 0x80004004.
Msg 39019, Level 16, State 2, Line 33
An external script error occurred:

ERROR: failure to allocate requested memory.
Error in doTryCatch(return(expr), name, parentenv, handler) :
Calls: source ... tryCatch -> tryCatchList -> tryCatchOne -> doTryCatch -> .Call

Error in ScaleR.  Check the output for more information.
Error in eval(expr, envir, enclos) :
  Error in ScaleR.  Check the output for more information.
Calls: source -> withVisible -> eval -> eval -> .Call
Execution halted
STDOUT message(s) from external script:
Rows Read: 360000, Total Rows Processed: 360000, Total Chunk Time: 0.057 seconds
Rows Read: 360000, Total Rows Processed: 360000, Total Chunk Time: 0.104 seconds
Rows Read: 360000, Total Rows Processed: 360000, Total Chunk Time: 0.119 seconds
Rows Read: 2, Total Rows Processed: 2, Total Chunk Time: 0.001 seconds
Rows Read: 360000, Total Rows Processed: 360000, Total Chunk Time: 0.128 seconds
Rows Read: 4, Total Rows Processed: 4, Total Chunk Time: 0.004 seconds
Rows Read: 360000, Total Rows Processed: 360000, Total Chunk Time: 0.262 seconds
Rows Read: 8, Total Rows Processed: 8, Total Chunk Time: 0.005 seconds
Rows Read: 360000, Total Rows Processed: 360000, Total Chunk Time: 0.155 seconds
Rows Read: 16, Total Rows Processed: 16, Total Chunk Time: 0.013 seconds
Rows Read: 360000, Total Rows Processed: 360000, Total Chunk Time: 0.164 seconds
Rows Read: 32, Total Rows Processed: 32, Total Chunk Time: 0.026 seconds
STDOUT message(s) from external script:
Rows Read: 360000, Total Rows Processed: 360000, Total Chunk Time: 0.239 seconds
Rows Read: 58, Total Rows Processed: 58, Total Chunk Time: 0.038 seconds
Rows Read: 360000, Total Rows Processed: 360000, Total Chunk Time: 0.135 seconds
```

```
Rows Read: 96, Total Rows Processed: 96, Total Chunk Time: 0.045 seconds
Rows Read: 360000, Total Rows Processed: 360000, Total Chunk Time: 0.157 seconds
Rows Read: 122, Total Rows Processed: 122, Total Chunk Time: 0.056 seconds
Rows Read: 360000, Total Rows Processed: 360000, Total Chunk Time: 0.171 seconds
Rows Read: 144, Total Rows Processed: 144, Total Chunk Time: 0.058 seconds
Rows Read: 360000, Total Rows Processed: 360000, Total Chunk Time: 0.167 seconds
Rows Read: 156, Total Rows Processed: 156, Total Chunk Time: 0.012 seconds
Rows Read: 360000, Total Rows Processed: 360000, Total Chunk Time: 0.106 seconds
Rows Read: 360000, Total Rows Processed: 360000, Total Chunk Time: 0.113 seconds
STDOUT message(s) from external script:
Rows Read: 2, Total Rows Processed: 2, Total Chunk Time: 0.002 seconds
Rows Read: 360000, Total Rows Processed: 360000, Total Chunk Time: 0.118 seconds
Rows Read: 4, Total Rows Processed: 4, Total Chunk Time: 0.003 seconds
Rows Read: 360000, Total Rows Processed: 360000, Total Chunk Time: 0.120 seconds
Rows Read: 8, Total Rows Processed: 8, Total Chunk Time: 0.004 seconds
Rows Read: 360000, Total Rows Processed: 360000, Total Chunk Time: 0.116 seconds
Rows Read: 16, Total Rows Processed: 16, Total Chunk Time: 0.013 seconds
Rows Read: 360000, Total Rows Processed: 360000, Total Chunk Time: 0.128 seconds
Rows Read: 30, Total Rows Processed: 30, Total Chunk Time: 0.013 seconds
Rows Read: 360000, Total Rows Processed: 360000, Total Chunk Time: 0.129 seconds
Rows Read: 50, Total Rows Processed: 50, Total Chunk Time: 0.020 seconds
Rows Read: 360000, Total Rows Processed: 360000, Total Chunk Time: 0.121 seconds
STDOUT message(s) from external script:
Rows Read: 70, Total Rows Processed: 70, Total Chunk Time: 0.028 seconds
Rows Read: 360000, Total Rows Processed: 360000, Total Chunk Time: 0.124 seconds
Rows Read: 100, Total Rows Processed: 100, Total Chunk Time: 0.036 seconds
Rows Read: 360000, Total Rows Processed: 360000, Total Chunk Time: 0.121 seconds
Rows Read: 102, Total Rows Processed: 102, Total Chunk Time: 0.039 seconds
Rows Read: 360000, Total Rows Processed: 360000, Total Chunk Time: 0.117 seconds
Rows Read: 116, Total Rows Processed: 116, Total Chunk Time: 0.008 seconds
Rows Read: 360000, Total Rows Processed: 360000
Failed to allocate 59040039 bytes.
Caught exception in file: CxAnalysis.cpp, line: 6666. ThreadID: 6064 Rethrowing.
Caught exception in file: CxAnalysis.cpp, line: 5837. ThreadID: 6064 Rethrowing.
```

上述的訊息可以看出 SQL Server R 似乎都有載入到內部進行處理，看似因為記憶體不足，最後才發生重要的關鍵字 ERROR: failure to allocate requested memory ，這樣就可以朝著記憶體不夠的狀況去調查。

要朝著記憶體的方向去調查時,可以先確認以下兩件事情:

- ◆ 該資料量有多大

- ◆ 該伺服器有多少記憶體

若要回答這兩個問題,第一個問題可以使用以下方式取得完整資訊,該資料表在實體上僅有佔用 144MB 空間,基本上,這樣小的資料表應該不太可能會造成 SQL Server R 記憶體不足的問題。

```
EXEC sp_spaceused '[dbo].[CustHugeModel]'
```

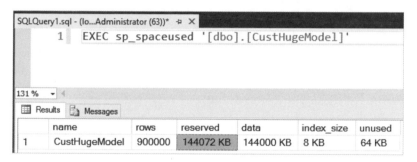

圖 1　檢視資料庫佔用空間

為了要驗證記憶體不足的假設,可以使用以下的方式進行驗證。首先,就是減少資料量,該部分可以使用 TOP(10) 的技巧,僅取出 10 筆資料,過程中發現可以順利執行,並且沒有錯誤。

```
-- 減少取樣數量,驗證是否可以順利完成作業
@input_data_1 =N'SELECT TOP(10) PERCENT CustID,Gender,YearIncome,SRCases,SameColleague
,Buy,SRDays
                FROM [EUDB].[dbo].[CustHugeModel]'
```

```
29    @input_data_1 =N'SELECT TOP(10) PERCENT CustID,Gender,YearIncome,SRCases,SameColleague,Buy,SRDays
30                FROM [EUDB].[dbo].[CustHugeModel]'
31    with result sets((plot varbinary(max)));
32    go
33    --將ROC曲線輸出到作業系統
34    declare @i table(c1 varbinary(max))
35    insert into @i(c1) exec usp_r_plot_decision_tree_eudb
36    declare @plot varbinary(max)=(select c1 from @i)
37    exec RDB.[dbo].[SqlSPfileByParameter]
38        @pByteArr= @plot,
39        @pPath=N'C:\temp\usp_r_plot_decision_tree_eudb.jpg'
40    GO
```

```
Elapsed time for BxDTreeBase: 2.332 secs.

Rows Read: 18000, Total Rows Processed: 18000, Total Chunk Time: 0.017 seconds


(1 row(s) affected)
Successfully Exported
```

圖 2 減少資料量可以順利完成 rxDtree 模型訓練

經過上述的驗證之後，可以很清楚知道，記憶體不足的假設正確，因為錯誤的發生，
已經驗證出來跟資料量多寡有關。接下來，要往系統的角度去檢查，到底是哪個環節
影響到 SQL Server R 執行大數據分析。第一步是先檢查整個 SQL Server 的記憶體配
置，可以發現以下參數並沒有限制 SQL Server 的記憶體使用量。

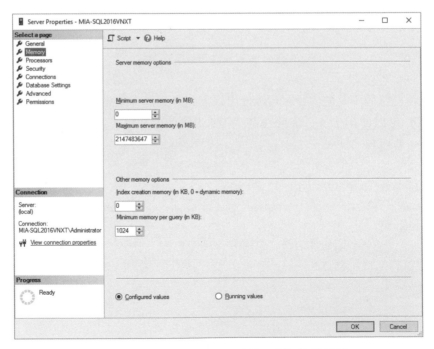

圖 3 檢視 SQL Server 是否有被限制記憶體用量

當然下一個階段，就是往微軟 MSDN 知識庫中搜尋是否有相關的文章，這段的部分可以參考以下的說明。美中不足之處是這篇文章（https://msdn.microsoft.com/en-us/library/mt590540.aspx）並沒有特別說明 SQL Server R 使用記憶體的限制與解決方式，這篇文章唯一有用的資訊就是 SQL Server 引擎針對外部資源預設僅給 20% 的記憶體空間。

```
R script throttled due to resource governance default values
In Enterprise Edition, you can use resource pools to manage external script processes.
In some early release builds, the maximum memory that could be allocated to the R
processes was 20%. Therefore, if the server had 32GB of RAM, the R executables (RTerm.
exe and BxlServer.exe) could use a maximum 6.4GB in a single request.
If you encounter resource limitations, check the current default, and if 20% is not
enough, see the documentation for SQL Server on how to change this value.
Applies to: SQL Server 2016 R Services, Enterprise Edition
```

接下來就是找出如何解開 20% 記憶體限制的方法，這段就需要資料庫管理人員（Database Administrator, DBA）的幫忙，才有機會解決。答案就是 [Resource Governor]，該選項放置在 [SQL Server Management Studio | Management | Resource Governor | Resource Pools | External Resources Pools | default]。找到之後，點選 [Properties] 就可以看到以下的畫面包含 20% 設定。

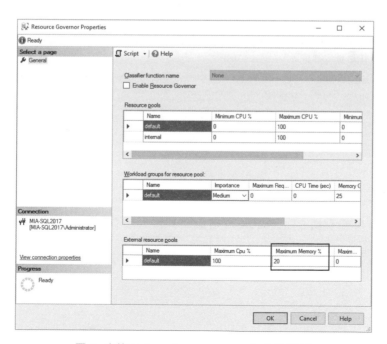

圖 4　查詢 External resource pools 的預設值

找到該上述畫面之後，就可以 Enable Resource Governor 項目，並將 Maximum Memory % 從 20 調整到 80%。

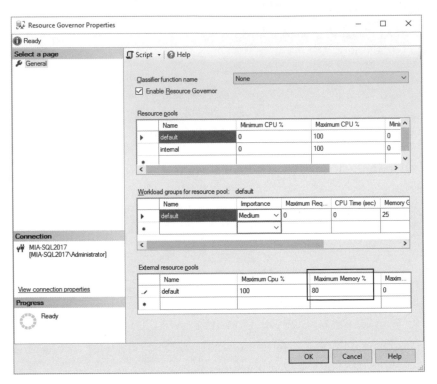

圖 5 變更記憶體使用率

```
-- 以下是使用指令進行變更
ALTER EXTERNAL RESOURCE POOL [default] WITH (max_memory_percent=80,
        AFFINITY CPU = AUTO
)
GO
ALTER RESOURCE GOVERNOR RECONFIGURE;
GO
```

再一次執行就能看到該 SQL Server R 可以順利載入所有的資料量，並且完成模型建立、訓練與驗證。

```
26        rxRocCurve("actual_value","predicted_value",roc_data,title="ROC Curve for rxDTree Model")
27        dev.off();
28        OutputDataSet <- data.frame(data=readBin(file(image_file,"rb"),what=raw(),n=1e6)); ',
29   @input_data_1 =N'SELECT TOP(100) PERCENT CustID,Gender,YearIncome,SRCases,SameColleague,Buy,SRDays
30                   FROM [EUDB].[dbo].[CustHugeModel]'
31  with result sets((plot varbinary(max)));
32  go
33  --將ROC曲線輸出到作業系統
```

Messages

```
Rows Read: 126, Total Rows Processed: 126, Total Chunk Time: 0.014 seconds
Rows Read: 720000, Total Rows Processed: 720000, Total Chunk Time: 3.047 seconds

Elapsed time for DTreeEstimation: 17.354 secs.

Elapsed time for BxDTreeBase: 17.391 secs.

Rows Read: 180000, Total Rows Processed: 180000, Total Chunk Time: 0.343 seconds


(1 row(s) affected)
Successfully Exported
```

圖 6 改善後的結果就可以順利完成所有資料載入

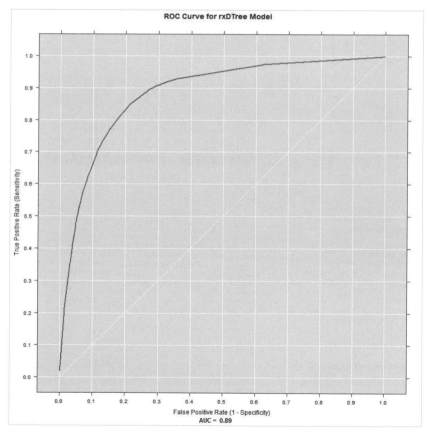

圖 7 檢視 ROC 曲線

▶ 注意事項

如果要檢查是否該記憶體設定已經啟動，可以使用以下的 DMV 搭配 T-SQL 查詢。

```
-- 以下是使用指令進行變更
SELECT * FROM sys.resource_governor_external_resource_pools
-- 檢查 SQL Server R 執行狀況
SELECT * FROM sys.dm_external_script_execution_stats
```

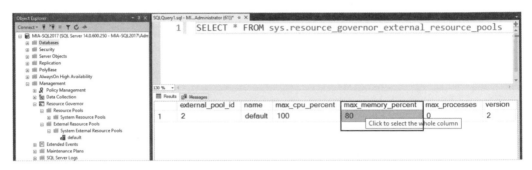

圖 8　檢查是否已經完成 Memory 設定限制

此外，還可以使用 DMV 查詢 R 語言使用多少次的套件（packages）。

圖 9　檢查 RevoScaleR 的演算法使用狀況

▶ 本書相關問題導覽

2.【使用 SQL Server R 服務之 sp_execute_external_script 劃出股價圖】

9.【使用 SQL Server R rxDTree 演算法產生互動式決策樹】

Lesson

Part 01 資料庫與大數據整合

12

實戰問題之 SQL Server 2016 R 服務無法啟動 Launchpad 服務解決方案

當 使用 SQL Server 2016 R 服務時，常會碰到一個狀況：安裝於獨立伺服器的 R 服務，可以順利啟動 SQL Server Launchpad (MSSQLSERVER) 服務，而安裝使用網域帳號的 SQL Server 2016 R 服務，該 SQL Server Launchpad (MSSQLSERVER) 服務去卻是一直無法啟動。這個問題，影響到許多想使用 SQL Server 2016 R 服務的使用者。

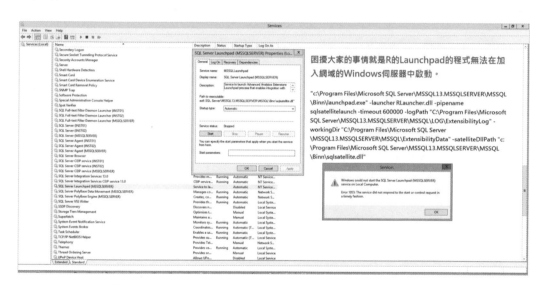

圖 1　SQL Server 2016 RTM 版本的 R 服務無法於網域中啟動

檢查事件檢視器中的 System 服務，可以看到錯誤訊息就是顯示無法在期間之內啟動該服務。

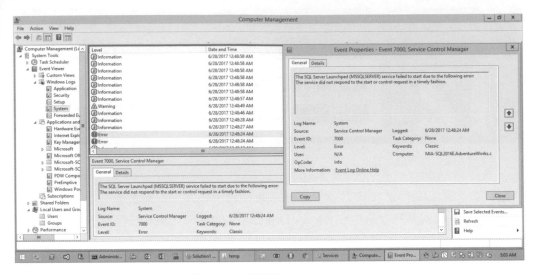

圖 2　無法啟動的 Launchpad

SQL Server 需要透過 Launchpad 連接外部的 R 服務，所以當使用 SQL Server
Management Studio 驗證以下陳述式時，就會出現無法連接 LaunchPad 服務的狀
況。然而根據上述的問題排解，就是該 SQL Server Launchpad (MSSQLSERVER) 無
法啟動，至於無法啟動的原因，就是發生在 SQL Server 2016 RTM 版本安裝於網域
電腦中，該服務啟動帳號無法正常開啟 R 服務。

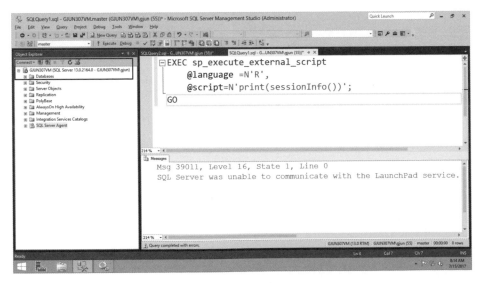

圖 3

► 實戰解說

上述的問題基本上多半發生在沒有上過 SQL Server 2016 SP1 且該 SQL Server 與 R 服務是安裝在網域的機器上，解決方式就是將 SQL Server 2016 RTM 版本更新到 SQL Server 2016 SP1。

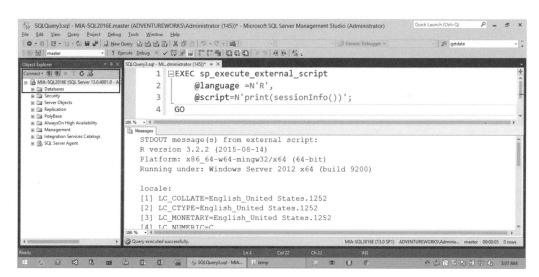

圖 4

► 注意事項

若要檢查 SQL Server 版本可以使用以下的方式，其中 SQL Server 2016 RTM 的版本為 13.0.2164，上過 SP1 的 SQL Server 的版本資訊是 13.0.4001。

```
-- 檢查 SQL Server 2016 RTM 版本
SELECT @@VERSION
GO
-- 結果
Microsoft SQL Server 2016 (RTM-CU2) (KB3182270) - 13.0.2164.0 (X64)   Sep  9 2016
20:13:26   Copyright (c) Microsoft Corporation   Enterprise Edition: Core-based
Licensing (64-bit) on Windows Server 2012 R2 Datacenter 6.3 <X64> (Build 9600: )
(Hypervisor)

-- 檢查 SQL Server 2016 SP1 版本
select @@Version
```

```
go
-- 結果
Microsoft SQL Server 2016 (SP1) (KB3182545) - 13.0.4001.0 (X64)   Oct 28 2016 18:17:30
Copyright (c) Microsoft Corporation  Developer Edition (64-bit) on Windows Server 2012
R2 Datacenter 6.3 <X64> (Build 9600: ) (Hypervisor)
```

► 本書相關問題導覽

1.【安裝 SQL Server R 服務】。

活用 SQL Server R 語言整合作業系統 WMIC 來監控硬碟空間

R 語言整合 SQL Server 資料庫，除了可以分析資料庫中的數據，也可以活用它的 system 函數去擷取所在系統中的資訊進行分析與處理，以下就是使用 R system 函數去呼叫 Windows 作業系統 DIR 指令去找出有多少 SQL 開頭的目錄與檔案名稱，過程中使用 intern=T 指定 R 將結果回傳，並將結果儲存到指定的變數，該變數經過檢查不是 dataframe。

```
df<-system("cmd.exe /c dir  c:\\SQL* ", intern = T)
print(df);
is.data.frame(df);
```

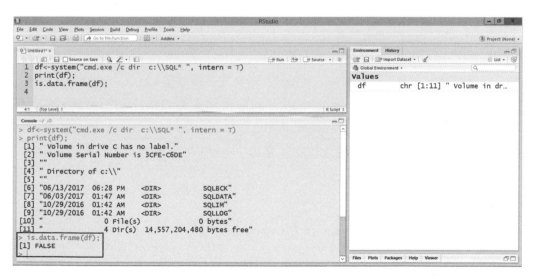

圖 1 使用 R 語言的 system 函數呼叫 Windows 作業系統中的 DIR 指令

若是需要將作業系統執行的結果，轉換成 R 語言的 dataframe 來整合微軟的 SQL Server 預存程序 sp_execute_external_script，則需要使用 R 的 pipe() 函數進行轉換，以下就是使用 R pipe() 函數將結果轉換成 dataframe 方式，方便後續資料儲存。

```
dq<- read.table(pipe("cmd.exe /c dir  c:\\SQL* "), sep="\t", header=T )
print(dq);
is.data.frame(dq);
```

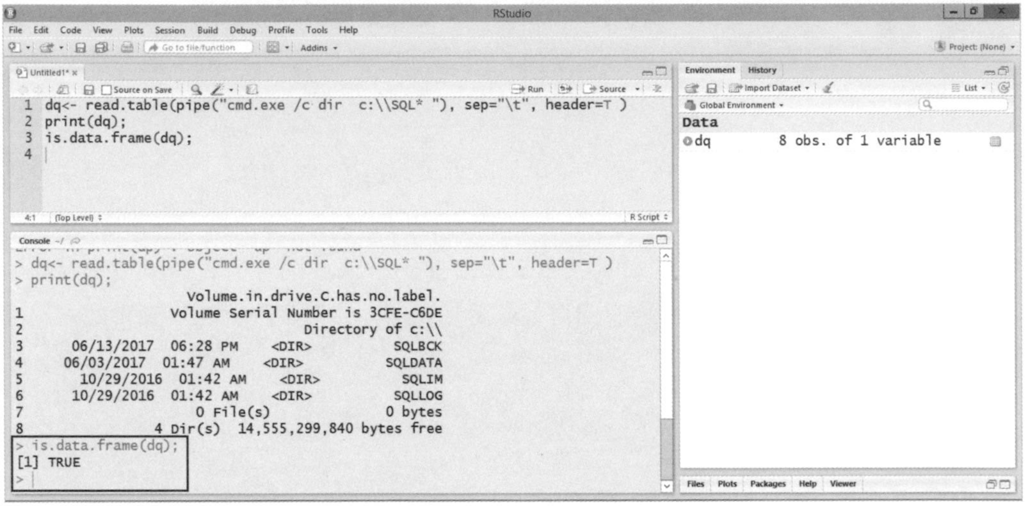

圖 2　使用 R 語言的 pipe 函數呼叫 Windows 作業系統中的 DIR 指令

▶ 案例說明

當熟知 R 語言可以整合作業系統的功能後，現在就可以使用 Windows 的 WMI 強大功能去獲得作業系統的訊息，過程中 WMI 的取得需要藉由命令列的方式，稱之為 WMIC(Windows Management Instrumentation Command-line) 去執行所在作業系統的 WMI 指令，以下就是直接在 Windows 環境中執行 WMIC 所抓取的作業系統資訊。

```
# 使用 wmic 抓取當下 CPU 負載
C:\temp>wmic
wmic:root\cli>cpu get loadpercentage /format:value
LoadPercentage=34
wmic:root\cli>
```

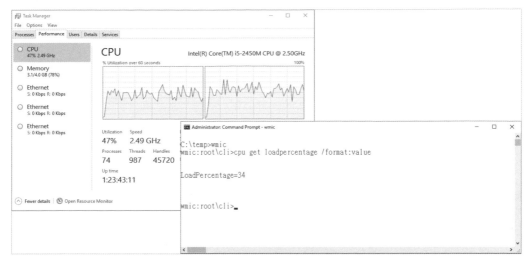

圖 3 使用 wmic CPU 抓取負載

```
# 使用 wmic 獲得剩下可用實體記憶體
C:\temp>wmic
wmic:root\cli>os get freephysicalmemory /format:value
FreePhysicalMemory=857568
wmic:root\cli>
```

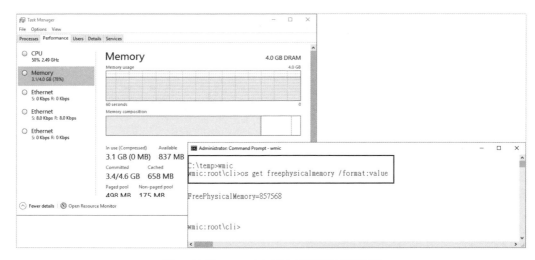

圖 4 使用 wmic OS 抓取剩餘可用記憶體

```
# 使用 wmic 獲得剩下可用磁碟空間
C:\temp>wmic
wmic:root\cli>logicaldisk get size,freespace,caption
Caption   FreeSpace     Size
C:        70710480896   106847793152
D:        34222444544   34356588544
wmic:root\cli>
```

圖 5　使用 wmic OS 抓取剩餘可用磁碟空間

使用 WMIC 時，如果加入 /node 的參數，就能監控遠端的電腦，在網域認證允許的情況下，使用單一機器，就能查詢遠端電腦的系統資訊，而且還支援類似 SQL 語法的 WHERE 篩選條件，可直接過濾掉不合適的資料清單。

```
--WMIC 支援 WHERE 篩選
C:\temp>wmic
wmic:root\cli>logicaldisk Where (Size is not null)  get Name,  size, FreeSpace
FreeSpace      Name  Size
14553874432  C:    107005079552
95245369344  Z:    107267223552
wmic:root\cli>
```

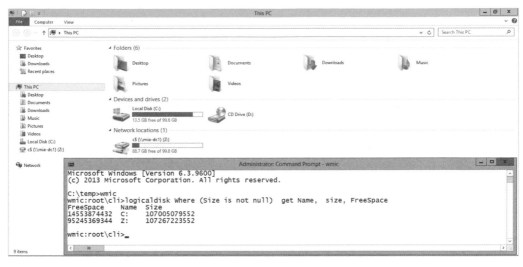

圖 6 WMIC 支援 WHERE 條件

```
-- 監控遠端電腦
C:\temp>wmic
wmic:root\cli>/node:"MIA-DC1" logicaldisk get Name,  size, FreeSpace
FreeSpace      Name   Size
95245369344  C:      107267223552
             D:
wmic:root\cli>
```

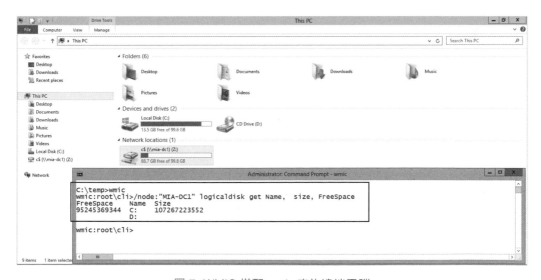

圖 7 WMIC 搭配 node 查詢遠端電腦

► **實戰解說**

現在就來比較 R 的 system() 與 pipe() 函數,實作 SQL Server 整合查詢磁碟空間,並將結果藉由 database mail 郵件送給系統管理員。首先來使用 system() 函數抓取 WMIC 查詢 logicaldisk 的結果,會發現使用 system() 函數取得的結果,需要使用固定格式方式進行擷取重要的資訊。

```
# 使用 R 搭配 system() 函數執行 WMIC
df<-system("wmic logicaldisk Where (Size is not null)  get Name,  size, FreeSpace "
,inter=TRUE);
print(df);
is.data.frame(df);
```

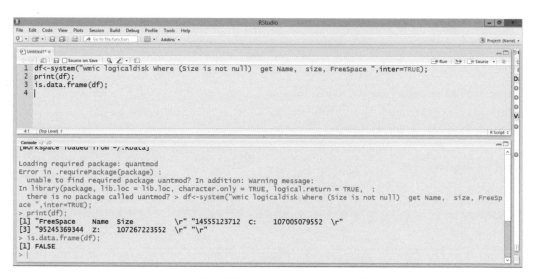

圖 8　檢視 R 搭配 WMIC 查詢磁碟空間狀況

```
# 發現使用 R pipe() 函數較方便格式化結果
dq <- read.table(pipe("wmic logicaldisk Where (Size is not null)  get Name,  size,
FreeSpace ") )
print(dq);
is.data.frame(dq)
```

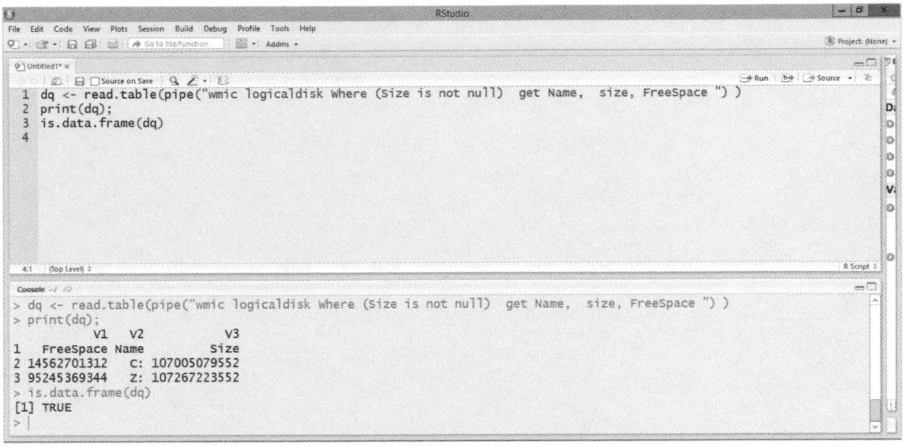

圖 9 使用 Pipe 搭配 WMIC 取得作業系統磁碟訊息

有鑑於最後 R 輸出結果需要給 SQL Server 的預存程序輸出，因此使用 pipe() 較為方便轉換成 dataframe 與格式化顯示結果如下：

```
# 最後使用 R 搭配 pipe 調整輸出格式為 dataframe
df<- read.table(pipe("wmic logicaldisk Where (Size is not null)  get Name,  size,
FreeSpace ") )
names(df)<- lapply(df[1,],as.character);df<-df[-1,]
df$FreeSpace<-as.numeric(as.character(df$FreeSpace))/(1024*1024);
df$Size<-as.numeric(as.character(df$Size))/(1024*1024);
df <-within(df,Pct<-FreeSpace/Size*100)
df <-df[c("Name","FreeSpace","Size","Pct")]
df
```

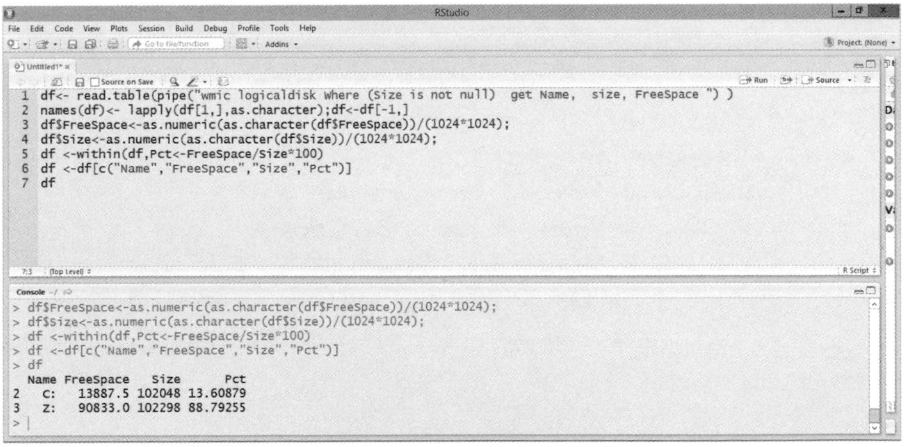

圖 10 格式化磁碟資訊

現在準備跟 T-SQL 的 sp_execute_external_script 預存程序整合，使用 SQL Server R 服務去執行 WMIC 再將結果回傳到 OutputDataSet 成為資料集。

```
--create or alter proc 語法僅支援 SQL Server 2016 SP1 含以上的版本
USE [SampleDB]
GO
CREATE OR ALTER PROC usp_free_disk_space_by_R
as
execute sp_execute_external_script
  @language = N'R'
, @script   = N'
    df<- read.table(pipe("wmic logicaldisk Where (Size is not null) get Name,
DriveType, size, FreeSpace ") )
    names(df)<- lapply(df[1,],as.character);df<-df[-1,]
    df$FreeSpace<-as.numeric(as.character(df$FreeSpace))/(1024*1024);
    df$Size<-as.numeric(as.character(df$Size))/(1024*1024);
    df <-within(df,Pct<-FreeSpace/Size*100);
    df <-df[c("Name","DriveType","FreeSpace","Size","Pct")]
    OutputDataSet<-df;'
WITH RESULT SETS( ([Name] varchar(50),[DriveType] char(1),[FreeSpace] float,[Size]
float,[Pct] float) );
GO
```

當要驗證上述的預存程序，則可以使用以下的陳述式，從 T-SQL 檢視到 SQL Server R 語言所抓取指定機器的磁碟狀況，過程中搭配 CASE 陳述式改變磁碟型態的代碼資訊。

```
-- 使用方式
declare @t table([Name] varchar(50),[DriveType] char(1),[FreeSpace] real,[Size]
real,[Pct] real)
insert into @t exec usp_free_disk_space_by_R -- 將 R 語言整合 WMIC 結果儲存到變數
select [Name],case [DriveType] when '3' then 'Local hard disk'
                               when '4' then 'Network disk'
                               when '5' then 'Compact disk'
                               when '6' then 'RAM disk'
                          else 'Unknown' end as [DriveType] ,[FreeSpace],[Size],[Pct]
from @t
```

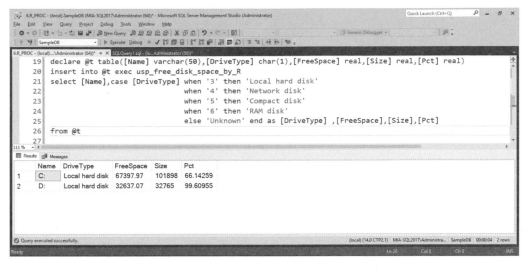

## 13

圖 11 使用 T-SQL 整合 R 抓取 WMIC 結果

緊接著搭配 SQL Server Database Mail 的方式，將異常結果通知管理員，以下就是該使用預存程序與 SQL Server Database Mail 使用方式。

```sql
-- 使用 SQL Server R 搭配 WMIC 功能監控所在硬碟是否已經不足
USE [SampleDB]
GO
CREATE OR ALTER PROC dba_monitor_disk_usage_by_R
@UsageMB real=2000,              -- 預期過低的剩餘磁碟空間 MB
@DiskSpaceUsedPercent real=100,  -- 預計的過高的硬碟使用率 %
@AllRecipients nvarchar(100)     -- 收件者
AS
BEGIN
        set nocount on
        declare @t table([Name] varchar(50),[DriveType] char(1),[FreeSpace] real,
[Size] real,[Pct] real)
        declare @s table([Name] varchar(50),[DriveType] varchar(50),[FreeSpace]
varchar(50),[Size] varchar(50),[Pct] varchar(50))
        insert into @t exec usp_free_disk_space_by_R
        insert into @s
        select [Name], case [DriveType] when '3' then 'Local hard disk'
                                        when '4' then 'Network disk'
                                        when '5' then 'Compact disk'
                                        when '6' then 'RAM disk'
```

```sql
                    else 'Unknown' end as [DriveType] ,[FreeSpace],[Size],[Pct]
        from @t
        -- 組合傳送郵件格式
        declare @pSubject nvarchar(4000)=''
        declare @pBody nvarchar(4000)=''
        SET @pSubject=N'The '+@@servername+' with disk low than '+CAST(@UsageMB AS
nvarchar(10))+' (MB) or FreeSpace lower than '+CAST(@DiskSpaceUsedPercent AS
nvarchar(10))+'% on '+convert(varchar(30),getdate(),120)
        SET @pBody='<HTML><head><meta charset="utf-8" /></head><p align=left>Dear
DBA'+'</p><b><p>'+
        ' May I have your look on the following issue </p></b><table border="1"
bgcolor="#F5A9BC">
        <tr>
        <th>Disk Name</th>
        <th>DriveType</th>
        <th>Size(MB)</th>
        <th>FreeSpace(MB)</th>
        <th>FreePCT(%)</th>
        </tr>'
        SELECT @pBody=@pBody+
        '<tr>'+
        '<td>'+[Name]+'</td>'+
        '<td>'+[DriveType]+'</td>'+
        '<td>'+[Size]+'</td>'+
        '<td>'+[FreeSpace]+'</td>'+
        '<td>'+[Pct]+'</td>'+
        '</tr>'
        FROM @s

        SET @pBody=@pBody +'</table><p align=left><b>The notification is created on
'+CAST(sysdatetimeoffset() as nvarchar(40))+' of server time</b></p><p>Best regards
</p> '+' </HTML>'
        if exists(select * from @s) begin
        exec msdb.dbo.sp_send_dbmail
        @profile_name='SQLDB', -- 該部分可以根據所在資料庫的設定更改
        @subject=@pSubject,
        @recipients=@AllRecipients,
        @body_format='HTML', -- 該部分就是顯示 HTML 格式
        @body=@pBody
```

```
        end -- 有異常才傳送郵件
        END
GO
-- 使用方式
exec dba_monitor_disk_usage_by_R
@UsageMB =70, -- 預計檢查的整體 LOG 使用狀況
@DiskSpaceUsedPercent=70, -- 預計檢查的 LOG 使用率
@AllRecipients='sqlserver2016@AdventureWorks.com' -- 預計收件者
GO
```

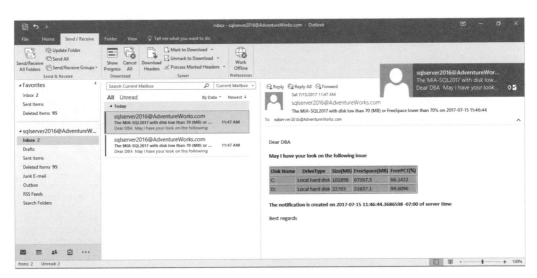

圖 12 檢視最後發送結果

▶ 注意事項

最後若是要整合 SQL Server Agent Job 去自動監控系統可用空間，可以整合以下的 Job 設定，過程中使用 T-SQL 陳述式，就可以輕鬆完成整合 SQL Server Database Mail、T-SQL、SQL Server R、WMIC 自動監控系統狀態。

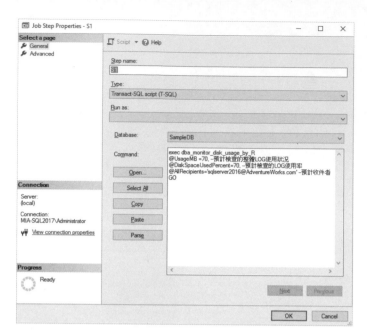

圖 13 設定 SQL Server Agent 作業

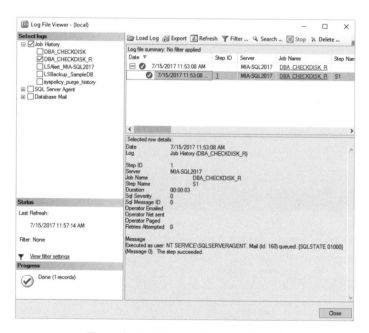

圖 14 設定完成 Job 並檢視執行結果

► 本書相關問題導覽

7.【完美整合 SQL Server R 與 Database Mail 遞送數據與圖表】

Part 2

資料庫開發技術聖殿

01 NULL 處理技巧之不同 NOT IN NOT EXISTS EXCEPT 使用方式比較

當需要在兩個資料表中找出差異值時，許多人第一直覺就是使用 [NOT IN]，通常這樣做不會有甚麼問題，但若碰到 [NOT IN] 的子查詢資料值有 NULL 時，就全盤皆輸，意思就是找不出任何差異。這樣在小量資料可以藉由眼力觀察的狀況下，還可以找出這樣寫法 [NOT IN] 的危險地方，但是碰到背景程式，或是資料量多時，幾乎無法察覺到這樣的危險。所以告訴自己不要再用 [NOT IN] 去找出兩邊資料差異。

▶ 案例說明

下列的案例有兩個資料表，一個是 [X]，一個是 [Y]。其中 [X] 資料表包含三筆資料，其中一筆是 NULL，而所謂的 NULL 就是沒有值，它跟空白、零或是空字串都不一樣。當使用子查詢時，要檢視那些 [Y] 資料表的值不存在於 [X] 資料表，大部分的人都會用以下的方式，就是 [NOT IN]。

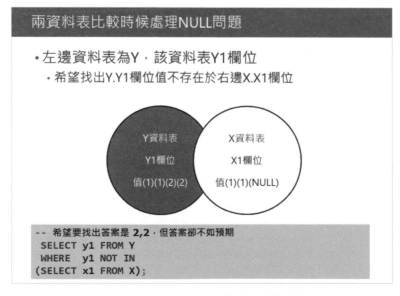

圖 1　找出不存在於另一資料表欄位的值

```
-- 大家常常忽略的案例
USE  tempdb
GO
-- 判斷基礎資料表 x 是否已經存在，若是就先移除
if object_id('x') is not null
    drop table x
go
-- 建立基礎資料表 [x]
create table x(x1 int)
go
insert into x(x1) values(1)
insert into x(x1) values(1)      -- 注意重複
insert into x(x1) values(null) -- 注意 NULL
go
-- 判斷資料表是否已經存在，若是就先移除
if object_id('y') is not null
    drop table y
go

-- 建立簡單的資料表 [y]
create table y(y1 int )
go
-- 新增驗證資料
insert into y(y1) values(1)
insert into y(y1) values(1)      -- 注意重複且值存在於 x 資料表
insert into y(y1) values(2)
insert into y(y1) values(2)      -- 注意重複但值不存在於 x 資料表
go

-- 第一種 使用 NOT IN   注意 ( 子查詢有 NULL 值 )
SELECT  y1
FROM    y
WHERE   y1 NOT IN (SELECT x1 from x)
GO
-- 結果，不正常因為沒有回傳任何結果
y1
-----------

(0 row(s) affected)
```

113

► 實戰解說

要解決上述案例的方式很多，第一種做法就是不要讓 WHERE 子查詢的值有 NULL 狀況，該部分可以使用 ISNULL 函數先將 NULL 轉換成固定值。

```
-- 第一種 使用 NOT IN  狀況 ( 子查詢有 NULL 值 )，使用 ISNULL 函數解決
SELECT y1
FROM   y
WHERE  y1 NOT IN (SELECT isnull(x1,0) from x)
GO
-- 結果
y1
-----------
2
2
(2 row(s) affected)
```

另一種方式就是，該部分可以使用 WHERE 先將子查詢中的 NULL 值排除。

```
-- 第二種 使用 NOT IN  狀況 ( 子查詢有 NULL 值 )，使用 WHERE 篩選解決
SELECT y1
FROM   y
WHERE  y1 NOT IN (SELECT x1 from x WHERE x1 is not null)
GO
-- 結果
y1
-----------
2
2
(2 row(s) affected)
```

此外，更可以使用 [NOT EXISTS] 方式進行解決，該部分就需要進行相關子查詢，將內外資料表，進行合併 JOIN 比對，詳細說明如下：

```
-- 第三種 使用 NOT EXISTS 注意 (SELECT 需要 JOIN)
SELECT y1
FROM   y
WHERE NOT EXISTS (SELECT * FROM x WHERE x.x1 = y.y1)
```

```
GO
-- 結果
y1
-----------
2
2
(2 row(s) affected)
```

最後一種就是使用 SET 運算方式中的 EXCEPT 進行比對。

```
-- 第四種 使用 EXCEPT，注意該方式會去除重複性資料
SELECT y1 FROM y
EXCEPT
SELECT x1 FROM x
GO
-- 結果，僅有一筆資料，因為原始兩筆資料都是相同值為 2，經過 EXCEPT 後僅剩下一筆
y1
-----------
2

(1 row(s) affected)
```

▶ 注意事項

上述的四種方式，就是分別使用 ISNULL、WHERE、NOT EXISTS 與 EXCEPT，其中
經過效能比較的時候，可以看到 EXCEPT 用最多的成本，主要原因是因為 EXCEPT
需要進行 DISTINCT 的作業，該作業會排除重複，這樣一來成本就會很高。

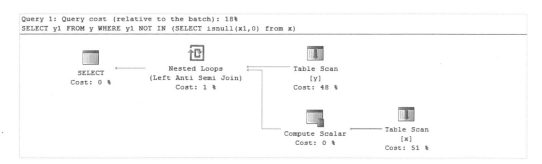

圖 2　使用 ISNULL 的成本佔用 18 百分比

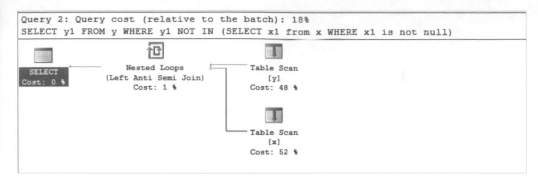

圖 3　使用 WHERE 排除 NULL 的成本佔用 18 百分比

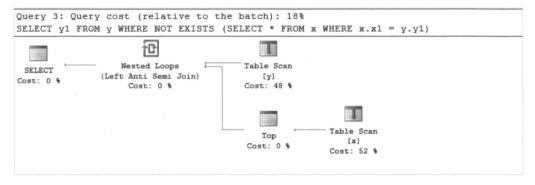

圖 4　使用 NOT EXISTS 排除 NULL 的成本佔用 18 百分比

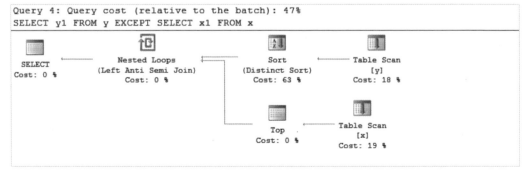

圖 5　使用 EXCEPT 排除 NULL 的成本佔用 47 百分比

► 本書相關問題導覽

28.【如何讓 SQL Server UNIQUE 也可以支援多個 NULL 值】

34.【簡潔的 CONCAT 函數與字串 ISNULL 與 COALESCE 處理技巧】

02 | SQL Server 直接產生 XML 與 JSON 資料格式

將關聯資料庫，轉換成文件導向資料的功能，SQL Server 從 2000 年就開始支援簡單型態的 XML，到 SQL Server 2005 更加入了 XML 資料類型支援與 W3C 規範的 Extensible Query Language，XQuery 技術，從 SQL Server 2016 開始支援 JSON 資料交換格式，讓傳統關聯資料庫，可以直接搭配 SELECT 查詢陳述式，將關聯式資料，改變成為階層式 XML 或是 JSON 格式，尤其是 REST Web 服務或是使用 AJAX 呼叫的過程中，JSON 都扮演非常重要的角色。

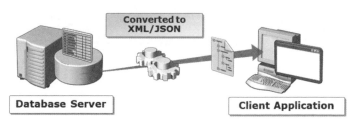

使用 FOR XML/JSON 轉換關聯資料庫與標記語言

- Extends SELECT syntax
- Returns XML/JSON instead of rows and columns
- Is configurable to return attributes, elements, and schema
- Benefits client applications that work with XML

Converted to XML/JSON

Database Server

Client Application

圖 1 轉換關聯式資料到標記語言 XML 與 JSON

◈ XML

XML 具有元素（element）與屬性（attribute），來描述資料的內容，以下的範例是屬於使用元素的方式，描述所有員工的名與姓。

```
<employees>
    <emp><firstName>John</firstName><lastName>Doe</lastName></emp>
    <emp><firstName>Anna</firstName><lastName>Smith</lastName></emp>
    <emp><firstName>Peter</firstName><lastName>Jones</lastName></emp>
</employees>
```

◈ JSON

這是一種輕量化的資料交換語言，完整名稱為 JavaScript Object Notation，格式主要是為 name 與 value，還有 list，如下就是描述員工使用 firstname 與 lastname，過程中使用 {} 符號，如果是 list 就會使用 [] 符號。

```
{"employees":[
    {"firstName":"John" , "lastName":"Doe"},
    {"firstName":"Anna" , "lastName":"Smith"},
    {"firstName":"Peter", "lastName":"Jones"}
        ]
}
```

▶ 案例說明

SQL Server 轉換關聯資料到標記語言的方式，主要是透過 SELECT 陳述式，過程中 XML 包含以下的方式：

SELECT+FOR XML 與四種格式：

- ◆ 【FOR XML RAW】，將查詢結果集的每一個資料列，將資料行轉換成為屬性值與使用泛用識別碼 <row> 的 XML 元素。

- ◆ 【FOR XML AUTO】，將合併查詢結果，支援巢狀 XML 格式，由於 AUTO 模式會自動產生簡單的階層資料。

◆ 【FOR XML PATH】，使用它可以簡單化複雜的 EXPLICIT 查詢模式，支援巢狀 FOR XML 查詢及 TYPE 指示詞，來傳回 XML 結果。

◆ 【FOR XML EXPLICIT】，針對 XML 輸出資料結果，進行比較多的彈性處理。這點比起 RAW 模式或是 AUTO 模式更具彈性。

SQL Server 2016(含以上) 的環境下，可以使用 SELECT+FOR JSON 與指定格式：

◆ 【FOR JSON AUTO】，該部分會自動格式化 FOR JSON 結果的輸出。

◆ 【FOR JSON PATH】，允許程式控制輸出格式，支援巢狀與複雜設計。

▶ 實戰解說

首先使用 FOR XML 方式將範例資料庫中的 TSQL.[HR].[Employees] 資料表，轉換成 XML 資料格式，過程中會使用到 ELEMENTS 關鍵字，該部分就是指定輸出時，使用元素型態呈現，否則預設會是使用 ATTRIBUTE 屬性方式。

```
-- 關聯式資料表
SELECT TOP(2) * FROM [HR].[Employees]
GO
-- 使用 FOR XML 搭配 AUTO 轉換成 ELEMENTS 元素輸出
SELECT TOP(2)  firstname,lastname
FROM [HR].[Employees] as emp
FOR  xml auto,root('employees'),elements
GO
-- 使用 FOR XML 搭配 PATH 轉換成 ELEMENTS 元素輸出
SELECT top(2) firstname "firstname"
             ,lastname  "lastname"
FROM [HR].[Employees]
FOR xml path('emp'),root('employees'),elements
GO
```

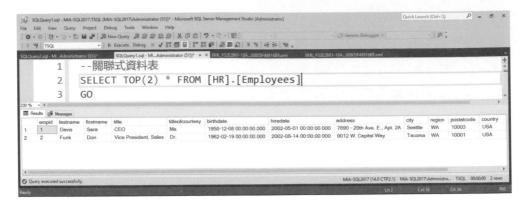

圖 2 顯示關聯資料表內容

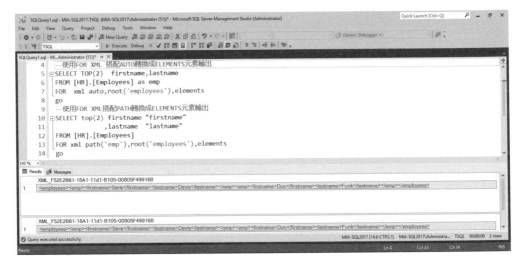

圖 3 使用 FOR XML 轉換成 XML 格式

```
1  <employees>
2    <emp>
3      <firstname>Sara</firstname>
4      <lastname>Davis</lastname>
5    </emp>
6    <emp>
7      <firstname>Don</firstname>
8      <lastname>Funk</lastname>
9    </emp>
10 </employees>
```

圖 4 檢視使用 SELECT FOR XML 最後輸出資料

如果應用程式需要使用 JSON 的格式，就可以使用 SQL Server 2016（含以上），直接將結果轉換成 JSON 格式，如以下的範例：

```
-- 關聯式資料表
SELECT TOP(2) * FROM [HR].[Employees]
GO
-- 使用 FOR XML 搭配 AUTO 轉換成 ELEMENTS 元素輸出
SELECT top(2) firstname,lastname
FROM [HR].[Employees]
FOR json auto,root('employees')
GO
SELECT top(2) firstname "firstname"
            ,lastname  "lastname"
FROM [HR].[Employees]
FOR  json path,root('employees')
GO
```

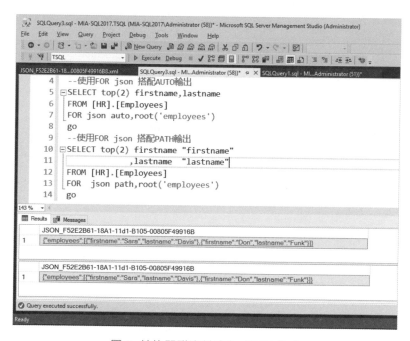

圖 5　轉換關聯資料成為 JSON 格式

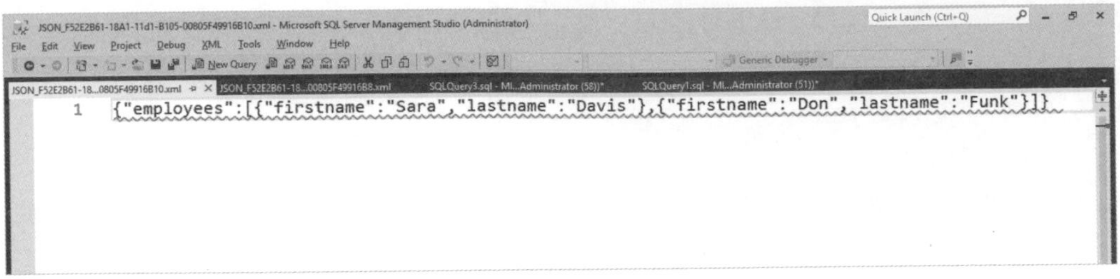

圖 6 檢視 JSON 資料內容

▶ **注意事項**

使用標記語言的過程，需要特別留意他們的標記（TAG）是否區分大小寫。

◆ 以下是正確格式

```
<employees>
  <emp>
    <firstname>Sara</firstname>
    <lastname>Davis</lastname>
  </emp>
  <emp>
    <firstname>Don</firstname>
    <lastname>Funk</lastname>
  </emp>
</employees>
```

◆ 以下是不正確格式

```
<Employees>
  <Emp>
    <firstname>Sara</firstname>
    <lastname>Davis</lastname>
  </emp>
  <Emp>
    <firstname>Don</firstname>
    <lastname>Funk</lastname>
  </emp>
</employees>
```

因為標記大小寫不對稱結果，就會顯示警告訊息。

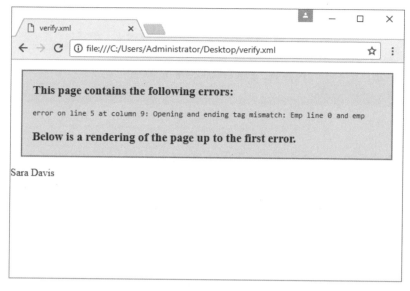

圖 7　標記大小寫不對稱出現錯誤訊息

► **本書相關問題導覽**

3. 【SQL Server 解析資料交換語言 XML 與 JSON 內容】

4. 【如何直接讀取作業系統中的 XML 與 JSON 文字到資料庫】

5. 【使用 XQuery 技巧快速轉換 XML 為關聯式資料庫】

03 SQL Server 解析資料交換語言 XML 與 JSON 內容

在資料庫的領域，如果需要使用 SQL Server 解析 XML 或 JSON 格式，可以搭配 OPENXML 或是 OPENJSON 兩種函數進行解析。基本上 XML 的支援早從 SQL Server 2000 就已經導入，而 JSON 部分是從 SQL Server 2016 之後正式開始，以下就是兩種標記語言（XML 與 JSON）在資料庫中的快速轉入方式。

▶ 案例說明

當使用 OPENXML 與 OPENJSON 時，所對應的 XML 與 JSON 資料，需要先轉成 SQL Server 變數，其中 XML 資料可以使用 XML 資料格式，但是 JSON 僅能使用傳統的 NVARCHAR(max)，兩者唯一的差異就是 XML 資料格式，會幫忙檢查 XML 資料正確性，但是 JSON 因為使用傳統的 NVARCHAR(max)，在變數階層就無法預先檢查資料格式的正確與否。

▶ 實戰解說

以下的程式是使用 sp_xml_preparedocument 將 XML 變數讀入到記憶體，然後使用 OPENXML 搭配參數解析元素與屬性值，最後完成之前需要執行 sp_xml_removedocument，釋放 XML 占用的記憶體空間。

```
-- 使用 OPENXML 函數解析 XML 資料格式
-- 【XML 搭配 OPENXML】SQL Server 2000 就開始支援此函數
DECLARE @idoc int -- 準備在記憶體回傳 XML 文件指標
DECLARE @xml xml --XML 文件格式
=N'<employees>
<emp><firstName>John</firstName><lastName>Doe</lastName></emp>
<emp><firstName>Anna</firstName><lastName>Smith</lastName></emp>
<emp><firstName>Peter</firstName><lastName>Jones</lastName></emp>
```

```
</employees>'
EXEC sp_xml_preparedocument @idoc OUTPUT, @xml; -- 讀入 XML 並且回傳記憶體指標
SELECT *
FROM OPENXML (@idoc, '/employees/emp',2) -- 使用 OPENXML 解析元素與屬性值
WITH (firstName varchar(10),
      lastName varchar(20));
EXEC sp_xml_removedocument @idoc; -- 釋放記憶體空間
GO
-- 結果
firstName  lastName
---------- --------------------

John       Doe
Anna       Smith
Peter      Jones


(3 row(s) affected)
```

如果要針對 JSON 資料格式進行 name 與 value 解析，可以使用 OPENJSON 函數，過程中會使用 $ 符號代表 JSON 資料的起始符號。

```
-- 【JSON 搭配 OPENJSON】SQL Server 2016 才開始支援
DECLARE @json nvarchar(max) -- 宣告 JSON 字串
=N'{"employees":[
{"firstName":"John", "lastName":"Doe"},
{"firstName":"Anna", "lastName":"Smith"},
{"firstName":"Peter", "lastName":"Jones"}
]}'
SELECT * FROM
OPENJSON ( @json, '$.employees' ) -- 分解 JSON 資料
WITH (
        firstName varchar(20) '$.firstName',
        lastName varchar(20) '$.lastName'
)
GO
-- 結果
firstName            lastName
-------------------- --------------------
John                 Doe
Anna                 Smith
```

```
Peter                Jones


(3 row(s) affected)
```

從 SQL Server 成本考量，OPENXML 需要耗用處理記憶體指標，成本相對高，建議使用 OPENJSON 獲得更高的效能，以下就是使用 OPENXML 與 OPENJSON 兩者之間的成本比較，竟然是 100%:0%，意思就是說使用 OPENXML 成本遠遠高於 OPENJSON。

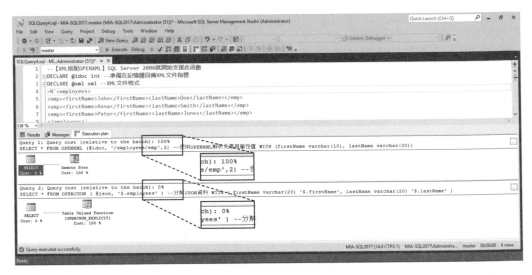

圖 1　比較 OpenXML 與 OpenJSON 兩者間的成本差異

▶ 注意事項

某些安裝 SQL Server 2016 與升級到新版本的 SQL Server 環境，會發生以下的狀況，但是這個狀況卻不會在 master 資料庫中出現，僅出現在指定的使用這資料中。當發生這樣狀況，可以檢查該使用者資料庫的相容層級是否為 13 版本，因為很多 SQL Server 2016 的資料庫都是直接升級，遺忘去調整以下的設定，這樣就會造成許多新版的指令無法執行。

```
-- 執行正確 OPENJSON 產生的異常錯誤狀況
Msg 102, Level 15, State 1, Line 11
Incorrect syntax near '$.firstName'.
```

```
SQLQuery5.sql - MI...Administrator (63))*    SQLQuery4.sql - MI...Administrator (51))*
 1     -- 【JSON搭配OPENJSON】SQL Server 2016才開始支援
 2   DECLARE @json nvarchar(max) --宣告JSON字串
 3     =N'{"employees":[
 4   {"firstName":"John", "lastName":"Doe"},
 5   {"firstName":"Anna", "lastName":"Smith"},
 6   {"firstName":"Peter", "lastName":"Jones"}
 7   ]}'
 8   SELECT * FROM
 9   OPENJSON ( @json, '$.employees' ) --分解JSON資料
10   WITH (
11           firstName varchar(20) '$.firstName',
12           lastName varchar(20) '$.lastName'
13   )
14    GO
```

```
Messages
Msg 102, Level 15, State 1, Line 11
Incorrect syntax near '$.firstName'.
```

圖 2　正確指令無法在指定資料庫中執行

有關此狀況可以藉由以下的圖形界面，進行修正。

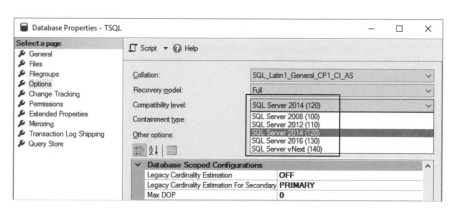

圖 3　變更資料庫使用正確相容層級

▶ 本書相關問題導覽

3.　【SQL Server 解析資料交換語言 XML 與 JSON 內容】

4.　【如何直接讀取作業系統中的 XML 與 JSON 文字到資料庫】

5.　【使用 XQuery 技巧快速轉換 XML 為關聯式資料庫】

42.【遺忘的相容層級參數對應用程式的影響】

Lesson

> **Part 02** 資料庫開發技術聖殿

04 如何直接讀取作業系統中的 XML 與 JSON 文字到資料庫

當我們了解 SQL Server 2016 所支援的資料描述語言有 XML 與 JSON 之後，接下來想要多一點嘗試就是想想看，怎樣讓作業系統中的 XML/JSON 檔案，無須先開啟，再複製到 SQL Server Management Studio 的變數去解析，就可以直接利用資料庫的內建方式，將 XML 或是 JSON 讀入／寫入到 SQL Server。這需要程式撰寫的過程，思考如何利用平凡的 OPENROWSET 函數創造出不一樣的用法，處理 XML/JSON 檔案，讓整個系統更可以自動化執行，減少人工的投入。

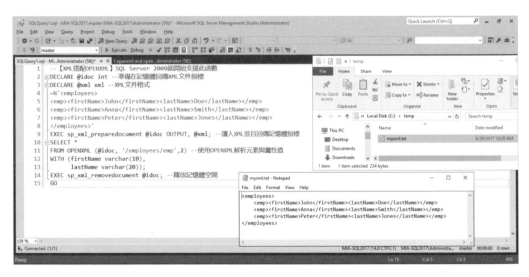

圖 1　思考怎樣不用手動複製 XML 或是 JSON 資料到程式解析

► **案例說明**

首先要解決這樣的問題，腦海中就馬上想到在微軟 SQL Server 的官方教材中曾經看到一個 OPENROWSET 的函數，它可以讀入作業系統中的影像、圖片，更可以直接讀取文字。當使用 OPENROWSET 過程中需要特別留意一個參數，就是該函數不僅可以讀取文字，更可以讀取影片與圖片，所以要使用它來讀取文字時，必須特別注意所使用的參數。

當執行下列的實戰解說之後，就看到 T-SQL 可以直接解析檔案內容的 XML 或是 JSON，這樣一來不用額外手動複製內容，再貼入到 T-SQL 的陳述式變數。

```
--【使用 OPENROWSET 讀取 XML 檔案】
DECLARE @idoc int -- 準備在記憶體回傳 XML 文件指標
DECLARE @xml xml --XML 文件格式
SET @xml=(SELECT X.* -- 直接使用函數將存在於檔案中的 XML 內容取出
        FROM OPENROWSET(BULK N'C:\temp\myxml.txt',SINGLE_CLOB) as X)

EXEC sp_xml_preparedocument @idoc OUTPUT, @xml; -- 讀入 XML 並且回傳記憶體指標
SELECT *
FROM OPENXML (@idoc, '/employees/emp',2) -- 使用 OPENXML 解析元素與屬性值
WITH (firstName varchar(10),
lastName varchar(20));
EXEC sp_xml_removedocument @idoc; -- 釋放記憶體空間
-- 結果
firstName  lastName
---------- --------------------

John       Doe
Anna       Smith
Peter      Jones

(3 row(s) affected)
```

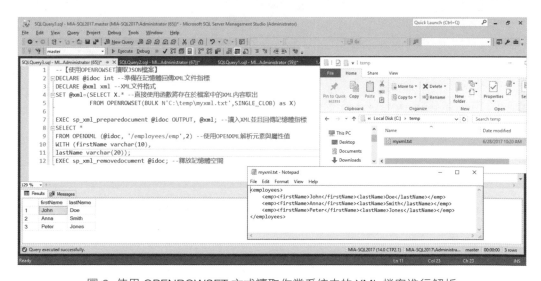

圖 2 使用 OPENROWSET 方式讀取作業系統中的 XML 檔案進行解析

若是要驗證 OPENJSON 讀取作業系統中的 JSON 檔案時，一樣使用 OPENROWSET 的方式進行讀取，就可以快速完成以下的工作。

```
--【使用 OPENROWSET 讀取 JSON 檔案】
DECLARE @json nvarchar(max) -- 宣告 JSON 字串
SET @json=(SELECT J.* -- 直接使用函數將存在於檔案中的 XML 內容取出
          FROM OPENROWSET(BULK N'C:\temp\myjson.txt',
            SINGLE_CLOB) as J)
SELECT * FROM
OPENJSON ( @json, '$.employees' ) -- 分解 JSON 資料
WITH (
firstName varchar(20) '$.firstName',
lastName varchar(20) '$.lastName'
)
-- 結果
firstName            lastName
-------------------- --------------------
John                 Doe
Anna                 Smith
Peter                Jones


(3 row(s) affected)
```

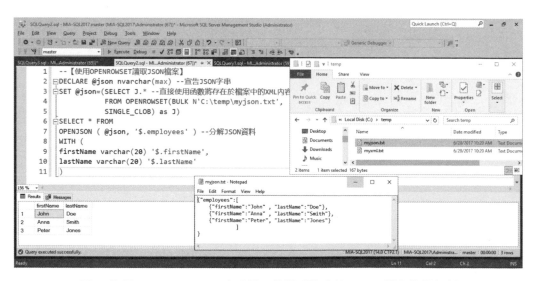

圖 3 使用 OPENROWSET 方式讀取作業系統中的 JSON 檔案進行解析

當實作 T-SQL 整合 OPENROWSET 時候，要特別留意要加入一個別名給 OPENROWSET(BULK N'C:\temp\myjson.txt',SINGLE_CLOB) 函數，這樣才可以確保執行可以正確。

```
Msg 491, Level 16, State 1, Line 5
A correlation name must be specified for the bulk rowset in the from clause.
```

```
-- 缺少別名導致無法順利執行 OPENROWSET
DECLARE @json nvarchar(max) -- 宣告 JSON 字串
SET @json=(SELECT * -- 直接使用函數將存在於檔案中的 XML 內容取出
        FROM OPENROWSET(BULK N'C:\temp\myjson.txt',
        SINGLE_CLOB) 這邊缺少別名 )
SELECT * FROM
OPENJSON ( @json, '$.employees' ) -- 分解 JSON 資料
WITH (
firstName varchar(20) '$.firstName',
lastName varchar(20) '$.lastName'
)
```

▶ 本書相關問題導覽

3. 【SQL Server 解析資料交換語言 XML 與 JSON 內容】

4. 【如何直接讀取作業系統中的 XML 與 JSON 文字到資料庫】

5. 【使用 XQuery 技巧快速轉換 XML 為關聯式資料庫】

05 使用 XQuery 技巧快速轉換 XML 為關聯式資料庫

資料交換的過程中，很多時候都是使用 XML 進行交換。筆者最近剛好幫忙解決一個需求：從 XML 的屬性與元素的值取出資料，再新增到現有的資料表。正好藉此分享一個 T-SQL 領域中，幾乎要被大家遺忘的 XQuery。藉由 XQuery 的輔助，處理 XML 資料可以更有效率，可以參考 XQuery 查詢技巧的 exist、value、query、nodes 四種方法使用。

▶ 案例說明

XQuery 在 SQL Server 2005 時曾大量地被推廣。但是，不知曾幾何時這樣的語法幾乎沒有看到程式開發人員使用，著實可惜。今天藉由以下的範例，分享大家 SQL Server 怎樣將一段 well-formed XML document，利用 T-SQL 整合 XQuery 的 [nodes] 方法，快速取出 XML 文件中指定節點的元素與屬性值，然後再新增到對應的資料表。過程中，無須任何前端應用程式的輔助，就輕鬆使用 T-SQL 整合 XQuery 的 [nodes]，然後取得資料值。

▶ 實戰解說

首先，檢查一段 XML 的資料，過程中可以看到 XML 是在描述產品的代號與名稱，並且具有多國語系的資料，其中代號資料放到屬性值 value，產品名稱放到元素值 option。

```
<select id="productName" name="product_name" class="form-control">
        <option value="0">Microsoft Corp</option>
        <option value="1">DDI</option>
        <option value="2"> スポーツナビ </option>
        <option value="3">SPEMC</option>
```

```
            <option value="4"> 奇摩購物中心 </option>
            <option value="5"> ヤフオク !</option>
    </select>
```

如果要使用 OPENXML 的方式，可以參考以下的程式，過程中需要指定路徑 '/select/
option' 與屬性 (attribute)/ 元素 (element) 的抓取方式，其中屬性值抓取方式需要使用
'./@value'，然後元素值抓取為 '.' 方式。

```
-- 使用 OPENXML 分解 XML 值
DECLARE @idoc int -- 準備在記憶體回傳 XML 文件指標
DECLARE @xml xml --XML 文件格式
-- 宣告 XML 變數型態整合 Unicode
SET @xml =N'
    <select id="productName" name="product_name" class="form-control">
        <option value="0">Microsoft Corp</option>
        <option value="1">DDI</option>
        <option value="2"> スポーツナビ </option>
        <option value="3">SPEMC</option>
        <option value="4"> 奇摩購物中心 </option>
        <option value="5"> ヤフオク !</option>
    </select>'
EXEC sp_xml_preparedocument @idoc OUTPUT, @xml; -- 讀入 XML 並且回傳記憶體指標
SELECT *
FROM OPENXML (@idoc, '/select/option',3) -- 使用 OPENXML 解析元素與屬性值
WITH ([value] nvarchar(10)  './@value',
      [option] nvarchar(20) '.');
EXEC sp_xml_removedocument @idoc; -- 釋放記憶體空間
-- 結果
value       option
---------- --------------------
0          Microsoft Corp
1          DDI
2          スポーツナビ
3          SPEMC
4          奇摩購物中心
5          ヤフオク !

(6 row(s) affected)
```

現在有個更佳的方式，可以更快速找出 XML 文件中的值，它就是 XQuery 的 Nodes 查詢方式。該程式要宣告一個任意資料表值變數 t(x)，然後根據 x.nodes 取出指定的 '@value' 屬性值與 '.' 元素值，過程中宣告為 N'/select/option' 初始節點：

```
-- 使用 XQuery.nodes
declare @x xml=N'
        <select id="productName" name="product_name" class="form-control">
            <option value="0">Microsoft Corp</option>
            <option value="1">DDI</option>
            <option value="2"> スポーツナビ </option>
            <option value="3">SPEMC</option>
            <option value="4"> 奇摩購物中心 </option>
            <option value="5"> ヤフオク !</option>
        </select>'
select x.value(N'@value','nvarchar(10)') [value], -- 從結點 /select/option 取出屬性
       x.value(N'.'     ,'nvarchar(20)') [Describe] -- 從結點 /select/option 取出元素
from   @x.nodes(N'/select/option') t(x) -- 資料表變數
GO
-- 結果
value       Describe
----------  --------------------
0           Microsoft Corp
1           DDI
2           スポーツナビ
3           SPEMC
4           奇摩購物中心
5           ヤフオク !

(6 row(s) affected)
```

► 注意事項

使用 XQuery 的過程中需要留意方法的大小寫。以這個範例為例，因為撰寫時誤將 x.value 寫成 x.Value 或是 @x.nodes 寫成 @x.Nodes，就會發生無法執行的錯誤。

```
Msg 317, Level 16, State 1, Line 12
Table-valued function 'Nodes' cannot have a column alias.
```

```
--
declare @x xml=N'
        <select id="productName" name="product_name" class="form-control">
            <option value="0">Microsoft Corp</option>
            <option value="1">DDI</option>
            <option value="2"> スポーツナビ </option>
            <option value="3">SPEMC</option>
            <option value="4"> 奇摩購物中心 </option>
            <option value="5"> ヤフオク !</option>
        </select>'
select x.Value(N'@value','nvarchar(10)') [value], -- 從結點 /select/option 取出屬性
       x.Value(N'.'        ,'nvarchar(20)') [Describe] -- 從結點 /select/option 取出元素
from   @x.Nodes(N'/select/option') t(x) -- 資料表變數
GO
```

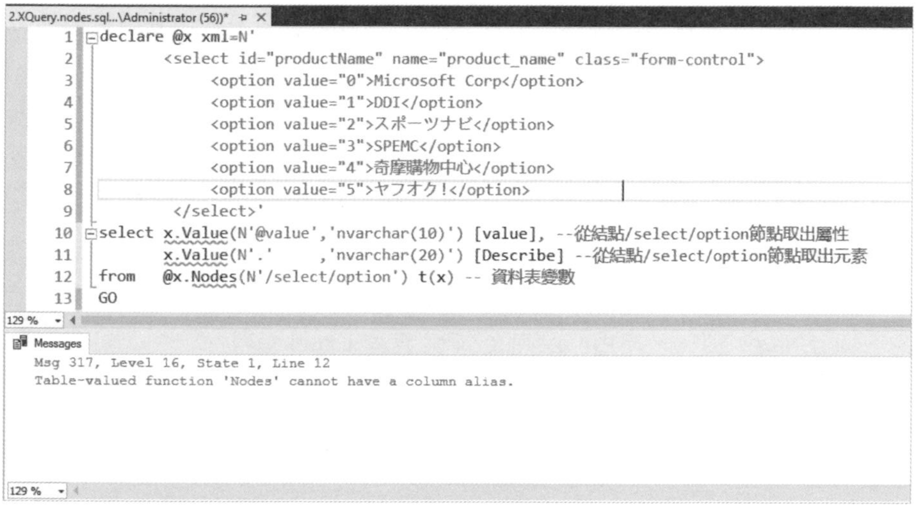

圖 1　誤用 XQuery 中查詢的方法的大小寫

▶ **本書相關問題導覽**

2. 【SQL Server 直接產生 XML 與 JSON 資料格式】

3. 【SQL Server 解析資料交換語言 XML 與 JSON 內容】

4. 【如何直接讀取作業系統中的 XML 與 JSON 文字到資料庫】

06 在 x64 位元的 SQL Server 2016，使用 OpenRowSet 查詢 Excel 資料

在微軟的 SQL Server Management Studio 環境中，如果需要直接引用 Excel 或是外部資料跟資料表進行合併查詢有許多方式。第一種就是將 Excel 資料匯入資料庫後，再進行合併查詢。第二種需要 DBA 協助，建立 Linked Server 再搭配 OPENQUERY 進行合併查詢，第三種就是直接使用 OPENROWSET 搭配驅動程式，整合 SQL Server 與 Excel 進行合併查詢。

過程中需要留意作業系統所在環境的版本，如果是 x64 版本，若是要給第二種或是第三種方式，需要安裝 x64 版本的 Microsoft Access Database Engine 2010 Redistributable（http://bit.ly/2tCApF5），第一種方式若是使用 SSDT 的 SSIS 服務，建議安裝 X86 的版本。早期的 SQL Server 2014（含以下版本還可以安裝 X86 的版本），這樣一來，第二種或是第三種方式，就可以使用 X86 的 Microsoft Access Database Engine 2010 Redistributable 驅動程式，直接進行合併查詢，但是從 SQL Server 2016 開始就僅支援 X64 的資料庫引擎，因此以下的分享，將針對如何在 x64 位元的 SQL Server 2016，使用 OpenRowSet 查詢 Excel 資料。

▶ 案例說明

這樣的需求解決方式可以分成以下的幾個步驟，首先，就是先針對該安裝 SQL Server 2016（含以上）的 x64 位元機器安裝 Microsoft Access Database Engine 2010 可轉散發套件，過程中選擇 X64 版本。如果需要同時安裝 x64 與 x86 版本，可以在命令列模式下，執行安裝程式加上 /Passive 作法。

圖 1　下載 X64 位元的 AccessDatabaseEngine_64 程式

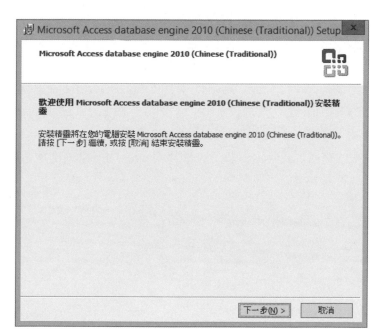

圖 2　安裝 Microsoft Access Database Engine 2010 可轉散發套件

緊接著假設以下的 Excel 有三個分頁，其中要針對第一頁進行合併查詢，該頁名稱為
【AbandonedCalls】，記得在資料庫合併查詢的時候，要加上【$】符號，轉成類似以
下的方式【AbandonedCalls$】。

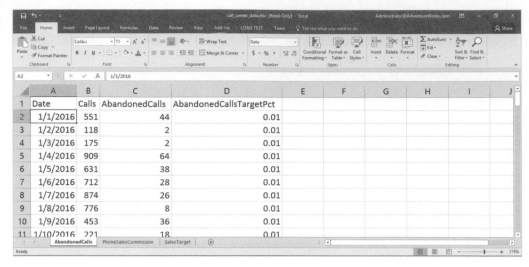

圖 3 檢視 EXCEL 的分頁名稱

當設定完成上述的軟體之後，就可以使用 OPENROWSET，指定驅動程式為
'Microsoft.ACE.OLEDB.12.0','Excel 8.0'，還要指定該 Excel 檔案的路徑與分頁名
稱，就可以使用 SELECT 的方式將結果回傳到 SQL Server Management Studio，有
關該 Excel 檔案的路徑，要特別留意是該 SQL Server 伺服器的本地路徑，不是前端
執行人員的電腦路徑。

```
-- 使用 T-SQL 直接在 SQL Server Management Studio 直接查詢 Excel 分頁
SELECT *
FROM OPENROWSET('Microsoft.ACE.OLEDB.12.0','Excel 8.0;Database=c:\temp\call_center_
data.xlsx', AbandonedCalls$)
GO
```

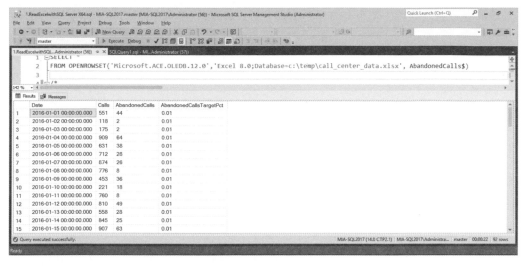

圖 4　直接使用 T-SQL 查詢 Excel 資料

執行該程式的過程中或許會碰到許多問題，以下就針對每一個可能碰到的問題，進行講解與提供對應解決方案。

```
-- 錯誤一
Msg 7403, Level 16, State 1, Line 1
The OLE DB provider "Microsoft.ACE.OLEDB.12.0" has not been registered
-- 錯誤二
Msg 7438, Level 16, State 1, Line 1
The 32-bit OLE DB provider "Microsoft.ACE.OLEDB.12.0" cannot be loaded in-process on a
64-bit SQL Server.
```

上述的錯誤的解決方式，就是安裝 64 位元 Microsoft Access Database Engine 2010 可轉散發套件，AccessDatabaseEngine_X64.exe。

```
-- 錯誤三
Msg 15281, Level 16, State 1, Line 1
SQL Server blocked access to STATEMENT 'OpenRowset/OpenDatasource' of component 'Ad
Hoc Distributed Queries' because this component is turned off as part of the security
configuration for this server. A system administrator can enable the use of 'Ad Hoc
Distributed Queries' by using sp_configure. For more information about enabling 'Ad
Hoc Distributed Queries', search for 'Ad Hoc Distributed Queries' in SQL Server Books
Online.
```

上述錯誤解決方式為，啟用 OpenRowset 功能，因為 SQL Server 預設是關閉該功能。

```
-- 啟動 Ad Hoc Distributed Queries
exec sp_configure 'show advanced options',1
reconfigure
exec sp_configure 'Ad Hoc Distributed Queries',1
reconfigure
```

最後如果都已經安裝完成所有軟體與開啟預設功能之後，若還是發生以錯誤，可以額外啟動 sp_MSset_oledb_prop 預存程序，開啟 AllowInProcess 與 DynamicParameters 選項。

```
-- 錯誤四
Msg 7302, Level 16, State 1, Line 1
Cannot create an instance of OLE DB provider "Microsoft.ACE.OLEDB.12.0" for linked
server "(null)".
```

```
-- 開啟 sp_MSset_oledb_prop 支援抓取 Excel 與 Access 檔案資料
EXEC master.dbo.sp_MSset_oledb_prop N'Microsoft.ACE.OLEDB.12.0'
GO
EXEC master.dbo.sp_MSset_oledb_prop N'Microsoft.ACE.OLEDB.12.0' , N'AllowInProcess' , 1
GO
EXEC master.dbo.sp_MSset_oledb_prop N'Microsoft.ACE.OLEDB.12.0' , N'DynamicParameters' , 1
GO
```

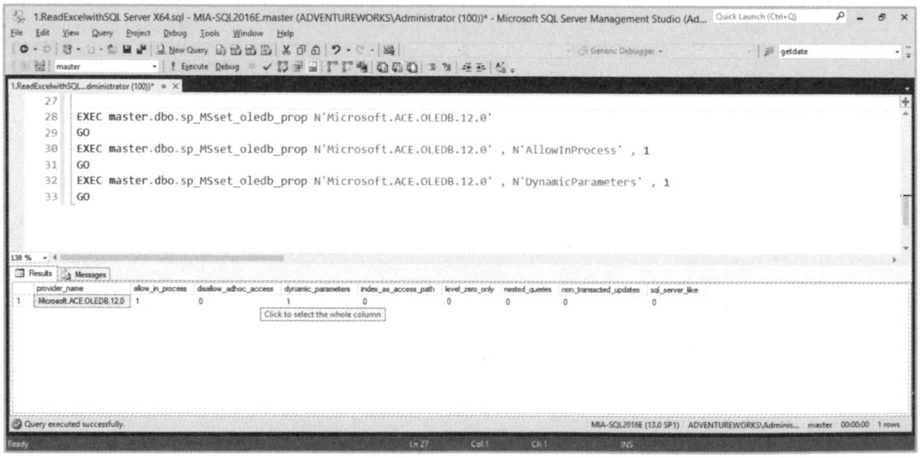

圖 5　啟用 AllowInProcess 與 DynamicParameters 選項

如果需要同時安裝 x86 與 x64 的版本，若是碰到以下兩種無法存的狀況，可以使用以下的方式進行安裝。

圖 6　同時安裝多種版本的錯誤訊息

圖 7　解決同時安裝兩種 Microsoft Access Database Engine 2010 可轉散發套件的問題

► 本書相關問題導覽

7.　【如何化整為零讓使用 OPENROWSET 程式從 31 分 26 秒縮減到 2 秒】

10.【使用 T-SQL 直接讀取作業系統圖片直接儲存到資料庫】

07 如何化整為零讓使用 OPENROWSET 程式從 31 分 26 秒縮減到 2 秒

SQL Server 於 2016 版開始導入 STRING_SPLIT 函數進行字串分解，大部分這樣的函數使用多將字串儲存成為變數，然後在裡用此函數進行分解，範例如下：

```
-- 使用 STRING_SPLIT 函數分解字串
DECLARE @s nvarchar(30)='Lewis,Judy,Ada,Julia,Nancy'
SELECT c.value as Name
FROM STRING_SPLIT(@s,',') as c
-- 結果
Name
------------------------------
Lewis
Judy
Ada
Julia
Nancy

(5 row(s) affected)
```

然而，許多時候，需要分解的字串會先儲存在文字檔案中，這樣一來，該如何有效率的讀入並且使用 STRING_SPLIT 進行運算，就成為 T-SQL 程式開發人員需要解決的重要議題。

▶ 案例說明

要解決上述的需求可以使用 OPENROWSET 函數，將整個文字檔案從作業系統中讀取之後，在指定給變數就可以進行字串分解。這樣的技術就是沿用之前 OPENXML 與 OPENJSON 需要解析作業系統檔案一樣，就是使用 OPENROWSET 搭配 SINGLE_ CLOB 方式，轉成文字方式讀入到變數。

```
-- 整批讀取作業系統檔案到變數
SELECT c.*
FROM openrowset(BULK N'C:\temp\1.txt',single_clob) as c(c1)
```

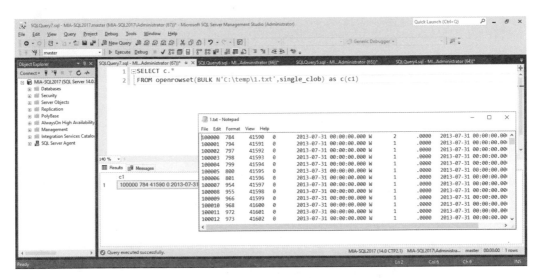

圖 1　使用 OPENROWSET 讀取作業系統文字檔案

▶ 實戰解說

以下就是搭配 OPENROWSET 與 SQL Server 20162 的 string_split 函數，將所有文字檔案資料進行分解，其中因為資料是使用 TAB 符號區隔，所以使用 CHAR(10) 表示該 TAB 符號。

```
-- 整合在單一陳述式
SELECT *
FROM STRING_SPLIT( (select c.*
                from openrowset(BULK N'C:\SQLBCK\1.txt',single_clob) as c(c1))
                , char(10) )
GO
```

上面的案例在 SQL Server 2016 RTM 與 SP1 的環境中，針對 113,444 筆資料竟然處理超過 32 分鐘 ~1 小時以上，過程中發現 SQL Server 使用很高 CPU 在處理資料分解。上述的程式主要是利用 OPENROWSET 搭配 SINGLE_CLOB 格式，該格式就是指定讀取大量文字檔案，另外使用 as c(c1) 表示該結果使用資料表別名為 c，而資料行的別名為 c1。最後再轉給 STRING_SPLIT 函數搭配 char(10) 符號，進行字串分解。

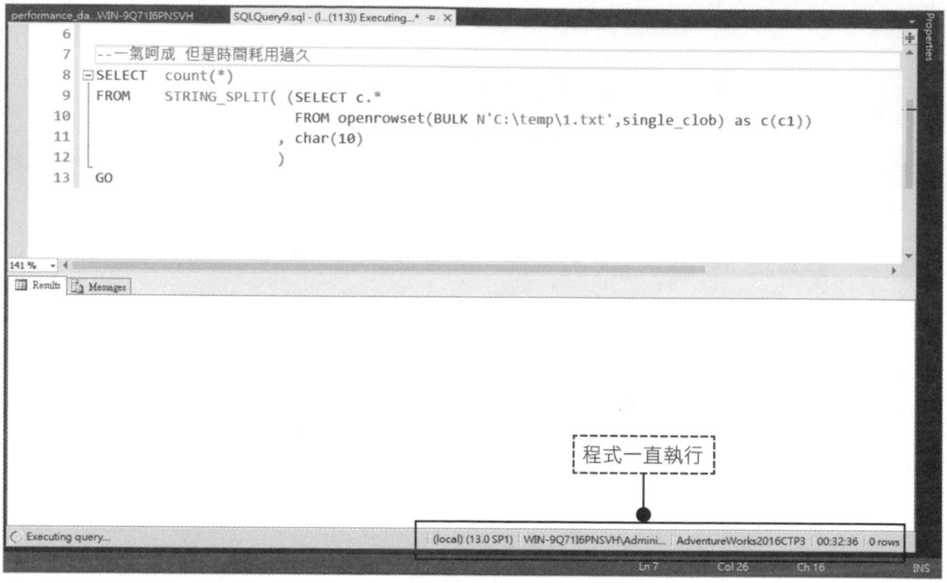

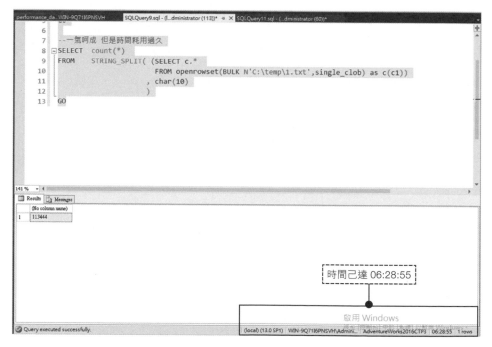

圖 2　使用一氣呵成方式分解資料導致執行時間過高

圖 3　使用一氣呵成方式分解資料導致超過六小時

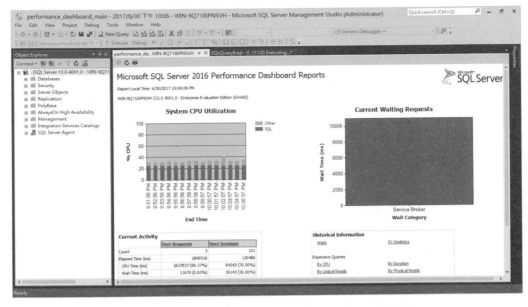

圖 4　檢視到 SQL Server 使用很高的 CPU 來處理該需求

圖 5　該作業系統已經擁有 32GB 記憶體

為了要解決上述極度緩慢狀況，將上述陳述式分解成兩個動作，一個是讀入文字資料，然後轉給變數。再轉給 STRING_SPLIT，進行字串分解，經過驗證這樣的時間僅需要 2-4 秒鐘。

```
-- 先讀入資料
DECLARE @string nvarchar(max)=(SELECT c.*
FROM openrowset(BULK N'C:\temp\1.txt',single_clob) as c(c1))
-- 然後再分解
SELECT count(*) from STRING_SPLIT(@string,char(10))
GO
-- 結果
113444
```

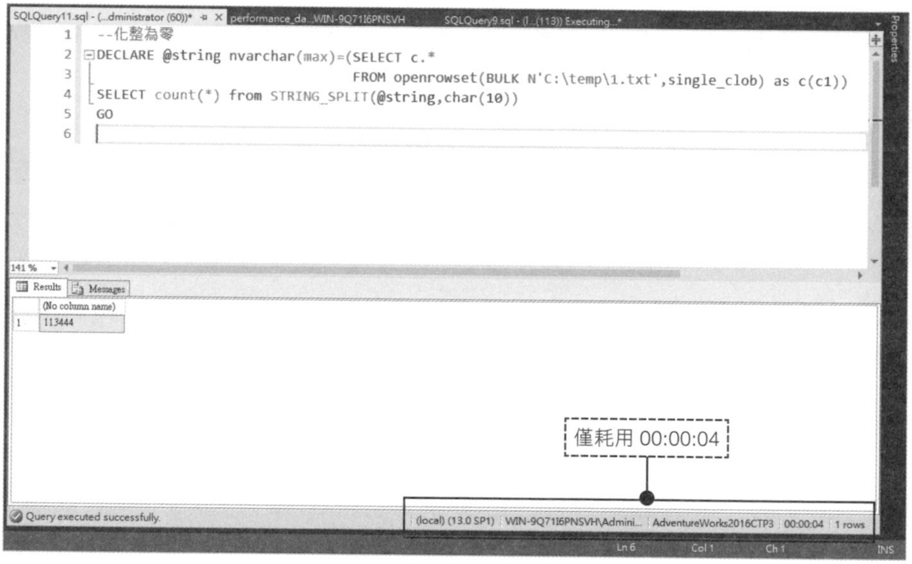

圖 6　將一串程式分解成兩個步驟就可以縮短到 4 秒

► **注意事項**

最後分享經驗：在查詢幾個很大的資料表時，如果要寫在 [單一查詢陳述式] 中，讓多個巨大資料表，進行合併查詢，往往效率都很差。若是可以先將每一個資料表中的所需資料取出，再利用資料表變數或是暫存資料表，縮小資料範圍，這樣一來就可以優化上述的範例。

過程中要特別留意的是：如果有機會使用到暫存資料表物件時，有兩種用法，第一種就是資料表變數，第二種是暫存資料表。

以下就是兩種物件的使用範例，其中最大的差異就是，使用暫存資料表時可以建立索引來加速查詢，但資料表變數並不支援這項做法。

```
USE [AdventureWorks]
GO
-- 使用資料表變數將大數據先取出後再運算
DECLARE @t table(
    [TransactionID] [int] NOT NULL          ,
    [ProductID] [int] NOT NULL              ,[ReferenceOrderID] [int] NOT NULL,
    [ReferenceOrderLineID] [int] NOT NULL,[TransactionDate] [datetime] NOT NULL,
    [TransactionType] [nchar](1) NOT NULL,[Quantity] [int] NOT NULL,
    [ActualCost] [money] NOT NULL           ,[ModifiedDate] [datetime] NOT NULL     )
INSERT INTO @t SELECT TOP(3) * FROM [Production].[TransactionHistory]
SELECT * FROM @t
GO
```

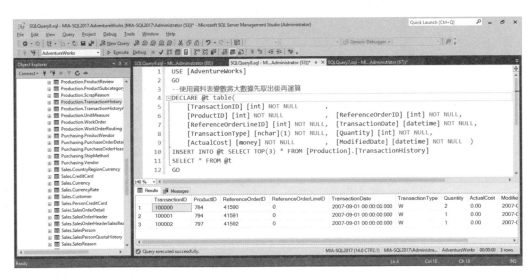

圖 7　使用資料表變數先儲存需要的數據

```
-- 使用暫存資料表，從大數據中取出重點，並且可以建立 INDEX
USE [AdventureWorks]
GO
```

```
-- 使用暫存資料表將大數據先取出後再運算，該資料表要使用 # 資料開頭
CREATE table #t (
    [TransactionID] [int] NOT NULL          ,
    [ProductID] [int] NOT NULL              ,[ReferenceOrderID] [int] NOT NULL,
    [ReferenceOrderLineID] [int] NOT NULL,[TransactionDate] [datetime] NOT NULL,
    [TransactionType] [nchar](1) NOT NULL,[Quantity] [int] NOT NULL,
    [ActualCost] [money] NOT NULL           ,[ModifiedDate] [datetime] NOT NULL      )
INSERT INTO #t SELECT TOP(3) * FROM [Production].[TransactionHistory]
CREATE INDEX IDX_TEMP_1 ON #t([ProductID]) -- 建立索引可以加速查詢
SELECT * FROM #t
GO
```

兩者使用上還有一個要點，就是資料表變數會在程式執行完成後，自動移除與消失，而暫存資料表需要關閉連線後或是 DROP TABLE 暫存資料表，才可以釋放資料。

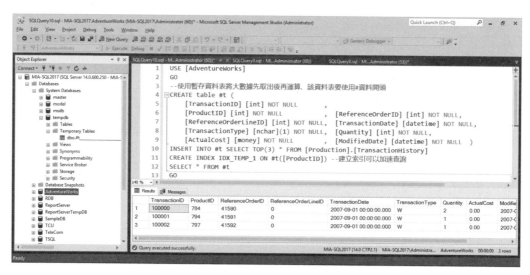

圖 8 利用暫存資料表取出需要數據並且建立索引

► **本書相關問題導覽**

6. 【在 x64 位元的 SQL Server 2016，合併查詢資料庫與 Excel 資料】

10. 【使用 T-SQL 直接讀取作業系統圖片直接儲存到資料庫】

08 不為人知的 OPENQUERY 秘密功能

當需要藉由 SQL Server 執行個體去查詢其他資料庫，如 Oracle 或 MYSQL 時，許多人會用 Linked Server 的方式，連接到異質的資料庫，進行 SELECT 陳述式執行，但鮮少有人知道 OPENQUERY 搭配 Linked Server 函數，基本上是可以允許從 SQL Server 端，藉由 Linked Server 與 OPENQUERY 的方式，直接進行遠端資料的異動，包括 INSERT/UPDATE 與 DELETE。

以下的例子，就是使用 SQL Server 結合 Linked Server 與 OPENQUERY 的方式，直接異動 ORACLE 資料庫中的 HR.EMPLOYEES 與 MYSQL 的資料。

▶ 案例說明

◈ 異動 ORACLE 資料庫

要實作這個範例，首先，需要在該 x64 位元 SQL Server 的機器中安裝 Oracle 驅動程式，該 Linked Server 的驅動程式 ODAC121024Xcopy_x64.zip 可以從以下 URL 取得：

http://www.oracle.com/technetwork/database/windows/downloads/index-090165.html

圖 1　取得 ODAC122010Xcopy_x64 程式

從命令列中設定驅動程式，過程中將 ODAC121024Xcopy_x64.zip 解壓縮到 c:\temp
目錄，最後將 c:\oracle\odac64; c:\oracle\odac64\bin 加入到 PATH 的系統變數，並
且移到最前面的選單，並且重新啟動作業系統。

```
C:\>mkdir c:\oracle\odac64
C:\>cd c:\temp\
c:\temp>.\install.bat oledb c:\oracle\odac64 odac64 true
```

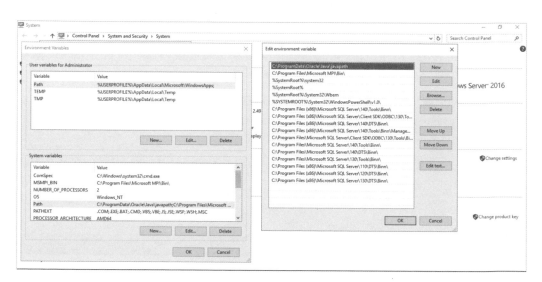

圖 2 設定 PATH 環境變數

完成後並且執行以下的指令啟動然後使用 T-SQL 建立 Linked Server 連結到 Oracle 資
料庫，其中 192.168.56.123 就是遠端 Oracle 資料庫的位置 XE 是該 Oracle 的 Global
Name，有關帳號的部分，需要輸入 HR 帳號與密碼。

```
-- 啟動 OleDB 整合 ORAOLEDB.Oracle 驅動程式
exec master.dbo.sp_MSset_oledb_prop 'ORAOLEDB.Oracle', N'AllowInProcess', 1
exec master.dbo.sp_MSset_oledb_prop 'ORAOLEDB.Oracle', N'DynamicParameters', 1

-- 建立連結伺服器名稱為 MyOracle，Oracle 位址是 192.168.56.123 並且 XE 是 Global Name
exec sp_addlinkedserver N'MyOracle', 'Oracle', 'ORAOLEDB.Oracle', N'//192.168.56.123/
XE', N'FetchSize=2000', ''
-- 新增 Oracle 帳號與密碼
exec master.dbo.sp_serveroption @server=N'MyOracle', @optname=N'rpc out', @optvalue=
N'true'
```

```
exec sp_addlinkedsrvlogin @rmtsrvname='MyOracle', @useself=N'FALSE', @rmtuser=N'hr',
@rmtpassword='oracle'
-- 驗證是否該連結伺服器可以查詢 Oracle 資料
exec ('select * from hr.employees') at [MyOracle]
```

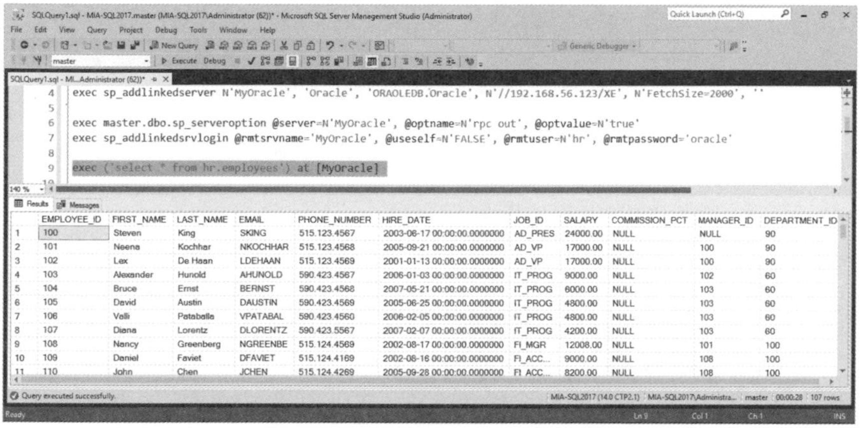

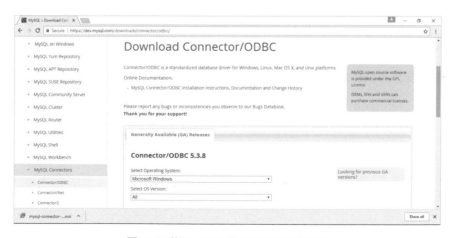

圖 3　成功連結 Oracle 並且查詢 HR 的 Employees 資料表

◇ **異動 MySQL 資料庫**

接下來如果要實作 MySQL 資料庫的連結，需要從以下 URL 連結下載驅動程式。建議
要安裝 x64 版本 Windows (x86, 64-bit), MSI Installer 給 SQL Server 2016 (含以上)
使用。

https://dev.mysql.com/downloads/connector/odbc/

圖 4　下載 MySQL 的 ODBC 驅動程式

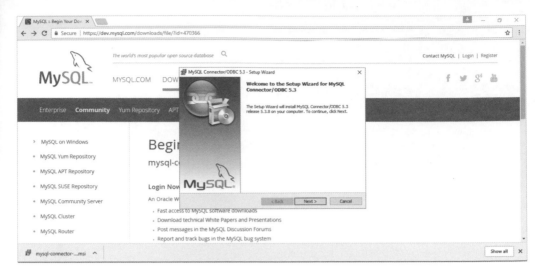

圖 5 安裝 MySQL 驅動程式

緊接著設定 ODBC 準備給 SQL Server x64 位元的 Linked Server 使用。

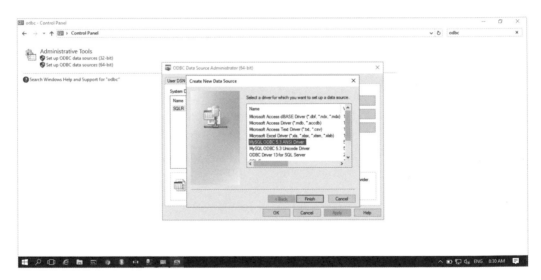

圖 6 設定 MySQL ODBC 的名稱

過程中需要輸入對應帳號與密碼，然後選擇資料庫如下：

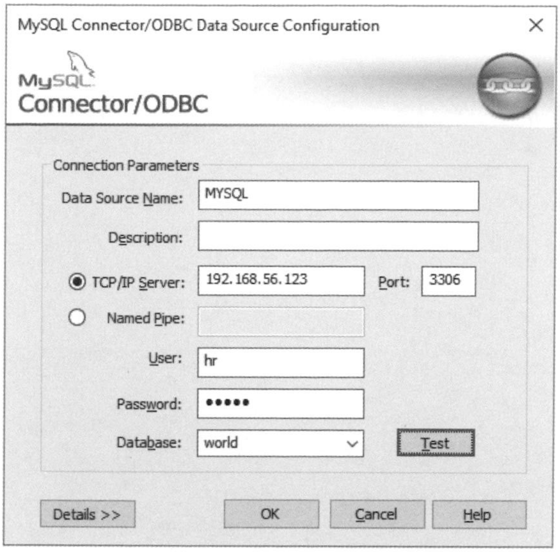

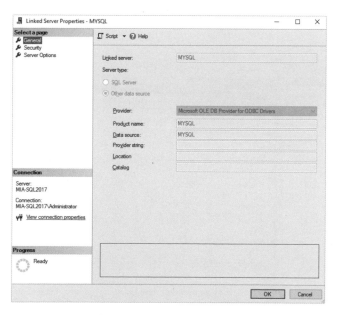

圖 7 驗證 MySQL 的帳號與密碼

下一個步驟就是設定 Linked Server，讓 SQL Server 可以連上 MySQL。過程中需要選擇 Microsoft OLE DB Provider for ODBC Drivers，然後指定上述設定的 ODBC 的名稱如下，還有需要在 Security 頁面設定 MySQL 帳號與密碼。

圖 8 設定 Linked Server 連上 MySQL

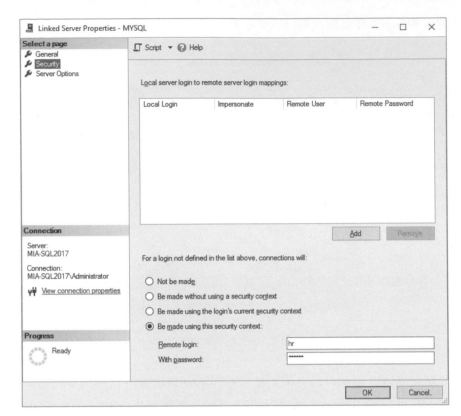

圖 9　輸入 MySQL 帳號與密碼

最後，就可以直接展開 MySQL 的節點，看到 MySQL 範例資料庫中的數據。

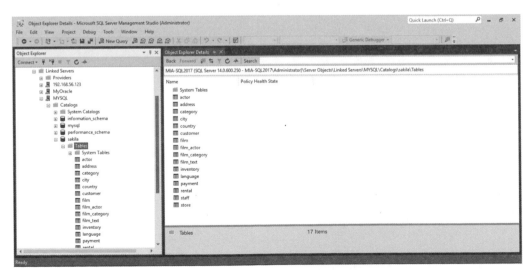

圖 10　展開 MySQL 連結伺服器的節點

現在就直接從 SQL Server 端，經由 AUTO-COMMIT 的方式，直接針對 ORACLE 資料庫中的 HR.EMPLOYEES 進行更新。

```
-- 展示 Linked Server 整合 Oracle 與 SQL Server 進行資料異動
-- 使用 OPENQUERY 查詢 ORACLE 資料庫
SELECT *
FROM OPENQUERY([MYORCL],'select * from employees')
WHERE EMPLOYEE_ID=100;

-- 使用 OPENQUERY 更新 ORACLE 資料庫
UPDATE OPENQUERY([MYORCL],'select * from employees')
SET     SALARY=44000
WHERE   EMPLOYEE_ID=100;
GO
-- 再一次查詢
SELECT *
FROM OPENQUERY([MYORCL],'select * from employees')
WHERE EMPLOYEE_ID=100;
-- 結果
```

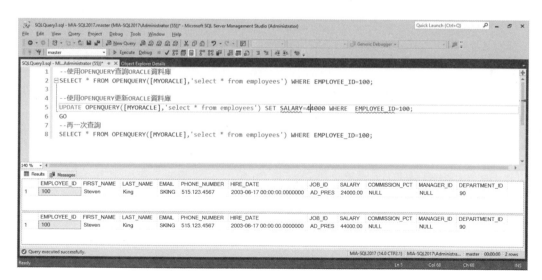

圖 11　檢視 Oracle 與 SQL Server 資料異動的結果

```
-- 展示 Linked Server 整合 MySQL 與 SQL Server 進行資料異動
-- 使用 OPENQUERY 查詢 MYSQL 資料庫
SELECT * FROM OPENQUERY([MYSQL],'select * from sakila.payment') WHERE payment_id=1

-- 使用 OPENQUERY 更新 MYSQL 資料庫
UPDATE OPENQUERY([MYSQL],'select * from sakila.payment') SET amount=4.99
WHERE   payment_id=1
GO
-- 再一次查詢
SELECT * FROM OPENQUERY([MYSQL],'select * from sakila.payment')
WHERE payment_id=1;
-- 結果
```

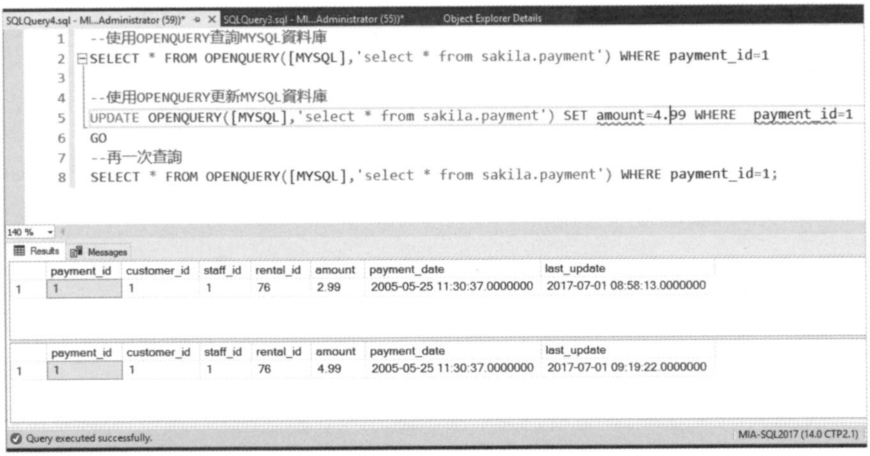

圖 12　檢視 MySQL 與 SQL Server 資料異動的結果

▶ 注意事項

SQL Server 2016 或 2017 版本，因為都是 64 位元，建議要安裝 x64 位元的驅動程式，以免發生無法從 SQL Server 連上 Oracle 與 MySQL 的狀況。另外從 SQL Server 異動遠端異質資料庫的過程，SQL Server 會自動 Commit 交易，這段就無法進行 Rollback。

▶ 本書相關問題導覽

6. 【在 x64 位元的 SQL Server 2016，合併查詢資料庫與 Excel 資料】

09 FROM 子查詢的兩種欄位名稱定義與應用技巧

許多時候為了要減少 JOIN 的查詢陳述式，可以使用以下幾類子查詢（SubQuery）解決複雜 JOIN，分別是：

1. SELECT 子查詢

2. FROM 子查詢

3. WHERE 子查詢

4. HAVING 子查詢

其中一個最常被詢問的一個問題，就屬於 FROM（子查詢），在使用的過程中支援兩種定義欄位別名的方式。第一個就是直接在 FROM（子查詢）裡面，直接定義要輸出欄位的別名：

```
-- 第一種 FROM 子查詢
SELECT c.*
FROM ( SELECT count(*) as total , [shipcity]
       FROM [Sales].[Orders]
        GROUP BY [shipcity]
     ) as c
GO
-- 結果
```

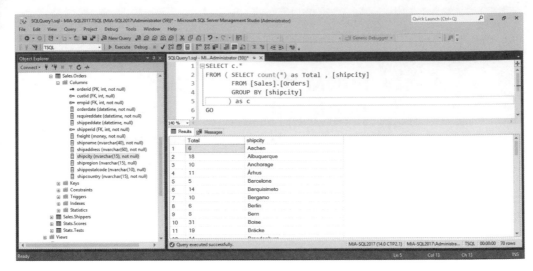

圖 1 使用 FROM 子查詢必須要先給定所有欄位名稱

上述的 FROM 子查詢過程中,若是沒有先給定所有欄位名稱,就會發生以下錯誤,該錯誤就是指出有欄位沒名稱。

```
-- 第一種 FROM 子查詢 沒有給定所有欄位名稱
SELECT c.*
FROM ( SELECT count(*)   -- 缺少欄位別名
              , [shipcity]
          FROM [Sales].[Orders]
          GROUP BY [shipcity]
      ) as c
GO
-- 錯誤
Msg 8155, Level 16, State 2, Line 5
No column name was specified for column 1 of 'c'.
```

另外,FROM 的子查詢若是沒有給定別名,也會發生以下的錯誤:

```
-- 第一種 FROM 子查詢 沒有給定子查詢別名
SELECT *
FROM ( SELECT count(*) as Total , [shipcity]
          FROM [Sales].[Orders]
          GROUP BY [shipcity]
```

```
        )  -- 缺少子查詢別名
GO
-- 錯誤
Msg 102, Level 15, State 1, Line 5
Incorrect syntax near ')'.
```

第二種就是在 FROM（子查詢）AS 資料表別名（欄位別名），這個用技巧很多人都不知道其應用之處與使用時機。

```
-- 第二種 FROM 子查詢
SELECT c.*
FROM ( SELECT count(*) , [shipcity]
        FROM [Sales].[Orders]
        GROUP BY [shipcity]
     ) as c (Total,shipcity) -- 將欄位別名撰寫於此
GO
```

▶ **案例說明**

許多人會質疑與好奇：何時一定要用到第二種方式，[FROM (子查詢) AS 資料表別名 (欄位別名)]?。

藉由以下的範例，剛好可以做一個最好的解說，其中將使用 OPENROWSET 函數可以將作業系統中的文件，使用 single_clob 方式，讀取整個文件出來後，顯示在 SQL Server Management Studio，過程中會使用預設 [BulkColumn] 欄位名稱。如果要快速變更 [BulkColumn] 名稱為【c1】的名稱，就可以使用【FROM (子查詢) AS 資料表別名 (欄位別名)】方式完成這樣需求，這樣的子查詢一般會稱之為衍生資料表 (derived table)，以下是微軟官方教材討論的衍生資料表的定義說明，該內容僅有說明欄位名稱可以被定義在 FROM 子查詢之外。

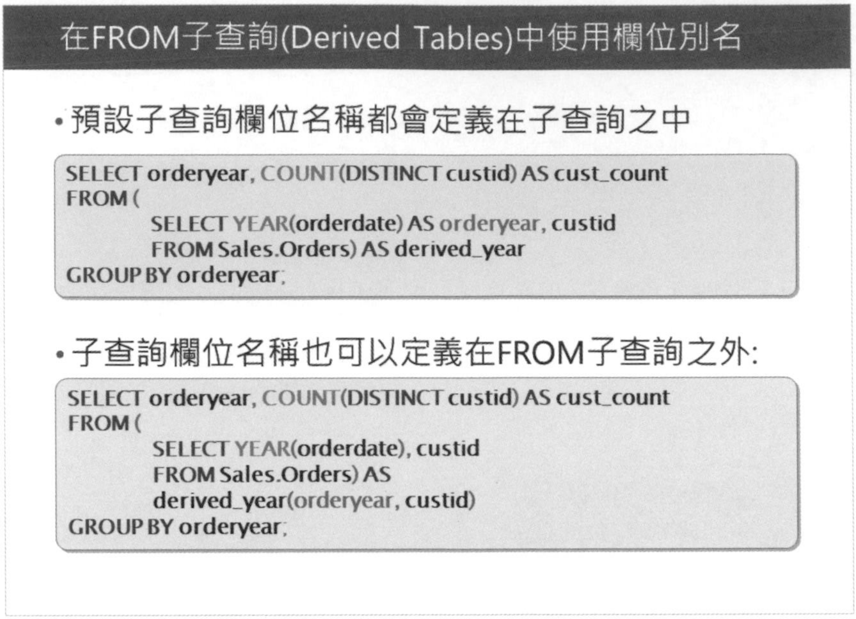

在FROM子查詢(Derived Tables)中使用欄位別名

- 預設子查詢欄位名稱都會定義在子查詢之中

```
SELECT orderyear, COUNT(DISTINCT custid) AS cust_count
FROM (
        SELECT YEAR(orderdate) AS orderyear, custid
        FROM Sales.Orders) AS derived_year
GROUP BY orderyear;
```

- 子查詢欄位名稱也可以定義在FROM子查詢之外:

```
SELECT orderyear, COUNT(DISTINCT custid) AS cust_count
FROM (
        SELECT YEAR(orderdate), custid
        FROM Sales.Orders) AS
        derived_year(orderyear, custid)
GROUP BY orderyear;
```

圖 2　微軟官方教材指出欄位名稱可以被運用在子查詢之外

▶ 實戰解說

該練習可以藉由以下的 T-SQL 進行練習，其中需要在資料庫作業系統中，[C:\temp\]
目錄放置一個 1.txt 文件檔案 (內容任意定義)，使用 OPENROWSET 查詢的最後結
果，可以看到欄位名稱為 BulkColumn。倘若過程中需要變更該顯示欄位名稱，可以
透過以下的技巧變更。

```
-- 直接將 openrowset 輸出資料行使用【BulkColumn】預設名稱
-- 其中 c 就是子查詢 derived table 別名，該名稱可以自己定義
SELECT c.*
FROM OPENROWSET(BULK N'C:\temp\1.txt',single_clob) AS c
GO
```

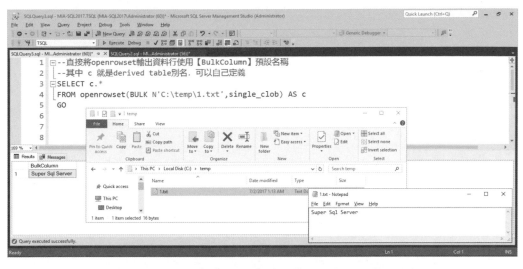

圖 3　預設 OPENROWSET 讀取資料無法顯示自訂欄位名稱

若是直接在 SELECT 清單中變更欄位名稱顯示，搭配 OPENROWSET 就會發生失敗。

```
-- 嘗試直接將 openrowset 輸出資料行給予欄位別名，會出現失敗
SELECT c.* as c1
FROM OPENROWSET(BULK N'C:\temp\1.txt',single_clob) AS c
GO
-- 錯誤訊息
Msg 156, Level 15, State 1, Line 10
Incorrect syntax near the keyword 'as'.
```

正確的用法，是使用第二種的子查詢指定欄位名稱的方式，就可以順利變更 OPENROWSET 輸出資料行的名稱。

```
-- 藉由 Derived Table( 欄位名稱定義 )，就可以將 openrowset 輸出資料行給予欄位別名【c1】
SELECT c.*
FROM OPENROWSET(BULK N'C:\temp\1.txt',single_clob)
AS c (c1)
GO
```

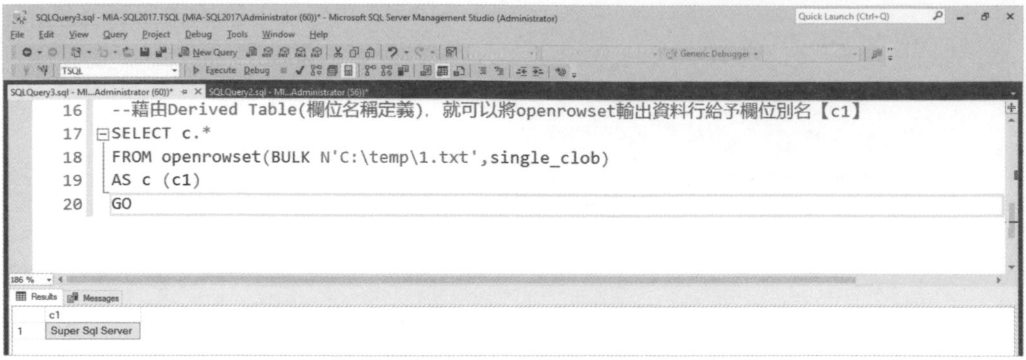

圖 4 搭配子查詢直接給定欄位名稱改變預設 openrowset 欄位名稱

► 注意事項

當使用 FROM 子查詢指定名稱的時候,需要指定到對應所有子查詢中的欄位個數,並且個數需要與對應的子查詢欄位個數一樣,否則就會出現以下錯誤:

```
-- 使用 FROM 子查詢外指定名稱的時候,需要對應所有子查詢中的欄位個數
SELECT c.*
FROM ( SELECT count(*) , [shipcity]
       FROM [Sales].[Orders]
       GROUP BY [shipcity]
     ) as c (Total)
GO
-- 錯誤
Msg 8158, Level 16, State 1, Line 5
'c' has more columns than were specified in the column list.
```

反而是使用 FROM 子查詢內指定名稱的時候,僅需要針對缺少欄位名稱者,給予別名就可以完成整個子查詢的輸出。兩者都有其對應優點,端看使用的時機。

► 本書相關問題導覽

6. 【在 x64 位元的 SQL Server 2016,合併查詢資料庫與 Excel 資料】

7. 【如何化整為零讓使用 OPENROWSET 程式從 31 分 26 秒縮減到 2 秒】

10.【使用 T-SQL 直接讀取作業系統圖片直接儲存到資料庫】

10 使用 T-SQL 直接讀取作業系統圖片直接儲存到資料庫

以往，要將相片儲存到資料庫，通常會使用前端應用程式搭配資料庫驅動程式，轉換成串流資料後，再儲存到資料庫。現在有更好的方式，就是使用預設 T-SQL 的 OPENROWSET 函數，讀取資料庫作業系統中的圖片資料，然後再新增到資料庫。

▶ 案例說明

實作的過程中，可以使用【master.dbo.xp_DirTree】預存程序讀取該 SQL Server 所在目錄下的所有檔案，這樣一來，就可以不用啟動過高權限的 master.dbo.xp_cmdshell，因為該 xp_cmdshell 預存程序容易被駭客攻擊。在撰寫這個程式的過程中，要特別留意的地方是：避免使用 CURSOR 搭配 WHILE 迴圈去處理多筆相片資料到資料庫，從這個案例中，大家可以學到字串遞增的處理方式，然後再搭配 EXECUTE 的指令，一次執行新增資料到資料庫。

```
-- 使用預存程序找出對應檔案
EXEC master.dbo.xp_DirTree 'c:\photo',1,1
-- 第一個參數：指定 c:\photo 下面的檔案
-- 第二個參數：過程中指定第一階層 (1) 所有檔案，若是使用 0 表示顯示所有階層
-- 第三個參數：1 顯示檔案的部分，如果是 0，就不顯示檔案，僅顯示目錄
```

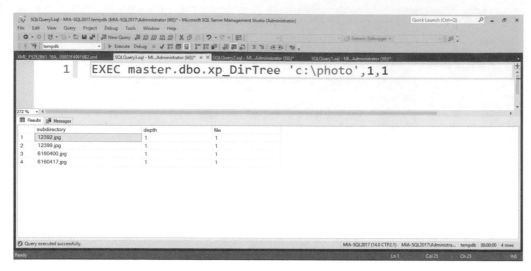

圖 1　使用預存程序顯示指定目錄下的所有檔案

► **實戰解說**

以下的過程使用一個字串合併技術，將 master.dbo.xp_DirTree 取出的檔案，先放到一個資料表變數，然後再將所有 INSERT INTO 搭配 OPENROWSET 函數，從作業系統取出後新增到資料庫。

```sql
--drop table if exists 語法僅支援 SQL Server 2016 SP1 含以上的版本
-- 建立資料表儲存圖片
use tempdb
go
-- 假如資料表存在就先移除，該語法僅支援 SQL Server 2016 含以上
drop table if exists tblImage
go
-- 建立資料表，注意相片要儲存成 varbinary(max)
create table tblImage([filename] nvarchar(128),photo varbinary(max))
go
declare @sql nvarchar(max)='' -- 宣告變數儲存指令
declare @path nvarchar(64)='c:\photo\' -- 指定初始目錄
declare @t table
( [filename] nvarchar(128), [depth] int, [file]  int) -- 暫時資料表儲存檔案資訊
-- 將取的結果新增到資料表變數
insert into @t EXEC master.dbo.xp_DirTree @path,1,1
```

-- 以下就是重點使用字串累加方式，將所有的指定組合後，再利用 execute 執行。

```sql
SELECT  @sql=@sql+'insert into tblImage([filename],photo)'+
            'select '''+@path+[filename]+''',a.* from openrowset(Bulk N'''+
            @path+[filename] +''',single_blob) as a'+';'
FROM    @t
```

-- 執行上述組合的指令，以下是該指令的原形，過程中需要用 ; 分隔所有指定，再組合同一字串

```sql
Print (@sql)
execute(@sql)
```

-- 結果

```sql
insert into tblImage([filename],photo)select 'c:\photo\12392.jpg',a.* from openrowset
(Bulk N'c:\photo\12392.jpg',single_blob) as a;insert into tblImage([filename],photo)
select 'c:\photo\12399.jpg',a.* from openrowset(Bulk N'c:\photo\12399.jpg',single_
blob) as a;insert into tblImage([filename],photo)select 'c:\photo\6160400.jpg',a.*
from openrowset(Bulk N'c:\photo\6160400.jpg',single_blob) as a;insert into tblImage
([filename],photo)select 'c:\photo\6160417.jpg',a.* from openrowset(Bulk N'c:\photo\
6160417.jpg',single_blob) as a;
```

-- 顯示新增的檔案

```sql
select * from tblImage
go
```

-- 結果

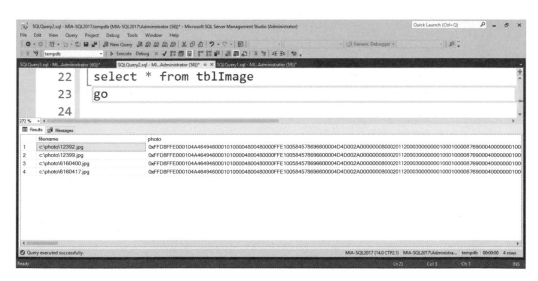

圖 2 顯示新增的影像資料

最後如果要驗證影像資料是否可以正確顯示，可以使用以下的連結將影像資料轉換成 XML 搭配 binary base64 進行驗證：

https://codebeautify.org/base64-to-image-converter

或是使用本書中的【整合 SQLCLR 匯出 R 的圖片可節省 $150USD 的軟體版權】提供的 SQLCLR 就可以直接輸出到作業系統的指定目錄。

```sql
-- 顯示第一個影像資料
select top(1) photo
from tblImage for xml auto,binary base64
go
-- 利用本書提供 SQLCLR 可以輸出影像到 C:\temp\ 並且命名成為 tp101.jpg。
declare @i table(c1 varbinary(max))
declare @plot varbinary(max)=(select top(1) photo from tblImage)
exec RDB.[dbo].[SqlSPfileByParameter]
    @pByteArr= @plot,
    @pPath=N'C:\temp\tp101.jpg'
GO
-- 結果
```

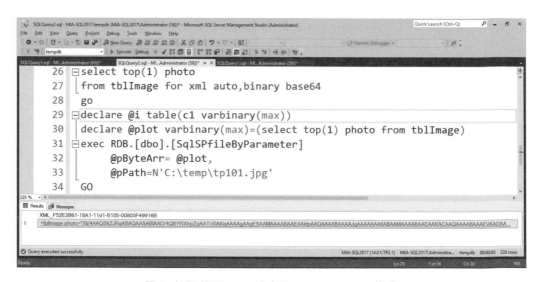

圖 3　檢視使用 XML 輸出的 binary base64 格式

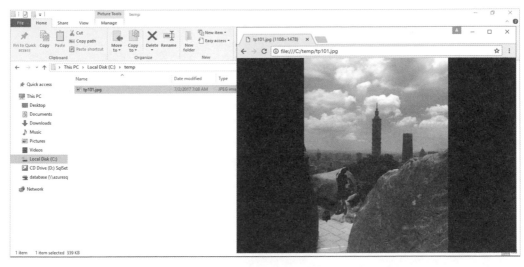

圖 4 檢視輸出的相片

▶ 注意事項

使用 master.dbo.xp_DirTree 與 OPENROWSET 函數需要較高的權限，所以一般使用者無法執行，這個問題可以使用預存程序搭配 execute as 的方式解決。以下會說明一個 super 的 user 僅有預存程序執行權限，如何透過預存程序的 execute as 的方式解決無法執行 master.dbo.xp_DirTree 與 OPENROWSET 函數時需要較高的權限問題。

```
--create or alter proc 語法僅支援 SQL Server 2016 SP1 含以上的版本
-- 解決權限問題
create or alter proc usp_insert_photo_bulk
with execute as 'dbo' -- 就是該選項可以解決權限授權問題
as
begin

declare @sql nvarchar(max)=''
declare @path nvarchar(64)='c:\photo\'
declare @t table
( [filename] nvarchar(128), [depth] int, [file]  int)
insert into @t EXEC master.dbo.xp_DirTree @path,1,1

SELECT  @sql=@sql+'insert into tblImage([filename],photo)'+
```

```
                'select '''+@path+[filename]+''',a.* from openrowset(Bulk N'''+
                @path+[filename] +''',single_blob) as a'+';'
FROM    @t
print (@sql)
execute(@sql)
end
go
-- 請系統管理員授權給 super
Grant execute on usp_insert_photo_bulk to super

-- 驗證是否可以執行
execute as user='super'
exec usp_insert_photo_bulk
revert
-- 結果，順利執行
(4 row(s) affected)
insert into tblImage([filename],photo)select 'c:\photo\12392.jpg',a.* from openrowset
(Bulk N'c:\photo\12392.jpg',single_blob) as a;insert into tblImage([filename],photo)
select 'c:\photo\12399.jpg',a.* from openrowset(Bulk N'c:\photo\12399.jpg',single_
blob) as a;insert into tblImage([filename],photo)select 'c:\photo\6160400.jpg',a.*
from openrowset(Bulk N'c:\photo\6160400.jpg',single_blob) as a;insert into tblImage
([filename],photo)select 'c:\photo\6160417.jpg',a.* from openrowset(Bulk N'c:\photo\
6160417.jpg',single_blob) as a;
```

► 本書相關問題導覽

6. 【在 x64 位元的 SQL Server 2016，合併查詢資料庫與 Excel 資料】

7. 【如何化整為零讓使用 OPENROWSET 程式從 31 分 26 秒縮減到 2 秒】

11

使用 BCP 程式匯出資料庫影像資料，無須撰寫 ADO.NET 或是 JDBC 程式

大家都知道，T-SQL 的 OPENROWSET 函數，可以快速載入二進位元資料到作業系統，如相片、影片。有人會詢問是否有機會，不要撰寫 ADO.NET 或是 JDBC 程式，就直接使用 SQL Server 內建工具，將資料庫中的影像、影片等 BLOB 資料匯出，並且根據原始的檔案名稱，自動儲存到作業系統的目錄？

基本上，這問題著實不簡單，但是可以使用 BCP 工具來完成，對大家來說，使用 BCP 多半是用在文字、UNICODE 或是 NATIVE 的轉換資料表內容，極少用在 BLOB 的影像、影片資料，以下就是 BCP 的使用說明。

```
--BCP 使用說明
c:\temp>bcp/?
usage: bcp {dbtable | query} {in | out | queryout | format} datafile
  [-m maxerrors]            [-f formatfile]           [-e errfile]
  [-F firstrow]             [-L lastrow]              [-b batchsize]
  [-n native type]          [-c character type]       [-w wide character type]
  [-N keep non-text native] [-V file format version]  [-q quoted identifier]
  [-C code page specifier]  [-t field terminator]     [-r row terminator]
  [-i inputfile]            [-o outfile]              [-a packetsize]
  [-S server name]          [-U username]             [-P password]
  [-T trusted connection]   [-v version]              [-R regional enable]
  [-k keep null values]     [-E keep identity values]
  [-h "load hints"]         [-x generate xml format file]
  [-d database name]        [-K application intent]   [-l login timeout]
```

► 案例說明

首先，來練習使用 BCP 工具，如何將資料庫文字資料匯出。過程中搭配 T-SQL 輸出資料庫中的查詢結果，到 C:\temp\emp.txt 並且使用文字格式進行匯出。

```
-- 使用 T-SQL 查詢資料內容
SELECT empid,lastname,firstname FROM [TSQL].[HR].[Employees]
GO
-- 結果
empid       lastname             firstname
----------- -------------------- ----------
1           Davis                Sara
2           Funk                 Don
3           Lew                  Judy
4           Peled                Yael
5           Buck                 Sven
6           Suurs                Paul
7           King                 Russell
8           Cameron              Maria
9           Dolgopyatova         Zoya

(9 row(s) affected)
```

該範例使用 queryout 參數將查詢結果透過 BCP 匯出到作業系統中的指定檔案名稱，其中的參數說明如下：

◈ **參數說明**

- ◆ bcp：這是微軟 SQL Server 的工用程式

- ◆ ""：查詢的 T-SQL 陳述式，該處可以放資料庫中的資料表名稱，但是就是要搭配 out 參數。

- ◆ queryout：該參數是根據上述的 "" 查詢的 T-SQL 陳述式，換言之如果是使用 "" 查詢的 T-SQL 陳述式，就要使用 queryout 方式。若 "" 查詢的 T-SQL 陳述式是指定資料表，就需要改成 out 方式。

- ◆ -c：使用字元方式匯出資料

- ◆ -T：使用信任式連結

- ◆ -S：指定伺服器，該範例使用 localhost

◈ **使用 queryout 方式將查詢結果匯出**

```
c:\temp>bcp "SELECT empid,lastname,firstname FROM [TSQL].[HR].[Employees]" queryout
c:\temp\emp.txt -c -T -S localhost


Starting copy...


9 rows copied.
Network packet size (bytes): 4096
Clock Time (ms.) Total      : 15      Average : (600.00 rows per sec.)


c:\temp>
```

◈ **使用 out 方式是匯出整個資料表所有資料，過程中會將 NULL 轉換成空白**

```
c:\temp>bcp [TSQL].[HR].[Employees] out c:\temp\emp2.txt -c -T -S localhost

Starting copy...
SQLState = S1000, NativeError = 0
Error = [Microsoft][ODBC Driver 13 for SQL Server]Warning: BCP import with a format
file will convert empty strings in delimited columns to NULL.


9 rows copied.
Network packet size (bytes): 4096
Clock Time (ms.) Total      : 1       Average : (9000.00 rows per sec.)
```

圖 1　檢視使用 BCP 匯出的文字資料

▶ 實戰解說

當要匯出資料庫中的任何 varbinary 資料時，可以直接使用 BCP 應用程式，在不輸入 -c/-w/-N 等等格式狀況下，讓它產生格式化檔案並且儲存到 c:\temp\bcp.fmt，過程中變更 offset 偏差值，從【8】到【0】如下。

```
Administrator: Command Prompt

c:\temp>bcp "SELECT TOP(1) photo FROM RDB.dbo.tblImage" queryout c:\temp\12392.jpg -T -Slocalhost

Enter the file storage type of field photo [varbinary(max)]:
Enter prefix-length of field photo [8]: 0
Enter length of field photo [0]:
Enter field terminator [none]:

Do you want to save this format information in a file? [Y/n] Y
Host filename [bcp.fmt]:

Starting copy...

1 rows copied.
Network packet size (bytes): 4096
Clock Time (ms.) Total     : 15      Average : (66.67 rows per sec.)

c:\temp>
```

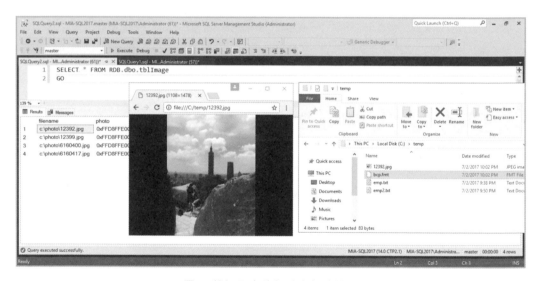

圖 2 使用 BCP 匯出影像資料

圖 3 檢視匯出的相片與格式檔案

可以使用 notepad 記事本程式檢視該格式檔案內容。該參數中 14.0 表示使用哪一版的 BCP 應用程式，該範例使用 SQL Server 2017 的 BCP 應用程式就會顯示 14.0。如果使用 SQL Server 2016 就會降成 13.0 以此類推。其中唯一要注意就是上方的格式檔案偏差值為 0，才是正確的選項。而下面的格式檔案因為偏差值為 8，這樣是無法正確匯出影像檔案資料的。

```
14.0
1
1       SQLBINARY          0       0       ""    1      photo          ""
```

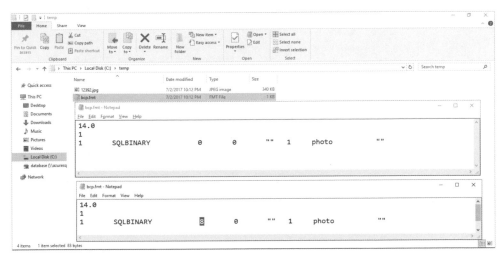

圖 4　正確匯出 binary 資料的格式記得要修改偏差值為 0

完成上述的驗證後，就可以準備大展身手，將【AdventureWorks】資料庫中的
【Production.ProductPhoto】的【ThumbNailPhoto】的影像資料搭配
【ThumbnailPhotoFileName】檔案名稱，一次使用命令列的檔案格式搭配 T-SQL 的
技巧整批匯出。

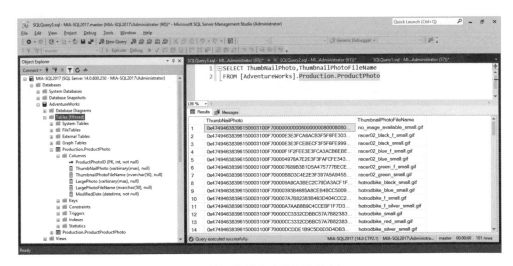

圖 5　檢視資料庫中的影像資料

執行的方式需要準備以下幾個部分，第一、首先就是建立在 c:\temp\bike 目錄，準備儲存匯出的影像資料。第二、準備 c:\temp\ADW.sql 指令，該指令主要是針對每一筆影像資料，產生一筆對應的 bcp 輸出結果，內容如下：

```
-- 核心程式，針對每一筆影像資料，產生一筆對應的 bcp 輸出結果
set nocount on
-- 針對每一筆影像資料產生 bcp 命令列
DECLARE @t table(c1 nvarchar(max))
INSERT INTO @t(c1)
SELECT  'bcp "select ThumbNailPhoto from AdventureWorks.Production.ProductPhoto where
ThumbnailPhotoFileName='''+ThumbnailPhotoFileName+'''" queryout C:\temp\bike\
'+ThumbnailPhotoFileName+' -T -Slocalhost -fc:\temp\bcp.fmt'+char(10)+char(13)
FROM    AdventureWorks.Production.ProductPhoto
SELECT  * FROM  @t
-- 結果
```

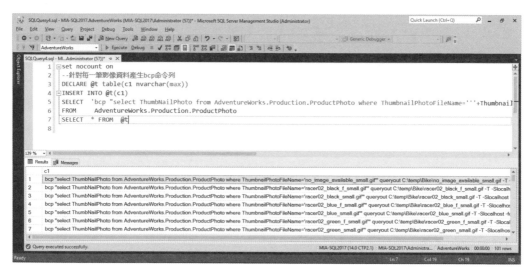

圖 6　針對每一筆影像資料產生對應 BCP 指令

然後準備一個【ADW.cmd】檔案，內容就是準備使用 SQLCMD 要去呼叫剛剛【ADW.sql】，再將所有的指定儲存成另一個【ADW_OUTPUT.cmd】，最後藉由執行【ADW_OUTPUT.cmd】就可以將資料庫的影像資料整個儲存到指定的 c:\temp\bike 目錄，因此整個流程為：

◆ ADW.sql → ADW.cmd → SQLCMD → ADW_OUTPUT.cmd →匯出結果。

```
#ADW.cmd 檔案內容
sqlcmd -E -Slocalhost -ic:\temp\ADW.sql -oc:\temp\ADW_OUTPUT.cmd -h-1
# 參數說明
sqlcmd：SQL Server 預設的公用程式
-E：使用信任式連結
-S：指定伺服器名稱
-i：輸入的陳述式名稱
-o：輸出結果存放檔案名稱
-h：搭配 -1，指定取消輸出標題
```

當執行【ADW.cmd】檔案後，系統會自動產生的【ADW_OUTPUT.cmd】，該檔案內容就是針對每一筆資料，產生對應的 bcp 指令。

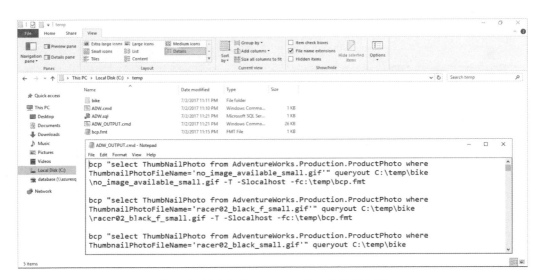

圖 7 檢視產生的 ADW_OUTPUT 檔案內容

最後再執行【ADW_OUTPUT.cmd】就可以將所有 AdventureWorks 資料庫中的【Production.ProductPhoto】，利用 BCP 功用程式，逐筆並且快速匯出且儲存成作業系統的影片、影像資料。

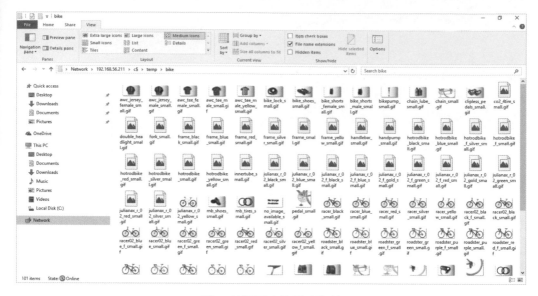

圖 8　檢視匯出的影片資料

當使用 BCP 工具程式匯出資料的時候，主要有兩種方式。第一種就是指定資料庫名稱 . 結構描述名稱 . 物件名稱，過程中使用的 OUT 的參數，而如果使用 QUERYOUT 的參數，就允許 BCP 結合 T-SQL 的陳述式。另外有關 QUERYOUT 的參數部分，還支援執行預存程序，將執行結果匯出成指定的文字檔案。

```
--create or alter proc 語法僅支援 SQL Server 2016 SP1 含以上的版本
-- 建立預存程序
USE [TSQL]
GO
CREATE OR ALTER PROC usp_bcp
AS
  SELECT TOP(3) empid,lastname,firstname
  FROM [TSQL].[HR].[Employees]
GO
```

```
-- 命令列參數
C:\>bcp "exec TSQL.dbo.usp_bcp" queryout c:\temp\usp_bcp.txt -c -T -Slocalhost
```

參數說明

queryout 使用查詢陳述式或是 **exec** 預存程序進行結果輸出

-c 使用文字格式

-T 使用信任式連結

-S 指定伺服器名稱搭配 localhost

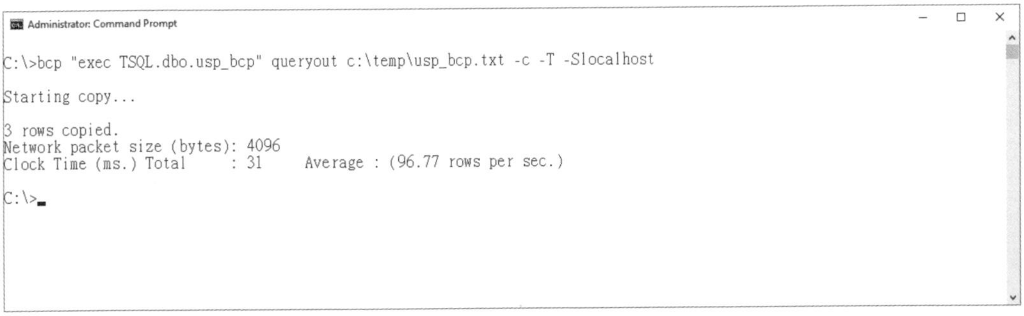

```
Administrator: Command Prompt                                          —  □  ×

C:\>bcp "exec TSQL.dbo.usp_bcp" queryout c:\temp\usp_bcp.txt -c -T -Slocalhost

Starting copy...

3 rows copied.
Network packet size (bytes): 4096
Clock Time (ms.) Total     : 31     Average : (96.77 rows per sec.)

C:\>_
```

圖 9 使用 EXEC 預存程序搭配 queryout 參數輸出結果

► **本書相關問題導覽**

12.【如何在一秒鐘內大量新增 40 萬筆數據量到 SQL Server】

13.【利用進階技巧搭配 BCP 讓載入資料過程中直接變更資料內容】

Lesson 12 ➤ Part 02 資料庫開發技術聖殿

如何在一秒鐘內大量新增 40 萬筆數據量到 SQL Server

如果有巨量且具有規則性的資料，如電信業通聯記錄（CDR）、產線的記錄或是任何格式的文字檔案，需要快速載入到 SQL Server 或是反向從 SQL Server 中取出數據，儲存成規則性文字。這樣的問題，都可以藉由以下的技巧，快速進行匯出與載入。本文要分享的就是使用 [bcp.exe] 的公用程式，快速載入資料並且使用每一秒鐘 40 萬筆資料高速度，最後達到 18 秒內完成載入 728 萬筆，整個資料大小約 400MB。

► 案例說明

首先，在安裝有 SQL Server 前端工具的環境，從 DOS 命令列輸入以下的陳述式，就可以知道 [bcp.exe] 的公用程式的使用方式。

```
Command Prompt
Microsoft Windows [Version 6.1.7601]
Copyright (c) 2009 Microsoft Corporation.  All rights reserved.

C:\>bcp/?
usage: bcp {dbtable | query} {in | out | queryout | format} datafile
  [-m maxerrors]            [-f formatfile]          [-e errfile]
  [-F firstrow]             [-L lastrow]             [-b batchsize]
  [-n native type]          [-c character type]      [-w wide character type]
  [-N keep non-text native] [-V file format version] [-q quoted identifier]
  [-C code page specifier]  [-t field terminator]    [-r row terminator]
  [-i inputfile]            [-o outfile]             [-a packetsize]
  [-S server name]          [-U username]            [-P password]
  [-T trusted connection]   [-v version]             [-R regional enable]
  [-k keep null values]     [-E keep identity values]
  [-h "load hints"]         [-x generate xml format file]
  [-d database name]        [-K application intent]  [-l login timeout]

C:\>
```

圖 1 檢視 BCP 的使用方式

以下的範例先從範例資料庫中，取出範例資料表 (dbo.bigtable)，約 726 萬筆資料，約 400MB，此部分報表可以從以下的路徑取得。

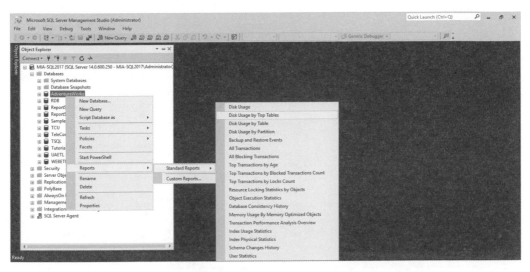

圖 2　檢視資料表筆數與大小

This report provides detailed data on the utilization of disk space by top 1000 tables within the Database. The report does not provide data for memory optimized tables.

Table Name	# Records	Reserved (KB)	Data (KB)	Indexes (KB)	Unused (KB)
dbo.bigtable	7,260,352	403,464	403,368	8	88
Person.Person	19,972	85,776	30,512	53,136	53,592
Sales.SalesOrderDetail	121,317	17,504	9,896	6,256	1,352
Production.TransactionHistory	113,443	10,960	6,336	4,088	536
Production.TransactionHistoryArchive	89,253	9,040	4,992	3,296	752
Sales.SalesOrderHeader	31,465	8,640	5,480	2,776	384
Production.WorkOrderRouting	67,131	7,208	5,568	1,368	272
Production.WorkOrder	72,591	6,936	4,224	2,192	520

圖 3　顯示指定資料表的筆數

檢視範例資料表內容，具有數字與日期格式。

	TransactionID	ProductID	ReferenceOrderID	ReferenceOrderLineID	TransactionDate	TransactionType	Quantity	ActualCost	ModifiedDate
1	7132256	712	74916	2	2008-07-25 00:00:00.000	S	1	8.99	2008-07-25 00:00:00.000
2	7132257	870	74916	1	2008-07-25 00:00:00.000	S	1	4.99	2008-07-25 00:00:00.000
3	7132258	881	74917	1	2008-07-25 00:00:00.000	S	1	53.99	2008-07-25 00:00:00.000
4	7132259	712	74918	1	2008-07-25 00:00:00.000	S	1	8.99	2008-07-25 00:00:00.000
5	7132260	711	74919	1	2008-07-25 00:00:00.000	S	1	34.99	2008-07-25 00:00:00.000
6	7132261	708	74920	3	2008-07-25 00:00:00.000	S	1	34.99	2008-07-25 00:00:00.000
7	7132262	874	74920	4	2008-07-25 00:00:00.000	S	1	8.99	2008-07-25 00:00:00.000
8	7132263	922	74920	2	2008-07-25 00:00:00.000	S	1	3.99	2008-07-25 00:00:00.000
9	7132264	932	74920	1	2008-07-25 00:00:00.000	S	1	24.99	2008-07-25 00:00:00.000
10	7132265	873	74921	3	2008-07-25 00:00:00.000	S	1	2.29	2008-07-25 00:00:00.000
11	7132266	922	74921	1	2008-07-25 00:00:00.000	S	1	3.99	2008-07-25 00:00:00.000
12	7132267	932	74921	2	2008-07-25 00:00:00.000	S	1	24.99	2008-07-25 00:00:00.000
13	7132268	928	74922	1	2008-07-25 00:00:00.000	S	1	24.99	2008-07-25 00:00:00.000
14	7132269	707	74923	3	2008-07-25 00:00:00.000	S	1	34.99	2008-07-25 00:00:00.000
15	7132270	923	74923	2	2008-07-25 00:00:00.000	S	1	4.99	2008-07-25 00:00:00.000
16	7132271	934	74923	1	2008-07-25 00:00:00.000	S	1	28.99	2008-07-25 00:00:00.000
17	7132272	933	74924	1	2008-07-25 00:00:00.000	S	1	32.60	2008-07-25 00:00:00.000
18	7132273	707	74925	3	2008-07-25 00:00:00.000	S	1	34.99	2008-07-25 00:00:00.000
19	7132274	923	74925	2	2008-07-25 00:00:00.000	S	1	4.99	2008-07-25 00:00:00.000
20	7132275	934	74925	1	2008-07-25 00:00:00.000	S	1	28.99	2008-07-25 00:00:00.000
21	7132276	865	74926	2	2008-07-25 00:00:00.000	S	1	63.50	2008-07-25 00:00:00.000
22	7132277	929	74926	1	2008-07-25 00:00:00.000	S	1	29.99	2008-07-25 00:00:00.000
23	7132278	877	74927	3	2008-07-25 00:00:00.000	S	1	7.95	2008-07-25 00:00:00.000
24	7132279	921	74927	1	2008-07-25 00:00:00.000	S	1	4.99	2008-07-25 00:00:00.000
25	7132280	929	74927	2	2008-07-25 00:00:00.000	S	1	29.99	2008-07-25 00:00:00.000
26	7132281	921	74928	2	2008-07-25 00:00:00.000	S	1	4.99	2008-07-25 00:00:00.000

圖 4　檢視資料內容

▶ 實戰解說

緊接著開始實作，過程中使用標準的 [-c] 參數，以文字格式匯出資料表中的所有資料，過程中使用信任式連結 [-T]，連線到本機的伺服器 [-S.] 或是 [-Slocalhost]，也可以使用 [-S 搭配 IP]，該速度可以從下面的圖片，看出來每一秒匯出 17.6 萬筆，使用41 秒匯出 726 萬。

```
1000 rows successfully bulk-copied to host-file. Total received: 7249000
1000 rows successfully bulk-copied to host-file. Total received: 7250000
1000 rows successfully bulk-copied to host-file. Total received: 7251000
1000 rows successfully bulk-copied to host-file. Total received: 7252000
1000 rows successfully bulk-copied to host-file. Total received: 7253000
1000 rows successfully bulk-copied to host-file. Total received: 7254000
1000 rows successfully bulk-copied to host-file. Total received: 7255000
1000 rows successfully bulk-copied to host-file. Total received: 7256000
1000 rows successfully bulk-copied to host-file. Total received: 7257000
1000 rows successfully bulk-copied to host-file. Total received: 7258000
1000 rows successfully bulk-copied to host-file. Total received: 7259000
1000 rows successfully bulk-copied to host-file. Total received: 7260000

7260352 rows copied.
Network packet size (bytes): 4096
Clock Time (ms.) Total     : 41153   Average : (176423.39 rows per sec.)

C:\>bcp [AdventureWorks2012].[dbo].[bigtable] out c:\temp\1.txt -c -T -S.
```

圖 5　瀏覽 bcp out 的速度

現在分享一個可以加速匯出的技巧，就是使用 [-N] 參數，它表示使用原生格式 [-N keep non-text native]，該選項可以轉換出二進位元檔案，例如影像資料。

該速度可以從下面的圖片，看出來每一秒匯出 38.4 萬筆，使用 18.8 秒匯出 726 萬。

```
1000 rows successfully bulk-copied to host-file. Total received: 7249000
1000 rows successfully bulk-copied to host-file. Total received: 7250000
1000 rows successfully bulk-copied to host-file. Total received: 7251000
1000 rows successfully bulk-copied to host-file. Total received: 7252000
1000 rows successfully bulk-copied to host-file. Total received: 7253000
1000 rows successfully bulk-copied to host-file. Total received: 7254000
1000 rows successfully bulk-copied to host-file. Total received: 7255000
1000 rows successfully bulk-copied to host-file. Total received: 7256000
1000 rows successfully bulk-copied to host-file. Total received: 7257000
1000 rows successfully bulk-copied to host-file. Total received: 7258000
1000 rows successfully bulk-copied to host-file. Total received: 7259000
1000 rows successfully bulk-copied to host-file. Total received: 7260000

7260352 rows copied.
Network packet size (bytes): 4096
Clock Time (ms.) Total     : 18876  Average : (384634.03 rows per sec.)

C:\>bcp [AdventureWorks2012].[dbo].[bigtable] out c:\temp\1.txt -N -T -S.
```

圖 6　使用 -N 輸出格式

緊接著下來，就是使用上述兩種匯出檔案，分別匯入到另一個空白的資料表，名稱為 [dbo].[bigempty]。該速度可以從下面的圖片，看出來使用 [-N]，每一秒匯入 41.5 萬筆，使用 17.4 秒匯入 726 萬，過程中特別使用 -h 搭配 TABLOCK。

```
1000 rows sent to SQL Server. Total sent: 7249000
1000 rows sent to SQL Server. Total sent: 7250000
1000 rows sent to SQL Server. Total sent: 7251000
1000 rows sent to SQL Server. Total sent: 7252000
1000 rows sent to SQL Server. Total sent: 7253000
1000 rows sent to SQL Server. Total sent: 7254000
1000 rows sent to SQL Server. Total sent: 7255000
1000 rows sent to SQL Server. Total sent: 7256000
1000 rows sent to SQL Server. Total sent: 7257000
1000 rows sent to SQL Server. Total sent: 7258000
1000 rows sent to SQL Server. Total sent: 7259000
1000 rows sent to SQL Server. Total sent: 7260000

7260352 rows copied.
Network packet size (bytes): 4096
Clock Time (ms.) Total     : 17488  Average : (415161.94 rows per sec.)

C:\>bcp [AdventureWorks2012].[dbo].[bigempty] in c:\temp\1.txt -N -T -S. -hTABLOCK
```

圖 7　使用 -N 匯入資料

該速度可以從下面的圖片，看出來使用 [-c]，每一秒僅可以匯入 19.9 萬筆，使用 36.3 秒匯入 726 萬，過程中特別使用 -h 搭配 TABLOCK。

```
Command Prompt                                                          _ □ ×
1000 rows sent to SQL Server. Total sent: 7249000
1000 rows sent to SQL Server. Total sent: 7250000
1000 rows sent to SQL Server. Total sent: 7251000
1000 rows sent to SQL Server. Total sent: 7252000
1000 rows sent to SQL Server. Total sent: 7253000
1000 rows sent to SQL Server. Total sent: 7254000
1000 rows sent to SQL Server. Total sent: 7255000
1000 rows sent to SQL Server. Total sent: 7256000
1000 rows sent to SQL Server. Total sent: 7257000
1000 rows sent to SQL Server. Total sent: 7258000
1000 rows sent to SQL Server. Total sent: 7259000
1000 rows sent to SQL Server. Total sent: 7260000

7260352 rows copied.
Network packet size (bytes): 4096
Clock Time (ms.) Total     : 36395  Average : (199487.63 rows per sec.)

C:\>bcp [AdventureWorks2012].[dbo].[bigempty] in c:\temp\1.txt -c -T -S. -hTABLOCK
```

圖 8　使用 -c 匯入資料

因此當使用 bcp.exe 公用程式匯出與匯入的過程中，可以需要強化速度，可以使用 [-N] 參數取代 [-c] 的參數，就可以將整體速度提升 2~3 倍數。

► **注意事項**

使用 BCP 時，要特別留意參數的大小寫，例如：-c 與 -C 兩者就不同。以下就是實際的範例。

```
-- 以下表示沒有正確抓到文字格式
C:\>bcp [AdventureWorks].[HumanResources].[Department] out c:\temp\dept.txt -C -T
-Slocalhost

Enter the file storage type of field DepartmentID [smallint]:
```

```
-- 以下表示有正確抓到文字格式
C:\>bcp [AdventureWorks].[HumanResources].[Department] out c:\temp\dept.txt -c -T
-Slocalhost

Starting copy...
```

```
16 rows copied.

Network packet size (bytes): 4096

Clock Time (ms.) Total     : 188    Average : (85.11 rows per sec.)


C:\>
```

► **本書相關問題導覽**

11. 【使用 BCP 程式匯出資料庫影像資料，無須撰寫 ADO.NET 或是 JDBC 程式】

13 利用進階技巧搭配 BCP 讓載入資料過程中直接變更資料內容

許多時候，原始資料上面每一個欄位可能用一個雙引號做為區隔（類似以下的方式），如果直接使用 BCP 方式載入到資料庫後，想自動移除雙引號，減少後續的加工。當然這樣的需求不難，但是也不易想出辦法，主要是因為 BCP.EXE 是在執行個過程中，無法一併執行其他 T-SQL 陳述式，進行後續的加工。

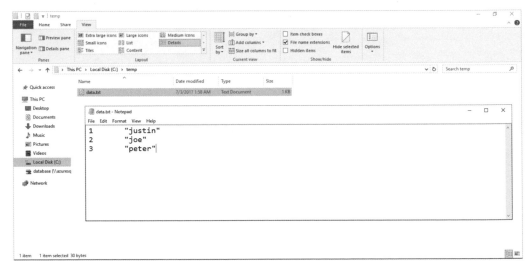

圖 1 檢視原始資料都發現包含雙引號

```
--drop table if exists 語法僅支援 SQL Server 2016 SP1 含以上的版本
use tempdb
GO
DROP TABLE IF EXISTS tblA
GO
CREATE TABLE tblA
([id] int,
 [name] varchar(30)
```

```
)
GO
```

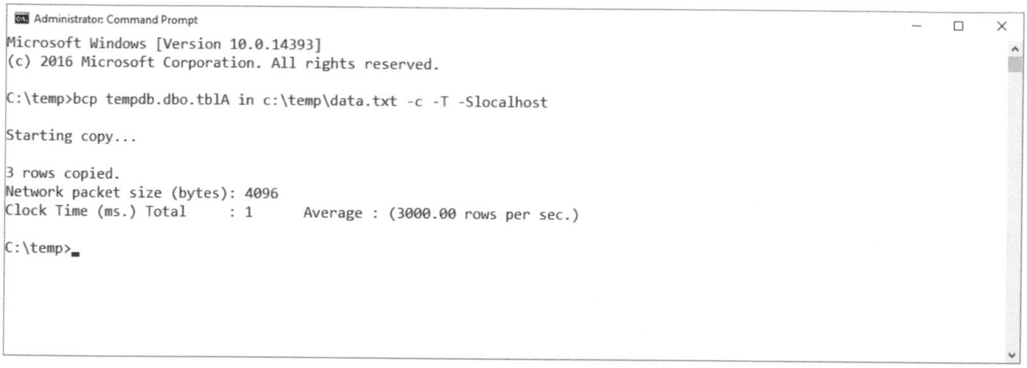

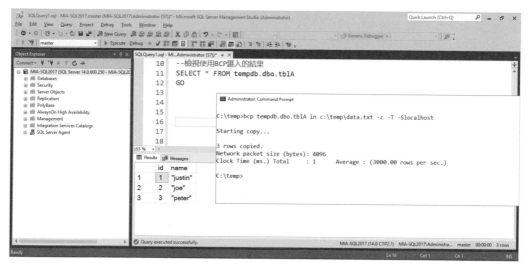

圖 2　使用 BCP 載入資料

圖 3　使用 T-SQL 檢視已經匯入的資料

若要解決這樣的問題，基本上可以啟用 instead of trigger 讓資料新增到資料表之前，
藉由 instead of trigger 的幫助，執行 T-SQL 陳述式整合 replace 函數，去除雙引號。
首先，來了解一下 replace 函數的用法，它就是將指定的字元或是字串，變更成為新
的字元或是字串。

```
-- 使用 replace 函數
SELECT replace('"justin"','"','')
-- 結果
Justin
```

使用 INSTEAD OF 觸發程序的時機，就是在取代標準的 INSERT、UPDATE 與 DELETE 的動作，換句話說，INSTEAD OF 會取代標準的 DML 動作。建立的對象可以是標準的資料表或是檢視。每個 DML 動作僅能存在一個 INSTEAD OF 的觸發程序，這點與 AFTER 觸發程序有極大的差異。

以下的範例就是建立一個 INSERT 的 INSTEAD OF 的觸發程序，根據訂單產品種類與訂單日期來產生訂單序號。這樣自動產生序號範例比起 Identity 的自動加號所產生的號碼更具彈性，以下就是此範例的說明。

```
1.   -- 建立水果訂單資料表
2.   CREATE TABLE fruitOrderList
3.   (orderID varchar(20) NOT NULL primary key,
4.    prodID  int ,
5.    qty     int )
6.   GO
7.   -- 建立 INSTEAD OF 觸發程序
8.   CREATE TRIGGER tri_Int_fruitOrderList ON fruitOrderList
9.   INSTEAD OF INSERT
10.  AS
11.     DECLARE @oSN varchar(20)  -- 產生新續號規則 = 日期 +( 總筆數 +1)
12.     SELECT  @oSN=CONVERT(varchar(10),getdate(),112)+
13.                 CONVERT(varchar(10),count(*)+1)
14.     FROM    fruitOrderList
15.     -- 重新進行資料新增作業
16.      INSERT INTO fruitOrderList
17.         SELECT @oSN,prodID,qty FROM INSERTED
18.  GO
     -- 測試作業
19.  -- 新增資料 注意訂單編號是自動產生
20.  insert into fruitOrderList values(null,7,10)
21.  insert into fruitOrderList values(null,7,5)
22.  insert into fruitOrderList values(null,9,10)
```

```
23. SELECT * FROM fruitOrderList
24. GO
-- 結果
orderID             prodID      qty
------------------- ----------- -----------
201707031           7           10
201707032           7           5
201707033           9           10
（3 個資料列受到影響）
```

◈ 程式說明

◆ 第 2~5 行，建立水果訂單資料，包含主索引鍵。

◆ 第 8 行，針對員工資料表建立觸發程序，名稱為 tri_Int_fruitOrderList

◆ 第 9 行，指定此觸發程序的處理時機是新增作業的 INSTEAD OF 類型

◆ 第 11 行，宣告的變數要記錄序號

◆ 第 12~14 行，將作業執行日轉換成 YYYYMMDD 格式，加上現在所有筆數再加 1，合併成新的序號。

◆ 第 16~17 行，在 INSTEAD OF 的 INSERT 觸發程序中，將取得的序號與 INSERTED 記錄的產品與數量，重新新增到 fruitOrderList 資料表。

◆ 第 20~22 行，整批執行，此時可以注意到原先 orderID 使用 NULL 進行替代。

◆ 第 23 行，查詢資料時結果三筆資料可以正確取得日期與筆數的序號。

▶ 實戰解說

以下就是整個實作的過程，核心部分就是在於 instead of insert 的觸發程序。

```
--drop table if exists 語法僅支援 SQL Server 2016 SP1 含以上的版本
-- 驗證
use tempdb
GO
DROP TABLE IF EXISTS tblA
GO
```

```
CREATE TABLE tblA
([id] int,
 [name] varchar(30)
)
GO
-- 建立 instead of trigger
CREATE TRIGGER tri_insert ON tblA
instead of insert
AS
begin
    set nocount on
    insert into tblA(id,[name])
      select id,replace([name],'"','') from inserted
        -- 該處是重點就是將即將進入到 TABLE 的資料先攔截,
        -- 然後去除雙引號,再重新 INSERT 一次到資料表
end
GO
```

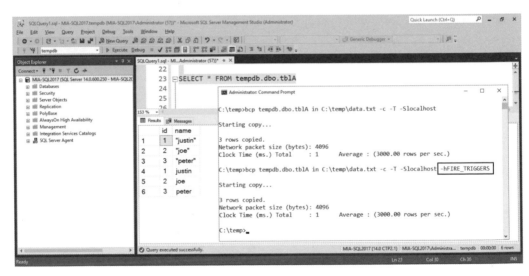

圖 4　使用 BCP 並且搭配 -hFIRE_TRIGGERS 參數

緊接著驗證時要留意的事情就是:縱然已經有建立 INSERT 的 INSTEAD OF 的觸發程序,但是 BCP 在使用的過程中需要額外加入【-hFIRE_TRIGGERS】的參數,這樣一來才可以讓該處發程序生效。上述的圖片中,第一段 BCP 就是沒有加入該選項,新增的資料依然是含有雙引號,而有加入的【-hFIRE_TRIGGERS】的參數,就自動被觸發程序置換雙引號成為空白字元。

► **注意事項**

使用 INSTEAD OF 觸發程序時要特別注意一個重點，當資料表進行 DML 時，會先由 INSTEAD OF 觸發程序所攔截，再下來才會引發條件約束 (Constraints)，最後才是引發 AFTER 的觸發程序。

► **本書相關問題導覽**

11.【使用 BCP 程式匯出資料庫影像資料，無須撰寫 ADO.NET 或是 JDBC 程式】

12.【如何在一秒鐘內大量新增 40 萬筆數據量到 SQL Server】

14 ODBC Driver 13 (SQL Server 2016) 之 bcp.exe 無法整合舊版資料庫

當微軟資料庫已經來到 SQL Server 2016 之後，安裝新版 SQL Server 2016 前端應用程式，遇到使用 SQL Server 2016 bcp 應用程式，要連結舊版的 SQL Server 2008 或是 R2 等等類似舊版本時，若是發生以下的錯誤狀況，可以參考提供的簡單解決方式。【Error = [Microsoft][ODBC Driver 13 for SQL Server][SQL Server] Could not find stored procedure 'sp_describe_first_result_set'. 】

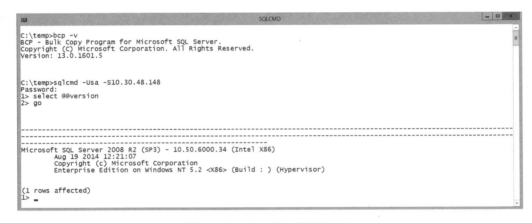

圖 1　BCP V13 版本的檢查方式

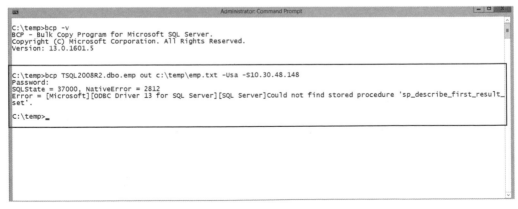

圖 2　SQL Server 2016 V13 使用 bcp 連接舊版資料庫的錯誤

► 案例說明

網路很多解決方式,如降版使用舊版的 BCP 等等,但是這些建議都很費時耗工,或許可以參考以下的解決方式,讓新舊版本共存。此外,這樣的狀況很容易發生在實際的企業環境,因為企業內部基本上會有多種 SQL Server 版本共存,所以有了以下的解決方法,就可以讓資料轉換的過程,更加順利。

► 實戰解說

要讓新舊共存,答案就是使用 SQL Server 2017 V14 的 BCP.exe 公用程式,取代 SQL Server 2016 的 V13 版本,這樣就可以輕鬆解決新舊共存的狀況。

圖 3 SQL Server 2017 修正 V13 版本錯誤

► 注意事項

此外有關這樣 SQL Server 2016 的錯誤,也可以使用下列連結的版本(13.1),過程中需要關閉 SQL Server Agent 等相關服務。

Microsoft® ODBC Driver 13.1 for SQL Server® - Windows + Linux:
https://www.microsoft.com/zh-TW/download/details.aspx?id=53339

圖 4　安裝 V13.1 可以修正 SQL Server 2016 無法使用 BCP 存取舊版資料庫

▶ **本書相關問題導覽**

11.【使用 BCP 程式匯出資料庫影像資料，無須撰寫 ADO.NET 或是 JDBC 程式】

12.【如何在一秒鐘內大量新增 40 萬筆數據量到 SQL Server】

13.【利用進階技巧搭配 BCP 讓載入資料過程中直接變更資料內容】

Lesson

15

SQL Server 2016 之 STRING_ SPLIT 快速解決斷行斷字需求

當看到 SQL Server 2016 有一個 STRING_SPLIT 函數時，迫不急待應用在自己的現有系統上面，竟然超出想像的快速，對比傳統方式，成本竟然為 99:1。以往 SQL Server 要斷行斷字時，需要使用 CHARINDEX 與 SUBSTRING，自己撰寫使用者自訂函數如下，該函數需要使用迴圈的方式，才可以針對指定字元進行字串的斷行斷字。

```
-- 使用傳統方式斷行斷字

CREATE FUNCTION [dbo].[fnSplitString]
(
    @string NVARCHAR(MAX),
    @delimiter CHAR(1)
)
RETURNS @output TABLE(id int identity,splitdata NVARCHAR(MAX)
)
BEGIN
    DECLARE @start INT, @end INT
    SELECT  @start = 1, @end = CHARINDEX(@delimiter, @string)
    WHILE   @start < LEN(@string) + 1 BEGIN
        IF  @end = 0
            SET @end = LEN(@string) + 1

        INSERT INTO @output (splitdata)
        VALUES(SUBSTRING(@string, @start, @end - @start))
        SET @start = @end + 1
        SET @end = CHARINDEX(@delimiter, @string, @start)

         delete from @output where splitdata=''

    END
```

```
    RETURN
END
GO
-- 驗證
SELECT * FROM [dbo].[fnSplitString] ('lewisdba@gmail.com;ada@gmail.com;julia@gmail.
com;jane@gmail.com',';')
GO
```

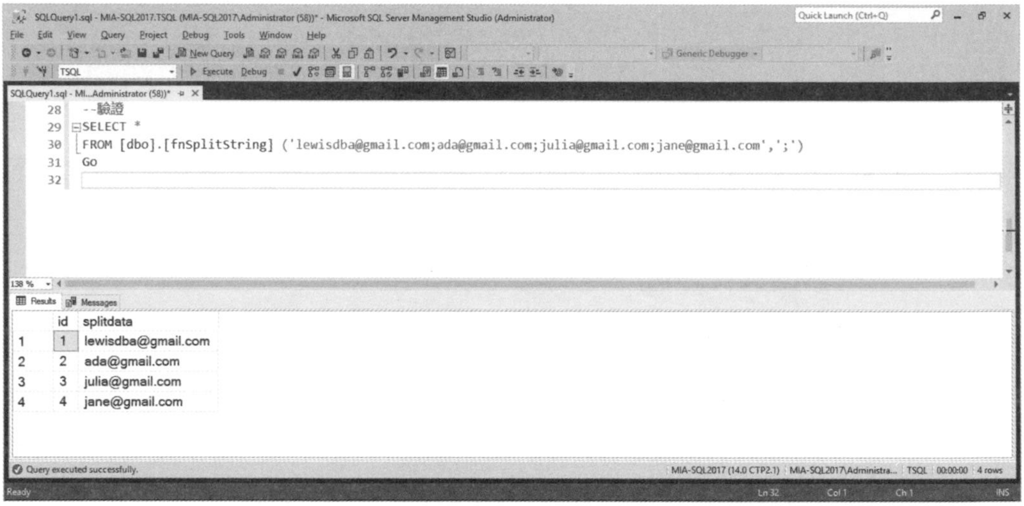

圖 1　使用傳統式的方式進行斷行斷字

▶ 案例說明

現在讓我們來使用看看 SQL Server 2016 的 STRING_SPLIT 字串函數功能，該函數是從 SQL Server 2016 開始導入，因此舊版的使用者無法使用。

```
--SQL Server 2016 的字串 STRING_SPLIT，很簡單
SELECT *
FROM STRING_SPLIT('lewisdba@gmail.com;ada@gmail.com;julia@gmail.com;jane@gmail.
com',';')
GO
```

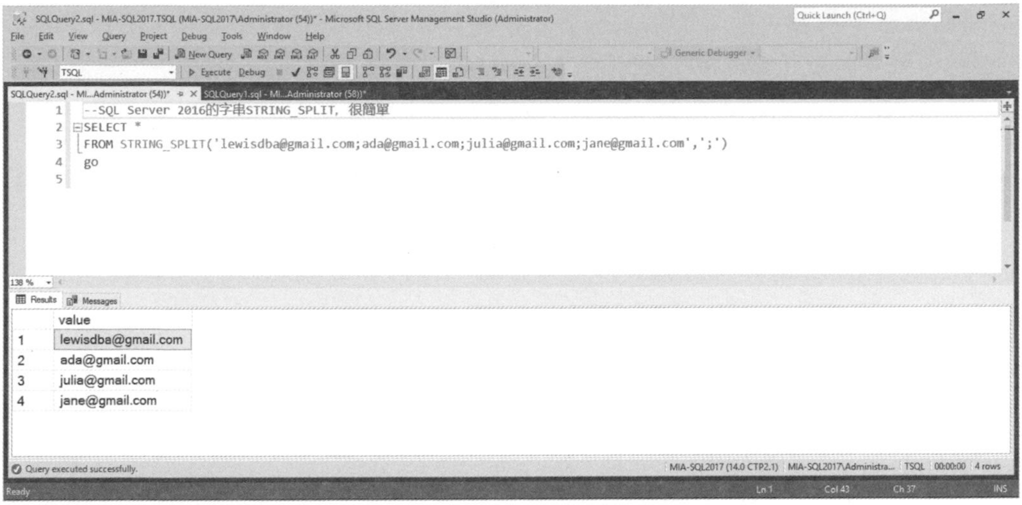

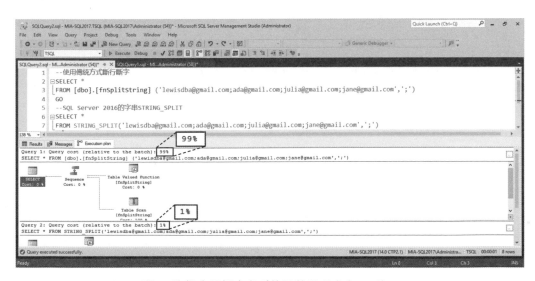

圖 2　使用新的 SQL Server 2016 的字串 STRING_SPLIT

▶ 實戰解說

從上述的結果可以看到，自己撰寫的使用者自訂函數與 SQL Server 2016 開始支援的 STRING_SPLIT 的字串函數，都可以達成相同的效果。此時讓我們來比較一下兩者的執行成本，竟然看到使用者自訂函數與系統內建函數，成本比數 99:1，意味著系統內建函數具有很低的執行成本，留意過程中需要啟動 [Query | Include Actual Execution Plan]。

圖 3　比較自己撰寫與系統函數發現成本 99 比 1

當然從應用的角度，如果要針對這種字串時做出來正規化的結果，可以搭配以下
CROSS APPLY 或是 OUTER APPLY 方式進行合併查詢。

```sql
--drop table if exists 語法僅支援 SQL Server 2016 SP1 含以上的版本
-- 實戰應用 STRING_SPLIT 搭配 CROSS APPLY


DROP TABLE IF exists tblEMAIL
GO
CREATE TABLE tblEMAIL
(CompanyName varchar(30),
 EmailList   varchar(1024)
)
GO


INSERT INTO tblEMAIL(CompanyName,EmailList)
VALUES('MS','lewisdba@ms.com;ada@ms.com;julia@ms.com;jane@ms.com'),
      ('Google','lewisdba@gmail.com;ada@gmail.com;julia@gmail.com;jane@gmail.com;
bobo@gmail.com')
GO


SELECT CompanyName,[value] as Email
FROM tblEMAIL cross apply STRING_SPLIT(EmailList,';')
GO
```

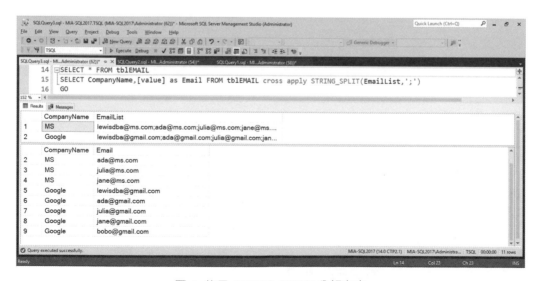

圖 4 使用 CROSS APPLY 分解字串

另外可以比較 SQL Server 2016 的 VISUAL Studio C# -【System.Text. RegularExpressions】的【Regex.Split】斷行斷字效能。首先，建立一個資料表，包含數千筆的測試資料。

```
-- 在 SQL Server 2016 範例資料庫 TSQL2016 中建立範例資料表與加入樣本
DROP TABLE if EXISTS tblEMAIL
GO
CREATE TABLE tblEMAIL
(CompanyName varchar(30),
 EmailList   varchar(1024)
)
GO
INSERT INTO tblEMAIL(CompanyName,EmailList)
VALUES('MS','lewisdba@ms.com;ada@ms.com;julia@ms.com;jane@ms.com'),
      ('Google','lewisdba@gmail.com;ada@gmail.com;julia@gmail.com;jane@gmail.com;
bobo@gmail.com')
GO 2000
-- 上述的 GO 2000 就是加入 2000 筆測試資料
```

然後現在準備 C# 程式，其中撰寫兩個方法，一個是從前端 C# 使用【System.Text. RegularExpressions】的【Regex.Split】進行字串分割，然後顯示在 Console，過程中搭配【Stopwatch】計算執行時間。

```csharp
using System;
using System.Collections.Generic;
using System.Linq;
using System.Text;
using System.Threading.Tasks;
using System.Data.SqlClient;
using System.Data;
using System.Text.RegularExpressions;
using System.Diagnostics;

namespace STRING_SPLIT
{
    class Program
    {
        static string dbConn = "Data Source=.;Initial Catalog=資料庫名稱 ;Persist
```

```
Security Info=True;Integrated Security=SSPI";

    static void Main(string[] args)
    {
        Console.WriteLine("Starting");

        try
        {
            Stopwatch swapp = new Stopwatch();
            // 使用前端應用程式 Regex.Split 進行字串分割
            swapp.Start();
            appSplit();
            swapp.Stop();
            Console.WriteLine("Press <Enter> to verify... Elapsed={0}", swapp.Elapsed);
            Console.ReadKey();

            Stopwatch swdb = new Stopwatch();
            swdb.Start();
            dbSplit();
            swdb.Stop();
            Console.WriteLine("Press <Enter> to exit...Elapsed={0}", swdb.Elapsed);
            Console.ReadKey();
            Console.WriteLine("Done for all");
        }

        catch
        {
            Console.WriteLine("Error to call procedure");
        }
    }

    public static void appSplit()
    {
        SqlConnection connection = new SqlConnection(dbConn);
        SqlCommand command = new SqlCommand("usp_list", connection);
        SqlDataAdapter custAdapter = new SqlDataAdapter();
        DataSet customerEmail = new DataSet();
        try
        {
            command.CommandType = CommandType.StoredProcedure;
```

```csharp
            connection.Open();
            custAdapter.SelectCommand=command;
            custAdapter.Fill(customerEmail, "tblEMAIL");
            foreach (DataRow pRow in customerEmail.Tables["tblEMAIL"].Rows)
            {    // 使用前端應用程式 Regex.Split 進行字串分割
                string[] lines = Regex.Split(pRow["EmailList"].ToString(), ";");
                foreach (string line in lines)
                {
                    Console.WriteLine(pRow["CompanyName"]+"\t" + line);
                }
            }
        }
        catch (SqlException ex)
        {
            Console.WriteLine("SQL Error" + ex.Message.ToString());
        }
        finally
        {
            if (connection.State == ConnectionState.Open)
                connection.Close();
        }
    }
    public static void dbSplit()
    {
        // 使用後端 (TSQL) STRING_SPLIT 進行字串分割
        SqlConnection connection = new SqlConnection(dbConn);
        SqlCommand command = new SqlCommand("usp_list_db", connection);
        SqlDataAdapter custAdapter = new SqlDataAdapter();
        DataSet customerEmail = new DataSet();
        try
        {
            command.CommandType = CommandType.StoredProcedure;
            connection.Open();
            custAdapter.SelectCommand = command;
            custAdapter.Fill(customerEmail, "tblEMAIL");
            foreach (DataRow pRow in customerEmail.Tables["tblEMAIL"].Rows)
            {
                Console.WriteLine(pRow["CompanyName"]+"\t" + pRow["EmailList"]);
            }
        }
```

```
        catch (SqlException ex)
        {
            Console.WriteLine("SQL Error" + ex.Message.ToString());
        }
        finally
        {
            if (connection.State == ConnectionState.Open)
                connection.Close();
        }
    }
  }
}
```

此時讓我們來比較一下兩者使用的執行時間，竟然看到 C# 與 T-SQL 分解字串，時間 10.13 秒（C# 拆解）：3.63 秒（資料庫拆解）。

```
■ file:///C:/super sql server/1.STRING_SPLIT/STRING_SPLIT/STRING_SPLIT/bin/Debug/STRING_SPLIT.
Google  bobo@gmail.com
MS      lewisdba@ms.com
MS      ada@ms.com
MS      julia@ms.com
MS      jane@ms.com
Google  lewisdba@gmail.com
Google  ada@gmail.com
Google  julia@gmail.com
Google  jane@gmail.com
Google  bobo@gmail.com
MS      lewisdba@ms.com
MS      ada@ms.com
MS      julia@ms.com
MS      jane@ms.com
Google  lewisdba@gmail.com
Google  ada@gmail.com
Google  julia@gmail.com
Google  jane@gmail.com
Google  bobo@gmail.com
MS      lewisdba@ms.com
MS      ada@ms.com
MS      julia@ms.com
MS      jane@ms.com
Google  lewisdba@gmail.com
Google  ada@gmail.com
Google  julia@gmail.com
Google  jane@gmail.com
Google  bobo@gmail.com
Press <Enter> to verify... Elapsed=00:00:10.1376812
```

圖 5　使用 NET 分解字串耗用 10 秒以上

```
file:///C:/super sql server/1.STRING_SPLIT/STRING_SPLIT/STRING_SPLIT/bin/Debug/STRING_SPLIT.EXE
Google    bobo@gmail.com
MS        lewisdba@ms.com
MS        ada@ms.com
MS        julia@ms.com
MS        jane@ms.com
Google    lewisdba@gmail.com
Google    ada@gmail.com
Google    julia@gmail.com
Google    jane@gmail.com
Google    bobo@gmail.com
MS        lewisdba@ms.com
MS        ada@ms.com
MS        julia@ms.com
MS        jane@ms.com
Google    lewisdba@gmail.com
Google    ada@gmail.com
Google    julia@gmail.com
Google    jane@gmail.com
Google    bobo@gmail.com
MS        lewisdba@ms.com
MS        ada@ms.com
MS        julia@ms.com
MS        jane@ms.com
Google    lewisdba@gmail.com
Google    ada@gmail.com
Google    julia@gmail.com
Google    jane@gmail.com
Google    bobo@gmail.com
Press <Enter> to exit...Elapsed=00:00:03.6381903
```

圖 6　使用 DB 分解字串僅耗用 3 秒

當然從效能的角度來看，如果可以儘量利用 T-SQL 處理複雜的資料運算，相信可以讓
前端應用程式，獲得極佳效能。

▶ 注意事項

當某些 SQL Server 2016/2017 的資料庫，無法執行 STRING_SPLIT 並且產生以下的
錯誤，就需要檢查以下的設定，是否已經升級到新的 SQL Server 2016/2017 選項。

```
Msg 208, Level 16, State 1, Line 2
Invalid object name 'STRING_SPLIT'.
```

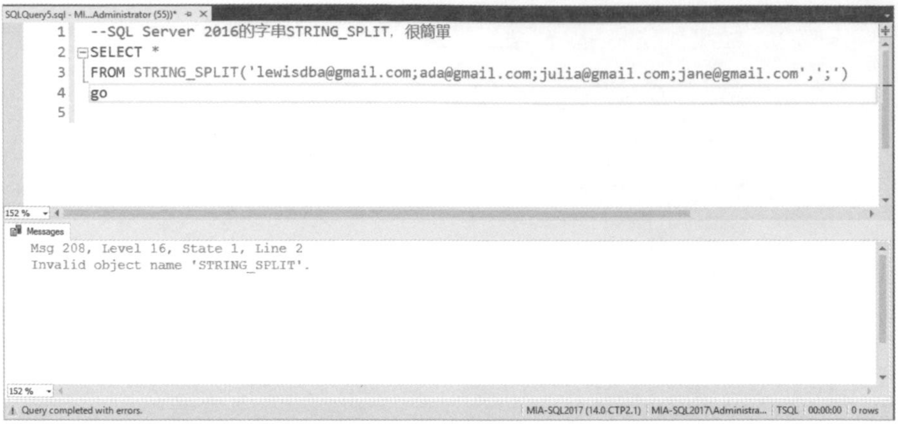

```
SQLQuery5.sql - MI...Administrator (55))*  + ×
    1    --SQL Server 2016的字串STRING_SPLIT, 很簡單
    2  ⊟SELECT *
    3    FROM STRING_SPLIT('lewisdba@gmail.com;ada@gmail.com;julia@gmail.com;jane@gmail.com',';')
    4    go
    5
```

```
152 %  ▾  ◂
 ▒ Messages
    Msg 208, Level 16, State 1, Line 2
    Invalid object name 'STRING_SPLIT'.
```

152 % ▾ ◂

ⓘ Query completed with errors.   MIA-SQL2017 (14.0 CTP2.1) | MIA-SQL2017\Administra... | TSQL | 00:00:00 | 0 rows

圖 7　無法正確使用 STRING_SPLIT 選項

請檢查以下設定是否已經升級到 SQL Server 2016(130) 或是 SQL Server 2017(140)。

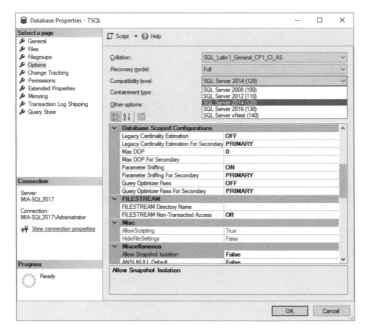

圖 8　需要設定 130 或是 140 才可使用 STRING_SPLIT

▶ **本書相關問題導覽**

16.【使用 PIVOT 與自訂字串分解函數，再將每一列資料轉換成每一欄位】

42.【遺忘的相容層級參數對應用程式的影響】

16 使用 PIVOT 與自訂字串分解函數，再將每一列資料轉換成每一欄位

將資料庫的字串分解後，將每一列資料直接轉換成每一欄位，以下的原始資料字串是使用【_】區隔，並且期望將每一個資料區段，變成獨立欄位。

```
-- 原始資料字串
mystring
------------------------
AAA_BBBB_CC
DDD_EEEE_FF

-- 預計結果
1    2    3
AAA  BBBB CC
DDD  EEEE FF
```

▶ 案例說明

這樣的案例，首先需要額外產生 uniqueidentifier 值，辨識每一筆資料所分解的值，這樣的方式就比較不適合使用新式的 STRING_SPLIT 的函數，因為 STRING_SPLIT 的函數無法回傳特殊的 uniqueidentifier 值，以下就是自訂函數來切解字串，並且產生相同的 uniqueidentifier 值。

```
--create or alter proc 語法僅支援 SQL Server 2016 SP1 含以上的版本
-- 解法，利用傳統函數將字串分解，並且搭配 NEWID 讓每一組字串有獨立代號
CREATE OR ALTER FUNCTION [dbo].[fnSplitString]
(    @uid uniqueidentifier,
     @string NVARCHAR(MAX),
     @delimiter CHAR(1)
)
```

```
RETURNS @output TABLE(uid uniqueidentifier,id int identity,splitdata NVARCHAR(MAX)
)
BEGIN
    DECLARE @start INT, @end INT
    SELECT  @start = 1, @end = CHARINDEX(@delimiter, @string)
    WHILE   @start < LEN(@string) + 1 BEGIN
        IF  @end = 0
            SET @end = LEN(@string) + 1

        INSERT INTO @output (uid,splitdata)
        VALUES(@uid,SUBSTRING(@string, @start, @end - @start))
        SET @start = @end + 1
        SET @end = CHARINDEX(@delimiter, @string, @start)

        delete from @output where splitdata=''
    END
    RETURN
END
GO
```

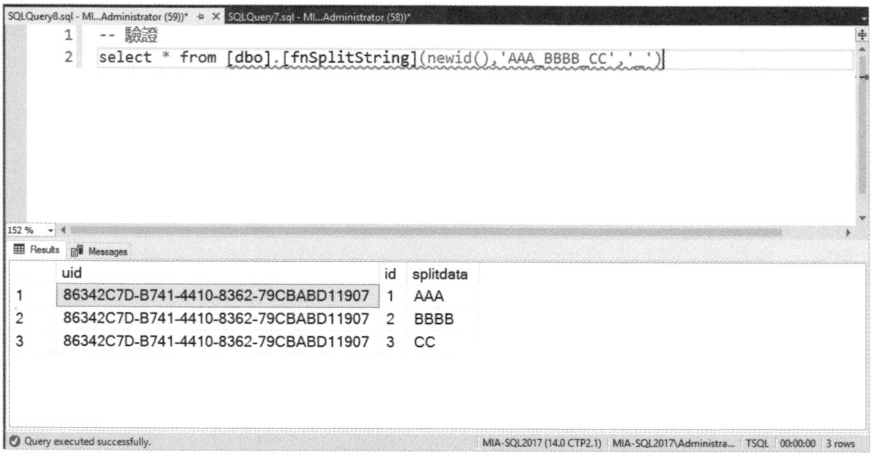

圖 1　使用自訂函數並且產生唯一 uniqueidentifier 值

上述的 uniqueidentifier 值，主要是用在識別原始資料，將分解後的資料劃歸為同一群組，最後再利用 PIVOT 搭配 MAX 函數進行樞紐轉換。

```
--drop table if exists 語法僅支援 SQL Server 2016 SP1 含以上的版本
-- 建立驗證資料
drop table if exists tblString
GO
create table tblString
(mystring varchar(1024))
go

-- 新增驗證資料
insert into tblString(mystring) values('AAA_BBBB_CC'),('DDD_EEEE_FF');

-- 查詢資料
select * from tblString
go

-- 結果
mystring
AAA_BBBB_CC
DDD_EEEE_FF
```

接下來使用函數分解結果，過程中會使用 CROSS APPLY 搭配函數，就可以將整個資料表中的字串分解成獨立的資料列。

```
-- 使用函數分解
SELECT uid,id,splitdata
FROM tblString cross apply [dbo].[fnSplitString](newid(),mystring,'_')
```

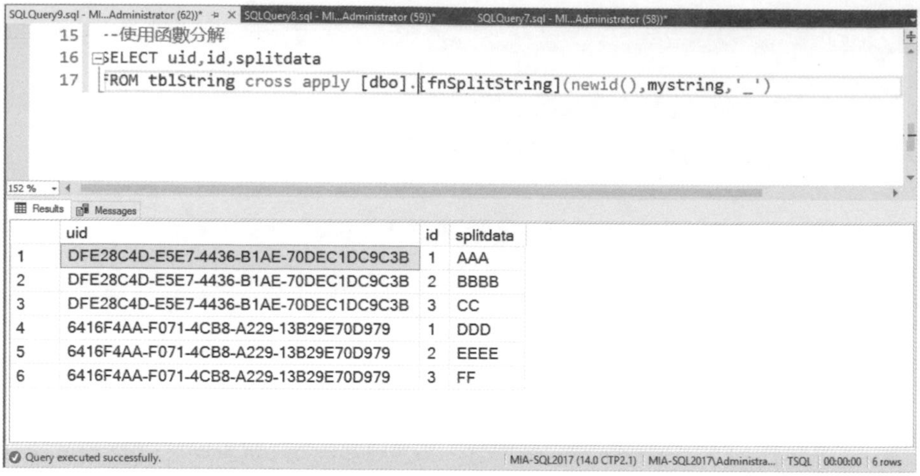

圖 2　驗證函數搭配 CROSS APPLY 分解整個資料表值

最後使用樞紐分析（PIVOT），搭配 MAX 與 CROSS APPLY，就可以將整個資料表分解與樞紐轉換。

```
-- 使用樞紐
SELECT t.[1],t.[2],t.[3]
FROM   (SELECT uid,id,splitdata FROM tblString cross apply
       [dbo].[fnSplitString](newid(),mystring,'_')) as SftSales
       PIVOT( MAX(splitdata)  -- 使用彙總函數
       FOR id IN ([1],[2],[3]) ) t -- 資料集別名
```

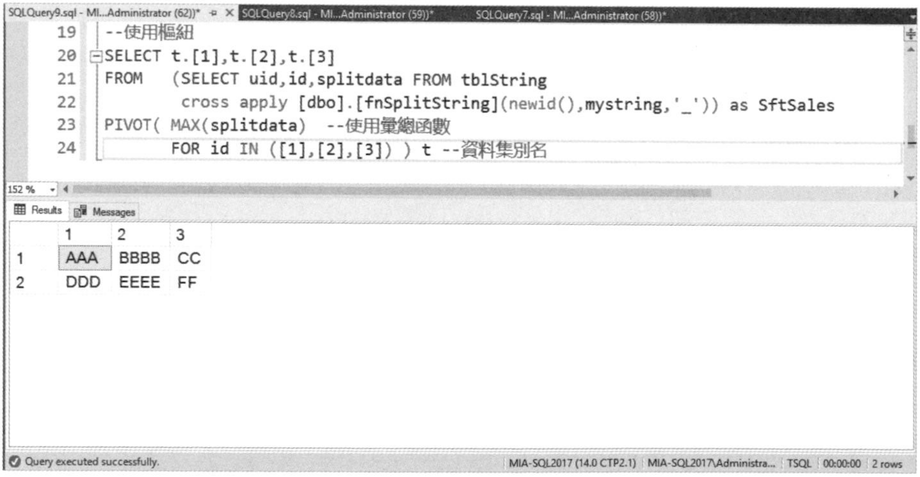

圖 3　使用樞紐與自訂字串分解函數搭配 CROSS APPLY 結果

## 16

▶ 注意事項

針對該問題可以有很多種解決方式，建議使用 SET-BASED 技巧，避免使用 ROW-
BASED 的 CURSOR 或是前端應用程式的逐筆處理的方式，因為 SET-BASED 技巧會
有比較好的效能。

```sql
-- 使用 CURSOR 處理
declare @string nvarchar(1024)
declare icur cursor for select mystring from tblString
declare @t table([1] nvarchar(30),[2] nvarchar(30),[3] nvarchar(30))
open icur
fetch next from icur into @string
while (@@fetch_status<>-1)
begin
      declare @u table(id int identity, [value] nvarchar(64))
      insert into @u select * from string_split(@string,'_')

      insert into @t
      SELECT t.[1],t.[2],t.[3]
      FROM  (SELECT id,[value] FROM @u ) as w
             PIVOT( MAX([value])  -- 使用彙總函數
      FOR id IN ([1],[2],[3]) ) t -- 資料集別名

fetch next from icur into @string
end
close icur
deallocate icur
-- 顯示結果
SELECT * from @t
```

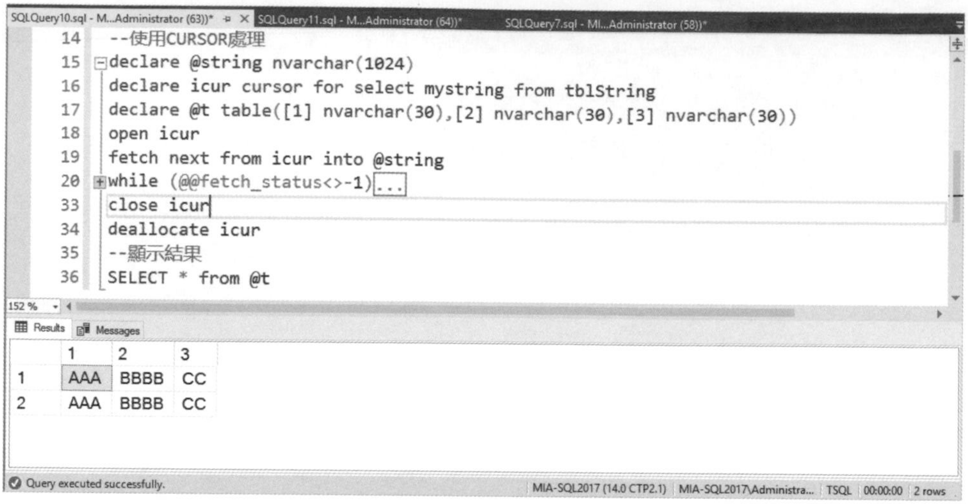

圖 4 使用 CURSOR 處理字串分解搭配 STRING_SPLIT

▶ 本書相關問題導覽

15.【SQL Server 2016 之 STRING_SPLIT 快速解決斷行斷字需求】

17 精準比較文字與 UNIQUEIDENTIFIER 資料型態

首先來介紹一個 GUID 在資料庫的產生方式，還有當應用程式系統需要產生唯一值時，可以有以下幾種方式：

1. IDENTITY

2. ROWVERSION

3. SEQUENCE

4. UNIQUEIDENTIFIER

很多系統問題，是發生在 GUID 與文字字串的比較失誤。例如，當輸入文字字串過長的時候，系統會自動 TRUNCATE（截斷）過長的字串。其中 UNIQUEIDENTIFIER 的資料屬性，可以使用 DB 的 NEWID() 函數，產生一個類似這樣的資料值。

xxxxxxxx-xxxx-xxxx-xxxx-xxxxxxxxxxxx，例如實際為 (88B2A026-6049-46F0-AED0-8E940EDF3B01)，其中 x 值為 0-9 或是 A-F。

```
- 使用資料庫產生 GUID
SELECT NEWID()
-- 結果，注意該值會一直變更
C931F5F5-3581-486D-8A47-CC320004DAC6
```

▶ **案例說明**

基本上使用它的時機，就是產生一個亂數值，並且希望是可以全域唯一 (Global Unique)。所以首先讓我們驗證一個資料表，同時產生大量包含 UNIQUEIDENTIFIER 的資料列，並且同時間使用兩連線大量新增，驗證重複性與唯一性。

```
-- 第一條連線，建立 TABLE 與連續新增 10000 資料
use [TSQL]
GO
IF OBJECT_ID('tblGUID') is not null
    DROP TABLE tblGUID
GO


CREATE TABLE tblGUID
(xid INT IDENTITY , -- 自動加號
 xguid uniqueidentifier, --GUID 編碼
 xapp sysname default(app_name())-- 記錄那種應用程式新增
)
GO
-- 連續產生 10000
INSERT INTO tblGUID(xguid) SELECT NEWID()
GO 10000
```

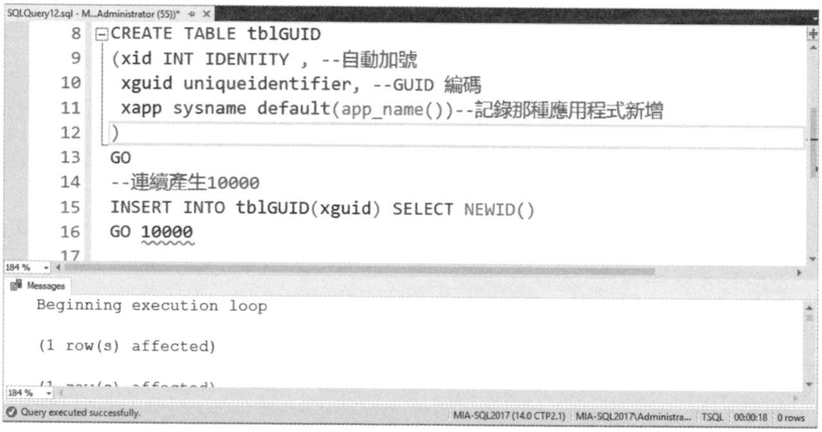

圖 1　連續產生 10000 筆資料

```
Microsoft Windows [Version 10.0.14393]
(c) 2016 Microsoft Corporation. All rights reserved.


C:\temp>sqlcmd
1> use TSQL
2> INSERT INTO tblGUID(xguid) SELECT NEWID()
3> go 5000
```

圖 2　使用 SQLCMD 連續產生 5000 筆資料

接下來就是開始比較是否會重複，過程中可以開啟【包含實際執行計畫】，查看比較的結果與成本，因為 UNIQUEIDENTIFIER 的欄位屬性比較難使用 INDEX 去加速查詢，原因就是該類型資料是屬於沒有次序的資料屬性，縱然建立 INDEX 之後，會因為 INSERT 大量資料之後，很快讓 INDEX 發生 FRAGMENTATION。

```
-- 檢查是否會有重複資料
USE [TSQL]
SELECT COUNT(*),[xguid]
FROM [dbo].[tblGUID]
GROUP BY [xguid]
HAVING COUNT(*)>1
GO
```

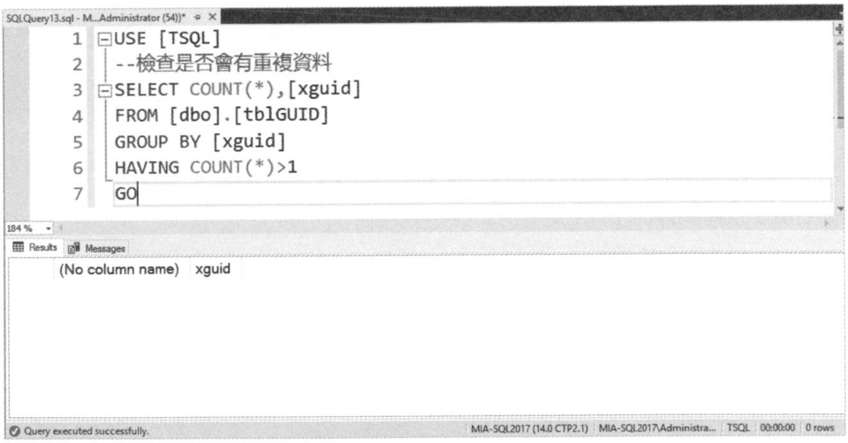

圖 3　檢查 GUID 是否會重複

如果此時給定之 xguid 欄位的數值過長，還是可以比對出來結果。原因很簡單，因為 GUID 與文字字串的比較，當輸入文字字串過長時，系統會自動 TRUNCATE（截斷）過長的字串，所以超過 36 個字元之後的文字都會被自動截斷。

```
USE [TSQL]
GO
-- 超過長度資料會自動省略
SELECT * FROM [dbo].[tblGUID]
WHERE [xguid]='AD2867CF-ED8A-4172-A8B2-EE353DA4DE82'
SELECT * FROM [dbo].[tblGUID]
WHERE [xguid]='AD2867CF-ED8A-4172-A8B2-EE353DA4DE82...........'
```

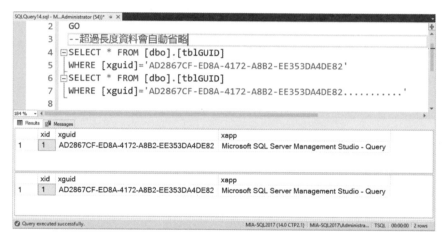

圖 4 比對 UNIQUEIDENTIFIER 超過長度資料會自動省略

► 實戰解說

要解決上述的字串過長，自動被截斷的狀況，可以參考以下的方式使用 CAST AS VARCHAR(MAX) 轉換後進行比對。

```
-- 使用 CAST AS VARCHAR(MAX) 轉換後進行比對
-- 解決字串過長問題轉換成 varchar(max)
USE [TSQL]
GO
SELECT * FROM [dbo].[tblGUID]
WHERE cast(xguid as varchar(max))
```

```
=cast('AD2867CF-ED8A-4172-A8B2-EE353DA4DE82' as varchar(max))
-- 超過長度資料會仍會列入判斷
SELECT * FROM [dbo].[tblGUID]
WHERE cast(xguid as varchar(max))
=cast('AD2867CF-ED8A-4172-A8B2-EE353DA4DE82...........' as varchar(max))
GO
```

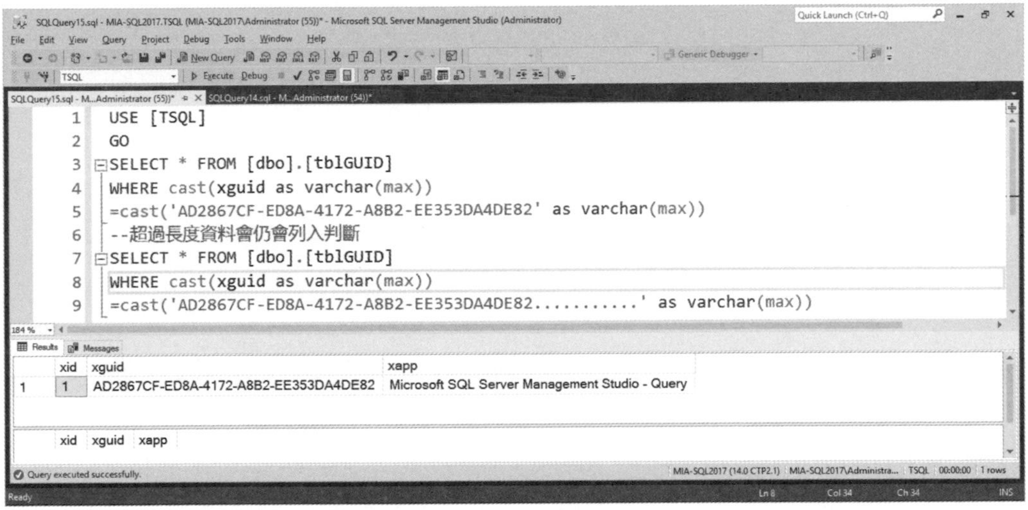

圖 5 使用 varchar(max) 轉換可以正確比對內容與長度

▶ 注意事項

結果在進一步測試時，發現上述的 CAST AS VARCHAR(MAX) 轉換後進行比對，竟然
無法處理多於空白的字串。

```
-- 使用 CAST AS VARCHAR(MAX) 轉換後進行比對
-- 無法處理空白字元
USE [TSQL]
GO
SELECT * FROM [dbo].[tblGUID]
WHERE cast(xguid as varchar(max))
=cast('AD2867CF-ED8A-4172-A8B2-EE353DA4DE82' as varchar(max))
-- 超過長度資料會仍會列入判斷
SELECT * FROM [dbo].[tblGUID]
```

```
WHERE cast(xguid as varchar(max))
=cast('AD2867CF-ED8A-4172-A8B2-EE353DA4DE82          ' as varchar(max))
GO
```

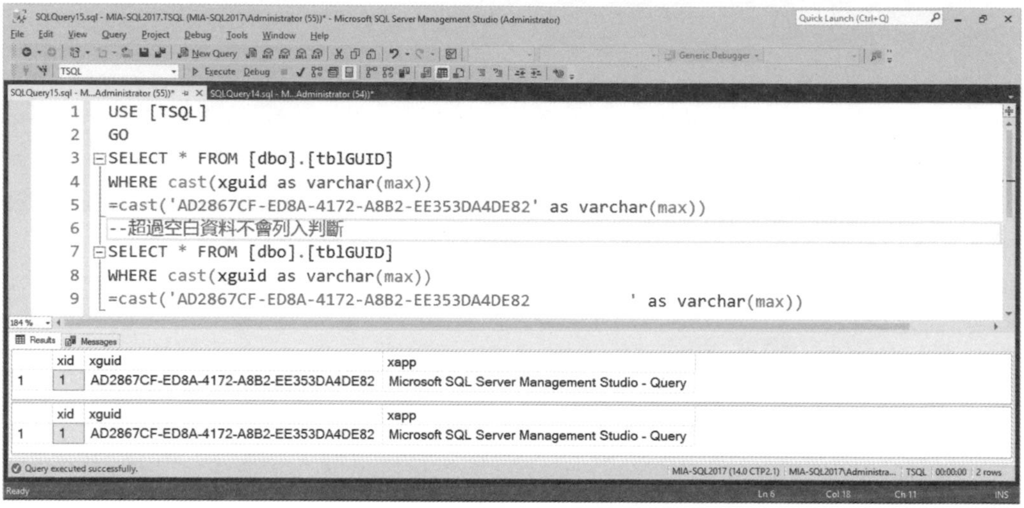

圖 6 　使用 varchar(max) 轉換無法處理多於空白字元

為了要解決這樣的狀況，過程中就是再轉換成 varbinary(max) 的方式，因為 binary 的部分針對空白會視為不一樣，就可以順利解決該問題。

```
-- 使用 CAST AS VARBINARY(MAX) 轉換後進行比對，空白可以被處理
USE [TSQL]
GO
SELECT * FROM [dbo].[tblGUID]
WHERE cast(xguid as varchar(max))
=cast('AD2867CF-ED8A-4172-A8B2-EE353DA4DE82' as varchar(max))
-- 使用 cast as varbinary(max) 超過空白資料會列入判斷
SELECT * FROM [dbo].[tblGUID]
WHERE cast(xguid as varbinary(max))
=cast('AD2867CF-ED8A-4172-A8B2-EE353DA4DE82          ' as varbinary(max))
GO
```

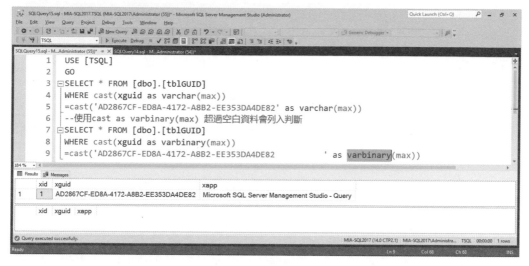

圖 7 使用 varbinary(max) 轉換可以處理多於空白與其他字元

另外使用資料庫的 UNIQUEIDENTIFIER 資料型別處理跟字串比較時候,要特別留意,基本上該資料型態長度為 CHAR(36) 超過的部分,自動會在比較時被去除,導致異狀發生。過程中可以搭配 CAST AS VARCHAR(MAX) 方式,處理過長字元的比較,但是該方式仍無法處理字串緊接空白字元的特殊狀況,唯一可以解決 UNIQUEIDENTIFIER 資料型別處理跟字串比較時候可能情境,就是搭配 CAST AS VARBINARY(MAX) 組合。

► 本書相關問題導覽

18.【自動給號的 IDENTITY 使用技巧】

Lesson

18 自動給號的 IDENTITY 使用技巧

大家知道每一個資料表，可以使用 IDENTITY 或是新版的 SEQUENCE 物件去給號。其中尤其是 IDENTITY 自動給號之後，如何正確地取出屬於自己連線與剛剛新增資料的編號，成為很重要的議題。一般程式都會使用 @@IDENTITY，而該 @@IDENTITY 的廣域變數，雖然可以隔絕每一個 SESSION 的編號，但是卻無法隔開觸發程序所導致的連動取號問題。

▶ 案例說明

所謂的連動取號問題，多發生在 TRIGGER 跨越兩個或是多個資料表，而且那些資料表都有自動產生 IDENTITY 的機制。如一個訂單資料表 [tblOrder]，有產生自動編號的 oid 編號採自動給號 1/3/5/7/9...。

```
--drop table if exists 語法僅支援 SQL Server 2016 SP1 含以上的版本
-- 訂單檔案 編號採自動給號 1/3/5/7/9...
DROP TABLE IF exists tblOrder
GO
CREATE TABLE tblOrder
(oid int identity(1,2), -- 編號採自動給號 1/3/5/7/9...
 oCust nvarchar(10))
GO
```

該資料表有一個觸發程序，會自動將訂單的資料備份到另一個資料表，名稱為 tblOrderHistory，以下是該歷史資料表與觸發程序的內容。

```
-- 訂單歷史檔案 編號採自動給號 2/4/6/8/10 並且記錄訂單檔案的所有訊息
DROP TABLE IF exists tblOrderHistory
GO
```

```
CREATE TABLE tblOrderHistory
(ohid int identity(2,2), -- 編號採自動給號 2/4/6/8/10/...
 oid  int,
 oCust nvarchar(10),
 oDT  datetime default(getdate())
 )
GO
```

```
-- 驗證新增訂單時候，自動將訂單額外新增到訂單歷史檔案
 CREATE TRIGGER tri_int ON tblOrder
 after insert
 AS
 begin
    -- 備份 tblOrder 到 tblOrderHistory
    -- 該 tblOrderHistory 有獨立自動編號
    set nocount on
    insert into tblOrderHistory(oid,oCust,oDT)
    select oid,oCust,getutcdate() from inserted
 end
GO
```

► 實戰解說

如果資料新增到的資料表，在沒有觸發程序再去連動新增到其他資料的狀況下，任何具有序號的資料表，使用以下兩種方式，都可以正確回傳該 SESSION 取得的序號：

◆ @@identity：回傳 tblOrder 的 Identity 號碼

◆ SCOPE_IDENTITY()：回傳 tblOrder 的 Identity 號碼

但是，只要有剛剛那種連動情境，再去觸發新增資料到其他具有 Identity 的資料表時，則以上的兩種函數，就會回傳不一樣的序號。

◆ @@identity：回傳 tblOrderHistory 的 Identity 號碼

◆ SCOPE_IDENTITY()：回傳 tblOrder 的 Identity 號碼

所以到這邊的結論是，如果要在 INSERT 之後取出專屬自己 SESSION 的 identity 號碼，建議使用【SCOPE_IDENTITY()】取代 @@identity。

```
-- 驗證過程中發現有 TRIGGER 狀況下，原本預期要取出 1 號的 @@identity
-- 竟然回傳 2 號
insert into tblOrder(oCust) values('Lewis Yang')
go      --@@identity 在有連動 TRIGGER 狀況下，會取到第二層資料表的序號
select @@identity as [@@identity] , SCOPE_IDENTITY() as [SCOPE_IDENTITY] ,
       IDENT_CURRENT('tblOrder') as [tblOrder],
        IDENT_CURRENT('tblOrderHistory') as [tblOrderHistory]
go
select * from tblOrder
select * from tblOrderHistory
GO
```

圖 1　有連動 TRIGGER 狀況下，會取到第二層資料表的序號

另外可以使用 OUTPUT 的方式，取出專屬連線的號碼，過程中也不受到 TRIGGER 影響導致號碼錯誤發生。

```
-- 使用 OUTPUT 驗證可以直接取得正確的連線新增序號
declare @t table(oid int)
insert into tblOrder(oCust) output inserted.oid into @t values('Lewis Yang')
-- 使用 OUTPUT 搭配 INSERT 取得正確號碼
```

```
select oid as [ 正確號碼 ]
from @t
go
select * from tblOrder
select * from tblOrderHistory
GO
```

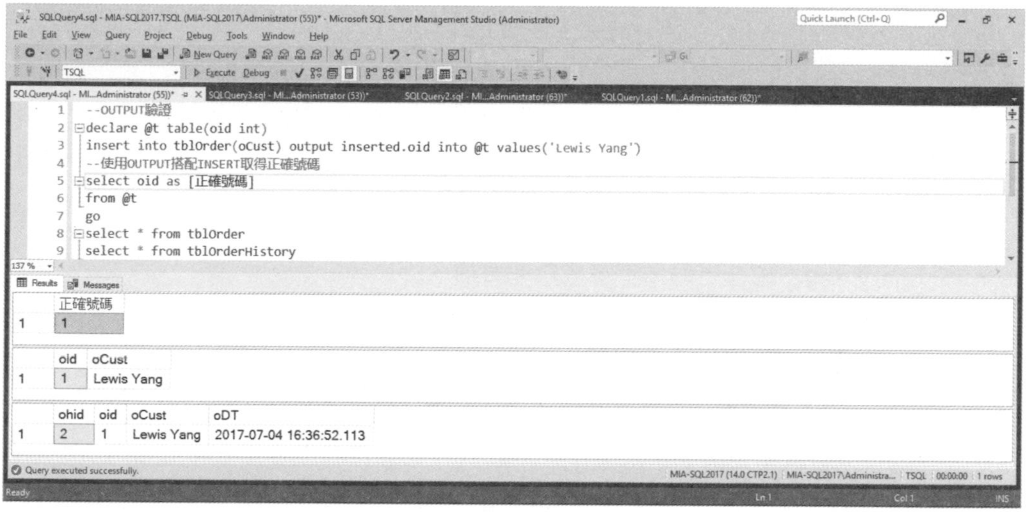

圖 2　使用 OUTPUT 的方式，取出專屬連線的號碼

▶ 注意事項

有關自動給號的方面，可以參考以下的結論，避免發生不必要的錯誤：

1.　@@IDENTITY 小心用，有連動新增到具有自動給號的資料表，就會發生錯誤。

2.　可以考慮 SCOPE_IDENTITY()，該選項可以正確抓取序號。

3.　使用 OUTPUT 也是一種好選擇，該功能從 SQL Server 2005 就開始支援。

▶ 本書相關問題導覽

17.【精準比較文字與 UNIQUEIDENTIFIER 資料型態】

43.【跨資料表交易藉由使用 TRIGGER 與 CURSOR 簡單化處理】

快速從混沌資料中去蕪存菁

許多資料表設計的過程中，極少用人會使用條件約束（Constraints），去限制資料的正確性，該條件約束是屬於原生的資料表屬性。觸發時機都是資料進入資料表之前，就會攔截並且檢查，因此建議多使用以下的條件約束，來限制資料的正確性。

◆ Primary Key：確保資料不重複並且要有值。

◆ Unique：確保資料不重複，允許不輸入，該部分僅限制一個 NULL。

◆ Check：限制資料值，需要符合特性條件，如性別欄位僅允許輸入 1/0/null。

◆ Default：若無給定值，系統就會給預設值，如建檔日期使用 getdate()。

◆ Not Null：必填入值，限制該欄位一定要有值。

◆ Foreign key：該欄位的值，必須要限制有其他資料表欄位值需要先存在，如訂單的產品代號，要求產品資料表存在該產品代號。

▶ 案例說明

今天的活用案例是原始資料表，因為前端應用程式，沒有檢查機制去限制資料僅能輸入 0123456789 的字元，或是人為手動執行 T-SQL，從資料端變更數據，導致數字型態的編號，竟然被加入非 0123456789 的符號字元，如" / s ."之類的字元。

在這種情況下，如果要寫任何前端程式或是 T-SQL 去找出來那些資料，是否有包含非 0123456789 的字元時候，就很耗時費事。 因此，在今天的案例中，將介紹一個函數，在原本雜亂的欄位中去蕪存菁，僅留下包含 0123456789 的字元的資料。

```
--create or alter proc 語法僅支援 SQL Server 2016 SP1 含以上的版本
```

```
-- 希望從中找出非數字的資料列
use tempdb
go
drop table if exists MYFAQ
go
create table MYFAQ
 (ID int identity,
  FAQID nvarchar(30)
  -- 該 FAQID 欄位就是一組 編號值，希望字元僅有 0123456789 的字串
  -- 上述的方式，無法使用限制條件，去限制僅可以輸入 0123456789 的字元
 )
GO
-- 新增資料模擬使用者輸入錯誤資料
insert into MYFAQ(FAQID)
values
('1096710/'),
('1303567;'),
('1312543；'),
('11.0IDG'),
('1313799.'),
('1113547]'),
('1302539'),
('130254S')
GO
```

▶ 實戰解說

想要快速找出哪些資料是包含有非 0123456789 的字元，做法就是利用從 SQL
Server 2012 開始提供的【try_convert】函數。注意要使用 BIGINT 避免輸入的數字過
大，轉換失敗。使用技巧就是利用 try_convert 函數嘗試轉換現有的字串，如果回傳
是 NULL，就可以判斷是非一般數字型態的字串。

```
-- 使用 TRY_CONVERT 找出轉換失敗的資料列
SELECT *
FROM MYFAQ
WHERE TRY_CONVERT(BIGINT,FAQID) IS NULL
GO
```

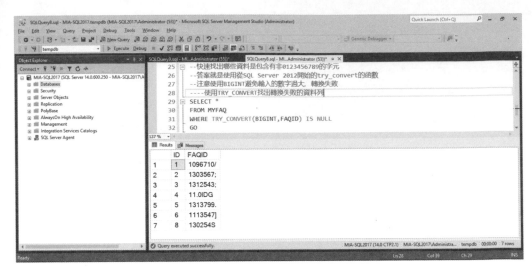

圖 1　使用 TRY_CONVERT 找出有錯誤的資料

若是要預先防止非數值資輸入到文字欄位時，可以使用 CHECK 搭配 TRY_CONVERT
於資料行的條件約束。該條件約束可以針對已經存在的資料表直接異動定義，過程中
不會影響現有資料，唯一要注意的，就是已經存在的資料，都要符合格式。

```
-- 該欄位就是一組編號值，字元僅支援 0123456789 的字串
-- 現在的宣告方式，可以使用限制條件控制僅可以輸入 0123456789 的字元
USE tempdb
GO
 drop table if exists MYFAQ
 GO
 create table MYFAQ
 (ID int identity,
     FAQID nvarchar(30)
     check (try_convert(bigint,FAQID) is not null)
 )
 GO
 -- 新增資料模擬使用者輸入錯誤資料
 insert into MYFAQ(FAQID)  values ('1096710/')
 -- 無法新增    限制條件 check   發生效果
 /*
Msg 547, Level 16, State 0, Line 12
The INSERT statement conflicted with the CHECK constraint "CK__MYFAQ__FAQID__3A81B327".
The conflict occurred in database "tempdb", table "dbo.MYFAQ", column 'FAQID'.
The statement has been terminated.
```

```
*/

-- 新增正確資料
insert into MYFAQ(FAQID)  values ('1096710')
-- 結果
(1 row(s) affected)
```

除了使用 SQL Server 2012 開始的【try_convert】的函數之外，還可以使用以下的快速方式支援舊版的 SQL Server 引擎，找出非數字型態的資料。

```
-- 使用 ISNUMERIC 資料，快速找出非數字的資料
SELECT *
FROM MYFAQ
WHERE ISNUMERIC(FAQID) =0
GO
```

▶ 本書相關問題導覽

42.【遺忘的相容層級參數對應用程式的影響】

Lesson 20 ⮞ Part 02 資料庫開發技術聖殿

活用資料庫資料型態解決貨幣符號問題

微軟在數值資料型態上面，支援很多不同類型，包括：tinyint、smallint、int、bigint、decimal、money 與 smallmoney。其中以 money 與 smallmoney 的使用時機，最容易被忽略，從這篇文章中（http://bit.ly/2tCUJpR）可以發現兩種資料型態，都只有被當成一般數字使用。另外，微軟的官方教材也沒有多提到活用的方式。

SQL Server 標準數值型態

• 可用的數值型態

Data Type	Range	Storage (bytes)
tinyint	0 to 255	1
smallint	-32,768 to 32,768	2
int	2^{31} (-2,147,483,648) to 2^{31}-1 (2,147,483,647)	4
bigint	-2^{63} - 2^{63}-1 (+/- 9 quintillion)	8
bit	1, 0 or NULL	1
decimal/numeric	-10^{38} +1 through 10^{38} – 1 when maximum precision is used	5-17
money	-922,337,203,685,477.5808 to 922,337,203,685,477.5807	8
smallmoney	-214,748.3648 to 214,748.3647	4

圖 1　標準的微軟數字型態

正巧最近一個需求，是部分資料庫存在以下的數據，包含 $ 與千分位，使用很多方式都難達成判斷的需求。

```
--create or alter proc 語法僅支援 SQL Server 2016 SP1 含以上的版本
-- 使用字串方式比較數字，容易出現問題
use tempdb
go
drop table if exists tblMoney
go
create table tblMoney
(ProductName nvarchar(30),
 Price        nvarchar(30))
go
insert into tblMoney(ProductName,Price)
values(N'iPhone 手機 ','28,000'),(N'HTC 手機 ','18,000'),
      (N'Nokia 手機 ','7,800'),(N'Oppo 手機 ','$6,000')
go
-- 使用字串比較會出現令人不可預期結果，竟然 7,800 是大於 10000
select * from tblMoney
where Price > '10000'
go
```

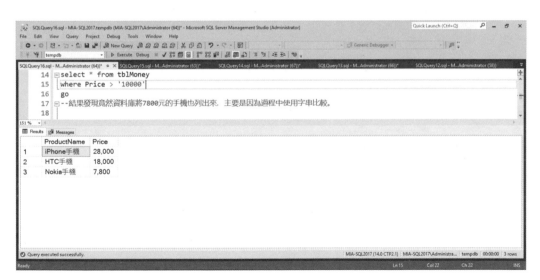

圖 2 使用字串當成數字進行比較會出現錯誤結果

► **案例說明**

許多狀況大家都會想說使用 CAST 或是 CONVERT 成整數數字,就可以輕鬆解決這段問題,但是因為有貨幣符號 $ 或是千分號,就發生另外轉換失敗的一種錯誤。

```
-- 使用轉換函數 cast 將結果轉換到 INT
SELECT * FROM tblMoney
WHERE cast(Price as int) > 10000
GO
-- 結果發現轉換失敗
ProductName                        Price
-------------------------------- -------------------------------
Msg 245, Level 16, State 1, Line 17
Conversion failed when converting the nvarchar value '28,000' to data type int.
```

然後就會有人嘗試使用字串函數 REPLACE 處理後,再進行轉換千分號為空字元,此時就會碰到 $ 字元符號問題

```
-- 使用轉換函數 cast 將結果轉換到 INT
SELECT * FROM tblMoney
WHERE cast(replace(Price,',','') as int) > 10000
go
-- 結果
ProductName                        Price
-------------------------------- -------------------------------
Msg 245, Level 16, State 1, Line 22
Conversion failed when converting the nvarchar value '$6000' to data type int
```

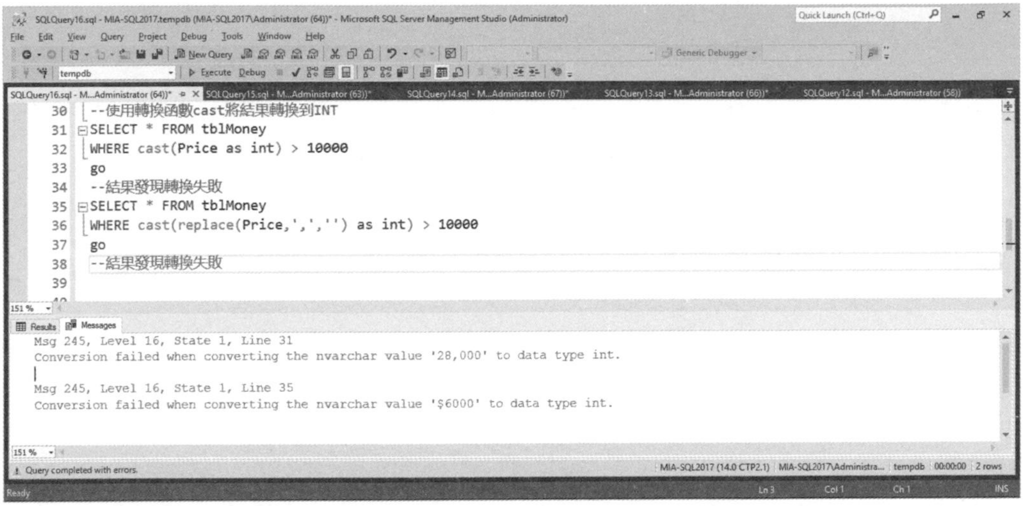

圖 3　使用 CAST 或是 CONVERT 轉換失敗是因為有千分號與貨幣符號

上述的嘗試使用字串函數轉換千分號為空字元、轉換 $ 為空字元，但是這樣的處理方式是要移除很多貨幣符號，著實不是個好方式，主要是很多例外字元要額外處理。

```
-- 使用巢狀式字串函數處理特殊字元後才可以進行文字資料轉換成數字
SELECT * FROM tblMoney
WHERE cast(replace(replace(Price,',',''),'$','') as int) > 10000
GO
-- 結果
ProductName              Price
------------------------- -----------------------------

iPhone 手機              28,000
HTC 手機                 18,000


(2 row(s) affected)
```

▶ 實戰解說

上述的需求，只要使用簡易 CAST AS MONEY 就可以輕鬆解決。因為 MONEY 可以自動辨識千分號、貨幣符號等等字元，因此，以下的轉換就變得非常簡單。

```
-- 直接使用 Money 資料格式找出價格小於 10000
SELECT * FROM tblMoney
WHERE cast(Price as money) < 10000
GO
```

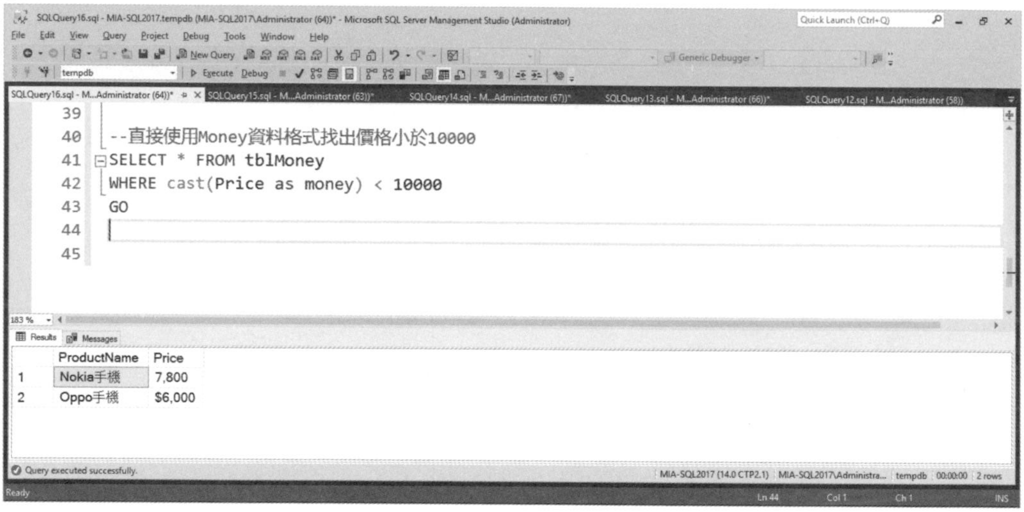

圖 4　使用 CAST 搭配 Money 格式就可以轉換具有千分號與貨幣符號的字串

▶ 注意事項

倘若在字串當中有某些無法轉換的字元，根據上述 CAST AS MONEY 依然會發生錯誤，造成程式中斷，這個時候可以使用另一種方式，就是 TRY_CAST 或是 TRY_CONVERT 函數，過程中會將無法轉換的資料，自動以 NULL 取代。

```
-- 當字串資料夾雜字元，使用 CAST 就會發生失敗
drop table if exists tblMoney
go
create table tblMoney
(ProductName nvarchar(30),
```

```
 Price          nvarchar(30))
go
insert into tblMoney(ProductName,Price)
values(N'iPhone 手機 ','28,000'),(N'HTC 手機 ','18,000'),
     (N'Nokia 手機 ','7,800')   ,(N'Oppo 手機 ','$6,000'),
     (N'LG 手機 ',' 台幣 9,000')

go


-- 直接使用 Money 資料格式找出價格小於 10000
SELECT * FROM tblMoney
WHERE cast(Price as money) < 10000
GO
-- 結果會發生錯誤
Msg 235, Level 16, State 0, Line 14
Cannot convert a char value to money. The char value has incorrect syntax.
```

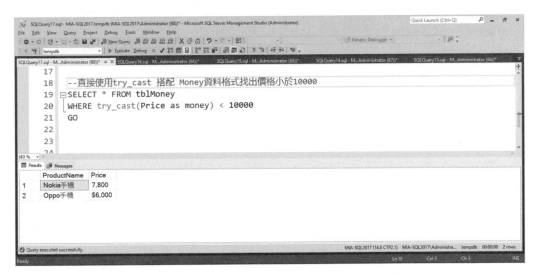

圖 5　使用 try_cast 可以避免程式發生轉換錯誤現象

► 本書相關問題導覽

19.【快速從混沌資料中去蕪存菁】

21 SQL Server 編碼與補充字元解決顯示特殊字元 鼎

SQL Server 處理多國語系時，遵循 SQL-92 規範，使用 N 代表 National 資料型態，每個字元 2 個位元組，支援的語系不受單一定序（Collation）影響，可同時支援儲存多國語言。但是，Unicode 卻受到定序的結尾附加標記的影響。透過下列資料型別，提供定義資料類型進行 Unicode 字元資料處理，雖然這樣 N 代表 National 資料型態每個字元 2 個位元組狀況，在某些特殊字元下卻佔用四個字元。

```
-- 中文字也有占用四位元
use master
go
SELECT DATALENGTH(N'鼎') '中文 4 字元',
       DATALENGTH(N'鼎') '中文 2 字元'
GO
```

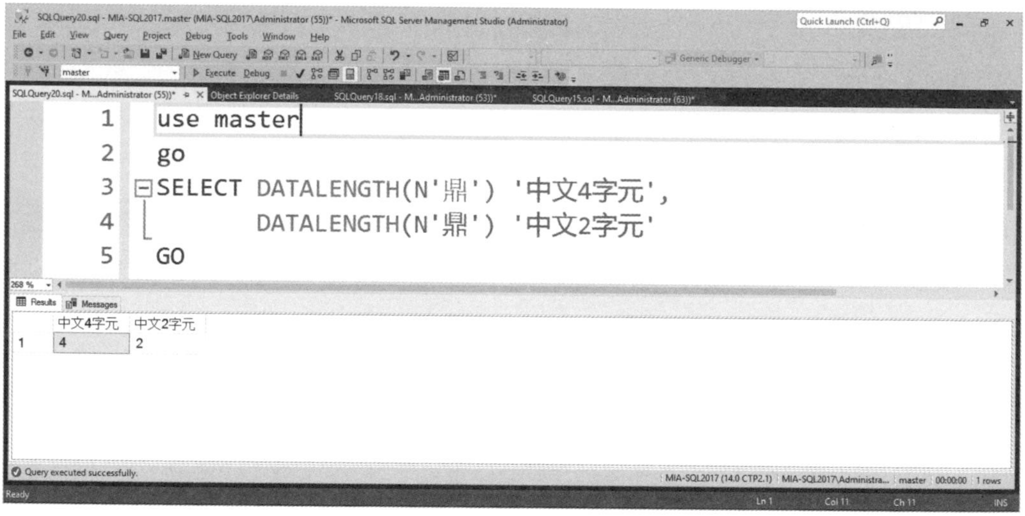

圖 1　中文字在 Unicode 組織下也占用四位元

當資料庫有存在四位元的字元時，如果需要轉換出對應的 Unicode 的字碼表，就會發生轉換失敗的狀況如下：

```sql
-- 嘗試將四位元中文字，連續轉換兩次，竟然發現失敗。
use master
GO
SELECT unicode(N' 鼎 ') [ 轉換成 Unicode 編碼 ]
SELECT NCHAR(55372) [ 嘗試將字碼轉換成字元 ]
```

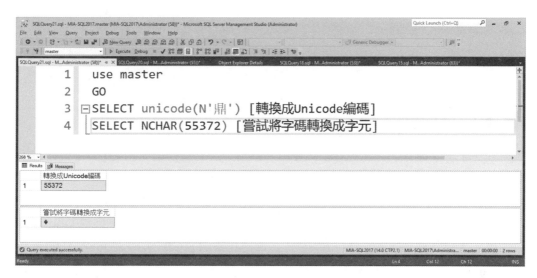

圖 2 unicode 轉換四位元中文字發生轉換異常

然而，所謂的一般難字，如「堃」，卻可以順利轉換 Unicode 編碼，再正確轉換成原始難字，然而這樣的方式在轉換四位元中文字如 [鼎]，就會發生轉換異常。

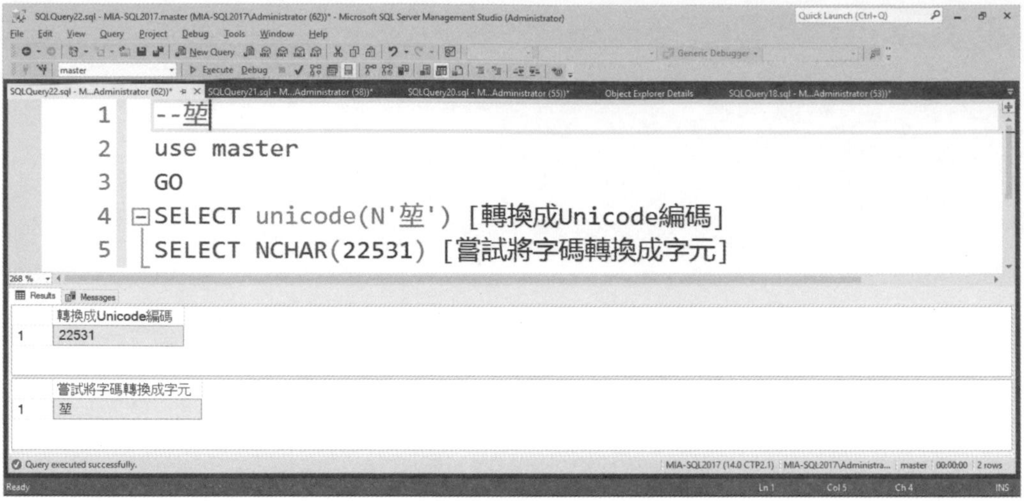

圖 3 unicode 正確轉換二位元中文字

如果要正確解決這樣的問題，就需要使用大家極少注意到的補充字元 [_SC] 定序。簡單的說，補充字元就是 SQL Server 針對類似 [鼎] 這類特殊字，可以藉由補充字元正確儲存到資料庫。以下就是建立一般定序搭配補充字元來正確解決 [鼎] 特殊字的問題。其中要注意，當沒有使用補充字元定序的時候，[鼎] 特殊字卻是回傳 [55372]，若使用正確補充字元的定序資料庫時候，才回傳正確的 [143827] 或是 [0x231D3]。

```
-- 建立含有 _SC 補充字元的資料庫
use master
GO
drop database if exists DBCHT
GO
CREATE DATABASE DBCHT COLLTE  Latin1_General_100_CI_AI_SC;
GO -- 使用補充字元針對特殊字，就可以在字串函數正確回傳
```

緊接著驗證 Unicode 與 NChar 函數，檢視是否可以正確轉換。

```
-- 在有補充字元的資料庫中進行 Unicode 編碼取得
use DBCHT
go
```

```
select NCHAR(0x231D3) as 字元 ,unicode(N'鼎')  as 編碼
union  all
select NCHAR(22531)            ,unicode(N'堃')
go
```

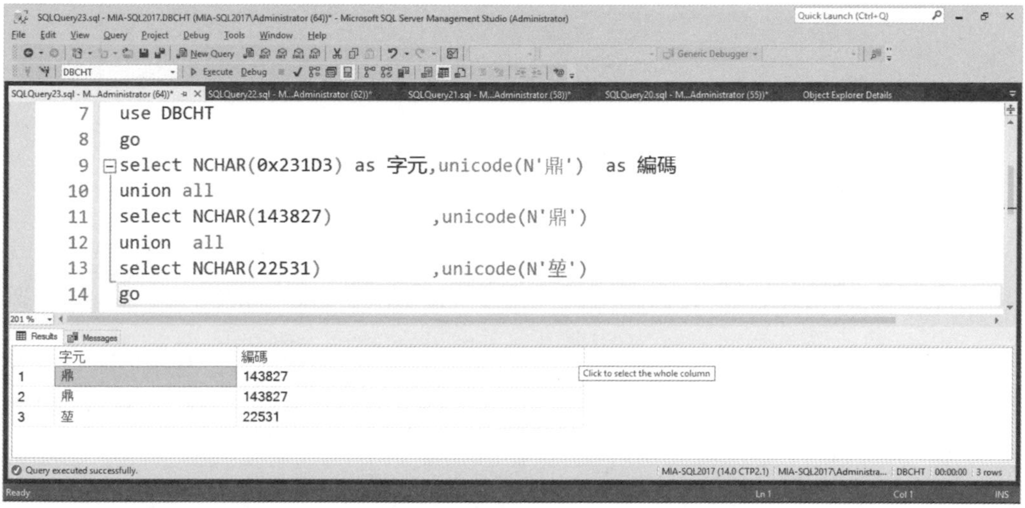

圖 4 _SC 補充字元定序下就可以順利執行四位元字元的 Unicode 函數

最後使用一般的資料表，驗證四位元的中文字，是否可以順利儲存到資料庫。

```
-- 在 _SC 補充字元資料庫中新增四位元字元
USE DBCHT
GO
drop table if exists t1
GO
create table t1(c0 int identity, c1 nvarchar(10))
GO
insert into t1(c1) select NCHAR(143827)
insert into t1(c1) select NCHAR(0x231D3)
insert into t1(c1) select N'鼎'
insert into t1(c1) select N'堃'
GO
select unicode(c1) as 編碼 ,c1 as 字元 ,datalength(c1) 長度
from t1
GO
```

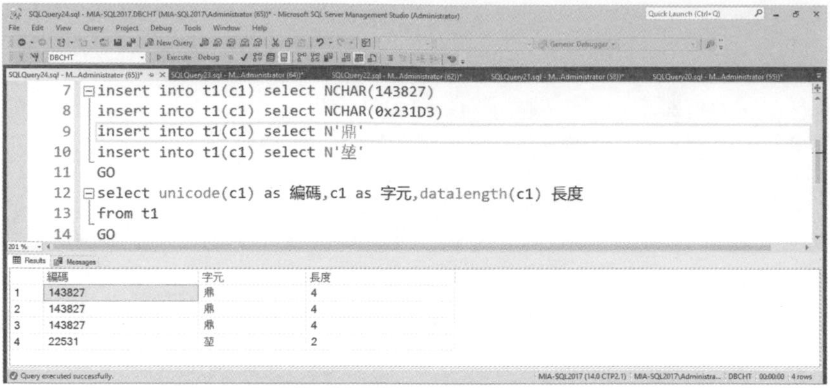

圖 5　檢視 _SC 補充字元下是否新增資料都正常

▶ 注意事項

有關四位元的難字，需要整合補充字元的定序，再搭配 Unicode 的 NVARCHAR 或是 NCHAR 的資料型態，才可以獲得完整的解決。以下的陳述式可以列出資料庫那些定序支援 _SC 的補充字元的定序。

```
-- 找出補充字元的定序
SELECT * from sys.fn_helpcollations()
WHERE right(name,3)='_SC'
```

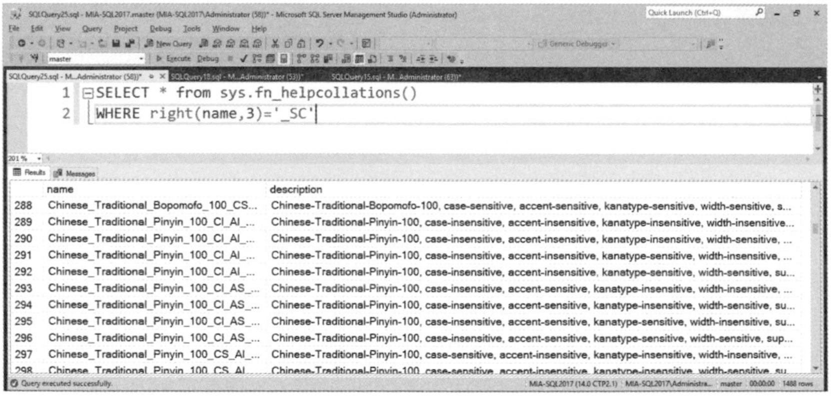

圖 6　從資料庫中列出所有支援的 _SC 的定序

▶ 本書相關問題導覽

22.【如何在資料庫階層可以正確辨識 123 與 １ ２ ３ 】

22 如何在資料庫階層可以正確辨識 123 與 １ ２ ３

在亞洲地區，尤其是台灣的許多應用程式，需要將 123 與 １ ２ ３ 正確辨識為兩個不同的字串。許多預設的資料庫設定會發生無法辨識的情況，該情況就是兩者被儲存到資料庫時，123 與 １ ２ ３ 都會被自動轉換成 123。

```
--create or alter proc 語法僅支援 SQL Server 2016 SP1 含以上的版本
-- 留意全形數字在新增到資料庫後，會被自動轉成半形數字
USE temdb
GO
DROP TABLE if EXISTS tblNumbers
GO
CREATE TABLE tblNumbers
(id  int identity,
 num varchar(30)
)
GO
INSERT INTO tblNumbers(num)
VALUES('123'),(' １ ２ ３ '),(' ４ ５ ６ '),(' ７ ８ ９ '),('456')
GO
SELECT * FROM tblNumbers
-- 結果，竟然都是半形數字，全形數字都會轉換成半形。
id          num
----------- ------------------------------

1           123
2           123
3           456
4           789
5           456


(5 row(s) affected)
```

▶ 案例說明

有關全半形字元處理的技巧，微軟很早就在 SQL Server 之前中支援以下的定序與結尾附加標記，其中一個就是 _WS 的結尾標記，它就是針對全半形字元的宣告與處理。

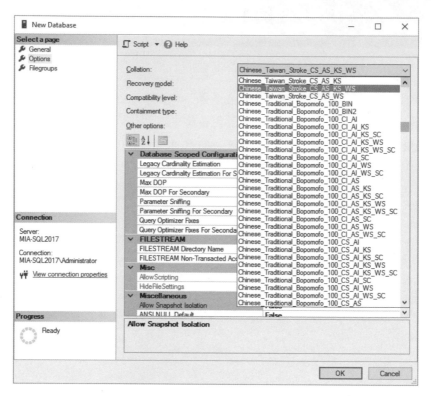

圖 1　資料庫建立時選擇的定序與結尾標記

```
-- 建立資料庫過程中選擇支援的 _WS 定序與結尾標記
Chinese_Taiwan_Bopomofo_CI_AI_KS_WS
Chinese_Taiwan_Stroke_CS_AS_KS_WS
```

◈　參數說明

◆ Chinese_Taiwan，指定使用字碼頁是 950，支援繁體中文。

◆ Bopomofo，表示字元排序時，按照字元注音符號ㄅ、ㄆ、ㄇ、ㄈ排序。

◆ Stroke，表示按照字元的筆畫數排序。

◆ CI，表示英文字元不分大小寫；CS，表示英文區分大小寫。

- ◆ AI，表示英文字元如 a、á、ä 是不區分腔調；AS，英文字元要區分腔調。

- ◆ KS，表示區分日語的 KANA，如果沒有寫就是不分日語的 KANA。

- ◆ WS，表示區分全形與半形，如 A、Ａ，如果沒有寫就是不分全半形。

所以，可以使用以下的方式，實作一個具有 _WS 區分全形與半形，如 A、Ａ 能力的
資料庫，來進行問題的解決。

```
-- 建立一個具有 _WS 能力的資料庫
use master
DROP DATABASE IF exists TWDB
go
CREATE DATABASE TWDB
COLLATE Chinese_taiwan_Stroke_CI_AS_KS_WS
GO
```

▶ 實戰解說

```
--create or alter proc 語法僅支援 SQL Server 2016 SP1 含以上的版本
-- 使用新建立具有 _WS 定序與結尾標記能力的資料進行驗證
USE [TWDB]
GO


DROP TABLE if EXISTS tblNumbers
GO


CREATE TABLE tblNumbers
(id  int identity,
 num varchar(30)
)
GO


INSERT INTO tblNumbers(num)
VALUES('123'),('１２３'),('４５６'),('７８９'),('456')
GO


SELECT * FROM tblNumbers
```

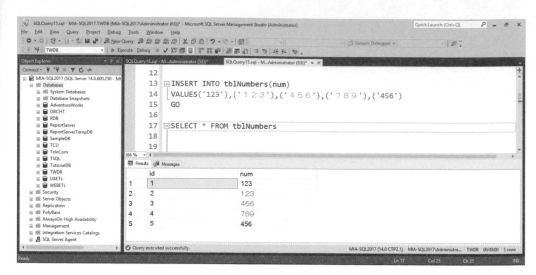

圖 2　使用具有 _WS 結尾標記能力的資料庫解決全半形問題

此外，在這種具有 _WS 結尾標記能力的資料庫，如果希望查詢 WHERE 條件區間中
輸入半形 123 就一次幫忙回傳所有 123 與１２３的所有資料，可以使用以下的技巧
完成：

```
-- 在 _WS 資料庫中僅會回傳指定全形或是半形字進行比對
SELECT * FROM tblNumbers
WHERE num='123'
-- 結果
id          num
----------- ------------------------------

1           123


(1 row(s) affected)
```

如果在查詢指令中搭配 Collation，就可以一次翻轉所有比較的方式。

```
-- 在 _WS 資料庫中翻轉所有比較全形或是半形字方式
SELECT * FROM tblNumbers
WHERE num='123' collate Chinese_taiwan_Stroke_CI_AS_KS
-- 結果，全形與半形字都顯示
id          num
----------- ------------------------------
```

```
1          123
2            1 2 3


(2 row(s) affected)
```

此外，如果要針對那些文字轉換數值資料型態，必須使用以下的函數，以避免發生轉換失敗的狀況。

```
-- 使用 CAST 或是 CONVERT 會發生轉換失敗的狀況
SELECT id, CAST(num AS INT) AS num
FROM tblNumbers
-- 結果
id          num
----------- -----------
1           123
Msg 245, Level 16, State 1, Line 20
Conversion failed when converting the varchar value ' 1 2 3 ' to data type int.
```

為了要解決上述的問題，可以使用以下的技巧搭配資料表變數與 tempdb，就可以讓資料從全形一次轉換成半形。

```
-- 利用 tempdb 預設為半形資料庫
--INSERT INTO 的過程中資料庫引擎會自動將 1 2 3 轉換成 123
USE tempdb
DECLARE @t table(id int,
                 num varchar(30))
INSERT INTO @t SELECT id,num FROM [TWDB].dbo.tblNumbers
SELECT id, cast(num as int) as num
FROM @t
```

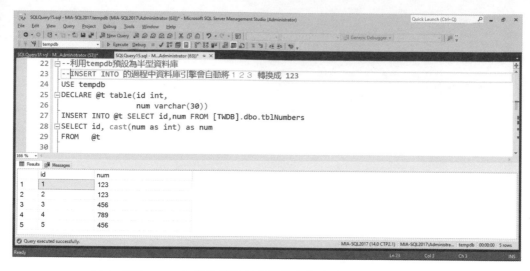

圖 3 使用 tempdb 輔助讓資料庫引擎會自動將 1 2 3 轉換成 123

▶ 注意事項

許多資料庫剛開始建立時，就已經指定是非 _WS 的結尾標記定序，如果是這種情況，倘若只是為了要解決 1 2 3 與 123 不同的問題，就去修改原始資料庫的定序，著實非常不建議。若是為了解決這種情況，可以先建立一個空白資料庫，而該資料庫結尾標記具有 _WS 選項，當新增資料時，先連線到具有 _WS 的資料庫，然後使用三段式命名方式，再新增到目的資料庫中的資料表。這樣就可以在沒有 _WS 的資料庫中，實作出可以辨識 1 2 3 與 123 的功能，詳細可以參考以下方式：

```
-- 重要技巧可以讓不支援 _WS 資料庫
-- 可以實做出來資料表來欄位可以辨識 1 2 3 與 123 功能
USE tempdb
GO
DROP TABLE if EXISTS tblNumbers
GO
CREATE TABLE tblNumbers
(id  int identity,
 num varchar(30) collate Chinese_taiwan_Stroke_CI_AS_KS_WS
              -- 重要關鍵就是針對欄位指定區分 1 2 3 與 123 功能
)
GO
use TWDB -- 重要技巧是可以在有 _WS 資料庫中，去新增資料到指定資料庫與資料表
```

```
INSERT INTO tempdb.dbo.tblNumbers(num)
VALUES('123'),(' 1 2 3'),(' 4 5 6'),(' 7 8 9'),('456')
GO


SELECT * FROM tempdb.dbo.tblNumbers
```

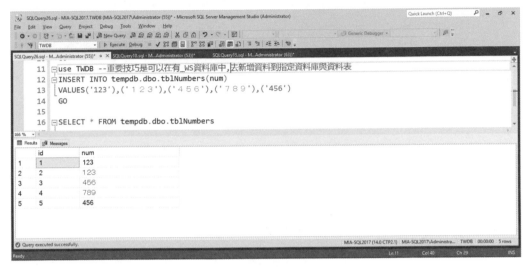

圖 4 在不具有 _WS 資料庫中實作出可以辨識 １ ２ ３ 與 123 功能

▶ 本書相關問題導覽

21.【SQL Server 編碼與補充字元解決顯示特殊字元 鼎 】

23

VIEW 搭配 ORDER 與 TOP 絕妙解決方式

從SQL Server 2005 開始，VIEW 一直碰到以下的問題，就是搭配 TOP(100) PERCENT 與 ORDER BY 陳述式，竟然就失去排序的功能。關於這個問題，MOC（微軟官方教材），只有提到 VIEW 使用時，如果要搭配 ORDER BY，需要搭配 TOP，卻沒有交代該如何解決上述的問題。某些情況是，需要回傳所有資料，卻無法搭配 TOP(100) PERCENT 與 ORDER BY 陳述式，去回傳所有資料並且需要排序。

```
-- 建立驗證資料表
USE tempdb
IF OBJECT_ID('EMP') IS NOT NULL
DROP TABLE EMP
GO
CREATE TABLE EMP
(EID INT, ENAME VARCHAR(30) , EDT DATETIME)
GO
INSERT INTO EMP(EID,ENAME,EDT) VALUES(3,'NANCY','2016-09-05')
INSERT INTO EMP(EID,ENAME,EDT) VALUES(1,'ADA' ,'2016-11-03')
INSERT INTO EMP(EID,ENAME,EDT) VALUES(5,'SARAH','2016-09-04')
INSERT INTO EMP(EID,ENAME,EDT) VALUES(2,'JULIA','2016-08-23')
INSERT INTO EMP(EID,ENAME,EDT) VALUES(4,'JANE' ,'2016-10-30')
GO
```

```
-- 建立驗證檢視表過程中使用 TOP(100) PERCENT 搭配 ORDER BY EID
IF OBJECT_ID('VW_EMP') IS NOT NULL
DROP VIEW VW_EMP
GO
CREATE VIEW VW_EMP
AS
SELECT TOP(100) PERCENT EID,ENAME,EDT
```

```
FROM EMP
ORDER BY EID
GO
SELECT * FROM VW_EMP
GO
```

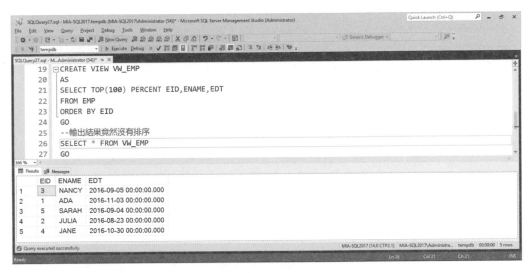

圖 1　發現 TOP 100 PERCENT 整合 ORDER BY 沒有發揮排序效果

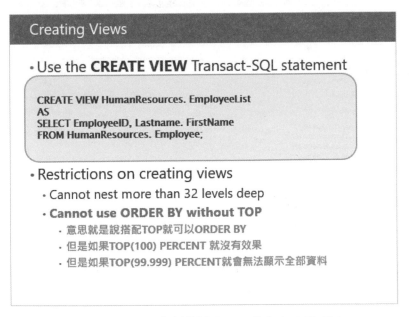

圖 2　微軟 MOC 教材僅説明 TOP 整合 ORDER BY

▶ 案例說明

當然解法很多種，本文先介紹應急的方式，最後再介紹真正可以一勞永逸的解決方法。

```
-- 方法一：該答案僅支援 SQL Server 2005(+) 版本
IF OBJECT_ID('VW_EMP_WINDOWS') IS NOT NULL
  DROP VIEW VW_EMP_WINDOWS
GO
CREATE VIEW VW_EMP_WINDOWS
AS
   SELECT TOP(100) PERCENT row_number() over (order by EID) as SN,EID,ENAME,EDT
   FROM EMP
   ORDER BY SN
GO


SELECT * FROM VW_EMP_WINDOWS
GO
```

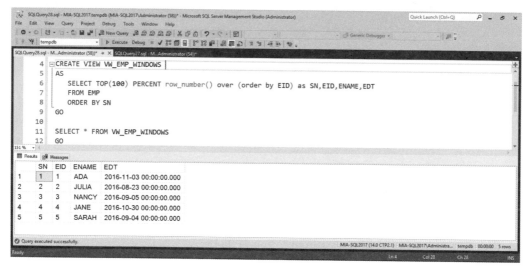

圖 3 使用 ROW_NUMBER 加上序號排序

上述的方式主要是藉由 ROW_NUMBER 產生序號之後，再進行排序，本方式可以解決 SQL Server 2005（含以上）版本。

```
-- 方法二：該答案僅支援 SQL Server 2014(+) 版本
-- 該方式主要是利用使用者自訂函數搭配 clustered index 輔助
IF OBJECT_ID('fn_emp') IS NOT NULL
    DROP FUNCTION fn_emp
GO
CREATE FUNCTION dbo.fn_emp()
returns @t table(EID INT index idx clustered (EID asc) , ENAME VARCHAR(30) , EDT
DATETIME)
AS
begin
 insert into @t select EID,ENAME,EDT from EMP order by 1
 return
end
GO
SELECT * FROM dbo.fn_emp()
GO
```

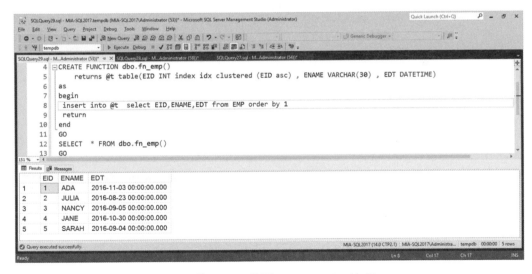

圖 4　使用 UDF 搭配 Cluster Index 技巧

上述的方式主要是藉由使用者自訂函數搭配 Clustered Index 預設排序技巧，本方式可以解決 SQL Server 2014（含以上）版本。

```
-- 方法三：使用子查詢方式先計算出所有筆數再進行 TOP 輸出
IF OBJECT_ID('VW_Danny') IS NOT NULL
    DROP VIEW VW_Danny
GO
CREATE VIEW VW_Danny
AS
    SELECT TOP(SELECT COUNT(*) From EMP) EID,ENAME,EDT
    FROM EMP
    ORDER BY EID
GO
SELECT * FROM VW_Danny
GO
```

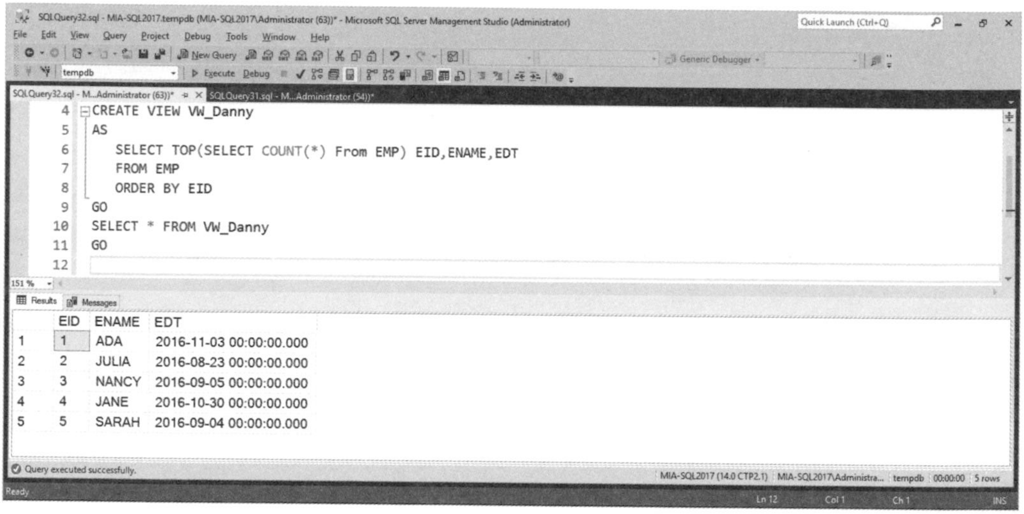

圖 5 使用子查詢搭配 TOP 顯示筆數

上述的方式主要是先利用 SELECT 子查詢，將結果取出後再進行 TOP 輸出作業。

```
-- 使用 DISTINCT 搭配 TOP 技巧
IF OBJECT_ID('VW_Yang') IS NOT NULL
    DROP VIEW VW_Yang
GO
CREATE VIEW VW_Yang
AS
    SELECT DISTINCT TOP(100)PERCENT EID,ENAME,EDT
```

```
    FROM EMP
    ORDER BY EID
GO
SELECT * FROM VW_Yang
GO
```

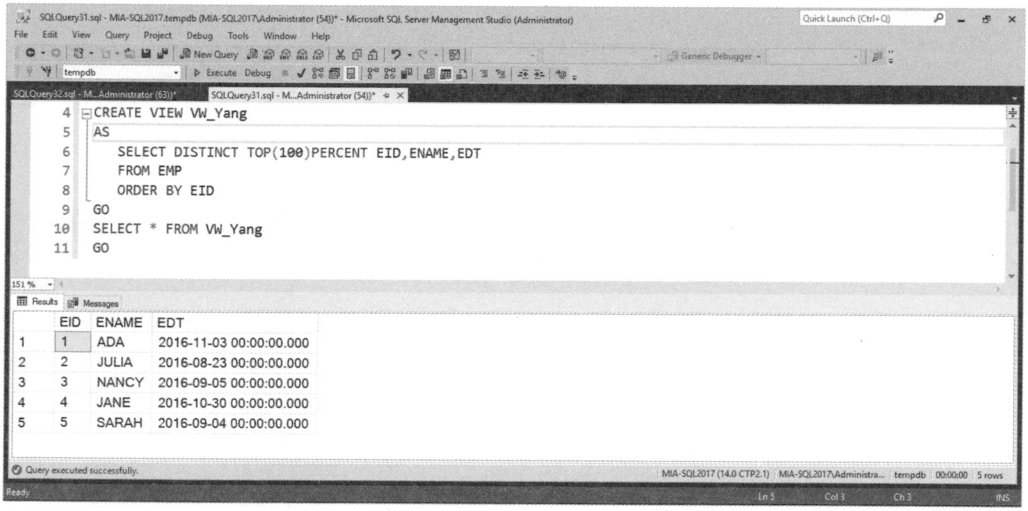

圖 6　使用 DISTINCT 搭配 TOP 陳述式

上述的方式主要是先利用 DISTINCT 搭配 TOP 輸出排序結果。

```
-- 最後使用一個極大的數字，取代 TOP(100) PERCENT
IF OBJECT_ID('VW_SCY') IS NOT NULL
    DROP VIEW VW_SCY
GO
CREATE VIEW VW_SCY
AS
    SELECT TOP(9223372036854775807) EID,ENAME,EDT
    FROM EMP
    ORDER BY EID
GO
SELECT * FROM VW_SCY
GO
```

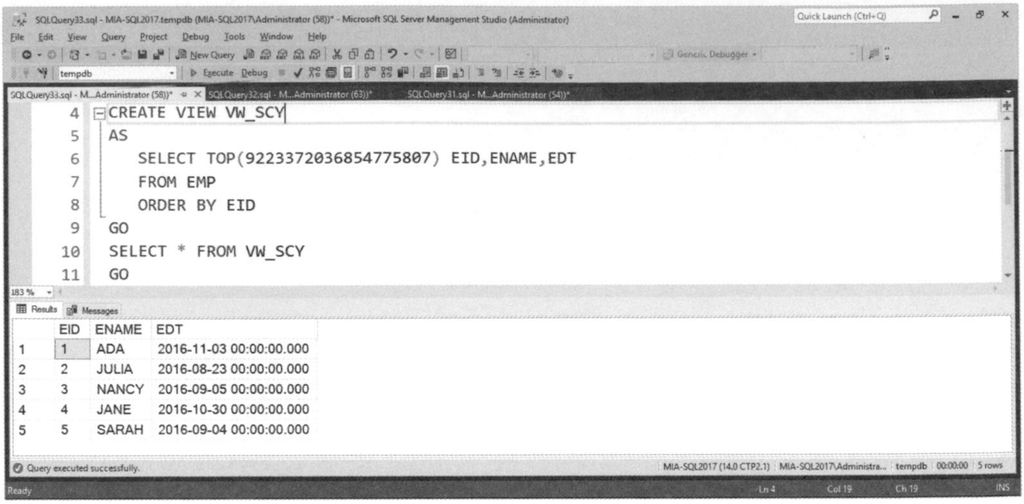

圖 7　使用 TOP 加上極大數字進行排序

上述的方式，主要是先利用 TOP 搭配一個極大的數字取代 TOP(100) PERCENT 的輸出結果。

▶ **實戰解說**

上述的方法都可以解決問題，但以下的方式，除了程式碼精簡之外，還有更高的效能。它主要是使用 OFFSET 偏差值為 0 讓程式可以不用 TOP 就可以 ORDER BY，這樣的解決技巧，主要來自微軟 MOC 教材與以下的錯誤訊息提示：

```
-- 該答案僅支援 SQL Server 2012(+) 版本
IF OBJECT_ID('VW_EMP_OFFSET') IS NOT NULL
  DROP VIEW VW_EMP_OFFSET
GO
CREATE VIEW VW_EMP_OFFSET
AS
    SELECT EID,ENAME,EDT FROM EMP
    ORDER BY EID
    OFFSET 0 rows
GO
SELECT * FROM VW_EMP_OFFSET
GO
```

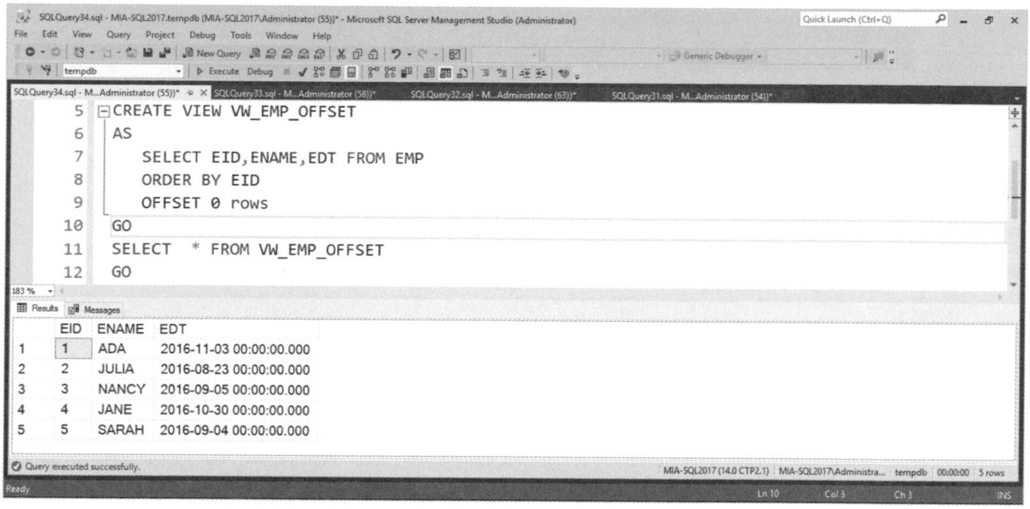

圖 8 使用 SQL Server 2012 所提供的 OFFSET 功能

▶ 注意事項

最後進行效能比較時，可以啟動 [Query | Include Actual Execution Plan]，就可以比較
以下各種撰寫方式的 COST 比較。

```
-- 進行 COST 比較
SELECT * FROM [dbo].[VW_Danny]          --SELECT 子查詢
SELECT * FROM [dbo].[VW_EMP_WINDOWS] -- 使用 row_number()
SELECT * FROM [dbo].[fn_emp_inline]()-- 使用 Inline Function
SELECT * FROM [dbo].[VW_SCY]          -- 使用極大數字
SELECT * FROM [dbo].[VW_Yang]          -- 使用 DISTINCT
SELECT * FROM [dbo].[VW_EMP_OFFSET]  -- 使用 OFFSET
-- 結果
22% , 18% , 4% , 18% , 18% , 18%
```

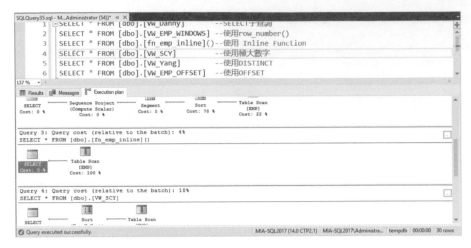

圖 9 使用 Function 擁有較佳的 COST 使用效率

分享給大家一個概念：只要查詢加上 ORDER BY 陳述式，基本上效能就不會太好，然而 Inline Table Value Function 搭配 Clustered Index 語法已經事先可以排序資料，這樣一來，就可以降低執行成本。

▶ **本書相關問題導覽**

24.【活用 OFFSET 在各種情境】

24 在各種情境活用 OFFSET

SQL Server 從 2012 版開始支援 OFFSET FETCH 功能,它比起 TOP 子句最大的差異就是 OFFSET FETCH 支援略過幾筆資料,而 TOP 並不具備忽略指定筆數的功能。無論是使用 TOP 或是 OFFSET FETCH,最重要的就是要搭配 ORDER BY 確保資料可以正確排序與抓取,以下就是 OFFSET FETCH 基本使用方式。

```sql
-- 從第一筆開始找前三筆
SELECT *
FROM [TSQL].[HR].[Employees]
ORDER BY empid
OFFSET 0 ROW FETCH NEXT 3 ROW ONLY
-- 省略幾筆      -- 找尋幾筆
GO
```

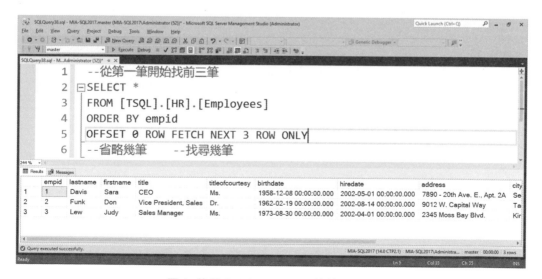

圖 1　使用 OFFSET FETCH 的簡易方式

使用分頁（paging）讀取資料的功能，應用十分廣泛。例如，在許多網站都會支援將取出的資料，先進行分頁排序，然後再由使用者點選需要的分頁。

圖 2　針對多資料的狀況使用分頁可以避免一次輸出過多資料

此外，OFFSET FETCH 可以結合 SQL Server 2017 的 STRING_AGG 彙總函數，在產生字串時，直接 ORDER BY 結果，並且輸出如下：

```sql
-- 尚未加入排序功能的彙總結果
SELECT STRING_AGG(A.[name], ',') AS [string_aggregate]
FROM    sys.databases as A -- 發現產生結果沒有排序效果
GO
-- 無法直接加入 ORDER BY 排序，會導致錯誤
SELECT STRING_AGG(A.[name], ',') AS [string_aggregate]
FROM    sys.databases as A
ORDER BY A.[name] -- 無法直接加入 ORDER 進行排序
GO
```

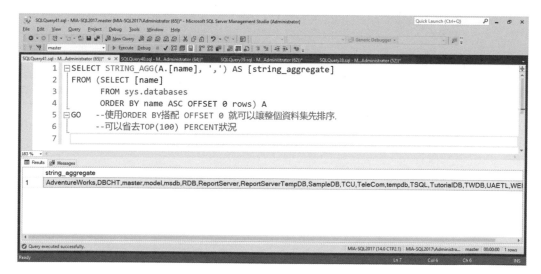

圖 3 字串彙總函數無法直接加入 ORDER BY 排序

```
-- 使用 OFFSET 搭配 ORDER BY 就可以進行排序
SELECT STRING_AGG(A.[name], ',') AS [string_aggregate]
FROM (SELECT [name]
      FROM sys.databases
      ORDER BY name ASC OFFSET 0 rows) A
GO    -- 使用 ORDER BY 搭配 OFFSET 0 就可以讓整個資料集先排序，
      -- 可以省去 TOP(100) PERCENT 狀況
```

圖 4 使用 OFFSET 整合 STRING_AGG 加上排序的功能

► **案例說明**

在使用 OFFSET FETECH 過程需要留意以下的狀況，避免查詢後的結果跟預期有所不同，該案例就是一個簡易訂單資料。

```
-- 簡易訂單序號與數量
if object_id('tblOffSet') is not null
    drop table tblOffSet
GO
create table tblOffSet(Id int , Qty int)
GO
insert into tblOffSet(Id,Qty) values        (1,350),
                                            (2,450),
                                            (3,300),
                                            (4,450),
                                            (5,500),
                                            (6,350),
                                            (7,350)
GO
-- 檢視資料排序狀況
select * from tblOffSet order by Qty
-- 結果
Id          Qty
----------- -----------
3           300
1           350
6           350
7           350
2           450
4           450
5           500
(7 row(s) affected)
```

過程中會先忽略掉前面兩筆資料，再利用 OFFSET FETCH 取得後兩筆、後三筆，或後四筆資料。

```
-- 首先忽略前兩筆，然後取後兩筆資料
select * from tblOffSet order by Qty offset 2 rows fetch next 2 rows only
-- 結果
Id          Qty
----------- -----------
6           350
7           350
(2 row(s) affected)
```

從 ORDER BY QTY 結果看出，要先忽略 Id 是 (3,1) 者，然後取出 (6,7)，從結果看起來是沒有問題。

```
-- 首先忽略前兩筆，然後取後三筆資料
select * from tblOffSet order by Qty offset 2 rows fetch next 3 rows only
-- 結果
Id          Qty
----------- -----------
1           350
7           350
4           450
(3 row(s) affected)
```

從 ORDER BY QTY 結果看出，要先忽略 Id 是 (3,1) 者，然後取出 (6,7,2)，但結果是 (1,7,4)，顯然跟預期有差距。

```
-- 首先忽略前兩筆，然後取後四筆資料
select * from tblOffSet order by Qty offset 2 rows fetch next 4 rows only
-- 結果
Id          Qty
----------- -----------
6           350
1           350
4           450
2           450
(4 row(s) affected)
```

從 ORDER BY QTY 結果看出，要先忽略 Id 是 (3,1) 者，然後取出 (6,7,2,4)，從結果看出來是 (6,1,4,2)，依然跟預期有差距。

像這樣的狀況，讓使用 OFFSET FETCH 過程，增添不少疑惑，到底是甚麼影響到輸出資料與預期不同？

► 實戰解說

造成這樣的狀況，主要原因是該資料表的 ORDER BY QTY 欄位並沒有索引輔助，讓資料的輸出根據 INDEX PAGE 進行排序。反倒是使用 HEAP PAGE 去輸出沒有特定次序的資料，就會造成上述的結果與預期的效果不同。

有關執行計畫的顯示，可以從啟動 [Query | Include Actual Execution Plan]，檢視到執行計畫。

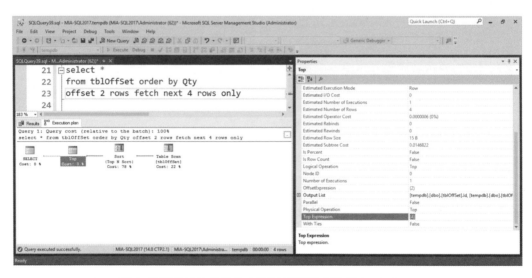

圖 5　檢視執行計畫過程中資料庫引擎會進行 Table Scan

基本上要解決上述的狀況，一點都不難，可以從索引下手就可以完成，因為建立 NonClustered Index 於該 Qty 欄位的時候，系統輸出查詢結果就會根據該 Index 排序，回傳到預期的資料列。

```
-- 建立 Index
create index idx_qty on tblOffSet(Qty)
go
```

完成索引建立之後，再來驗證上述有問題的陳述式，檢視是否可以回傳預期結果。

```
-- 首先忽略前兩筆，然後取後三筆資料
select * from tblOffSet order by Qty offset 2 rows fetch next 3 rows only
-- 結果，正確
Id          Qty
----------- -----------
6           350
7           350
2           450
(3 row(s) affected)
```

從 ORDER BY QTY 結果看出，要先忽略 Id 是 (3,1) 者，然後取出 (6,7,2)，從結果看
出來是 (6,7,2)，顯然跟預期相同。

```
-- 首先忽略前兩筆，然後取後四筆資料
select * from tblOffSet order by Qty offset 2 rows fetch next 4 rows only
-- 結果，正確
Id          Qty
----------- -----------
6           350
7           350
2           450
4           450
(4 row(s) affected)
```

從 ORDER BY QTY 結果看出，要先忽略 Id 是 (3,1) 者，然後取出 (6,7,2,4)，從結果看
出來是 (6,7,2,4)，依然跟預期相同。

最後在檢視執行計畫一次，就可以發現過程中，資料庫最佳化執行器已經可以正確使
用到索引，並且根據索引去 LOOKUP 資料進行回傳。

圖 6　檢視執行計畫過程中資料庫引擎會進行 Index Seek

最後因為 OFFSET FETCH 僅支援 SQL Server 2012/2014/2016/2017 版本，如果要
在 SQL Server 2005/2008/R2 版本使用類似的功能，可以參考以下 CTE 的作法。

```
-- 使用 CTE 取代 OFFSET 實作在早期資料庫版本，達成分頁效果
-- 使用 OFFSET 作法，以下的宣告就是指定第幾頁 @pages、每頁幾筆資料 @pagerows

DECLARE @pages int=2 , @pagerows int=3
SELECT ROW_NUMBER() OVER(ORDER BY GETDATE()) AS SN,*
FROM    [HR].[Employees]
ORDER BY 1
OFFSET (@pages-1)*@pagerows ROWS
FETCH NEXT @pagerows ROWS ONLY
GO
-- 使用 CTE 作法
DECLARE @pages int=2 , @pagerows int=3;
WITH MYCET AS
(SELECT ROW_NUMBER() OVER(ORDER BY GETDATE()) AS SN,*
 FROM [HR].[Employees]
)
SELECT * FROM MYCET
WHERE SN BETWEEN (@pages-1)*@pagerows+1 AND @pages*@pagerows
GO
```

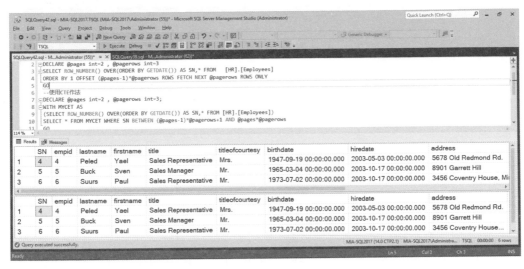

圖 7　使用 CTE 取代 OFFSET FETCH

有關成本部分，可以看到兩種寫法成本都一樣。

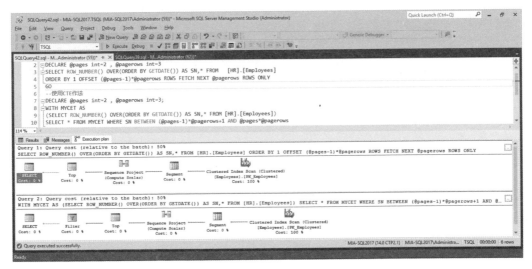

圖 8　使用 OFFSET 與 CTE 兩者成本都一樣

▶ 本書相關問題導覽

23.【VIEW 搭配 ORDER 與 TOP 絕妙解決方式】

25 活用 @@ROWCOUNT

許多程式設計人員詢問，該怎樣有機會將 T-SQL 的撰寫進行優化。有關這樣的問題剛好有一個需求，就是該應用程式，會頻繁記錄每一天系統執行的次數，過程中會判斷，是否該日的資料是否已經存在，如果尚未存在，就新增一筆當天資料，若是已經存在，就在當天資料中進行次數累積。這樣的需求基本上有很多種方式，今天要分享給大家是的是如何巧妙使用 SQL Server 預設的變數，減少程式的撰寫並且降低執行成本。

▶ 案例說明

實作這樣的案例之前，先來建立一個資料表，該資料表具有以下兩個欄位，第一個欄位就是哪一天，第二個欄位就是多少數量。

```
--create or alter proc 語法僅支援 SQL Server 2016 SP1 含以上的版本
-- 建立驗證資料表
USE [tempdb]
GO
DROP TABLE IF EXISTS tblCount
GO
CREATE table tblCount (myDate date, myCount int)
GO
 -- 說明 myDate  : 記錄每一天日期資料
 -- 說明 myCount : 記錄每一天累積數值
```

第一種陳述式，該程式設計人員使用過多的 ISNULL 判斷與查詢陳述式，導致執行成本過高。

```
-- 第一種由程式設計人員撰寫程式
-- 該部分使用過多的函數判斷
CREATE OR ALTER PROCEDURE [dbo].[uspMethodA]
    @date date
AS
BEGIN         -- 基本上使用過多的轉換函數去判斷當天是否已經有資料
    IF isnull((SELECT count(myCount)
            FROM    tblCount
            WHERE   isnull( (  SELECT count(myCount)
                            FROM tblCount
                WHERE myDate=CONVERT (date, @date) ),'') <> '' ) ,'') <> ''
    BEGIN
            UPDATE tblCount  SET myCount = myCount + 1
            WHERE myDate = CONVERT (date, @date);
    END ELSE
    BEGIN
        INSERT INTO tblCount VALUES(CONVERT (date,@date),1)
    END
END
GO
-- 上述的程式主要是判斷當天是否已經存在該資料，若是沒有就新增，否則就 UPDATE。
```

上述的應用程式有個可以改善的地方，就是如果沒有該日資料時，系統會回傳 0，而不是回傳 NULL，因此就不需要再使用 ISNULL 進行轉換，因為過多的轉換只會讓程式變得更慢。

```
-- 針對沒有存在的資料，COUNT 後會回傳 0，而不是 NULL
 DECLARE @date date='2017/07/07'
 SELECT count(myCount)
 FROM    tblCount
 WHERE   myDate=CONVERT (date, @date)
GO
-- 結果
```

```
----------
0

(1 row(s) affected)
```

該程式第一次執行是新增作業，所以會有以下執行成本。

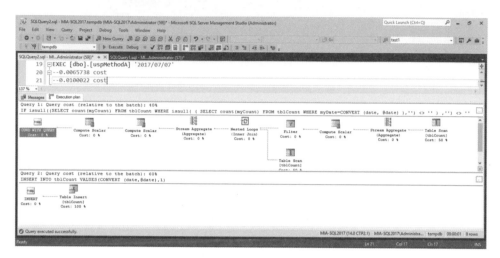

圖 1　檢視方法一的 INSERT 執行成本

當系統再一次執行的時候，就會進行判斷是否存在，然後進行 UPDATE，所以從下列的執行計畫看到，無論是 INSERT 還是 UPDATE 都會固定進行判斷是否該資料已經存在的成本，這一段將會是可以改善的空間。

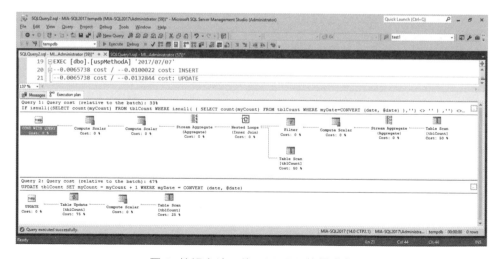

圖 2　檢視方法一的 UPDATE 執行成本

為了改善上述的多於函數檢查部分，強化上述預存程序成為以下的撰寫方式，撰寫的方式就是使用 exists 來判斷該日是否已經有資料存在，取代之前的 ISNULL 等等函數的使用。

```
-- 減少多餘函數的判斷，可以降低執行成本
CREATE OR ALTER PROCEDURE [dbo].[uspMethodB]
    @date date
AS
BEGIN          -- 多餘的檢查增加成本
    IF exists(select * from tblCount where myDate = @date)
    BEGIN
            update tblCount  SET myCount = myCount + 1 WHERE myDate = @date;
    END ELSE
    BEGIN
        INSERT INTO tblCount VALUES(@date,1)
    END
END
GO
```

這樣的撰寫方式基本上無論新增或是修改都需要執行 exists 判斷，以下就是該預存程序針對新增的執行狀況。

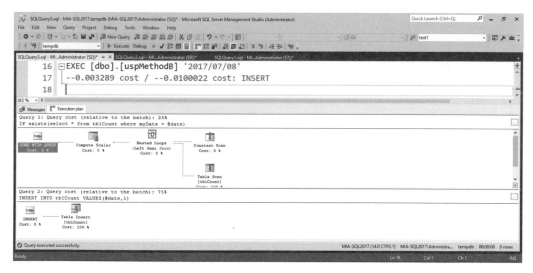

圖 3　第二種方式執行的第一次執行新增作業

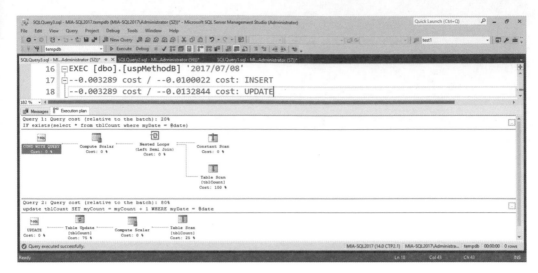

圖 4　第二種方式執行的第二次執行新增作業

上述的第二種方式每一次執行的時候，也都會去判斷是否存在該日的資料，這樣一來也無形中增加一段判斷的成本。最後一種寫法就是改善上述的兩種狀況，根本一開始就不用判斷，直接進行修改，然後再使用 @@rowcount 判斷是否有值，該 @@rowcount 就是判斷最近的 SELECT、INSERT、UPDATE 與 DELETE 是否有影響的資料列，這個系統函數基本上可以很簡單取得，不用耗用更多的成本。所以，以下的優化的寫法，就是先 UPDATE 該日資料，如果有 UPDATE 成功就停止作業，否則就表示該日沒有資料，就進行新增。

```
--【優化的寫法】
CREATE OR ALTER PROCEDURE [dbo].[uspMethodC]
    @date date
AS
BEGIN        -- 直接更新藉由系統函數判斷是否需要新增
    UPDATE tblCount  SET myCount +=1 WHERE myDate =@date
    IF @@ROWCOUNT=0
        INSERT INTO tblCount VALUES(@date,1)
END
GO
```

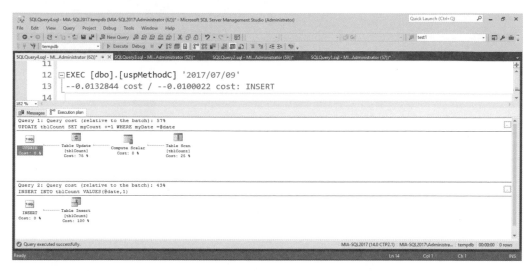

圖 5　強化的方式第一次執行過程成本沒有特別有優勢

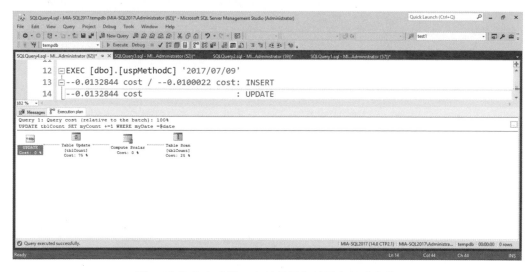

圖 6　強化的方式第二次執行過程就具有很強優勢

基本上從上述的三種預存程序來看，第三種強化的預存程序即具有成本優勢，主要是因為第三種有別於前面兩種，沒有多餘的 SELECT 判斷，就節省下很多的成本。因此使用 EXCEL 試算表，針對假設的每天值行筆數，看出哪一種方式最具有最佳成本優勢，答案就是第三種。

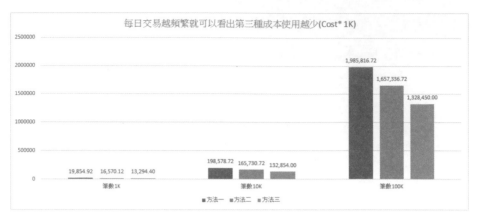

圖 7　三種方式發現每日交易越頻繁第三種方式優勢越多

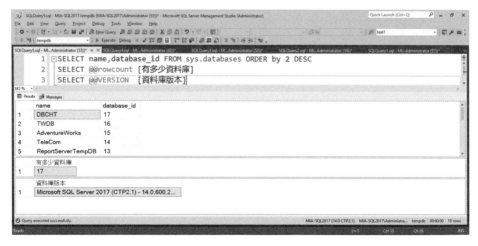

▶ **注意事項**

有關 @@rowcount 的使用要特別留意，它只抓取最近一行陳述式的結果，如果中間又插入其他陳述式，這樣一來就會無法抓取指定陳述式的影響資料列筆數。

```
-- 以下是正確抓到有多少資料庫個數
SELECT name,database_id FROM sys.databases ORDER by 2 DESC
SELECT @@rowcount [ 有多少資料庫 ]
SELECT @@VERSION   [ 資料庫版本 ]
GO
```

圖 8　正確使用 @@ROWCOUNT 抓取最近陳述式影響筆數

以下的範例就是因為 @@ROWCOUNT 擺放在 SELECT @@VERSION 之後，就僅抓到數值 1，這樣一來就發生誤判。

```
-- 因為 @@rowcount 沒有直接放置於第一段 SELECT 之後，造成數值誤判
SELECT name,database_id FROM sys.databases ORDER by 2 DESC
SELECT @@VERSION  [ 資料庫版本 ]
SELECT @@rowcount [ 有多少資料庫 ]
```

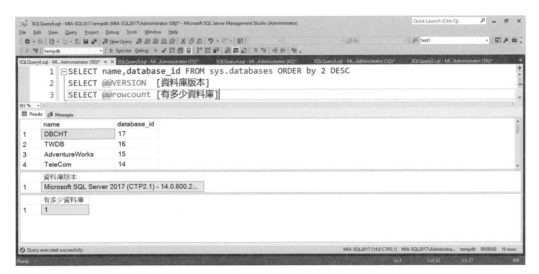

圖 9 沒有正確使用 @@ROWCOUT 放到需要抓取影響筆數的後面

► **本書相關問題導覽**

26.【ROW-BASED 與 SET-BASED 極大效能差異】

26 ROW-BASED 與 SET-BASED 極大效能差異

前 端程式設計人員，大部分的思維會偏向 row-based 的方式，而後端資料庫開發人員可以從 set-based 方式出發。最近碰到一個案例，是希望將兩個資料表的內容，希望藉由迴圈的方式，逐一將第二個資料表的其中一個欄位值，寫入到第一個資料表的新增欄位。

```sql
--create or alter proc 語法僅支援 SQL Server 2016 SP1 含以上的版本
-- 新增產品資料表
use tempdb
go
drop table if exists Product
go
create table Product
(ProductCode varchar(30))
go
insert into Product(ProductCode)
values('Alice Mutton'),('Crab Meat'),('Ipoh Coffee')
go


-- 新增人員資料表
drop table if exists [Name]
go
create table [Name]
([NameCode] varchar(30))
go
insert into [Name](NameCode)
values('Davis'),('Funk'),('King')
go


-- 新增欄位準備將每一個產品的名稱，置放來人員資料表
alter table [Name] add ProductCode varchar(30)
go
```

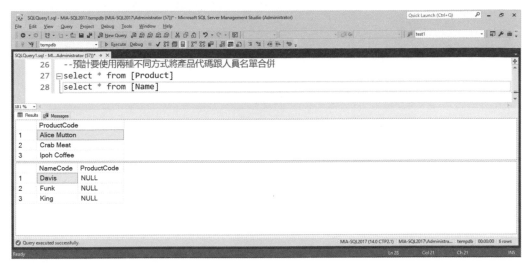

圖 1 檢視產品與人員資料表

這樣的方式從前端應用程式出發，直覺式寫法就是根據第一個資料表每一筆資料跑迴圈，然後去第二個資料表取出該欄位的所有資料值，再逐筆回寫與複製第一個資料表，然後反覆執行到第一個資料表中的資料列，都會處理完成。這樣的撰寫方式，可以從以下的 T-SQL 窺知一二。

```
-- 使用 CURSOR 逐筆將產品代碼整合到人員資料表
-- 現在要使用 row-based 的方式將每一個產品對應到不同的人
-- 然後新增到 [dbo].[Name]
-- 要使用 [ STATIC ] cursor
declare @NameCode varchar(30)
-- 宣告 CURSOR 承接資料進行逐筆跑迴圈
declare icur cursor STATIC for select [NameCode]
                                 from [dbo].[Name]
open icur
fetch next from icur into @NameCode
while (@@fetch_status<>-1)
begin    -- 將產品代碼整合人名，新增到人員資料表
      insert into [dbo].[Name]([NameCode],[ProductCode])
          select @NameCode,ProductCode from [dbo].[Product]
      -- 移除現有人員資料表中沒有產品代碼者
      delete from [dbo].[Name]
      where [NameCode]=@NameCode AND  [ProductCode] is null
fetch next from icur into @NameCode
```

```
end
-- 完成後必須關閉 CURSOR
close icur
deallocate icur
GO
```

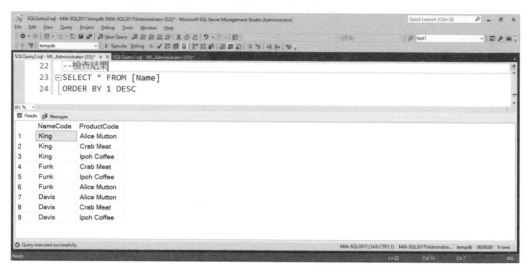

圖 2　檢視使用 ROW BASED 方式最後新增的結果

上述案例因為使用 ROW-BASED 方式處理，就會讓程式碼變得很複雜，如果是使用 SET-BASED 的方式，就可以利用下列的一段陳述式達成相同的效果。

```
-- 如果需要使用 set-based 觀念解局上述問題，僅需要兩行程式
--SET-BASED 方式產生所有人員與產品組合
SELECT [Name].NameCode,[Product].ProductCode
FROM [Name] CROSS JOIN [Product]
GO
```

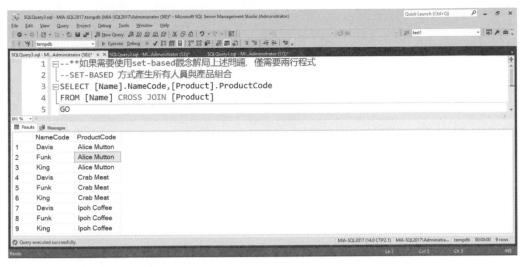

圖 3 使用 SET-BASED 方式進行 CROSS JOIN 產生相同的結果

整個案例可以使用以下的示意圖，就可以説明 SET-BASED 的處理技巧。

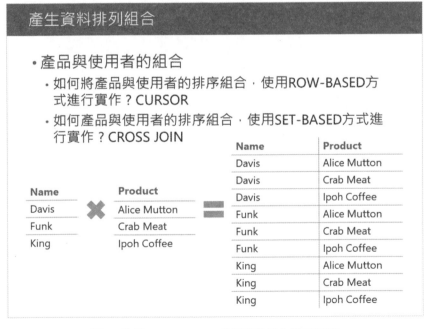

圖 4 使用 SET-BASED 處理兩資料合併示意圖

▶ 案例說明

當瞭解使用 ROW-BASED 與 SET-BASED 極大效能差異觀念之後，剛好可以在實際案例中，去分析一組數據中的每一種產品，根據週期去找出最大的一筆數量。過程中光從執行速度的比較，就可以看出來從 197,123 筆的資料中，ROW-BASED 撰寫方式，耗用 [160 秒]，而 SET-BASED 僅需要 [2 秒] 的差異。

```
--【ROW-BASED 撰寫方式】
-- 主要是根據每一期作，找出作物的最大 [ 每公頃收穫量公斤 ] 的該筆資料

CREATE or ALTER PROC GetTopRowByRow
AS
BEGIN

    declare @t table([ 年度 ] [nvarchar](128) ,
                    [ 期作 ] [nvarchar](128) ,
                    [ 縣市 ] [nvarchar](128) ,
                    [ 鄉鎮 ] [nvarchar](128) ,
                    [ 作物 ] [nvarchar](128) ,
                    [ 收穫面積公頃 ] [nvarchar](128) ,
                    [ 種植面積公頃 ] [nvarchar](128) ,
                    [ 每公頃收穫量公斤 ] [nvarchar](128))
    declare @t1 table( [ 作物 ] [nvarchar](128) )
    declare @t2 table( [ 作物 ] [nvarchar](128),id [int] )

    INSERT into @t1([ 作物 ])
    SELECT distinct [ 作物 ] FROM [dbo].[TownCropdata]

    INSERT into @t2([ 作物 ],id)
    SELECT  [ 作物 ] ,row_number() OVER ( order by [ 作物 ] ) as id FROM @t1

    DECLARE @TabelCount INT --loop 的條件
            ,@WhileTableCount INT = 1
    SET @TabelCount = (SELECT COUNT([ 作物 ]) FROM @t2)
    WHILE @WhileTableCount <= @TabelCount
    BEGIN

      -- 透過 @WhileTableCount 的定位取得每個 row 的值
      INSERT into @t
```

```
        SELECT TOP (1)    [ 年度 ]
                         ,[ 期作 ]
                         ,[ 縣市 ]
                         ,[ 鄉鎮 ]
                         ,[ 作物 ]
                         ,[ 收穫面積公頃 ]
                         ,[ 種植面積公頃 ]
                         ,[ 每公頃收穫量公斤 ]
        FROM    [dbo].[TownCropdata]
        WHERE   [ 作物 ]  = (select [ 作物 ] from @t2 where id=@WhileTableCount)
           AND [ 期作 ] like N'% 一期 %' -- 這邊需要分成四種期作 有一期 二期 三期 裡期
        ORDER BY 8 desc
        SET @WhileTableCount = @WhileTableCount + 1
        END


    -- 最後再將結果輸出
    select * from  @t order by 8


END
GO
-- 執行每一次需要 40 秒，並且需要分成四種期作 有 一期 二期 三期 裡期
EXEC   GetTopRowByRow
GO
```

► 實戰解說

其中針對 SET-BASED 撰寫方式，特別使用 Windows 函數搭配 row_number() over
(partition by order by) 的方式，這樣就可以讓很複雜的語句，收斂為簡單的一段查
詢，最後減少 ROW-BASED 搭配 WHILE 迴圈的使用。

```
-- 【SET-BASED 撰寫方式】
-- 主要是根據每一期作，找出作物的最大 [ 每公頃收穫量公斤 ] 的該筆資料
-- 過程中主要是使用以下精華 Windows 函數

CREATE or ALTER PROC GetTopSET
     @type nvarchar(100)
AS
```

```
BEGIN

    SELECT * FROM (
            select          [ 年度 ]
                            ,[ 期作 ]
                            ,[ 縣市 ]
                            ,[ 鄉鎮 ]
                            ,[ 作物 ]
                            ,[ 收穫面積公頃 ]
                            ,[ 種植面積公頃 ]
                            ,cast( [ 每公頃收穫量公斤 ] AS int ) as [ 每公頃收穫量公斤 ]
                            ,row_number() over
( partition by [ 期作 ],[ 作物 ]
order by cast( [ 每公頃收穫量公斤 ] AS int ) desc) as sn
                        -- 這段就是核心程式找出最近一期
            from      [dbo].[TownCropdata]
            where     [ 期作 ] like N'%'+@type+'%' )
    AS Y
    WHERE Y.sn=1
    ORDER BY  8 desc
END
GO
EXEC GetTopSET @type=' 一期 '
GO
```

▶ **注意事項**

有關 Windows 函數部分，上述主要是使用 ROW_NUMBER() 去產生序號，過程中根據分類進行分組，最後再根據指定欄位排序，就可以取得需要的資料。以下將示範使用 ROW_NUMBER() 的技巧，讓大家可以很快就上手該函數。

```
-- 如果在排序的過程中，沒有特定欄位時候，就可以利用以下方式指定一個函數進行排序
-- 這樣一來就可以順利產生序號
SELECT row_number() over(order by getdate()) as SN,
        [name]
FROM    sys.databases
```

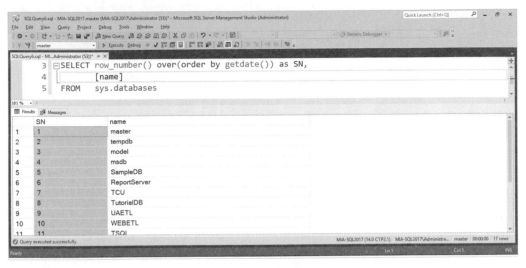

圖 5　使用 ROW_NUMBER 協助系統產生序號

► **本書相關問題導覽**

27.【使用 Windows 函數找出前一期或是後一期資料計算差異】

27

使用 Windows 函數找出前一期
或是後一期資料計算差異

在銷售的分析領域，常常需要跟前一期資料或是後一期資料，進行對比與計算差異值。許多人會使用不同方式，現在介紹一個 T-SQL 從 SQL Server 2012 版本就導入的函數，它們就是 LAG 與 LEAD。其中 LAG 就是計算本期的資料，顯示到下一期，LEAD 的資料，就是將本期的資料，顯示到前一期。另外一種說法，LAG 就是顯示前一期資料，LEAD 就是顯示下一期資料。以下是微軟 MOC 官方教材針對 SQL Server 2012 開始支援的 Windows 函數說明，妥善利用 Windows 函數，可以省下每一個資料表與自己重複比較的複雜運算。

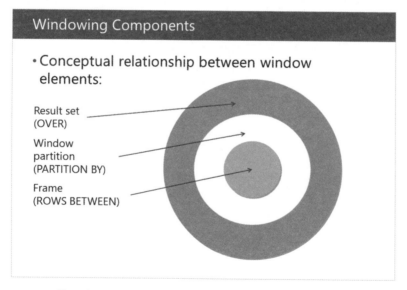

圖 1　說明 SQL Server 2012 開始支援的 Windows 函數

```
-- 根據客戶編號 小計銷售量
SELECT  custid, ordermonth, qty,
        SUM(qty) OVER(PARTITION BY custid) AS totalbycust
FROM Sales.CustOrders;
```

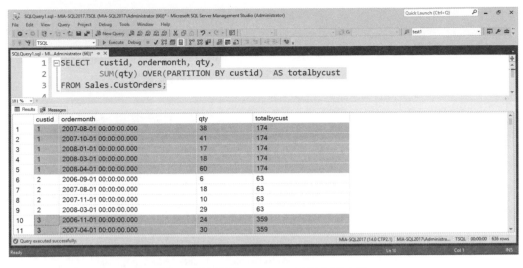

圖 2 展示使用 Windows 函數分群小計

倘若要分群累計時候，僅需要針對上述的陳述式，稍微調整成以下的方式就可以實現
分群累計數量的效果。

```
-- 根據客戶編號 小計銷售量
-- 加上 PARTITION BY 與 ORDER BY 就可以有分群累計功能
SELECT  custid, ordermonth, qty,
        SUM(qty) OVER(PARTITION BY custid order by ordermonth) AS totalbycust
FROM Sales.CustOrders;
```

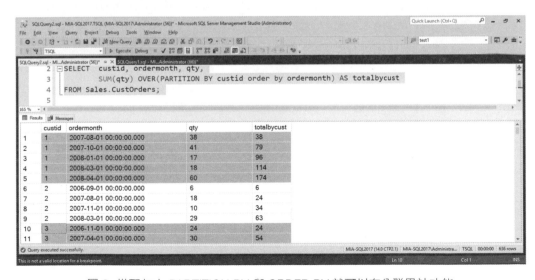

圖 3 搭配加上 PARTITION BY 與 ORDER BY 就可以有分群累計功能

微軟在 Windows 函數中又加入的 LAG 與 LEAD 兩個關鍵字，允許本期資料與前一期（LAG）資料進行比對，也可以允許與後一期資料（LEAD）進行比對。

Window Offset Functions

- Window offset functions allow comparisons between rows in a set without the need for a self-join
- Offset functions operate on a position relative to the current row, or to the start or end of the window frame

Function	Description
LAG	Returns an expression from a previous row that is a defined offset from the current row. Returns NULL if no row at specified position.
LEAD	Returns an expression from a later row that is a defined offset from the current row. Returns NULL if no row at specified position.
FIRST_VALUE	Returns the first value in the current window frame. Requires window ordering to be meaningful.
LAST_VALUE	Returns the last value in the current window frame. Requires window ordering to be meaningful.

圖 4　使用 LAG 找出前一期與 LEAD 找出後一期資料

當要實作出前一期資料跟本期資料比對的時候，則需要使用 LAG 關鍵字搭配以下的陳述式，就可以列出找出本期與前一期的數字。

```
-- 其中 LAG (totalsales, 1,0) 該 1 就是指出列出前一期資料
SELECT Employee, Orderyear ,totalsales AS CurrSales,
       LAG (totalsales, 1,0)
       OVER (PARTITION BY employee ORDER BY orderyear) AS PreviousSales
FROM   Sales.OrdersByEmployeeYear
ORDER BY employee, orderyear;
```

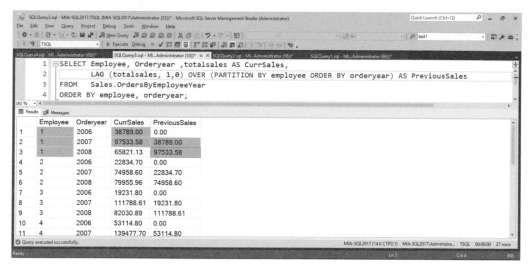

圖 5　根據群組列出本期與上一期資料

相對若是要列出本期與下一期的資料，可以使用 LEAD 搭配以下的陳述式。

```sql
-- 其中 LEAD(totalsales, 1,0) 就是意思指出列出下一期資料
SELECT Employee, Orderyear ,totalsales AS CurrSales,
       LEAD (totalsales, 1,0)
       OVER (PARTITION BY employee ORDER BY orderyear) AS NextSales
FROM    Sales.OrdersByEmployeeYear
ORDER BY employee, orderyear;
```

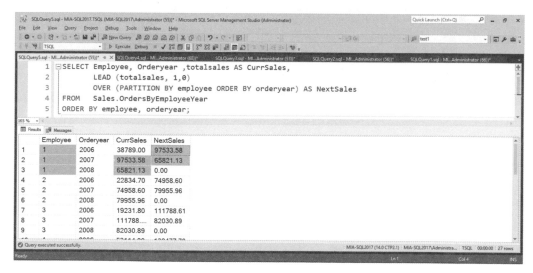

圖 6　根據群組列出本期與下一期資料

► **實戰解說**

最後如果需要比對前一期與本期銷售數量的差異，過程中針對每一個群組中的第一
期，不進行差異數字計算，因為每一個群組中的第一期，是沒有前一期資料可以進行
比較，這樣可以使用以下的方式，逐步實作出來。

```
-- 計算本期與上一期差異
SELECT Employee, Orderyear ,totalsales AS CurrSales,
       LAG (totalsales, 1,0)
       OVER (PARTITION BY employee ORDER BY orderyear) AS PreviousSales,
       totalsales -
       LAG (totalsales, 1,0)
       OVER (PARTITION BY employee ORDER BY orderyear) As DifferenceSales
FROM    Sales.OrdersByEmployeeYear
ORDER BY employee, orderyear;
```

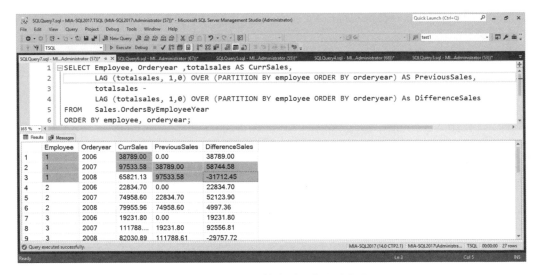

圖 7　根據每一群組找出前一期與本期差異

實作的過程需要先了解 Windows 函數中的 ROW_NUMBER() 的使用方式，它就是根
據每一筆資料，提供一個序號並且支援根據群組重新計算號碼。

Window Ranking Functions

- Ranking functions require a window order clause
  - Partitioning is optional
  - To display results in sorted order still requires ORDER BY!

Function	Description
RANK	Returns the rank of each row within the partition of a result set. May include ties and gaps.
DENSE_RANK	Returns the rank of each row within the partition of a result set. May include ties. Will not include gaps.
ROW_NUMBER	Returns a unique sequential row number within partition based on current order.
NTILE	Distributes the rows in an ordered partition into a specified number of groups. Returns the number of the group to which the current row belongs.

圖 8　Windows 函數家族中支援給序號的四種方式

```
-- 根據群組重新給定每筆資料序號
SELECT row_number() OVER(PARTITION BY employee ORDER BY orderyear) AS NumberByEmployee,
        Employee, Orderyear ,totalsales AS CurrSales
FROM    Sales.OrdersByEmployeeYear
ORDER BY employee, orderyear;
```

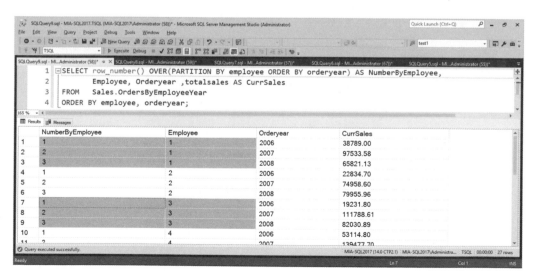

圖 9　使用 ROW_NUMBER 搭配 PARTITION 給每一群組新的序號

最後就可以藉由 ROW_NUMBER() 判斷出來的每一個 1 的資料列，搭配 CASE 判斷，就可以實做出來比對前一期與本期的銷售數量的差異，過程中針對每一個群組中的第一期，不進行差異數字計算。

```
-- 最後使用 ROW_NUMBER() 搭配 CASE 判斷是否為第一期，若是就不進行計算。
SELECT row_number() OVER(PARTITION BY employee ORDER BY orderyear) AS NumberByEmployee,
      Employee, Orderyear ,totalsales AS CurrSales,
      LAG (totalsales, 1,0)
      OVER (PARTITION BY employee ORDER BY orderyear) AS PreviousSales,
      totalsales -
      LAG (totalsales, 1,0)
      OVER (PARTITION BY employee ORDER BY orderyear) AS DifferenceSales,
      CASE when row_number() OVER(PARTITION BY employee ORDER BY orderyear)=1 then 0
           else  totalsales -  LAG (totalsales, 1,0)
                              OVER (PARTITION BY employee ORDER BY orderyear)
      END AS DifferenceSales2
FROM    Sales.OrdersByEmployeeYear
ORDER BY employee, orderyear;
```

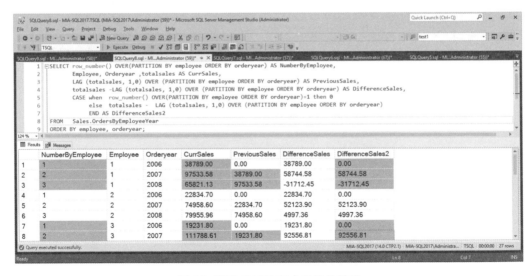

圖 10 搭配 CASE 完成最終的結果

許多朋友會留意到在計算類加值的時候，微軟 MOC 教材提供一個 ROWS BETWEEN 的 Frame 功能，該功能基本上可以指定從過去到現在，就是使用 ROWS BETWEEN UNBOUNDED PRECEDING AND CURRENT ROW，如果要指定現在到未來資料，就是使用 ROWS BETWEEN CURRENT ROW AND UNBOUNDED FOLLOWING。 這兩個語句基本上是要搭配 ORDER BY 的子句，但是各位會發現省略該兩子句，只要有加入 ORDER BY 的陳述式，依然可以實作出累計的功能。主要原因是 UNBOUNDED 的關係，若是將 UNBOUNDED 改成需要指定前幾期或是後幾期筆數，就可以凸顯出單獨使用 ORDER BY 的效果。

```sql
-- 加上 ORDER BY 就可以有分群累計功能
SELECT  custid, ordermonth, qty,
        SUM(qty) OVER(PARTITION BY custid order by ordermonth) AS totalbycust
FROM Sales.CustOrders
WHERE custid in(1,2)

-- 加上 ORDER BY 與 ROWS BETWEEN 一樣可以有分群累計功能
SELECT  custid, ordermonth, qty,
        SUM(qty) OVER(PARTITION BY custid order by ordermonth
        ROWS BETWEEN UNBOUNDED PRECEDING AND CURRENT ROW
        ) AS totalbycust
FROM Sales.CustOrders
WHERE custid in(1,2)
```

以下就是將 UNBOUNDED 改成 1，表示僅累計前一期資料到本期，而 UNBOUNDED 是表示從第一期累計到本期。

```sql
-- 加上 ORDER BY 就可以有分群累計功能
SELECT  custid, ordermonth, qty,
        SUM(qty) OVER(PARTITION BY custid order by ordermonth) AS totalbycust
FROM Sales.CustOrders
WHERE custid in(1,2)

-- 加上 ORDER BY 與 ROWS BETWEEN 一樣可以有分群累計功能
SELECT  custid, ordermonth, qty,
        SUM(qty) OVER(PARTITION BY custid order by ordermonth
```

```
    ROWS BETWEEN 1 PRECEDING AND CURRENT ROW
    ) AS totalbycust
FROM Sales.CustOrders
WHERE custid in(1,2)
```

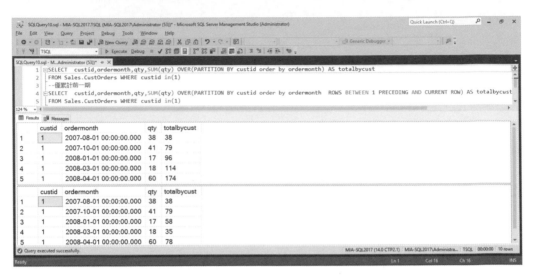

圖 11　單獨 ORDER BY 與加入 ROWS BETWEEN 1 PRECEDING 的差異

► **本書相關問題導覽**

26.【ROW-BASED 與 SET-BASED 極大效能差異】

28

如何讓 SQL Server UNIQUE 也可以支援多個 NULL 值

移轉資料庫到 SQL Server 後，最困難的部分就是雖屬 ANSI 標準資料庫，但是常常每一家資料庫都會有特殊之處。今天碰到一個 Oracle 資料庫的限制條件（UNIQUE）要移轉到 SQL Server 所碰到的問題。首先讓大家知道 UNIQUE 支援 NULL 值，這樣的解釋在 Oracle 與 SQL Server 都有寫到，其中 Oracle 論點就是 NULL 不等於 NULL，因此 Oracle 可以在 UNIQUE 欄位中支援多個 NULL，但是 SQL Server 僅能在 UNIQUE 中支援一個 NULL。

▶ 案例說明

在微軟的 SQL Server 預設的唯一（Unique）條件約束與主索引鍵（Primary Key）一樣都可以達到唯一的效果，但是主索引鍵，是一個資料表僅能存在一個，而唯一條件約束就沒有此限制。若是其他資料行，如每個學生保險單號碼，要確認唯一的時候，就可以建立唯一條件約束在此保險單號碼的資料行，如此一來就可以確保每個學生的保險單號碼一定都不相同。

唯一條件約束的使用特質有以下幾項：

- ◆ 唯一條件約束可以使用在資料表已經存在主索引鍵，其他資料行需要確認唯一時，可以建立唯一條件約束來輔助唯一判斷。

- ◆ 每個資料表最多可以設立多個唯一條件約束，但是每一個資料表儘可以支援一個主索引鍵。

- ◆ 當建立唯一條件約束時，系統會自動產生一個非叢集的唯一索引（Unique Index）。

- ◆ 每個唯一條件約束，僅可以存放一個 NULL 值。

針對每個唯一條件約束，僅可以存放一個 NULL 值部分，可以實作以下的驗證。

```
-- 驗證 NULL 條件約束僅可支援一個 NULL
USE tempdb
GO
DROP TABLE IF EXISTS emp
GO
CREATE TABLE EMP
(eid int primary key,
 eSSN varchar(10) unique, -- 該限制條件支援一個 NULL
 ename varchar(10)
)
GO
-- 新增多筆資料其中 eSSN 僅支援一個 NULL 值
INSERT INTO EMP (eid,eSSN,ename) VALUES (1,null,'Lewis')
                                        ,(2,null,'ADA')
                                        ,(3,null,'JULIA')
                                        ,(4,'D123456789','Nancy');

GO

-- 結果
Msg 2627, Level 14, State 1, Line 14
Violation of UNIQUE KEY constraint 'UQ__EMP__3DB5CF23F8D42C2B'. Cannot insert duplicate
key in object 'dbo.EMP'. The duplicate key value is (<NULL>).
The statement has been terminated.

(0 row(s) affected)
```

如果有 Oracle 用戶要將相同資料移轉到 SQL Server 環境的時候，碰到這樣的數據，就會無法順利完成，以下就是 Oracle 資料表可以新增多個 NULL 值。

```
-- 以下為 Oracle 支援的 SQL 語法
create table emp
(eid number primary key,
eSSN varchar2(10) unique,
ename varchar2(10));
insert into emp(eid,eSSN,ename) values(1,null,'Lewis');
insert into emp(eid,eSSN,ename) values(2,null,'ADA');
insert into emp(eid,eSSN,ename) values(3,null,'JULIA');
insert into emp(eid,eSSN,ename) values(4,'D123456789','Nancy');
-- 結果
```

```
table EMP created.

1 rows inserted.

1 rows inserted.

1 rows inserted.

1 rows inserted.

-- 查詢

select * from emp;
```

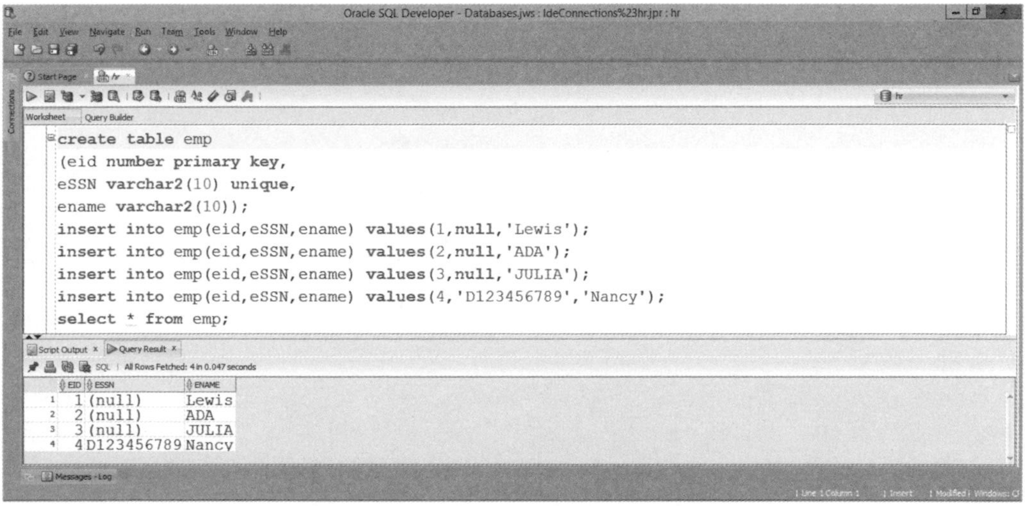

圖 1　Oracle 支援 UNIQUE 允許多個 NULL

▶ 實戰解說

基本上要解決這樣的問題，可以使用非叢集（nonclustered）的唯一索引（Unique Index），搭配 FILTER 的功能就可以實作完成。

```
-- 使用 NONCLUSTERED UNIQUE INDEX 取代 UNIQUE CONSTRATIN
DROP TABLE IF EXISTS emp
GO
CREATE TABLE EMP
(eid int primary key,
 eSSN varchar(10) , -- 取消使用 UNIQUE 的條件約束
 ename varchar(10)
)
```

```
GO
-- 建立 NONCLUSTERED UNIQUE INDEX 搭配 FILTER 功能
-- 該部分就僅針對
CREATE UNIQUE NONCLUSTERED INDEX IDX_UNIQUE ON [dbo].[emp]
(
  eSSN ASC
)
WHERE eSSN is not null -- 就是它
GO

INSERT INTO EMP (eid,eSSN,ename) VALUES  (1,null,'Lewis')
                                       ,(2,null,'ADA')
                                       ,(3,null,'JULIA')
                                       ,(4,'D123456789','Nancy');
GO
SELECT * FROM EMP
GO
```

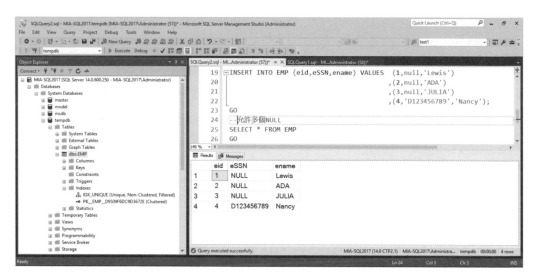

圖 2 當使用 UNIQUE INDEX 取代 UNIQUE CONSTRAINT 就可以允許多個 NULL

▶ 注意事項

當完成上述的解決方案之後,接下來就要實際驗證是否可以順利更新,並且支援檢查任何值都具有唯一性。

```
-- 驗證是否允許修改
SELECT * FROM EMP
GO
UPDATE EMP SET eSSN='B123456789' WHERE eid=2
GO
SELECT * FROM EMP
GO
```

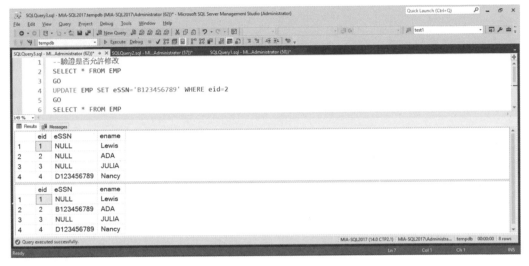

圖 3 檢視資料是否允許更新

最後驗證更新重複性資料時候，觀察系統是否會自動阻擋重複值。

```
-- 驗證是否允許重複性料
UPDATE EMP SET eSSN='B123456789' WHERE eid=3
GO
-- 結果
Msg 2601, Level 14, State 1, Line 2
Cannot insert duplicate key row in object 'dbo.EMP' with unique index 'IDX_UNIQUE'.
The duplicate key value is (B123456789).
The statement has been terminated.
```

▶ **本書相關問題導覽**

19.【快速從混沌資料中去蕪存菁】

Lesson 29

Part 02 資料庫開發技術聖殿

如何從 4,249 萬筆的巨大資料表中，安全快速比對出被異動的資料列

在資料倉儲的環境中，假設每天需要從 4,249 萬筆的資料中，定期找出並且轉入有被異動過的資料列到 Data Warehouse 資料庫，該情境有以下的模式：

1. 來源資料表 4,249 萬筆。
2. 資料表大小 87GB 不含索引。
3. 存在有 196 欄位，僅有 PK 欄位不會被更新，其他欄位都可被更新。
4. 每天異動頻繁。
5. 每天需要從 OLTP 資料庫，轉入到 Data Warehouse 資料庫，進行分析。

如何快速【抓出】每天被異動的資料列，並且不影響現在查詢效能？

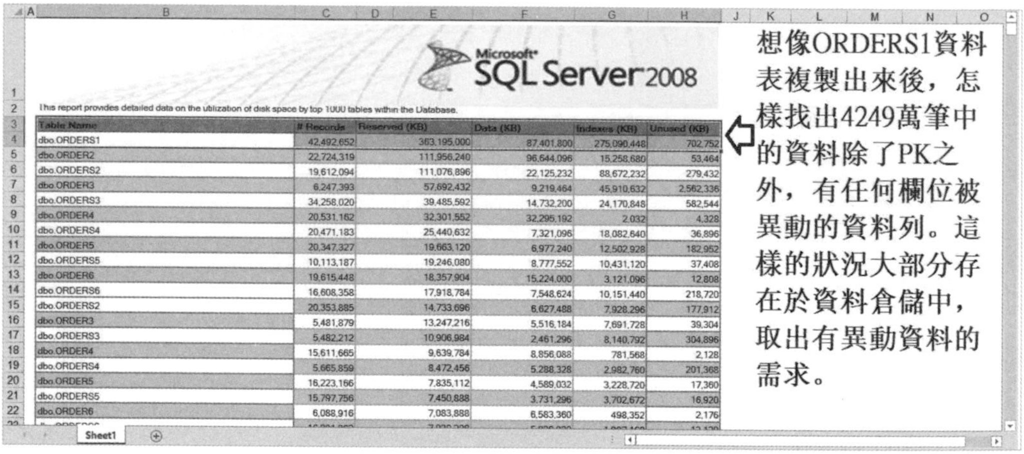

This report provides detailed data on the utilization of disk space by top 1000 tables within the Database.

Table Name	# Records	Reserved (KB)	Data (KB)	Indexes (KB)	Unused (KB)
dbo.ORDERS1	42,492,652	363,195,000	87,401,800	275,090,448	702,752
dbo.ORDER2	22,724,319	111,956,240	96,644,096	15,258,680	53,464
dbo.ORDERS2	19,612,094	111,076,896	22,125,232	88,672,232	279,432
dbo.ORDER3	6,247,393	57,692,432	9,219,464	45,910,632	2,562,336
dbo.ORDERS3	34,258,020	39,485,592	14,732,200	24,170,848	582,544
dbo.ORDER4	20,531,162	32,301,552	32,295,192	2,032	4,328
dbo.ORDERS4	20,471,183	25,440,632	7,321,096	18,082,640	36,896
dbo.ORDER5	20,347,327	19,663,120	6,977,240	12,502,928	182,952
dbo.ORDERS5	10,113,187	19,246,080	8,777,552	10,431,120	37,408
dbo.ORDER6	19,615,448	18,357,904	15,224,000	3,121,096	12,808
dbo.ORDERS6	16,608,358	17,918,784	7,548,624	10,151,440	218,720
dbo.ORDERS2	20,353,885	14,733,696	6,627,488	7,928,296	177,912
dbo.ORDER3	5,481,879	13,247,216	5,516,184	7,691,728	39,304
dbo.ORDERS3	5,482,212	10,906,984	2,461,296	8,140,792	304,896
dbo.ORDER4	15,611,665	9,639,784	8,856,088	781,568	2,128
dbo.ORDERS4	5,665,859	8,472,456	5,288,328	2,982,760	201,368
dbo.ORDER5	16,223,166	7,835,112	4,589,032	3,228,720	17,360
dbo.ORDERS5	15,797,756	7,450,888	3,731,296	3,702,672	16,920
dbo.ORDER6	6,088,916	7,083,888	6,583,360	498,352	2,176

圖 1 檢視巨量資料表

要完成上述的需求的答案，可以有很多種類，唯一的差異就是，是否影響該頻繁的 OLTP 資料表的存取？以下就是抓取異動資料的可能方式。

◆ 針對資料表啟動 CDC(Change Data Capture) 的功能，抓取異動資料。

◆ 建立最後修改日，基本上該部分需要任何程式都需要配合修改。

◆ 建立異動觸發程序，該資料表非常巨大且交易頻繁資料表，不適合使用。

◆ 使用 MERGE 陳述式，合併異動資料，要特別留意效能。

◆ 使用 EXCEPT 陳述式，留意避免 TABLE 或是 CLUSTERED INDEX SCAN。

先使用 Merge 的方式來進行異動資料的更新，過程中需要建立兩個資料表，分別為 [Sales].[SalesOrderHeaderSrc] 記錄來源資料與變更資料，[Sales].[SalesOrderHeaderTgt] 記錄接收端資料，以下就是整個 MERGE 實作的方式。

```
-- 實作 MERGE 合併變更資料
USE [AdventureWorks]
GO


DROP TABLE IF EXISTS [Sales].[SalesOrderHeaderSrc]
DROP TABLE IF EXISTS [Sales].[SalesOrderHeaderTgt]
GO


-- 產生相同資料
SELECT * INTO [Sales].[SalesOrderHeaderSrc] FROM [Sales].[SalesOrderHeader]
SELECT * INTO [Sales].[SalesOrderHeaderTgt] FROM [Sales].[SalesOrderHeader]
GO


-- 使用亂數變更部分資料
DECLARE @t TABLE([SalesOrderID] int,[FreightOld] money, [FreightNew] money)
UPDATE [Sales].[SalesOrderHeaderSrc]  SET [Freight]=[Freight]*(1+RAND())
OUTPUT inserted.SalesOrderID,deleted.Freight,inserted.Freight INTO @t
WHERE [SalesOrderID] in (SELECT TOP(2) [SalesOrderID]
                        FROM [Sales].[SalesOrderHeaderSrc]
                            ORDER BY NEWID())
```

```
-- 找出被 UPDATE 的資料
SELECT * FROM @t
GO
-- 結果
SalesOrderID FreightOld              FreightNew
------------ ---------------------   ---------------------
60174        29.362                  47.9696
67176        0.8618                  1.4079
```

```
-- 使用 MERGE 語法將異動過資料從 [SalesOrderHeaderSrc] 合併到 [SalesOrderHeaderTgt]
MERGE INTO [Sales].[SalesOrderHeaderTgt] AS T
USING [Sales].[SalesOrderHeaderSrc] AS S
ON (T.[SalesOrderID]=S.[SalesOrderID])
WHEN MATCHED THEN
    UPDATE
    SET T.[Freight]=S.[Freight]
WHEN NOT MATCHED THEN
    INSERT (    [RevisionNumber],[OrderDate],[DueDate],[ShipDate],[Status],[OnlineOrde
rFlag]
            ,[PurchaseOrderNumber],[AccountNumber],[CustomerID],[SalesPersonID]
            ,[TerritoryID],[BillToAddressID],[ShipToAddressID],[ShipMethodID]
            ,[CreditCardID],[CreditCardApprovalCode],[CurrencyRateID],[SubTotal]
            ,[TaxAmt],[Freight],[Comment],[rowguid],[ModifiedDate] )
    VALUES(     [RevisionNumber],[OrderDate],[DueDate],[ShipDate],[Status],[OnlineOrde
rFlag]
            ,[PurchaseOrderNumber],[AccountNumber],[CustomerID],[SalesPersonID]
            ,[TerritoryID],[BillToAddressID],[ShipToAddressID],[ShipMethodID]
            ,[CreditCardID],[CreditCardApprovalCode],[CurrencyRateID],[SubTotal]
            ,[TaxAmt],[Freight],[Comment],[rowguid],[ModifiedDate] )
;
-- 影響筆數
(31465 row(s) affected)
```

最後結果會發現，MERGE 語法預設將整個來源資料表，全部更新到目標資料表，這樣的變更效率不是最佳的方式。

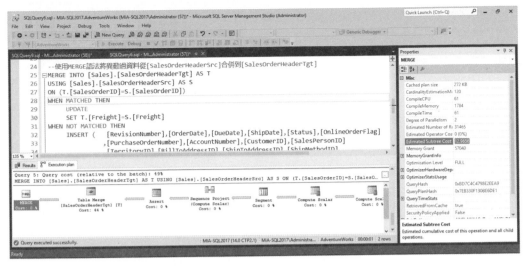

圖 2 使用 MERGE 直接修改執行成本約 12.9656

另外如果直接使用 EXCEPT 陳述式進行差異比對的時候，將所有的欄位進行比較，找出差異的部分。

```sql
-- 使用 EXCEPT 方式比較兩個資料表的所有欄位，找出差異

-- 使用亂數變更部分資料
DECLARE @t TABLE([SalesOrderID] int,[FreightOld] money, [FreightNew] money)
UPDATE [Sales].[SalesOrderHeaderSrc]  SET [Freight]=[Freight]*(1+RAND())
OUTPUT inserted.SalesOrderID,deleted.Freight,inserted.Freight INTO @t
WHERE [SalesOrderID] in (SELECT TOP(2) [SalesOrderID]
                         FROM [Sales].[SalesOrderHeaderSrc]
                         ORDER BY NEWID())
-- 找出被 UPDATE 的資料
SELECT * FROM @t
GO


SELECT * FROM [Sales].[SalesOrderHeaderTgt]
EXCEPT
SELECT * FROM [Sales].[SalesOrderHeaderSrc]
```

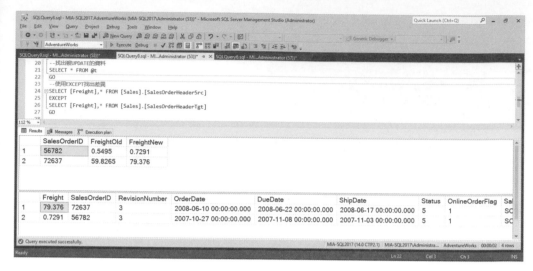

圖 3　直接使用 EXCEPT 比較所有的資料是否有異動

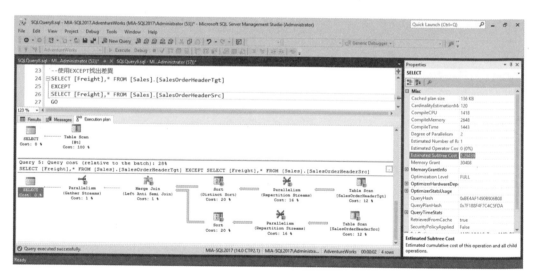

圖 4　直接使用 EXCEPT 成本約 5.29439

緊接著要使用要找出哪些資料被異動，可以先用 BINARY_CHECKSUM 的函數計算所有的欄位，然後再去比對，這樣就可以加速整個運算的過程。

```
USE [AdventureWorks]
-- 使用亂數變更部分資料
DECLARE @t TABLE([SalesOrderID] int,[FreightOld] money, [FreightNew] money)
UPDATE [Sales].[SalesOrderHeaderSrc]  SET [Freight]=[Freight]*(1+RAND())
OUTPUT inserted.SalesOrderID,deleted.Freight,inserted.Freight INTO @t
WHERE [SalesOrderID] in (SELECT TOP(2) [SalesOrderID]
                        FROM [Sales].[SalesOrderHeaderSrc]
                            ORDER BY NEWID())
-- 找出被 UPDATE 的資料
SELECT * FROM @t
GO
-- 使用 EXCEPT 搭配 BINARY_CHECKSUM 找出差異
SELECT [SalesOrderID],
BINARY_CHECKSUM(   [RevisionNumber],[OrderDate],[DueDate],[ShipDate],[Status],[OnlineO
rderFlag]
              ,[PurchaseOrderNumber],[AccountNumber],[CustomerID],[SalesPersonID]
              ,[TerritoryID],[BillToAddressID],[ShipToAddressID],[ShipMethodID]
              ,[CreditCardID],[CreditCardApprovalCode],[CurrencyRateID],[SubTotal]
              ,[TaxAmt],[Freight],[Comment],[rowguid],[ModifiedDate] ) AS [BINARY_
CHECKSUM] FROM [Sales].[SalesOrderHeaderTgt]
EXCEPT
SELECT [SalesOrderID],
BINARY_CHECKSUM(   [RevisionNumber],[OrderDate],[DueDate],[ShipDate],[Status],[OnlineO
rderFlag]
              ,[PurchaseOrderNumber],[AccountNumber],[CustomerID],[SalesPersonID]
              ,[TerritoryID],[BillToAddressID],[ShipToAddressID],[ShipMethodID]
              ,[CreditCardID],[CreditCardApprovalCode],[CurrencyRateID],[SubTotal]
              ,[TaxAmt],[Freight],[Comment],[rowguid],[ModifiedDate] ) FROM [Sales].
[SalesOrderHeaderSrc]
GO
```

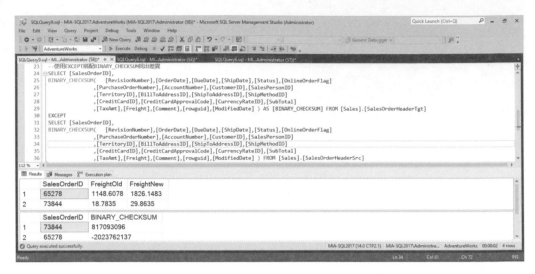

圖 5　使用 BINARY_CHECKSUM 可以快速找出任何異動後的資料

如果仔細比對成本時候，可以看到同樣使用 EXCEPT 運算式，先搭配 BINARY_ CHECKSUM 計算後，會有較低的執行成本，跟原先比較起來大約減少一半。

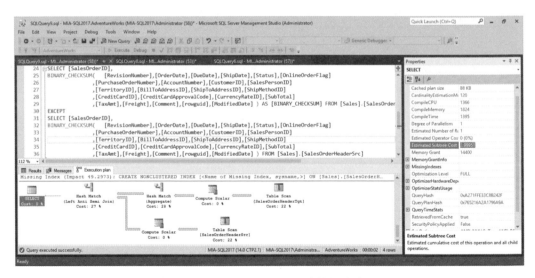

圖 6　使用 BINARY_CHECKSUM 的執行成本 2.99951

最後如果要使用 BINARY_CHECKSUM 進行比對，然後再直接取出來源資料表，這樣的需求可以從下列的陳述式滿足需求。

```
-- 完整程式可以一次找出來源有異動的資料
USE [AdventureWorks]
GO
-- 使用亂數變更部分資料
DECLARE @t TABLE([SalesOrderID] int,[FreightOld] money, [FreightNew] money)
UPDATE [Sales].[SalesOrderHeaderSrc]  SET [Freight]=[Freight]*(1+RAND())
OUTPUT inserted.SalesOrderID,deleted.Freight,inserted.Freight INTO @t
WHERE [SalesOrderID] in (SELECT TOP(2) [SalesOrderID]
                        FROM [Sales].[SalesOrderHeaderSrc]
                         ORDER BY NEWID())
-- 找出被 UPDATE 的資料
SELECT * FROM @t
GO
-- 使用 EXCEPT 搭配 BINARY_CHECKSUM 找出差異
-- 將差異資料儲存到資料表變數
DECLARE @t table([SalesOrderID] INT,checksum bigint)
INSERT INTO @t
SELECT [SalesOrderID],
BINARY_CHECKSUM(   [RevisionNumber],[OrderDate],[DueDate],[ShipDate],[Status],[OnlineO
rderFlag]
              ,[PurchaseOrderNumber],[AccountNumber],[CustomerID],[SalesPersonID]
              ,[TerritoryID],[BillToAddressID],[ShipToAddressID],[ShipMethodID]
              ,[CreditCardID],[CreditCardApprovalCode],[CurrencyRateID],[SubTotal]
              ,[TaxAmt],[Freight],[Comment],[rowguid],[ModifiedDate] ) AS [BINARY_
CHECKSUM] FROM [Sales].[SalesOrderHeaderTgt]
EXCEPT
SELECT [SalesOrderID],
BINARY_CHECKSUM(   [RevisionNumber],[OrderDate],[DueDate],[ShipDate],[Status],[OnlineO
rderFlag]
              ,[PurchaseOrderNumber],[AccountNumber],[CustomerID],[SalesPersonID]
              ,[TerritoryID],[BillToAddressID],[ShipToAddressID],[ShipMethodID]
              ,[CreditCardID],[CreditCardApprovalCode],[CurrencyRateID],[SubTotal]
              ,[TaxAmt],[Freight],[Comment],[rowguid],[ModifiedDate] ) FROM [Sales].
[SalesOrderHeaderSrc]
-- 最後使用子查詢取出異動資料
SELECT * FROM [Sales].[SalesOrderHeaderSrc] WHERE [SalesOrderID] in (SELECT
[SalesOrderID] FROM @t)
GO
```

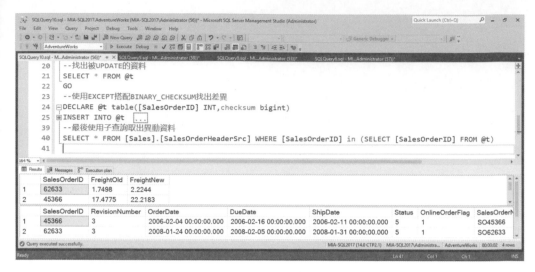

圖 7　使用子查詢一次找出所有異動的資料

有關成本的部分，搭配 EXCEPT 與 BINARY_CHECKSUM 還有子查詢之後，成本依然僅有 3.00877+ 0.887554=3.896324，這樣比起直接 EXCEPT 搭配所有欄位的 5.29291，更具有較低的成本優勢，整體上降低 35.84% 的執行成本。

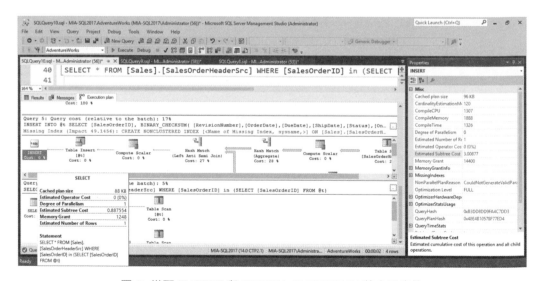

圖 8　搭配 EXCEPT 與 BINARY_CHECKSUM 整合子查詢

當學會上述的 BINARY_CHECKSUM 快速找出那些內容被異動的技巧之後，要留意就是如果被異動的是大小寫的差異時候，EXCEPT 比對過程會受到資料庫的定序影響，意思就是說該 EXCEPT 比對文字大小寫的時候，需要留意該資料庫預設是不是 _CS 的結尾標記或是 _BIN 結尾標記，如果都不是就會無法判別出來 'abc' 與 'ABC' 兩者之間的差異。

```
-- 在具有 _CS 或是 _BIN 資料庫中可以辨識 'abc' 與 'ABC' 兩者之間的差異
exec sp_helpdb 'CSDB'
GO
select 'abc' as 'Case Sensitive'
union
select 'ABC'
GO
```

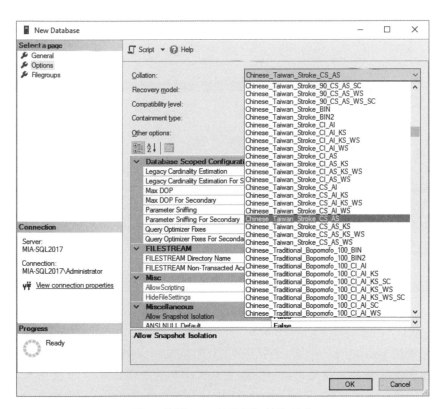

圖 9 使用 _CS 結尾標記的資料庫

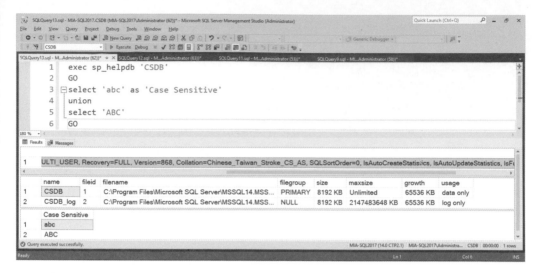

圖 10 在定序 _CS 結尾標記資料庫才可以正確使用辨識 abc 與 ABC 兩者之間差異

如果在預設為定序 _CI 的資料庫，如資料庫 tempdb，就無法辨識 abc 與 ABC 兩者之間的差異。

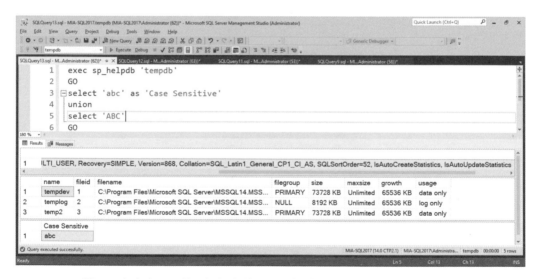

圖 11 在定序 _CI 結尾標記資料庫無法辨識 abc 與 ABC 兩者之間差異

上述若要使用 SET OPERATOR(包括 EXCEPT UNION UNION ALL 與 INTERSECT) 針對文字比較需要留意定序是否為 _CI 不區分大小寫的狀況或是 _CS 區分大小寫的狀況。然而如果使用 BINARY_CHECKSUM 的狀況下，就可以在任何定序下的 _CI 或是 _CS 的結尾標記，正確比較出 abc 與 ABC 兩者之間差異。

```
-- 無論 _CS 或是 _CI 資料庫中 BINARY_CHECKSUM 都可以辨識 'abc' 與 'ABC' 兩者之間的差異
USE tempdb
GO
select BINARY_CHECKSUM('abc') as 'abc-CheckSum',BINARY_CHECKSUM('ABC') as 'ABC-CheckSum'
GO
select 'abc' as 'Case Sensitive'
union
select 'ABC'
GO
```

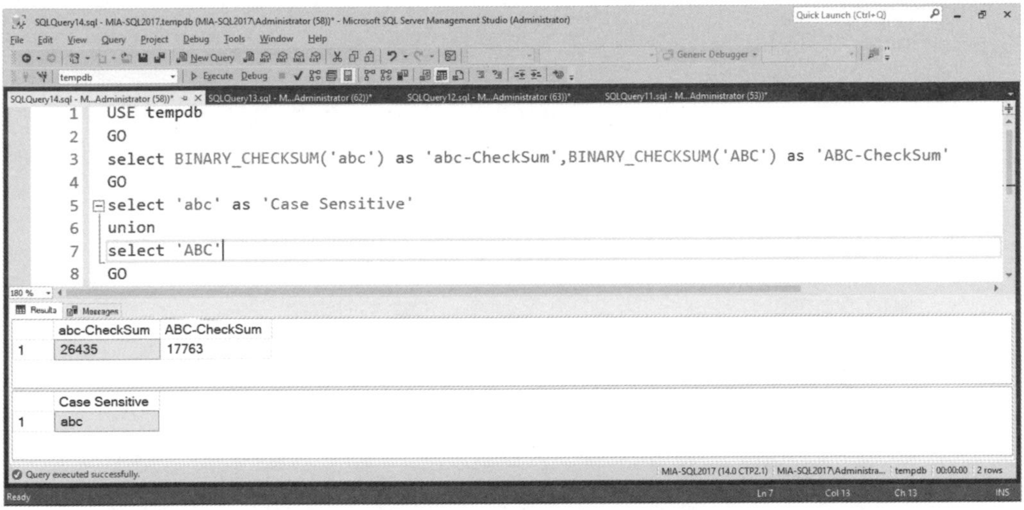

圖 12 BINARY_CHECKSUM 可以在任何定序情況下辨識大小寫的差異

► 本書相關問題導覽

1. 【NULL 處理技巧之不同 NOT IN NOT EXISTS EXCEPT 使用方式比較】

Lesson ➤ Part 02 資料庫開發技術聖殿

30 微軟沒有公開的不對等 Nonequijoins 查詢

教學多年，一直看到 Oracle 的 SQL 教材裡面有一篇談到不對等 Nonequijoins 查詢，反倒是翻遍了微軟歷年 T-SQL 2000/2005/2008/R2/2012/2014，還有最新之 SQL Server 2016 的 20761B 等章節，有機會提到 Nonequijoins 查詢方式。

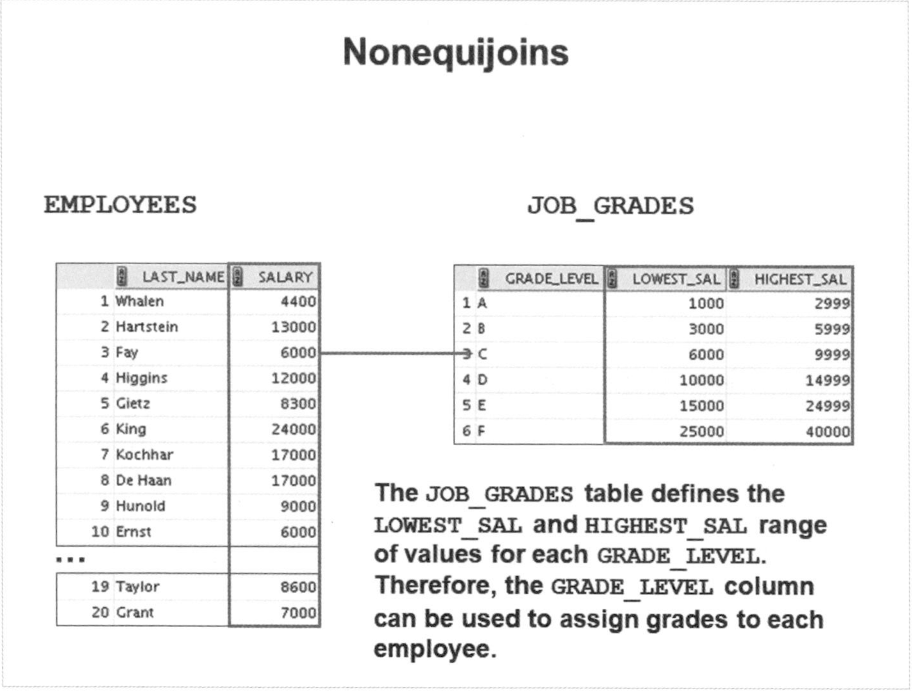

	LAST_NAME	SALARY
1	Whalen	4400
2	Hartstein	13000
3	Fay	6000
4	Higgins	12000
5	Gietz	8300
6	King	24000
7	Kochhar	17000
8	De Haan	17000
9	Hunold	9000
10	Ernst	6000
...		
19	Taylor	8600
20	Grant	7000

	GRADE_LEVEL	LOWEST_SAL	HIGHEST_SAL
1	A	1000	2999
2	B	3000	5999
3	C	6000	9999
4	D	10000	14999
5	E	15000	24999
6	F	25000	40000

圖 1 Oracle 引擎中可以直接實作出 Nonequijoins

► 案例說明

在資料庫 SQL Server 引擎中支援以下幾種 Join 方式：

微軟SQL Server Join 型態

- Join types in FROM clauses specify the operations performed on the virtual table:

Join Type	Description
Cross	Combines all rows in both tables (creates Cartesian product)
Inner	Starts with Cartesian product; applies filter to match rows between tables based on predicate
Outer	Starts with Cartesian product; all rows from designated table preserved, matching rows from other table retrieved. Additional NULLs inserted as placeholders

圖 2　微軟支援的多種 JOIN 方式

以下就針對上述三種 JOIN 方式進行解說，其中 OUTER JOIN 更區分成有 LEFT OUTER JOIN、RIGHT OUTER JOIN 與 FULL OUTER JOIN。下圖中間部分，就是存在於產品與客戶之間的交集，就是所謂的 INNER JOIN，此外從左邊看到實體箭頭部分，就是所謂的產品 LEFT OUTER JOIN 客戶，右邊的實體箭頭，就是客戶 RIGHT OUTER JOIN 產品，最後虛線的箭頭就是跨越產品與客戶，包含兩者之間的所有資料，稱之為 FULL OUTER JOIN。

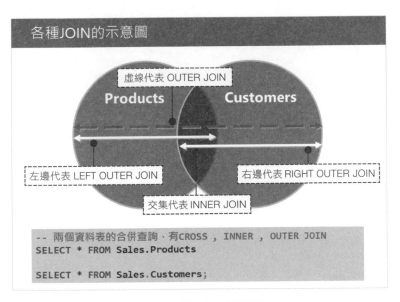

圖 3　各種 JOIN 示意圖

此外資料庫還提供一種產生所有交叉乘積的 CROSS JOIN，就是組合出來兩個資料表的所有排列組合狀況。

圖 4　CROSS JOIN 就是產生兩資料表交叉乘積

► **實戰解說**

有關沒有公開的 Nonequijoins，它就是利用 JOIN 搭配 BETWEEN 陳述式找出資料對應於區間值，以下的案例就可以看到這樣的方便之處。

```sql
-- 薪資等級表
if object_id('SALARY_GRADES') is not null
drop table SALARY_GRADES
GO
-- 員工薪資
if object_id('EMPLOYEES') is not null
drop table EMPLOYEES
GO
-- 薪資等級表
CREATE TABLE SALARY_GRADES
(GRADE_LEVEL char(1), -- 薪資等級
 LOW_SAL int, -- 該薪資等級最低數字
```

```
  HIGHEST_SAL int) -- 薪資等級表最高數字
GO
-- 員工資料表
CREATE TABLE EMPLOYEES
(LAST_NAME varchar(30),
 SALARY int)
GO
-- 薪資等級表
insert into SALARY_GRADES(GRADE_LEVEL,LOW_SAL,HIGHEST_SAL)
values('A',0,20008)    ,('B',20009,20100),('C',20101,21000) ,
      ('D',21001,21900),('E',21901,22800),('F',22801,24000),
      ('G',24001,25200)
GO
-- 新增員工資料
insert into EMPLOYEES(LAST_NAME,SALARY )
values('ADA'  ,20010),('JULIA' ,20500),
      ('JEFF' ,55800),('ANNA'  ,21905),
      ('AIRES',22800),('ARTHUR',22000),
      ('HENRY',23000),('THOMAS',24000)
GO
-- 查詢新增等級與員工資料
select * from SALARY_GRADES
select * from EMPLOYEES -
```

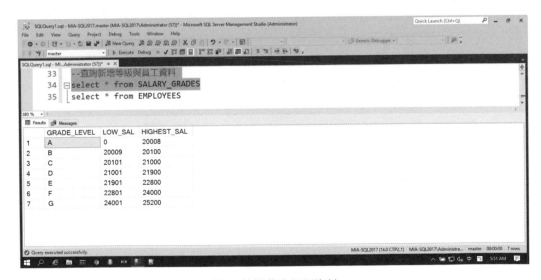

圖 5 檢視薪資級距資料

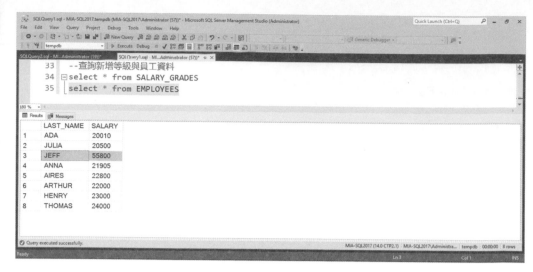

圖 6 員工資料其中一筆資料超出範圍

```
-- 使用 JOIN 搭配 BETWEEN 就可以實作出 Nonequijoins 的查詢
SELECT a.*,  b.GRADE_LEVEL as level
FROM    EMPLOYEES a join SALARY_GRADES b
     on a.SALARY between b.LOW_SAL and b.HIGHEST_SAL
GO -- 少一筆資料因為 JEFF 資料超出範圍
-- 結果僅有 7 筆
```

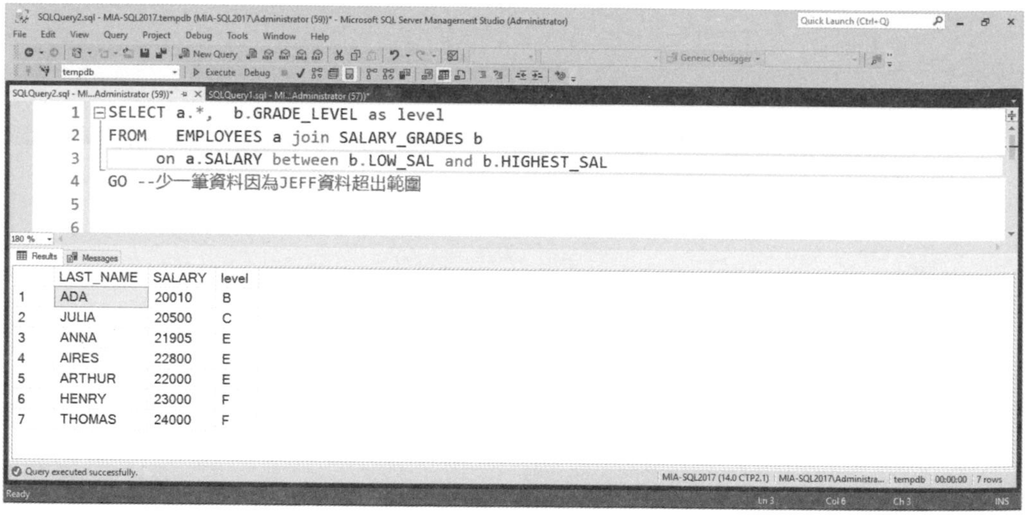

圖 7 使用 JOIN 搭配 BETWEEN 實作的 Nonequijoins 查詢

操作 Nonequijoins 查詢一樣要注意是否有資料沒有在合併查詢的範圍，上述的 join 就是等同 inner join，它僅顯示符合兩邊的資料。若是需要列出所有單邊的資料，可以使用 OUTER JOIN 搭配 BETWEEN 實作 Nonequijoins 查詢。

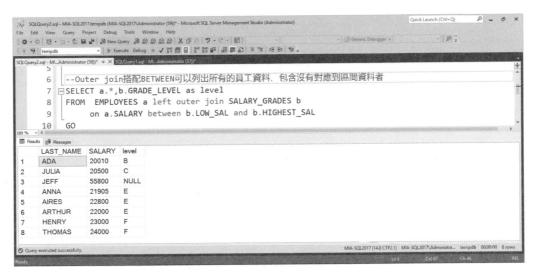

圖 8　使用 Left Outer Join 可以顯示出所有資料

```
--Outer Join 可以整合 >= 與 <= 再搭配 CASE 顯示不在區間的資料

SELECT a.*,isnull(cast(b.GRADE_LEVEL as varchar(10)),
                cast(a.SALARY as varchar(10))) as level
FROM EMPLOYEES a left outer join SALARY_GRADES b
  on a.SALARY >= b.LOW_SAL and a.SALARY <= b.HIGHEST_SAL
GO
```

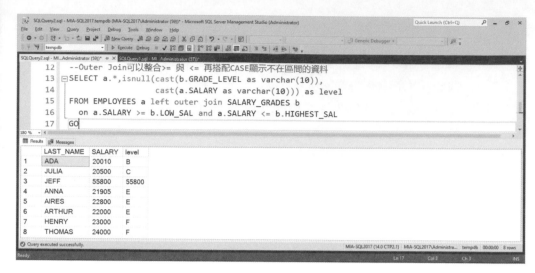

圖 9 使用 Outer Join 搭配大於小於符號一樣可以實作出 Nonequijoins 查詢

▶ **本書相關問題導覽**

26.【ROW-BASED 與 SET-BASED 極大效能差異】

31

CASE 的使用技巧分成兩類簡單 CASE 與進階 CASE

許多情況下需要將資料庫的資料，逐筆依照所屬條件式進行資料類型的轉換或是執行對應的陳述式，這樣的需求可以使用 CASE 陳述式進行作業。該 CASE 的陳述式可以在合集基礎（Set-based）的指令下，處理 Row-based 的作業功能。以下的範例就是利用 CASE 的方式，將輸出的資料內容進行轉換。

▶ **案例說明**

整個 CASE 語法的說明有兩種，第一種簡單格式 (Simple Form) 的 Case 使用方式，以下的案例就是將目錄編號轉換成已知的目錄名稱，方便產生報表之後的閱讀。

```
-- -- 簡易型的 CASE 語法
CASE input_expression( 欄位或是運算式 )
    WHEN when_expression THEN result_expression
    [ ...n ]
[
    ELSE else_result_expression
]
END
```

```
-- 使用簡單的 Case 技巧，將產品目錄代號，轉換成指定的目錄名稱。
USE [TSQL]
SELECT p.Categoryid,
       CASE p.Categoryid
           WHEN  1 THEN 'Beverages'
           WHEN  2 THEN 'Condiments'
           WHEN  3 THEN 'Confections'
           WHEN  4 THEN 'Dairy Products'
```

```
                WHEN  5  THEN 'Grains/Cereals'

                WHEN  6  THEN 'Meat/Poultry'

                WHEN  7  THEN 'Produce'

                WHEN  8  THEN 'Seafood'

           ELSE 'Other' END AS Categoryname,

        p.Productname

FROM Production.Products AS p;
```

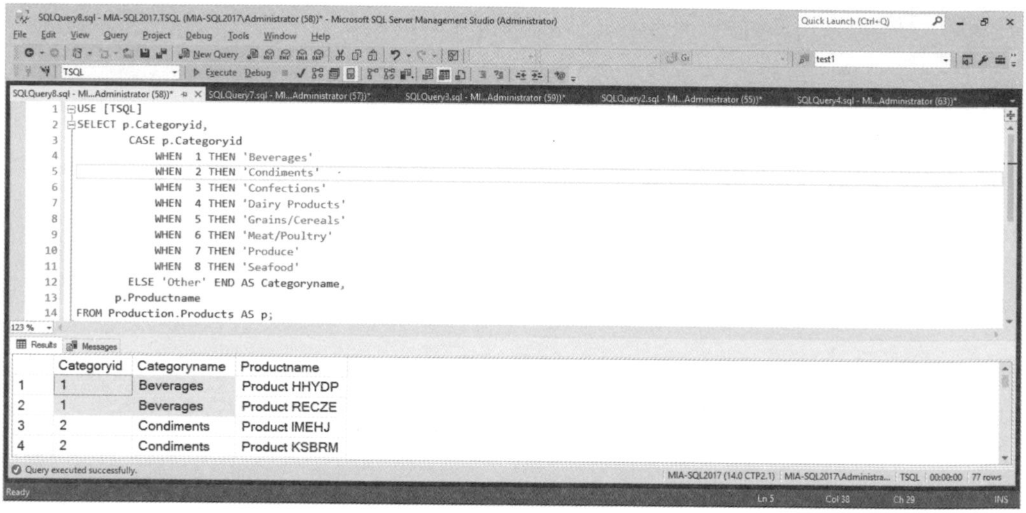

圖 1　使用簡單 Case 將目錄代號轉換成說明

此外，第二種進階方式，就是 Case 支援根據運算式結果，轉換成對應值，這類型的 Case 使用方式就會比較靈活，不受到列出清單值限制，該方式有時候也稱之為搜尋格式 (Searched Form) 的 Case。

```
-- 運算式功能的 CASE 語法
CASE
WHEN Boolean_expression THEN result_expression
   [ ...n ]
[
   ELSE else_result_expression
]
END
```

```
-- 使用 CASE 搭配 WHEN 運算式進行型別轉換
SELECT p.Categoryid,
        CASE
            WHEN p.categoryid = 1 THEN 'Beverages'
            WHEN p.categoryid = 2 THEN 'Condiments'
            WHEN p.categoryid = 3 THEN 'Confections'
            WHEN p.categoryid = 4 THEN 'Dairy Products'
            WHEN p.categoryid = 5 THEN 'Grains/Cereals'
            WHEN p.categoryid = 6 THEN 'Meat/Poultry'
            WHEN p.categoryid = 7 THEN 'Produce'
            WHEN p.categoryid = 8 THEN 'Seafood'
        ELSE 'Other'
        END AS Categoryname , p.Productname
FROM Production.Products AS p;
```

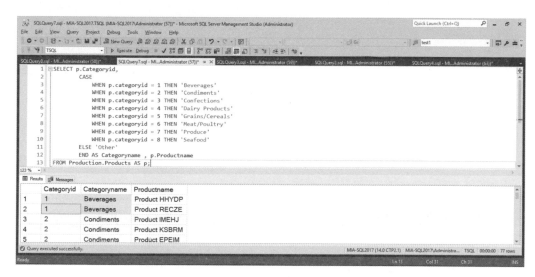

圖 2 使用搜尋格式 Case 將目錄代號轉換成說明

因此使用 Case 最大的益處，就是減少前端應用程式，透過迴圈去逐筆置換代碼成為完整顯示，讓資料庫將所有資料處理完畢後，再整批匯出到前端應用程式，這樣一來就可以在 SET-BASED 的狀況下處理每一個 ROW 值的改變。如果沒有使用 CASE 去轉換資料，就需要搭配 CURSOR 搭配 WHILE 迴圈下去逐筆改變結果。

```
-- 簡單 CASE 格式轉換顯示的性別資料
SELECT [BusinessEntityID],Gender,
       CASE Gender WHEN 'M' THEN 'Man'    -- 將 M 轉換成男生
                   WHEN 'F' THEN 'Woman'  -- 將 F 轉換成女生
                   ELSE 'Unknown'         -- 其他者顯示為 Unknown
       END as [ 性別 ]                     -- 對應 CASE 結束
FROM HumanResources.Employee
GO
-- 結果
BusinessEntityID Gender 性別
---------------- ------ -------
1                M      Man
2                F      Woman
3                M      Man
4                M      Man
...              .      .....
288              F      Woman
289              F      Woman
290              M      Man


(290 row(s) affected)
```

如果要驗證前端的執行狀況，可以搭配以下設定，啟動 [Query | Include Client Statistics] 去驗證前端與後端執行 CASE 轉換效率。

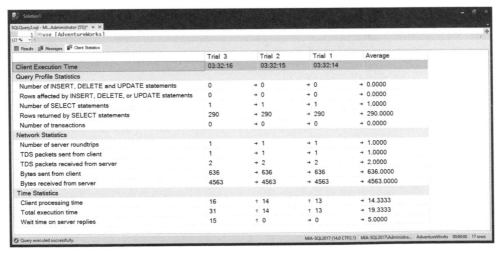

圖 3　檢視使用 CASE 狀況下耗用資源情況

```
-- 使用 CURSOR 撰寫方式
use [AdventureWorks]
-- 使用 CURSOR 逐筆轉換資料
SET NOCOUNT ON
DECLARE @BusinessEntityID INT, @Gender CHAR(1)
DECLARE @t TABLE([BusinessEntityID] INT, [Gender] CHAR(1), [Description] VARCHAR(12))
DECLARE icur CURSOR STATIC
        FOR SELECT  [BusinessEntityID],[Gender] FROM HumanResources.Employee
OPEN icur
FETCH NEXT FROM icur INTO @BusinessEntityID,@Gender
WHILE(@@FETCH_STATUS<>-1)
BEGIN
    DECLARE @Description VARCHAR(12)='Unknown'
    -- 轉換性別
    IF @Gender='M'
    BEGIN SET @Description='Man' END
    ELSE IF @Gender='W' BEGIN SET @Description='Woman' END
     -- 將結果新增到變數
    INSERT INTO @t([BusinessEntityID],[Gender],[DESCRIPTION])
    VALUES(@BusinessEntityID,@Gender,@Description)
FETCH NEXT FROM icur INTO @BusinessEntityID,@Gender
END
CLOSE icur
DEALLOCATE icur
-- 最後再將結果回傳到前端
SELECT * FROM @t
SET NOCOUNT OFF
```

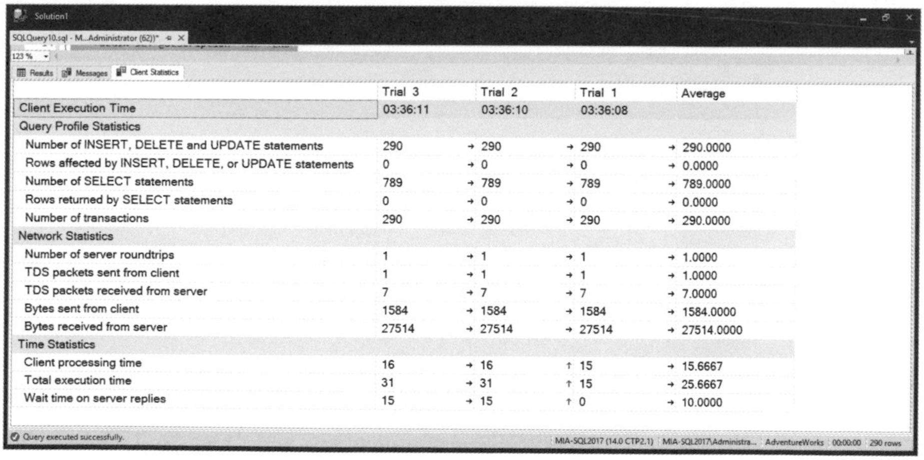

	Trial 3	Trial 2	Trial 1	Average
Client Execution Time	03:36:11	03:36:10	03:36:08	
Query Profile Statistics				
Number of INSERT, DELETE and UPDATE statements	290	→ 290	→ 290	→ 290.0000
Rows affected by INSERT, DELETE, or UPDATE statements	0	→ 0	→ 0	→ 0.0000
Number of SELECT statements	789	→ 789	→ 789	→ 789.0000
Rows returned by SELECT statements	0	→ 0	→ 0	→ 0.0000
Number of transactions	290	→ 290	→ 290	→ 290.0000
Network Statistics				
Number of server roundtrips	1	→ 1	→ 1	→ 1.0000
TDS packets sent from client	1	→ 1	→ 1	→ 1.0000
TDS packets received from server	7	→ 7	→ 7	→ 7.0000
Bytes sent from client	1584	→ 1584	→ 1584	→ 1584.0000
Bytes received from server	27514	→ 27514	→ 27514	→ 27514.0000
Time Statistics				
Client processing time	16	→ 16	↑ 15	→ 15.6667
Total execution time	31	→ 31	↑ 15	→ 25.6667
Wait time on server replies	15	→ 15	↑ 0	→ 10.0000

圖 4　檢視使用 WHILE 迴圈狀況下耗用資源情況

當比對圖 3 與圖 4 時，可以發現在處理 Number of transactions 都為 290 筆，而 WHILE 搭配 CURSOR 寫法就無形中多了 290 次 Number of INSERT, DELETE and UPDATE statements 與其他 789 次 Number of SELECT statements，當然最後的 Time Statistics 上面，WHILE 搭配 CURSOR 寫法耗用更多處理時間，以下是使用 CASE 對比 WHILE 迴圈，整體前端處理耗用資源狀況。

```
Client processing time: 14.3333 vs 15.6667
Total execution time: 19.3333 vs 25.6667
Wait time on server replies:5.0000 vs 10.0000
```

▶ **實戰解說**

除上述的兩種 CASE 使用方式之外，進階的 CASE 運用可以搭配建立資料表的過程，產生計算性資料行，資料表中計算資料行的資料值，都是由同一個資料表的其他資料行所決定，如薪資級距：

- ◆ 0~29999 為 A 級
- ◆ 30000~59999 是 B 級
- ◆ 60000~99999 是 C 級
- ◆ 其他為 D 級

這樣的級距資料是由薪資資料行所決定時，稱為計算資料行。

```
- 使用 CASE 搭配 CREATE TABLE 產生計算資料行
use tempdb
GO
DROP TABLE IF EXISTS EmpSalary
GO
CREATE TABLE EmpSalary              -- 建立資料表的陳述式
( empID int not null primary key,  -- 員工編號
  empName nvarchar(30) not null,    -- 員工姓名
  Salary INT not null ,             -- 員工薪資
  Grade                             -- 利用 CASE 與運算式判斷
        AS CASE WHEN Salary >=0    AND Salary< 30000 THEN 'A'
                WHEN Salary >=30000 AND Salary< 60000 THEN 'B'
```

```
                 WHEN Salary >=60000 AND Salary< 99999 THEN 'C'
        ELSE 'D'
    END
)
GO
-- 新增資料過程中讓 CASE WHEN 自動判斷新增等級
INSERT INTO EmpSalary(empID,empName,Salary)
VALUES(1,'LEWIS',28000),(2,'ADA',60000)
GO
-- 顯示尚未修改的薪資與等級
SELECT * FROM EmpSalary
GO
-- 針對第一個員工新增薪資判斷是否可以自動更新等級
UPDATE EmpSalary
SET     Salary=Salary+10000
WHERE   empID=1
GO
-- 顯示更新後新增的等級
SELECT * FROM EmpSalary
GO
```

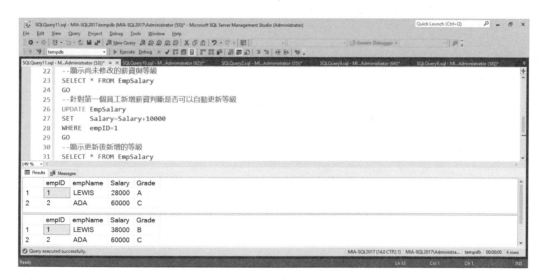

圖 5　檢視使用 CASE 結合計算欄位的結果

最後另外一個進階案例就是利用變數判斷，如果在 地區代碼 變數下 (如 1)，則限制 CustomerID 在指定的區間值 (30000~40000) 間，若不是該特定變數 (如非 1)，則找出所有 CustomerID。

◇ **情境**

- 當 地區代碼 使用代碼為 1 時候，限制 [CustomerID] 介於 30000 與 40000。

- 當 地區代碼 使用代碼為 2 時候，限制 [CustomerID] 不限制範圍。

針對上述的需求可以有兩種寫法，第一種就是使用 IF 的判斷方式，但是這樣的寫法會重複相同的程式。

```
-- 上述需求使用 IF ELSE 判斷
use [AdventureWorks]
declare @地區代碼 int=1 -- 當指定 1 就限制在編號 30000-40000
declare @開始編號 INT =30000
declare @結束編號 INT =40000
IF @地區代碼 =1 BEGIN
    SELECT COUNT(*) AS TOTAL_WITH_LIMITED
    FROM  [Sales].[Customer]
    WHERE [CustomerID] between @開始編號 and @結束編號
END
ELSE BEGIN
    SELECT COUNT(*) AS TOTAL_NO_LIMITED
    FROM  [Sales].[Customer]
END
GO
```

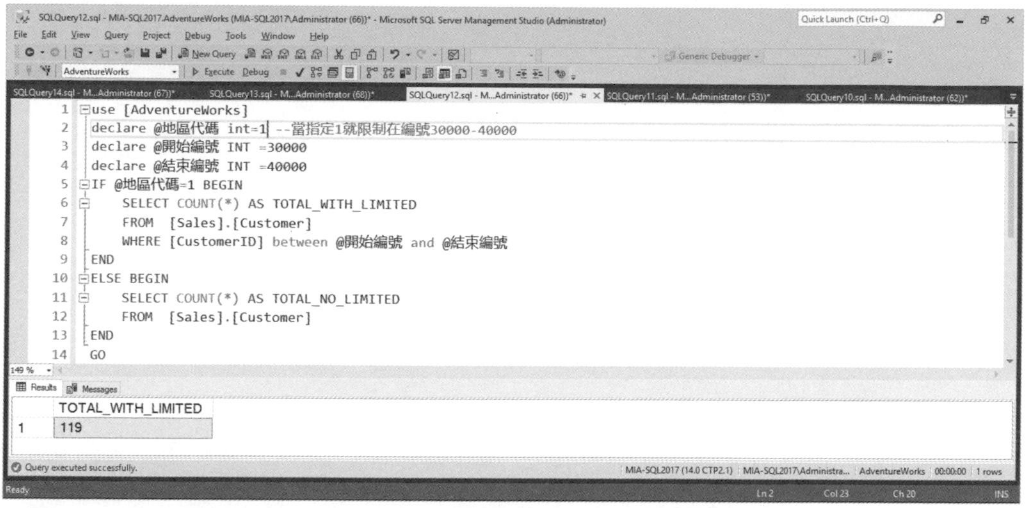

圖 6 當地區代號為 1 就找出指定區間值

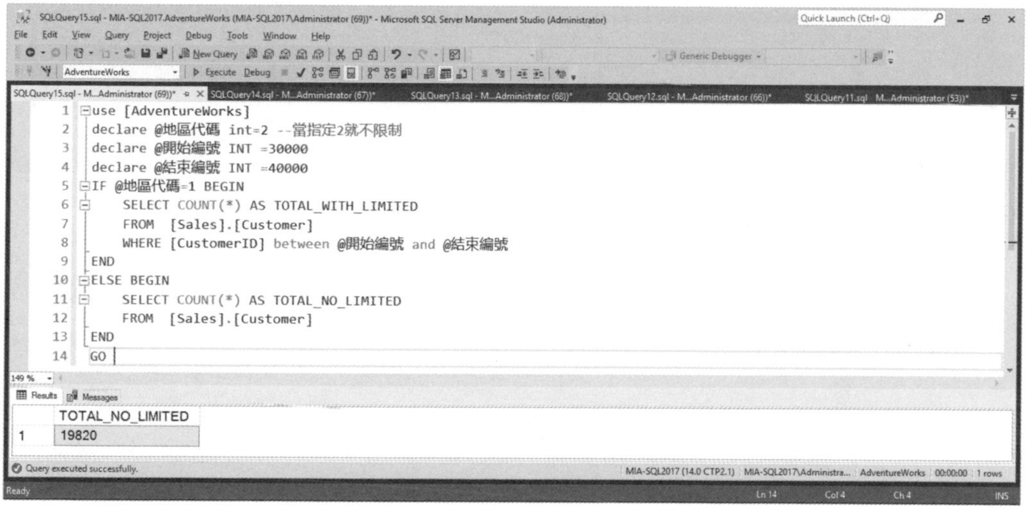

圖 7 當地區代號為 2 就找出所有資料

上述的 IF ELSE 整合兩段幾乎一樣的陳述式，可以整合成單一陳述式搭配 CASE，就可以讓複雜的陳述式轉換成簡潔型態。

```
-- 使用 CASE 可以轉換成
-- 當 @地區代碼 =1 就變成 WHERE [CustomerID] between 30000 and 40000
-- 當 @地區代碼 <>1 就變成 WHERE [CustomerID] between CustomerID and CustomerID
-- 上述的 @地區代碼 <>1 等同 WHERE [CustomerID] =[CustomerID]
use [AdventureWorks]
```

```
declare @地區代碼 int=1 -- 當指定 1 就限制在編號 30000-40000，否則就不限制
declare @開始編號 INT =30000
declare @結束編號 INT =40000
    SELECT COUNT(*) AS TOTAL
    FROM  [Sales].[Customer]
    WHERE [CustomerID] between
            case when @地區代碼 =1 then @開始編號   else [CustomerID] end and
            case when @地區代碼 =1 then @結束編號   else [CustomerID] end
GO
```

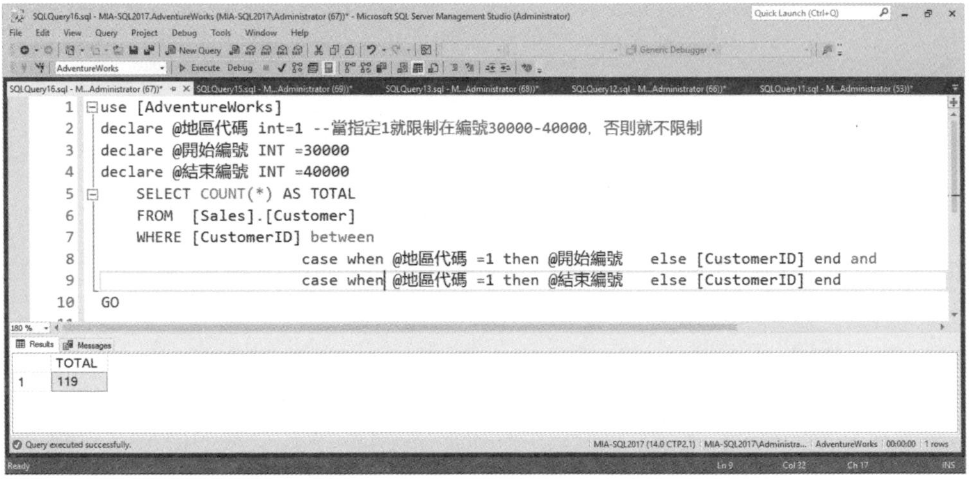

圖 8　搭配 CASE 可以整合兩段複雜陳述式找出代碼 1 的值

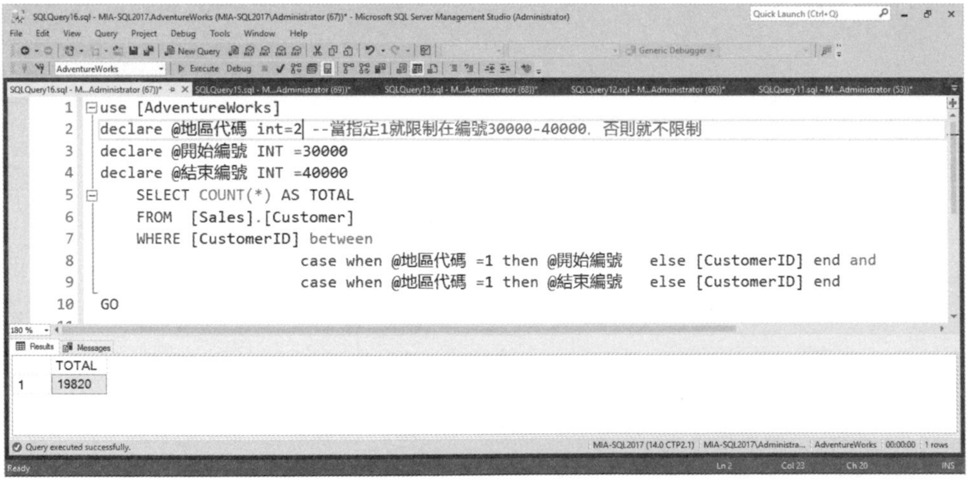

圖 9　搭配 CASE 可以整合兩段複雜陳述式找出非 1 的值

經過上述 CASE 整合之後，讓原本兩段幾乎一樣的陳述式，變成更簡潔。

▶ 注意事項

有關 CASE 用法除了上述的方式運用在 SELECT List 或是 WHERE Condition，更可以使用在 ORDER BY 的條件區。

```
-- 排序使用 Boy/Gril/Unknown 取代 F/M 排序方式
use [AdventureWorks]
SELECT [BusinessEntityID],Gender
FROM HumanResources.Employee
ORDER BY CASE Gender WHEN 'M' THEN 'Boy'
                     WHEN 'F' THEN 'Girl'
                     ELSE 'Unknown'    END
GO
```

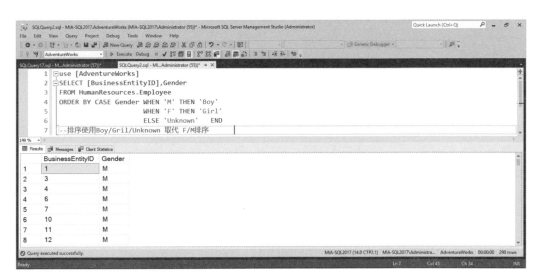

圖 10　使用 CASE 搭配 ORDER BY 改變排序方式

▶ 本書相關問題導覽

34.【簡潔的 CONCAT 函數與字串 ISNULL 與 COALESCE 處理技巧】

Lesson

》 Part 02 資料庫開發技術聖殿

32

RAISERROR 與 THROW 語法秘技

應用程式開發的過程中都會加入許多的錯誤處理，當然 SQL Server 語法也有這樣的功能，可以避免應用程式發生以下的錯誤畫面。

```
Press enter 地區代碼 : us_english
Press ESC to stop

Unhandled Exception: System.Data.SqlClient.SqlException: Divide by zero error encountered.
   at System.Data.SqlClient.SqlConnection.OnError(SqlException exception, Boolean
breakConnection, Action`1 wrapCloseInA
ction)
   ...
   ...
```

該程式就是發生 1/0 的錯誤所導致，基本上這樣的錯誤可以由前端程式控制避免發生這樣錯誤，如果是使用 .NET 開發搭配 System.Data.SqlClient 命名空間與以下的錯誤處理，也可以降低錯誤訊息的顯示。

```
catch (SqlException ex)
{
    Console.WriteLine(" 系統提示 :" + ex.Message.ToString());
}
```

圖 1　使用前端應用程式控制資料庫錯誤產生的訊息

從資料庫的角度可以從許多角度，強化錯誤訊息的顯示。例如，加入多語系的訊息顯示或是將訊息儲存到資料端，便於日後分析，有關資料庫各種的錯誤訊息顯示，可以從以下的範例了解實作過程。

第一種就是使用 @@ERROR 全域變數，偵測上一行陳述式是否有錯誤訊息，若是有則可以使用 RAISERROR 將錯誤引發出來給前端應用程式，下列的陳述式，在第一行發生錯誤之後，就會抓取到錯誤 @@ERROR 不等於 0，就會再引發錯誤並且寫入到 Windows Application Event Log。

```
-- 使用 @@ERROR 偵測最近一行陳述是錯誤
SELECT 1/0 as result
IF @@error<>0
RAISERROR(' 發生分母為零的錯誤 ',16,1) with log
GO
-- 結果，就可以看到兩段錯誤
Msg 8134, Level 16, State 1, Line 4
Divide by zero error encountered.
Msg 50000, Level 16, State 1, Line 6
發生分母為零的錯誤
```

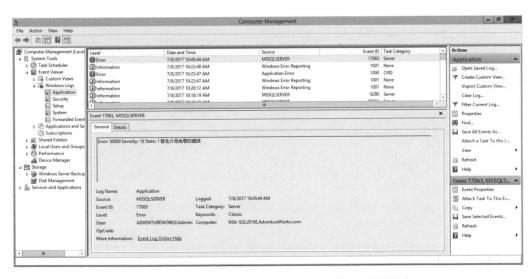

圖 2 檢視由 SQL Server RAISERROR 引發的錯誤訊息

有關 RAISERROR，它可以支援參數化設定，例如，要將上一行陳述式抓取到的錯誤代碼，傳遞給 RAISERROR 再寫入到 Windows Application Event Log。

```
-- 使用變數方式將錯誤訊息傳遞給 RAISERROR，並且寫入到事件檢視器。
SELECT 1/0 as result
DECLARE @e INT =(SELECT @@ERROR)
IF @e<>0 BEGIN
RAISERROR (N'%s %d', -- Message text.
          10,        -- Severity,
          1,         -- State,
       N' 發生分母為零的錯誤 ',
          @e) WITH LOG;


END
-- 結果
Msg 8134, Level 16, State 1, Line 1
Divide by zero error encountered.
發生分母為零的錯誤 8134
```

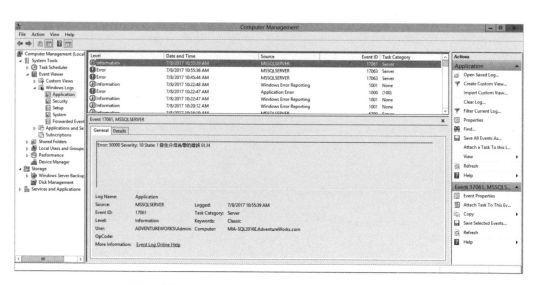

圖 3　檢視 RAISERROR 整合參數所引發的錯誤訊息

有關上述的 Severity 可以從 SQL Server Agent 的 Alert 中檢視到定義。

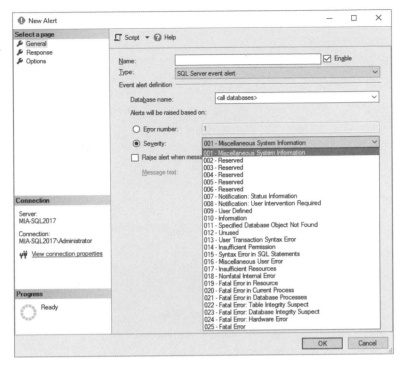

圖 4　檢視每一種錯誤層級定義

第二種就是從 SQL Server 2005 開始提供的 TRY…CATCH 方式,除了使用
@@ERROR 抓取錯誤之外,SQL Server 還提供 Try…Catch 語法抓取錯誤,它類似前
端高階語言 Visual Basic 或是 C# 的結構化錯誤處理機制,搭配 Try…Catch 方法可以
使用更結構化的方式,處理 T-SQL 的錯誤,該語法可以搭配對應的系統函數抓取相關
錯誤資訊。基本 Try…Catch 語法架構如下。

```
-- 整個 TRY…CATCH 結構
BEGIN TRY
    { sql_statement | statement_block }
END TRY
BEGIN CATCH
    { sql_statement | statement_block }
END CATCH[ ; ]
```

將上述的 @@ERROR 錯誤範例,轉換成 TRY…CATCH 陳述式時,僅需要將陳述式使
用 BEGIN TRY…END TRY 與 BEGIN CATCH…END CATCH,重新調整 T-SQL 陳述式
之後,就可以變成以下的範例。

```
-- 將 T-SQL 可執行區塊分成兩大塊
BEGIN TRY
    DECLARE @i INT=0 -- 宣告變數 設定初始值注意為 0
    SELECT @i AS [@i 變數 ],100/@i AS [@i 計算結果 ]    -- 執行運算
END TRY
BEGIN CATCH
    PRINT  @@ERROR -- 檢視錯誤代碼
    SELECT ERROR_NUMBER() AS [NUMBER],
           ERROR_SEVERITY() AS [SEVERITY],
           ERROR_STATE() AS [STATE],
           ERROR_MESSAGE() AS [MESSAGE],
           ERROR_LINE() AS [LINE],
           ERROR_PROCEDURE() AS [PROCEDURE]
END CATCH
-- 結果

(0 row(s) affected)
8134

(1 row(s) affected)
```

改變上述的陳述式之後，可以讓程式的執行過程，使用更具有結構化的方式，抓取錯誤訊息。以下 SQL Server 針對 Try…Catch 陳述式提供的函數，用來抓取所有的錯誤狀態。

- ◆ ERROR_NUMBER()，傳回造成執行 TRY 陳述式中的錯誤號碼。

- ◆ ERROR_SEVERITY()，傳回造成執行 TRY 陳述式中的錯誤嚴重性。

- ◆ ERROR_STATE()，傳回造成執行 TRY 陳述式中的錯誤狀態碼。

- ◆ ERROR_MESSAGE()，傳回造成執行 TRY 陳述式中的錯誤訊息文字。

- ◆ ERROR_LINE()，傳回發生錯誤造成執行 TRY 陳述式的程式行號。

- ◆ ERROR_PROCEDURE()，傳回發生錯誤造成執行 TRY 的預存程序或觸發程序的名稱。

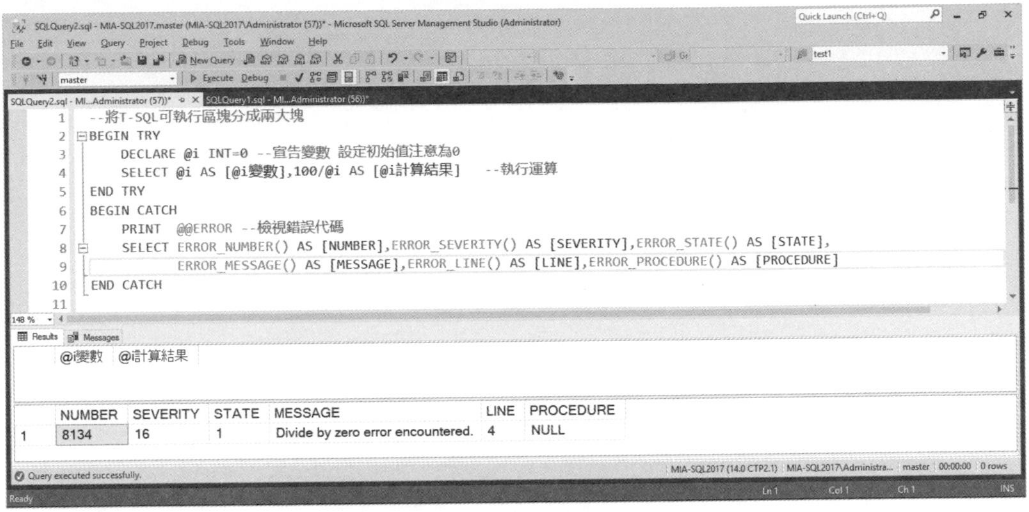

圖 5 使用 TRY CATCH 抓取應用程式錯誤

▶ 實戰解說

從 SQL Server 2012 開始，微軟加入 THROW 的語法可以讓 TRY…CATCH 區塊的錯
誤訊息，回傳到上一階的應用程式，可以避免 CATCH 區塊，將錯誤訊息抑制而沒有
顯示給前端程式。首先來看看以下的區塊，因為在 CATCH 沒有額外的動作，就會讓
前端應用程式看不到錯誤訊息。

```
-- 因為 CATCH 區塊沒有任何錯誤抓取，導致沒有將錯誤訊息顯示給前端應用程式
BEGIN TRY
    DECLARE @i INT=0 -- 宣告變數 設定初始值注意為 0
    SELECT @i AS [@i 變數 ],100/@i AS [@i 計算結果 ]    -- 執行運算
END TRY
BEGIN CATCH
END CATCH
```

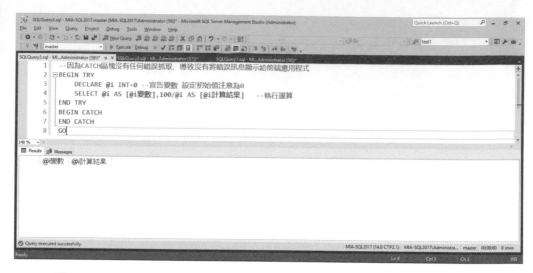

圖 6　CATCH 區塊沒有動作導致前端應用程式看不到任何錯誤訊息進行後續處理

為了解決因為 CATCH 區塊沒有任何動作，導致前端應用程式看不到任何錯誤訊息進行後續處理，微軟加入 THROW 的語句就可以將完整錯誤訊息，回傳給前端應用程式如下。

```
--CATCH 區塊加入 THROW 可以將錯誤訊息顯示給前端應用程式
BEGIN TRY
    DECLARE @i INT=0 -- 宣告變數 設定初始值注意為 0
    SELECT @i AS [@i 變數 ],100/@i AS [@i 計算結果 ]    -- 執行運算
END TRY
BEGIN CATCH
    THROW
END CATCH
GO
-- 結果
(0 row(s) affected)
Msg 8134, Level 16, State 1, Line 4
Divide by zero error encountered.
```

有關 THROW 的使用，可以搭配錯誤代碼從 50000 到 2147483647，並且不用先自訂訊息就可以直接使用，過程中錯誤層級都是固定 16。

```
--CATCH 區塊加入 THROW 可以將錯誤訊息顯示給前端應用程式
BEGIN TRY
    DECLARE @i INT=0 -- 宣告變數 設定初始值為 0
    SELECT @i AS [@i 變數 ],100/@i AS [@i 計算結果 ]    -- 執行運算
END TRY
BEGIN CATCH
    DECLARE @e INT=(SELECT @@ERROR);
    DECLARE @msg nvarchar(128)=
            (SELECT N' 將錯誤代碼 '+CAST(@e as NVARCHAR(10))+N' 顯示給前端應用程式 ');
    THROW 5000,@msg,0
END CATCH
GO
```

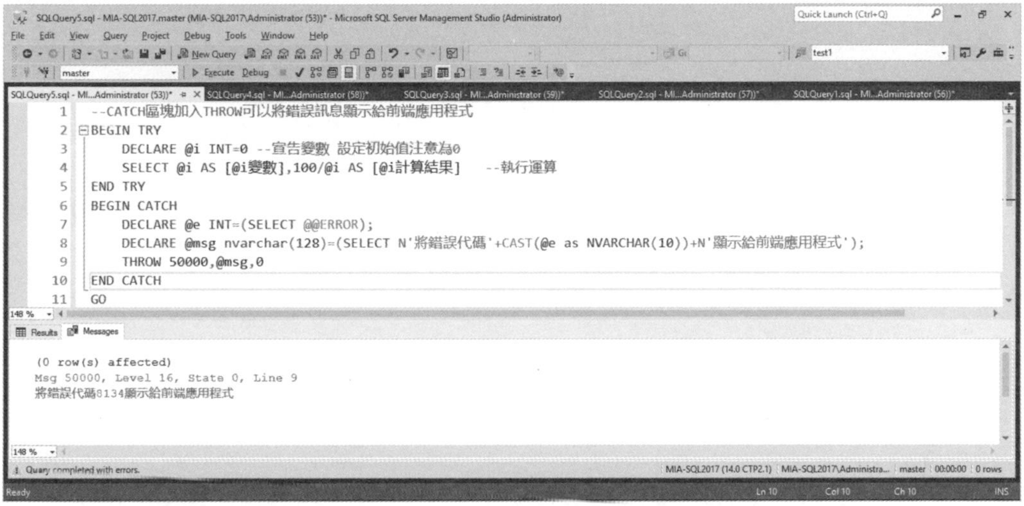

圖 7 可以使用變數搭配 THROW 將錯誤訊息呈現給前端應用程序

圖 8 整合前端應用程式與 THROW 顯示後端錯誤訊息

► **注意事項**

最後在使用 THROW 的時候，注意要在前一行應用程式或是該 THROW，加上一個；號，否則該 THROW 就無法產生效果。

```
--CATCH 區塊加入 THROW 注意要在前面加上；號
BEGIN TRY
    DECLARE @i INT=0 -- 宣告變數 設定初始值注意為 0
    SELECT @i AS [@i 變數 ],100/@i AS [@i 計算結果 ]    -- 執行運算
END TRY
BEGIN CATCH
    SELECT N' 沒有；號則 THROW 就無法發生效果 '
    THROW
END CATCH
GO
```

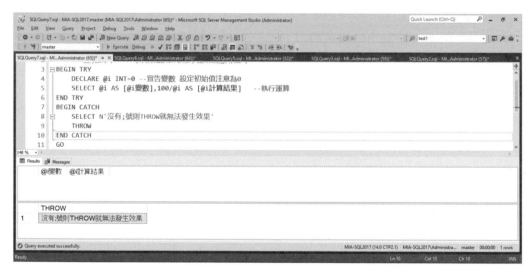

圖 9 沒有加上分號導致 THROW 沒有發生效果

```
--CATCH 區塊加入 THROW 可以將錯誤訊息顯示給前端應用程式
BEGIN TRY
    DECLARE @i INT=0 -- 宣告變數 設定初始值注意為 0
    SELECT @i AS [@i 變數 ],100/@i AS [@i 計算結果 ]    -- 執行運算
END TRY
BEGIN CATCH
```

```
        SELECT N' 有 ; 號則 THROW 就發生效果 '
        ; THROW
END CATCH
GO
```

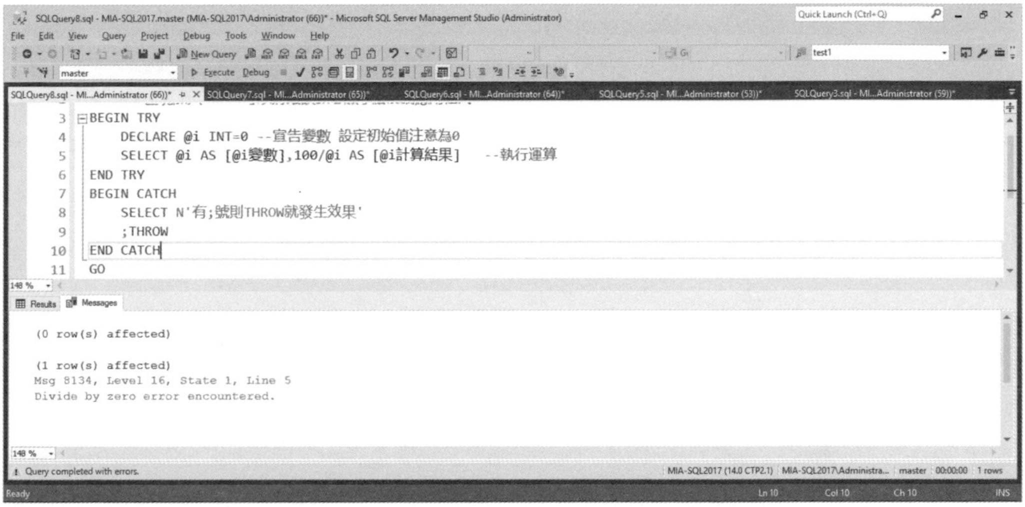

圖 10　加上分號讓 THROW 發生效果

► 本書相關問題導覽

25.【活用 @@ROWCOUNT】

43.【跨資料表交易藉由使用 TRIGGER 與 CURSOR 簡單化處理】

33 TIMESTAMP 不是日期時間資料屬性

許多 Oracle 的使用者或是 SQL Server 新手，使用 SQL Server 的 timestamp 資料屬性，在新增過程日期時間資料時會出現以下的錯誤：

```
--create or alter proc 語法僅支援 SQL Server 2016 SP1 含以上的版本
-- 誤用 timestamp 為日期時間格式
USE tempdb
GO
DROP TABLE IF EXISTS tblRowversion
GO
CREATE TABLE tblRowversion
(xid     int,
 xsalary int,
 xdt     timestamp)
GO
INSERT INTO tblRowversion(xid,xsalary,xdt)
VALUES(1,35000,'2017/07/09')
GO
-- 結果
Msg 273, Level 16, State 1, Line 10
Cannot insert an explicit value into a timestamp column. Use INSERT with a column list
to exclude the timestamp column, or insert a DEFAULT into the timestamp column.
```

► 案例說明

SQL Server 的 timestamp 是運用在同一資料庫跨多資料表讓產生的時間戳記可以為一，這個技巧就是使用資料庫的計數器產生的時間戳記，作為每筆資料識別之用。該種資料屬性就是 timestamp，也稱之為 rowversion。它可以在指定的資料庫中，為任何資料表在任何時間產生的資料，產生唯一的戳記值。所謂的戳記值，是屬於二進位資料類型，長度等於 varbinary(8)。

此外，該種資料類型會因為後續針對該筆資料修改，改變原先新增的 timestamp 戳記值。因此如果要使用在主索引鍵值或是外部索引鍵值，要特別的留意這個問題。該 timestamp 資料類型，可以使用 @@DBTS 的系統函數抓取資料庫目前的時間戳記回傳值。

▶ 實戰解說

以下的練習是在相同的資料庫裡面，開啟三個一樣架構的資料表，分別要記錄南區、中區與北區的員工，過程中模擬在相同時間進行三筆資料的新增，最後從後端資料庫觀看，可以發現雖然三筆資料新增時間一樣，但是產生對應的 timestamp 序號卻不同。

```
-- 初始化資料表
DROP TABLE IF EXISTS Employee_South
DROP TABLE IF EXISTS Employee_Central
DROP TABLE IF EXISTS Employee_North
-- 產生南區員工資料表
CREATE TABLE Employee_South
(eid timestamp not null , -- 自動產生二進位元編號
 ename varchar(50)      , -- 員工姓名
 keyDT datetime          -- 建檔日期
)
GO
-- 產生中區員工資料表
CREATE TABLE Employee_Central
(eid timestamp not null , -- 自動產生二進位元編號
 ename varchar(50)      , -- 員工姓名
 keyDT datetime          -- 建檔日期
)
GO
-- 產生北區員工資料表
CREATE TABLE Employee_North
(eid timestamp not null , -- 自動產生二進位元編號
 ename varchar(50)      , -- 員工姓名
```

```
  keyDT datetime            -- 建檔日期
)
GO


INSERT INTO Employee_South(ename,keyDT) VALUES('LEWIS_South',getdate())
INSERT INTO Employee_Central(ename,keyDT) VALUES('LEWIS_Central',getdate())
INSERT INTO Employee_North(ename,keyDT) VALUES('LEWIS_North',getdate())
GO
-- 檢視結果
SELECT * FROM Employee_South
UNION ALL
SELECT * FROM Employee_Central
UNION ALL
SELECT * FROM Employee_North
GO
```

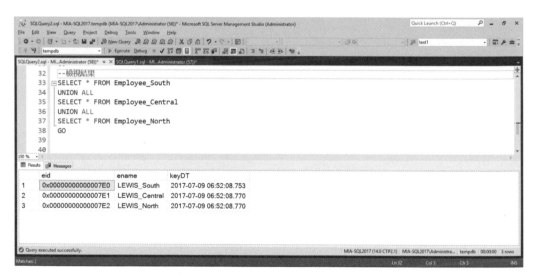

圖 1　檢視經由系統產生的 timestamp 序號

▶ 注意事項

提醒各位讀者，該 timestamp 資料類型針對不會修改的資料內容，可以作為識別之用，但是如果資料會有異動狀況，則原資料產生的 timestamp 數值，就會跟著每一次 UPDATE，產生新的變化值。

```
-- 檢視異動前結果
SELECT * FROM Employee_South
GO
-- 進行異動，注意異動後 timestamp 就會改變。
UPDATE Employee_South SET ename='LEWIS_South_YANG' WHERE ename='LEWIS_South'
GO
-- 檢視異動後結果
SELECT * FROM Employee_South
GO
```

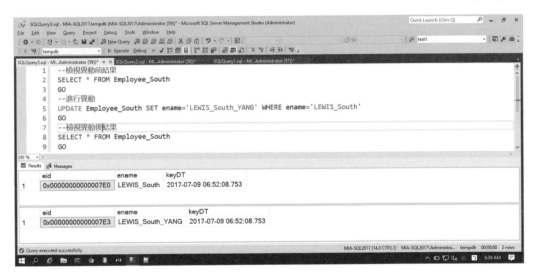

圖 2　timestamp 會因為資料異動而一直改變

▶ 本書相關問題導覽

20.【活用資料庫資料型態解決貨幣符號問題】

Lesson 34 ➤ Part 02 資料庫開發技術聖殿

簡潔的 CONCAT 函數與字串 ISNULL 與 COALESCE 處理技巧

以往要在 SQL Server 要連結多欄位時，最常使用 + 號進行作業，如以下的三個欄位 city、region 與 country 需要串接在一起，過程中若是因為其中欄位有 NULL 值，

```
-- 使用 + 號處理字串連接
USE [TSQL]
SELECT top(3) custid, city, region, country,
       city+','+region+','+country AS location
FROM Sales.Customers;
```

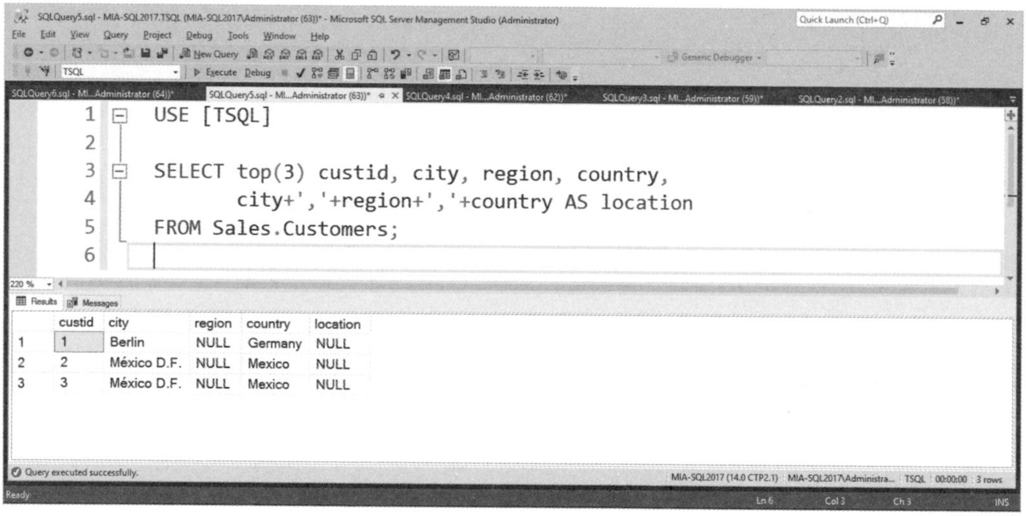

圖 1 使用 + 號連接字串過程中因為 NULL 關係產生 NULL 值

要處理這種 NULL 存在於字串相加過程中的問題，一般人都會使用 ISNULL 的方式來解決，所謂的 ISNULL 函數就是將有 NULL 值的欄位，轉換成指定的字串或是數字。

```sql
-- 使用 ISNULL 來判斷  city / region / country 是否有 NULL，若有就轉換成空白
USE [TSQL]
  SELECT top(3) custid, city, region, country,
       isnull(city,'')+ ', '+
       isnull(region,'')+ ', ' +
       isnull(country,'') AS location
  FROM Sales.Customers;
```

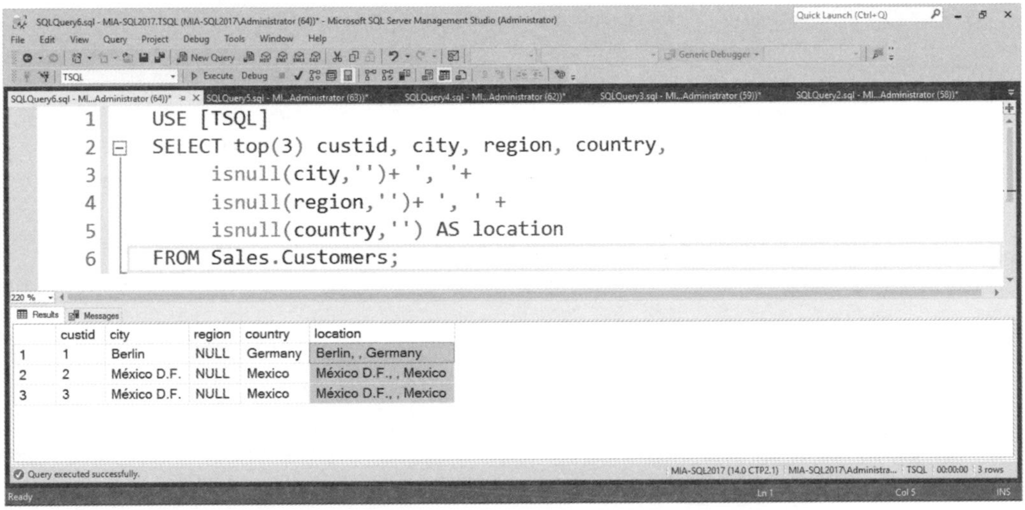

圖 2 使用 ISNULL 處理欄位有 NULL 導致合併後產生 NULL

除了 ISNULL 函數之外，SQL Server 還提供 COALESCE 函數可以比 ISNULL 有更多欄位合併，再取出第一個不是 NULL 值的效果，以下的資料表是一個多種薪資的公司，有時薪、日薪與月薪三種資料值與說明型別，如果要一個單一簡易查詢就要顯示哪一種薪資型別與對應數值，就可以使用以下的範例。

```sql
-- 實作一個薪資資料，過程中使用三個欄位記錄是哪一種薪資
DROP TABLE IF EXISTS tblLabor
GO
CREATE TABLE tblLabor
```

```
(laborID  INT primary key,
 wageType NVARCHAR(10),-- 薪資種類
 wageHr   INT , -- 時薪
 wageDay  INT , -- 日薪
 wageMo   INT   -- 月薪
)
GO
INSERT INTO tblLabor(laborID,wageType,wageHr,wageDay,wageMo)
VALUES(1,N' 時薪 ',120 ,Null,Null),
      (2,N' 時薪 ',110 ,Null,Null),
      (3,N' 日薪 ',Null,1200,Null),
      (4,N' 月薪 ',Null,Null,38000)
GO
-- 查詢整個薪資資料
SELECT laborID ,wageType, COALESCE(wageHr,wageDay,wageMo) AS Wage
FROM   tblLabor
GO
```

```
-- 上述的資料如果需要使用 ISNULL 處理，可以參考以下的方式
SELECT laborID ,wageType, isnull(isnull(wageHr,wageDay),wageMo) AS Wage
FROM tblLabor
GO
```

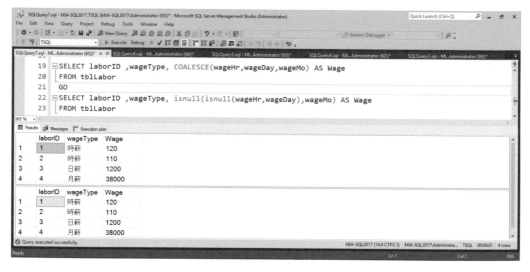

圖 3　使用 COALESCE 與 isnull 處理 NULL 資料整合問題

最後可以使用 COALESCE 與 ISNULL 處理 NULL 資料整合問題，搭配 + 號處理字串連接 city、region 與 country。

```
-- 使用 ISNULL 判斷是否為 NULL 再加上空白字串
  SELECT top(3) custid, city, region, country,
       isnull(city,'')+ ', '+
       isnull(region,'')+ ', ' +
       isnull(country,'') AS location
  FROM Sales.Customers;
```

```
-- 使用 COALESCE 判斷是否為 NULL 再加上空白字串
  SELECT top(3) custid, city, region, country,
       COALESCE(city,'')+ ', '+
       COALESCE(region,'')+ ', ' +
       COALESCE(country,'') AS location
  FROM Sales.Customers;
```

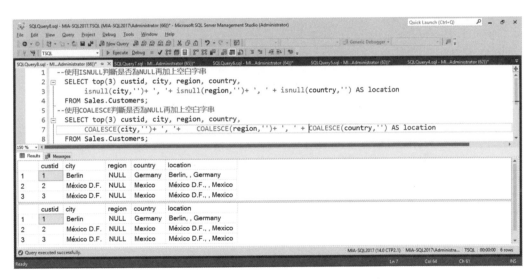

圖 4　使用 COALESCE 與 ISNULL 判斷欄位是否為 NULL

最後在上述的 location 結果，發現如果中間的 region 為 NULL，則會有 '' 兩個狀況，這樣一來就會讓結果不符合實際狀況，意思就是說，如果欄位為 NULL 就不顯示該，符號。

▶ 實戰解說

要解決上述的有 '' 兩個符號的狀況，可以針對 COALESCE 或是 ISNULL 多加上
CASE 的判斷如下，其中的 CASE 就會判斷該欄位值是否為 NULL，若為 NULL 就連
接一個空白字串，否則就連接一個 ' 符號，這樣一來就避免產生過多的 ' 符號。

```sql
--ISNULL 多加上 CASE 的判斷避免產生兩個 '' 符號
SELECT    top(3) custid, city, region, country,
        isnull(city,'')  + case when city is null then '' else ', ' end +
        isnull(region,'')+ case when region is null then '' else ', ' end +
        isnull(country,'') AS location
FROM Sales.Customers;
-- COALESCE 多加上 CASE 的判斷避免產生兩個 '' 符號
SELECT    top(3) custid, city, region, country,
        COALESCE(city,'')  + case when city  is null then '' else ', ' end +
        COALESCE(region,'')+ case when region is null then '' else ', ' end +
        COALESCE(country,'') AS location
  FROM Sales.Customers;
```

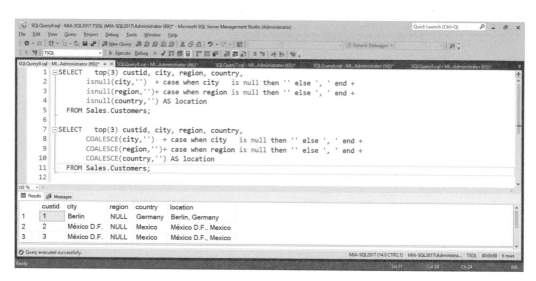

圖 5 搭配 CASE 避免產生過多符號

有關上述的複雜寫法去除過多的 '' 符號，可以使用 CONCAT 函數就可以漂亮且輕鬆解決該狀況，該函數從 SQL Server 2012 開始支援並且可以自動判斷段落值是否為 NULL，若是為 NULL 就轉換成空白。例如，以下的 ', ' + region 段落若是為 NULL 就轉換成空白。

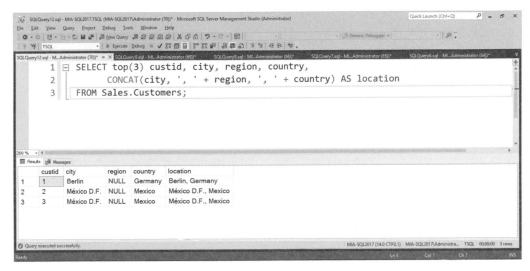

圖 6　使用 CONCAT 函數簡單化查詢

▶ 注意事項

有關 NULL 處理方面，SQL Server 還有一個函數為 NULLIF，該函數主要是比較兩個值是否相等，若是相等就回傳 NULL，否則就是回傳第一個值，下列範例就是使用 NULLIF 判斷分母是否為 0，若是就將分母轉換成 NULL，避免產生 Divide by zero error encountered. 狀況。

```
-- 以下的案例可以利用 NULL 方式，避免產生 Divide by zero error encountered. 狀況 '
DECLARE @i INT = 10, @j INT =0
SELECT @i/NULLIF(@j,0) AS ' 避免產生 /0 狀況 '
GO
-- 結果
避免產生 /0 狀況
-----------
NULL
```

```
(1 row(s) affected)
DECLARE @i INT = 10, @j INT =0
SELECT @i/@j AS ' 避免產生 Divide by zero error encountered. 狀況 '
GO
-- 結果
發生 /0 錯誤
-----------
Msg 8134, Level 16, State 1, Line 5
Divide by zero error encountered.
```

▶ **本書相關問題導覽**

1. 【NULL 處理技巧之不同 NOT IN NOT EXISTS EXCEPT 使用方式比較】

35 使用條件約束技巧，實作單筆資料出貨日期需要大於訂單日期

在 許多系統常常需要限制單筆資料中的兩個欄位值，必須要符合某些規則，例如，單筆資料中的最大值必須大於等於最小值，或是每筆訂單的出貨日期必須要大於等於訂單日期，如下第三筆資料，因為前端應用程式疏於檢查，就發生資料不一致的狀況。基本上這類的檢查機制，很難交給任何的應用程式判斷，縱然所有的邏輯都是交給預存程序處理，依然會發生直接使用 T-SQL 的 UPDATE 陳述式直接修改所導致的資料錯誤。

訂單編號	訂單日期	出貨日期
1	2017-01-01	2017-01-02
2	2017-01-02	2017-01-02
3	2017-01-03	2017-01-01
4	2017-01-04	2017-01-06
5	2017-01-05	2017-01-05
6	2017-01-06	2017-01-07
7	2017-01-07	2017-01-09
8	2017-01-08	2017-01-10
9	2017-01-09	2017-01-10

圖 1　如何避免發生出貨日期小於訂單日期的失誤

▶ 案例說明

基本上要滿足這樣的需求，倚賴前端應用程式是不夠，因為任何的檢查遺漏都會導致後續的資料發生不一致。唯一可以信賴的就是使用 SQL Server 的機制去實作這樣的檢查機制。從 SQL Server 的功能面來說，可以採用以下的方式：

◆ 第一、就是使用條件約束 Constraint

◆ 第二、就是使用觸發程序 Trigger

另外或許有人會以為使用預存程序可以滿足上述的需求，答案是沒有辦法。因為預存程序沒有辦法限制人為直接針對資料表的修改，唯一辦法就是從上述兩種機制去實作。

有關第一種條件約束 Constraint 的方式，基本上有以下幾種方式，分別為 Primary Key / Unique / Foreign Key / Check / Default / Not Null。

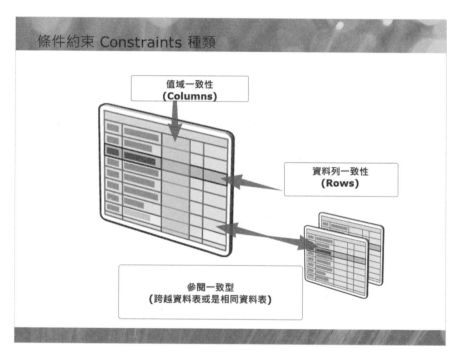

圖 2　說明資料庫實作條件約束的種類

另外第二種就是使用觸發程序，該觸發程序有兩類模式，主要的差異就是在觸發的時間點，第一類為 INSTEAD OF 它的觸發時機點是在資料進入到資料表之前並且也在條件約束之前，第二類為 AFTER 它的觸發時間點是在資料已經進入到資料表之後並且也通過條件約束的檢查。

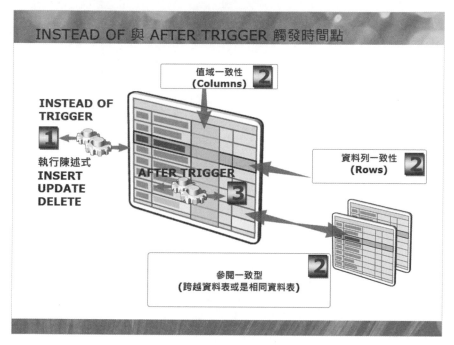

圖 3　觸發程序動作時間點

首先建立一個資料表可以滿足上述的資料內容，過程中會使用一個技術就是 CHECK 條件約束來限制同一資料，不允許出貨日期小於訂單日期的狀況。

```
-- 建立資料表與新增資料
USE [TSQL]
GO
DROP TABLE IF EXISTS tblOrders
GO
CREATE TABLE tblOrders
( 訂單編號 INT primary key,
  訂單日期 DATETIME ,
  出貨日期 DATETIME)
GO
```

建立好的資料表可以使用 ALTER TABLE 加入條件約束，過程中不會影響現有的資料內容，唯一要留意的就是如果資料表中已經存在資料，就會導致該條件約束無法建立。

```
-- 重要關鍵限制每一筆資料的訂單日期 必須小於等於 出貨日期
ALTER TABLE tblOrders
ADD CONSTRAINT ck_orderdt_shipdt CHECK ( 訂單日期 <= 出貨日期 )
GO
```

緊接著驗證資料是否可以新增到該資料庫，結果發現其他都很順利，但是唯獨有一筆資料，因為不符合條件約束 Check 的需求，就會導致無法新增。

```
-- 整批新增發現其中一筆資料有狀況，就整批退回
INSERT INTO tblOrders ( 訂單編號 , 訂單日期 , 出貨日期 ) VALUES
 (1,'2017-01-01','2017-01-02'),
 (2,'2017-01-02','2017-01-02'),
 (3,'2017-01-03','2017-01-01'),-- 有問題
 (4,'2017-01-04','2017-01-06'),
 (5,'2017-01-05','2017-01-05'),
 (6,'2017-01-06','2017-01-07'),
 (7,'2017-01-07','2017-01-09'),
 (8,'2017-01-08','2017-01-10'),
 (9,'2017-01-09','2017-01-10')
 GO
-- 結果
Msg 547, Level 16, State 0, Line 1
The INSERT statement conflicted with the CHECK constraint
"ck_orderdt_shipdt". The conflict occurred in database "TSQL", table "dbo.tblOrders".
The statement has been terminated.
```

此外還可以使用 INSTEAD OF 的新增 / 更新觸發程序進行資料的驗證，以下就是使用 INSTEAD OF 方式撰寫新增觸發程序。

```
-- 建立資料表與使用 INSETAD OF 觸發程序，可以實作檢查每一筆資料的出貨日期與訂單日期
USE [TSQL]
GO
DROP TABLE IF EXISTS tblOrders
```

```
GO
CREATE TABLE tblOrders
( 訂單編號 INT primary key,
  訂單日期 DATETIME ,
  出貨日期 DATETIME)
  GO
-- 撰寫 INSERT 觸發程序
  CREATE TRIGGER tri_instead_of_insert_tblOrders ON tblOrders
  INSTEAD OF INSERT
  AS
  BEGIN
      SET NOCOUNT ON
      IF EXISTS(SELECT * FROM INSERTED WHERE 訂單日期 > 出貨日期 ) BEGIN
          RAISERROR(N' 資料日期有問題，發生 訂單日期 > 出貨日期 ',16,1)
          ROLLBACK
      END ELSE BEGIN
          INSERT INTO tblOrders( 訂單編號 , 訂單日期 , 出貨日期 )
          SELECT 訂單編號 , 訂單日期 , 出貨日期 FROM INSERTED
      END
  END
  GO
```

若是使用 TRIGGER 觸發程序需要額外考量 UPDATE 的狀況，避免 UPDATE 之後發生資料的訂單日期大於出貨日期。

```
-- 以下就是使用 UPDATE 搭配 INSTEAD OF 觸發程序檢查資料是否一致
CREATE TRIGGER tri_instead_of_update_tblOrders ON tblOrders
INSTEAD OF UPDATE
AS
BEGIN
    SET NOCOUNT ON
    IF EXISTS(SELECT * FROM INSERTED WHERE 訂單日期 > 出貨日期 ) BEGIN
        RAISERROR(N' 無法變更資料，因為 訂單日期 > 出貨日期 ',16,1)
        ROLLBACK
    END ELSE BEGIN
        UPDATE tblOrders
        SET 訂單日期 =(SELECT I. 訂單日期
FROM INSERTED I WHERE I. 訂單編號 =tblOrders. 訂單編號 ) ,
            出貨日期 =(SELECT I. 出貨日期
```

```
FROM INSERTED I WHERE I. 訂單編號 =tblOrders. 訂單編號 )
        WHERE 訂單編號 IN (SELECT 訂單編號 FROM INSERTED)
    END

  END
  GO
```

緊接著驗證觸發程序是否可以在 INSERT 或是 UPDATE 時候，檢查出貨日期大於訂單日期。

```
-- 驗證新增資料是否可以阻擋不正確資料。
INSERT INTO tblOrders ( 訂單編號 , 訂單日期 , 出貨日期 )
VALUES(1,'2017-01-01','2017-01-02')
 INSERT INTO tblOrders ( 訂單編號 , 訂單日期 , 出貨日期 )
VALUES(2,'2017-01-02','2017-01-02')
 INSERT INTO tblOrders ( 訂單編號 , 訂單日期 , 出貨日期 )
VALUES(3,'2017-01-03','2017-01-01')-- 有問題
 GO
-- 結果


(1 row(s) affected)


(1 row(s) affected)
Msg 50000, Level 16, State 1, Procedure tri_instead_of_insert_tblOrders, Line 8 [Batch
Start Line 43]
無法新增資料，因為 訂單日期 > 出貨日期
Msg 3609, Level 16, State 1, Line 47
The transaction ended in the trigger. The batch has been aborted.
```

```
-- 驗證 UPDATE 過程是否可以阻擋不正確資料
 SELECT * FROM tblOrders
 GO

 UPDATE tblOrders
 SET 出貨日期 = 訂單日期 -1
-- 結果，第一次還可以因為 2017/1/2 變成 2017/1/1
(1 row(s) affected)
```

```
-- 結果，第二就發生失敗如下
Msg 50000, Level 16, State 1, Procedure tri_instead_of_update_tblOrders, Line 8 [Batch
Start Line 51]
無法變更資料，因為 訂單日期 > 出貨日期
Msg 3609, Level 16, State 1, Line 53
The transaction ended in the trigger. The batch has been aborted.
```

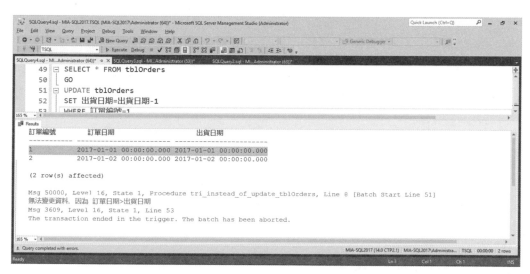

圖 4 檢視 UPDATE 的 INSTEAD OF 觸發程序是否可阻擋錯誤資料

▶ 注意事項

比較 CHECK 條件約束與 INSTEAD OF 觸發程序兩者，可以發現使用 CHECK 條件約束是最簡單的與設定，不用額外撰寫程式僅需要在設定上面利用 ALTER TABLE 加入條件約束就可以完成，此外使用 INSTEAD OF 觸發程序，需要留意要加上 SET NOCOUNT ON 陳述式，這樣可以避免當使用者使用新增或是異動資料過程發生以下多餘的筆數顯示。

```
-- 沒有使用 SET NOCOUNT NO 導致多顯示影響筆數
INSERT INTO tblOrders ( 訂單編號 , 訂單日期 , 出貨日期 ) VALUES(1,'2017-01-01','2017-01-02')
-- 結果，以下兩列顯示影響筆數就是因為沒有設定 SET NOCOUNT ON
(1 row(s) affected)
(1 row(s) affected)
```

某些情況下已經存在的資料若是違反 CHECK 的規則，而又需要保留這樣資料並且啟動 CHECK 機制去檢查任何未來的資料，這樣一來，可以使用 WITH NOCHECK 的選項，保留現有的錯誤資料又可以啟動 CHECK 條件約束去檢查之後的新資料。

```sql
-- 沒有使用 SET NOCOUNT NO 導致多顯示影響筆數
-- 建立資料表與新增資料
USE [TSQL]
GO
DROP TABLE IF EXISTS tblOrders
GO
CREATE TABLE tblOrders
( 訂單編號 INT primary key,
  訂單日期 DATETIME ,
  出貨日期 DATETIME)
  GO

  INSERT INTO tblOrders ( 訂單編號 , 訂單日期 , 出貨日期 ) VALUES
  (1,'2017-01-01','2017-01-02'),
  (2,'2017-01-02','2017-01-02'),
  (3,'2017-01-03','2017-01-01'),-- 有問題
  (4,'2017-01-04','2017-01-06'),
  (5,'2017-01-05','2017-01-05'),
  (6,'2017-01-06','2017-01-07'),
  (7,'2017-01-07','2017-01-09'),
  (8,'2017-01-08','2017-01-10'),
  (9,'2017-01-09','2017-01-10')
  GO
-- 結果


-- 啟動條件約束的時候允許現在資料違反規則
 ALTER TABLE tblOrders WITH NOCHECK
 ADD CONSTRAINT ck_orderdt_shipdt CHECK ( 訂單日期 <= 出貨日期 )
 GO

-- 結果
Command(s) completed successfully.
```

上述的 CHECK 條件約束會檢查之後新增的資料與現在資料的異動，如果是有違反 CHECK 條件約束的規則，就會發生失敗。

```
-- 違反 CHECK 條件約束的規則，就會發生失敗
Msg 547, Level 16, State 0, Line 34
The UPDATE statement conflicted with the CHECK constraint "ck_orderdt_shipdt". The
conflict occurred in database "TSQL", table "dbo.tblOrders".
The statement has been terminated.
```

圖 5　檢視違反規則資料

最後如果需要暫時停止 CHECK 條件約束，可以使用以下的陳述式完成。

```
-- 暫時停止 CHECK 條件約束
ALTER TABLE tblOrders
NOCHECK CONSTRAINT ck_orderdt_shipdt
GO
-- 重新啟動 CHECK 條件約束並且不檢查現有的資料正確性
ALTER TABLE tblOrders WITH NOCHECK
  CHECK CONSTRAINT ck_orderdt_shipdt
  GO
```

▶ **本書相關問題導覽**

19.【快速從混沌資料中去蕪存菁】

36 活用 SQLCLR 讓資料庫可以定期匯入台幣與外幣即時匯率

許多企業用戶經常需要用到網路金融資料，如台灣銀行的即時匯率交換資料，以便進行儲存、查詢與分析等進階之用。要實作這樣的解決方案，可以有很多種方式，許多人可能會使用找人工每天定期下載、藉由網路爬蟲程式、使用 NET 程式等等，以下就是台灣銀行的即時匯率網站 http://rate.bot.com.tw/xrt?Lang=zh-TW。

圖 1　連接台灣銀行即時匯率網站

從中可以從中取得下載的路徑，為 http://rate.bot.com.tw/xrt/fltxt/0/day 這樣一來就可以讓應用程式自動取得。

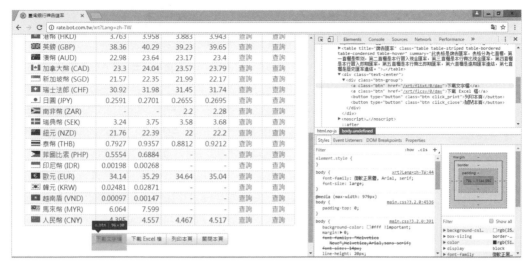

圖 2　使用瀏覽器的 F12 檢視對應的下載路徑

► 案例說明

有關此部分可以考慮一個實作技巧，就是從 SQL Server 2005 開始就支援的 SQLCLR
方式，該方式就是將可執行的程式轉換組件從 DLL 載入到 SQL Server 引擎，然後利
用預存程序或是函數，就可以快速與順利將台灣銀行的匯率交換資料，在資料庫中顯
示。首先要先檢視資料格式，以便資料庫建立對應的欄位來儲存下載完成的資料，該
下載資料格式固定總共有 21 個欄位，分別記錄幣別、買入匯率、買入現金、買入即
期、買入遠期 10 天、買入遠期 30 天、買入遠期 60 天、買入遠期 90 天、買入遠期
120 天、買入遠期 150 天、買入遠期 180 天、賣出匯率、賣出現金、賣出即期、賣出
遠期 10 天、賣出遠期 30、賣出遠期 60 天、賣出遠期 90 天、賣出遠期 120 天、賣
出遠期 150 天、賣出遠期 180 天。

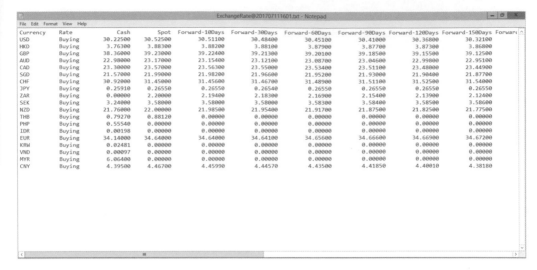

圖 3　檢視下載資料

在實作這 SQLCLR 對應的資料庫物件之前，可以使用 Visual Studio 2015 來建立一個資料庫專案並且加入 SQL CLR C# 預存程序。

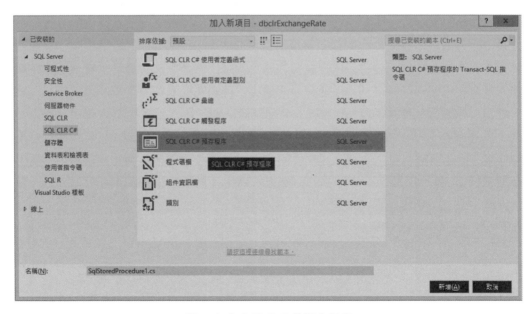

圖 4　加入 SQLCLR 的預存程序

並且加入以下的 SQLCLR 程式，該程式主要是 SqlContext.Pipe 的 SendResultsRow 方法將結果 SqlDataRecord rec = new SqlDataRecord(cols) 變數 rec 資料集傳送到呼叫該預存程序的程式。

```csharp
//SQLCLR C# 應用程式
using System;
using System.Data;
using System.Data.SqlClient;
using System.Data.SqlTypes;
using Microsoft.SqlServer.Server;

using System.Net;
using System.Collections.Generic;

public partial class StoredProcedures
{
    [Microsoft.SqlServer.Server.SqlProcedure]
    public static void SqluspImport ()
    {

        //columns amount by download text files
        int MaxColumns = 21;

        //download as cache
        var textFromFile = (new WebClient()).DownloadString("http://rate.bot.com.tw/
xrt/flcsv/0/day");
        string[] stringSeparators = new string[] { "\r\n" };
        string[] lines = textFromFile.Split(stringSeparators, StringSplitOptions.None);
        //convert array to list and remove header
        List<string> lists = new List<string>(lines);
        lists.RemoveAt(0);

        //convert to Microsoft.sqlserver.server.sqldatarecord
        SqlMetaData[] cols = new SqlMetaData[MaxColumns];
        SqlPipe pipe = SqlContext.Pipe;

        cols[0] = new SqlMetaData(" 幣別 ", SqlDbType.NVarChar, 20);
        cols[1] = new SqlMetaData(" 買入匯率 ", SqlDbType.NVarChar, 20);
        cols[2] = new SqlMetaData(" 買入現金 ", SqlDbType.NVarChar, 20);
        cols[3] = new SqlMetaData(" 買入即期 ", SqlDbType.NVarChar, 20);
        cols[4] = new SqlMetaData(" 買入遠期 10 天 ", SqlDbType.NVarChar, 20);
        cols[5] = new SqlMetaData(" 買入遠期 30 天 ", SqlDbType.NVarChar, 20);
        cols[6] = new SqlMetaData(" 買入遠期 60 天 ", SqlDbType.NVarChar, 20);
        cols[7] = new SqlMetaData(" 買入遠期 90 天 ", SqlDbType.NVarChar, 20);
```

```
cols[8] = new SqlMetaData(" 買入遠期 120 天 ", SqlDbType.NVarChar, 20);
cols[9] = new SqlMetaData(" 買入遠期 150 天 ", SqlDbType.NVarChar, 20);
cols[10] = new SqlMetaData(" 買入遠期 180 天 ", SqlDbType.NVarChar, 20);
cols[11] = new SqlMetaData(" 賣出匯率 ", SqlDbType.NVarChar, 20);
cols[12] = new SqlMetaData(" 賣出現金 ", SqlDbType.NVarChar, 20);
cols[13] = new SqlMetaData(" 賣出即期 ", SqlDbType.NVarChar, 20);
cols[14] = new SqlMetaData(" 賣出遠期 10 天 ", SqlDbType.NVarChar, 20);
cols[15] = new SqlMetaData(" 賣出遠期 30 天 ", SqlDbType.NVarChar, 20);
cols[16] = new SqlMetaData(" 賣出遠期 60 天 ", SqlDbType.NVarChar, 20);
cols[17] = new SqlMetaData(" 賣出遠期 90 天 ", SqlDbType.NVarChar, 20);
cols[18] = new SqlMetaData(" 賣出遠期 120 天 ", SqlDbType.NVarChar, 20);
cols[19] = new SqlMetaData(" 賣出遠期 150 天 ", SqlDbType.NVarChar, 20);
cols[20] = new SqlMetaData(" 賣出遠期 180 天 ", SqlDbType.NVarChar, 20);


//split data into data table
SqlDataRecord rec = new SqlDataRecord(cols);
pipe.SendResultsStart(rec);
foreach (string line in lists)
{
    if (!string.IsNullOrEmpty(line))
    {
        var columns = line.Split(',');
        for (int cIndex = 0; cIndex < MaxColumns; cIndex++)
        {
            rec.SetValue(cIndex, new SqlString(columns[cIndex]));
        }

        pipe.SendResultsRow(rec);
    }

}

pipe.SendResultsEnd();

SqlContext.Pipe.Send("Successfully Imported Data from http://rate.bot.com.tw");
    }
}
```

完成之後就可以建置該專案，取得建置完成的 DLL 檔案，準備進行部署到指定的 SQL Server 資料庫，過程中可以到該專案的目錄，類似 C:\SuperSQLServer\4. dbclrExchange\dbclrExchangeRate\dbclrExchangeRate\obj\Debug 中檢查是否有 dbclrExchangeRate.dll 檔案。

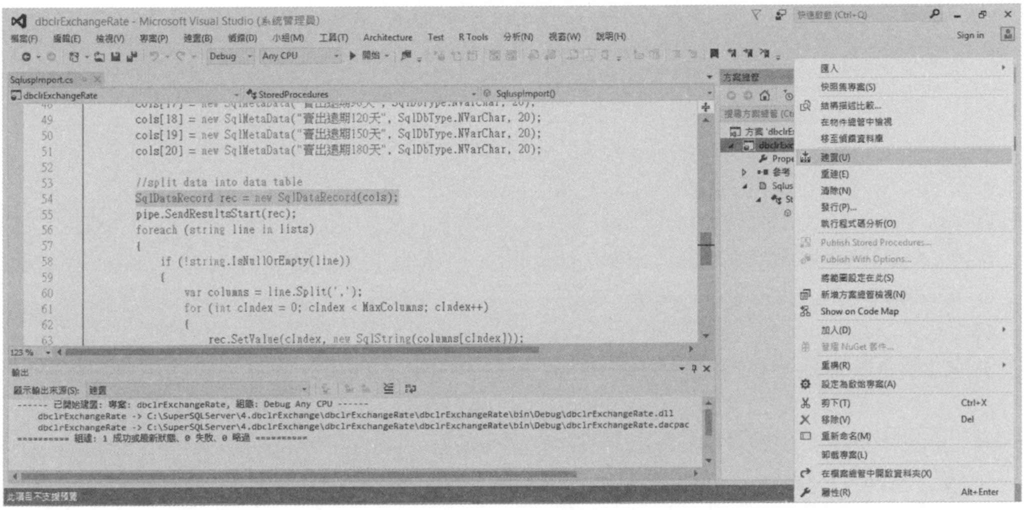

圖 5 編譯 SQLCLR 預存程序

此外，Visual Studio 2015 還會幫忙製作一個 .sql 檔案，協助人員進行手動部署到 SQL Server 中的資料庫。

圖 6 檢視由 Visual Studio 協助產生的部署檔案

► 實戰解說

載入 SQLCLR 的 DLL 檔案與產生對應的預存程序，可以使用以下的方式，過程中因為該 SQLCLR 組件需要啟動 EXTERNAL_ACCESS 的選項，才可以透過 SQLCLR 的 DLL 去網路下載資料到資料中進行處理。

```sql
-- 宣告該資料庫允許加入組件為 UNSAFE 選項
ALTER DATABASE TSQL SET TRUSTWORTHY ON
GO
-- 載入資料庫組件
CREATE ASSEMBLY [dbclrExchangeRate] AUTHORIZATION [dbo]
FROM 'C:\...\dbclrExchangeRate\obj\Debug\dbclrExchangeRate.dll'
WITH PERMISSION_SET = EXTERNAL_ACCESS
GO
-- 建立對應的 SQLCLR 對應的預存程序
CREATE PROCEDURE [dbo].[SqluspImport]
AS EXTERNAL NAME [dbclrExchangeRate].[StoredProcedures].[SqluspImport];
GO
```

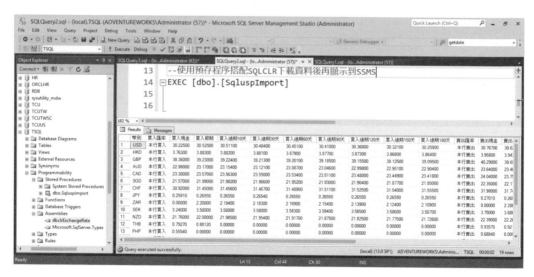

圖 7　使用 SQLCLR 建立的預存程序下載銀行資料

最後如果需要將執行預存程序的結果，儲存到資料表，可以參考以下的陳述式。

```
-- 如何將預存程序執行結果新增到資料表
USE [TSQL]
GO


DROP TABLE IF EXISTS [dbo].[Bank]
GO
CREATE TABLE [dbo].[Bank](
    [ 幣別 ] [nvarchar](20) NULL,
    [ 買入匯率 ] [nvarchar](20) NULL,
    [ 買入現金 ] [nvarchar](20) NULL,
    [ 買入即期 ] [nvarchar](20) NULL,
    [ 買入遠期 10 天 ] [nvarchar](20) NULL,
    [ 買入遠期 30 天 ] [nvarchar](20) NULL,
    [ 買入遠期 60 天 ] [nvarchar](20) NULL,
    [ 買入遠期 90 天 ] [nvarchar](20) NULL,
    [ 買入遠期 120 天 ] [nvarchar](20) NULL,
    [ 買入遠期 150 天 ] [nvarchar](20) NULL,
    [ 買入遠期 180 天 ] [nvarchar](20) NULL,
    [ 賣出匯率 ] [nvarchar](20) NULL,
    [ 賣出現金 ] [nvarchar](20) NULL,
    [ 賣出即期 ] [nvarchar](20) NULL,
    [ 賣出遠期 10 天 ] [nvarchar](20) NULL,
    [ 賣出遠期 30 天 ] [nvarchar](20) NULL,
    [ 賣出遠期 60 天 ] [nvarchar](20) NULL,
    [ 賣出遠期 90 天 ] [nvarchar](20) NULL,
    [ 賣出遠期 120 天 ] [nvarchar](20) NULL,
    [ 賣出遠期 150 天 ] [nvarchar](20) NULL,
    [ 賣出遠期 180 天 ] [nvarchar](20) NULL)
GO
-- 將結果新增到資料表
insert into [dbo].[Bank] exec [dbo].[SqluspImport]
-- 結果
Successfully Imported Data from http://rate.bot.com.tw
(19 row(s) affected)
```

► 注意事項

當佈署該 SQLCLR 時，經常會碰到許多問題，針對這些問題分別提出可能解決方式。

```
-- 這是 deploy 組件到 TSQL 資料庫發生的錯誤
CREATE ASSEMBLY [dbclrExchangeRate] AUTHORIZATION [dbo]
FROM 'C:\...\dbclrExchangeRate\obj\Debug\dbclrExchangeRate.dll'
WITH PERMISSION_SET = EXTERNAL_ACCESS
GO
-- 結果
Msg 10327, Level 14, State 1, Line 5
CREATE ASSEMBLY for assembly 'dbclrExchangeRate' failed because assembly
'dbclrExchangeRate' is not authorized for PERMISSION_SET = EXTERNAL_ACCESS.  The assembly
is authorized when either of the following is true: the database owner (DBO) has EXTERNAL
ACCESS ASSEMBLY permission and the database has the TRUSTWORTHY database property on; or
the assembly is signed with a certificate or an asymmetric key that has a corresponding
login with EXTERNAL ACCESS ASSEMBLY permission.
```

上述的解決方式就是啟動該資料庫為

```
-- 啟動 TRUSTWORTHY
ALTER DATABASE TSQL SET TRUSTWORTHY ON
GO
```

然而啟動 ALTER DATABASE TSQL SET TRUSTWORTHY ON 過程中可能會碰到以下問題，這樣就影響到該資料庫進行後續的動作。

```
-- 這是 deploy 組件到 TSQL 資料庫發生的錯誤
CREATE ASSEMBLY [dbclrExchangeRate] AUTHORIZATION [dbo]
FROM 'C:\...\dbclrExchangeRate\obj\Debug\dbclrExchangeRate.dll'
WITH PERMISSION_SET = EXTERNAL_ACCESS
GO
-- 結果
Msg 33009, Level 16, State 2, Line 5
The database owner SID recorded in the master database differs from the database owner
SID recorded in database 'TSQL'. You should correct this situation by resetting the
owner of database 'TSQL' using the ALTER AUTHORIZATION statement.
```

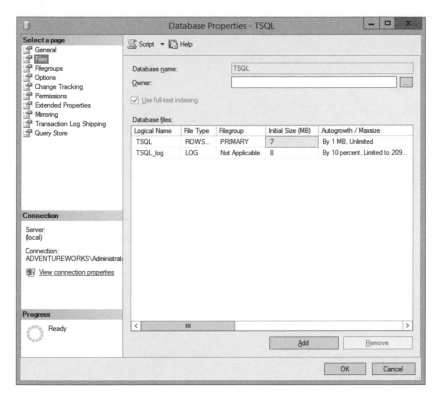

圖 8 發現資料庫沒有擁有者導致系統無法部署 SQLCLR

基本上這樣的解決方案就是針對該資料庫加入預設的擁有者為 sa

```
-- 針對該 TSQL 加入擁有者
USE [TSQL]
GO
EXEC dbo.sp_changedbowner @loginame = N'sa', @map = false
GO
```

另外可能在執行預存程序的過程中，會發生以下的錯誤：

```
-- 使用預存程序搭配 SQLCLR 下載資料後再顯示到 SSMS
EXEC [dbo].[SqluspImport]
-- 結果
Msg 6263, Level 16, State 1, Line 14
Execution of user code in the .NET Framework is disabled. Enable "clr enabled"
configuration option.
```

對應的解決方式就是啟動該 SQL Server 的 SQLCLR 的組態：

```
-- 啟動整個 SQL Server SQLCLR 選項
EXEC sp_configure 'clr enabled',1
RECONFIGURE
```

► **本書相關問題導覽**

37.【透過 SQLCLR 或 R 套件實作多種資料庫端翻譯繁體簡體方式】

37

透過 SQLCLR 或 R 套件實作多種資料庫端翻譯繁體簡體方式

大家經常會問兩岸三地文字轉換的問題，意思就是說資料表已經有儲存繁簡體的資料，希望 SQL Server 有內建函式，可以把資料抓出來直接進行繁簡互轉，過程中期望可以先不考慮應用程式端，因為如果可以統一使用資料庫端的方式，這樣一來寫報表或是進行字串比對都很方便。

```
-- 檢視繁體簡體資料內容
USE [TSQL]
GO
DROP TABLE IF EXISTS tblCNTW
GO
CREATE TABLE tblCNTW
(cid INT IDENTITY PRIMARY KEY,
 content nvarchar(512))
GO
INSERT INTO tblCNTW(content)
VALUES(N' 學著自己加油吧 最大降幅高達 2 元 '),
(N' 提供受災車輛免費拖吊與零件工資優惠 '),
(N' 今天的天氣還是和昨天很像，事實上未來這一兩周的天氣都頗像的 '),
(N' 台湾首辆无人驾驶巴士上路测试 '),
(N' 性价比更出色 东风本田 CR-V 购车手册 '),
(N' 华夏基金没落：排名下滑被困神雾系 ')
GO
-- 檢視資料表內容
SELECT * FROM tblCNTW
GO
```

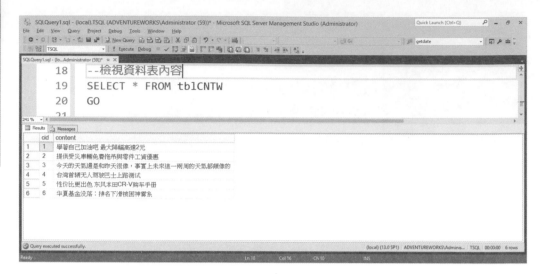

圖 1　檢視資料表內容

在沒有使用任何的函數或是 SQLCLR 之前，最簡單的方式就是使用 SQL Server Integration Services(SSIS) 的 Data flow 的轉換元件 Character Map 字元轉換。以下就是使用 SSIS 的轉換方式，實作一個無須撰寫程式碼的方式。

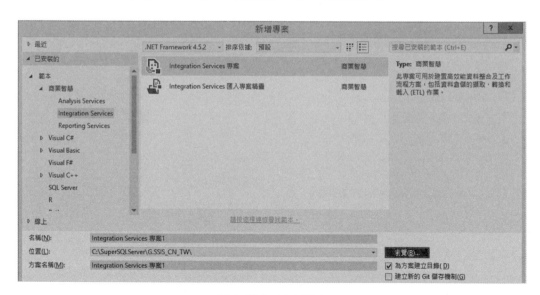

圖 2　建立 SSIS 專案

圖 3 針對字元轉換選擇要轉換的語系

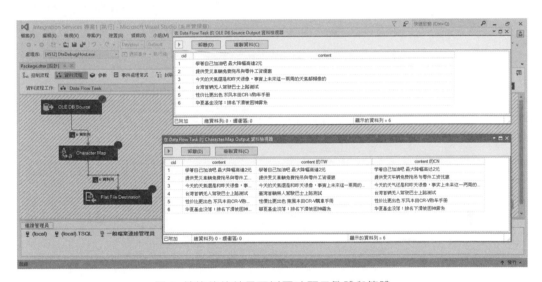

圖 4 轉換後的結果可以同時顯示繁體與簡體

使用 SSIS 進行繁體簡體轉換的過程很簡易，但是也因為需要藉由 SSIS 的開發界面或後續的 SSIS 封裝搭配排程執行，若是要整合 T-SQL 直接進行繁體簡體轉換，使用 SSIS 就有很大的限制。

► 案例說明

若是要使用 T-SQL 直接呼叫函數或是執行預存程序,進行繁體簡體轉換作業,建議使用使用者自訂函數的方式會比較合適。主要是因為使用者自訂函數,可以接收輸入參數,然後回傳結果到前端應用程式進行呈現。

有關使用者自訂函數轉換繁體簡體方面,因為預設的 T-SQL 函數沒有這類型的功能,若是要擴充這樣的限制可以搭配 .NET 的 CLR 套件,該 CLR 套件從在資料庫端簡稱為 SQLCLR, 支 援 從 SQL Server 2005 到 SQL Server 2016/2017 版 本。 藉 由 SQLCLR 就可以實作出很多 T-SQL 端原本無法完成的限制,就像這次的繁體簡體轉換的功能。

若要實作這樣的 SQCLR 產生的使用者自訂函數,需要藉由 Visual Studio 的協助,過程中需要使用一個 .NET 的 Microsoft.VisualBasic 轉換函數,該函數支援轉換成 VbStrConv.SimplifiedChinese 與 VbStrConv.TraditionalChinese。

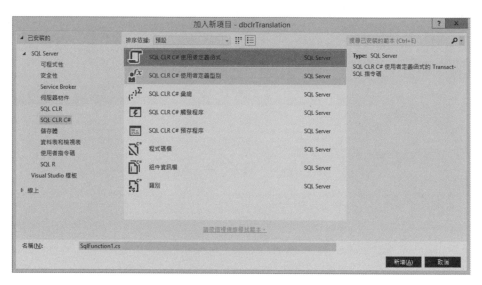

圖 5 新增資料庫專案加入 SQL CLR C# 使用者定義函式

實作的過程中需要額外加入 Microsoft.VisualBasic 的參考,這樣一來就可以讓 C# 的應用程式可以使用到該參考。

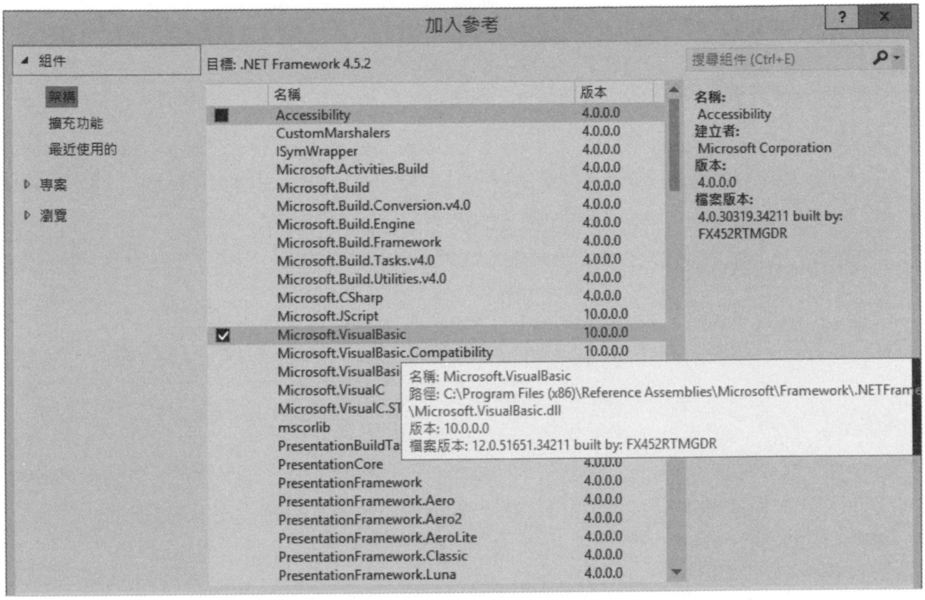

圖 6　在 C# 中加入 Microsoft.VisualBasic 參考

```csharp
using System;
using System.Data;
using System.Data.SqlClient;
using System.Data.SqlTypes;
using Microsoft.SqlServer.Server;
using Microsoft.VisualBasic;
public partial class UserDefinedFunctions
{
    [Microsoft.SqlServer.Server.SqlFunction]
    public static SqlString Simplified(String str)
    {
        // 轉換成簡體中文 使用 People's Republic of China, 2052 地區代碼
        return new SqlString (Microsoft.VisualBasic.Strings.StrConv(str, VbStrConv.
SimplifiedChinese, 2052));
    }
    [Microsoft.SqlServer.Server.SqlFunction]
    public static SqlString Traditional(String str)
    {   // 轉換成繁體中文 使用 People's Republic of China, 2052 地區代碼
        return new SqlString(Microsoft.VisualBasic.Strings.StrConv(str, VbStrConv.
TraditionalChinese, 2052));
```

```
        }
    }
```

當上述的程式完成建置與編譯之後，就可以看到 dbclrTranslation.dll 與對應的部署 T-SQL 程式碼，該部分會在該專案的 Debug 路徑下，C:\...\dbclrTranslation\ dbclrTranslation\obj\Debug。

最後可以使用以下的方式進行將該 dbclrTranslation.dll 進行部署，並且進行測試。

```
-- 部署 DLL
CREATE ASSEMBLY [dbclrTranslation] AUTHORIZATION [dbo]
FROM 'C:\...\dbclrTranslation\dbclrTranslation\obj\Debug\dbclrTranslation.dll'
WITH PERMISSION_SET = SAFE
GO
```

```
-- 根據該 DLL 提供的函數建立對應的 SQL Server 使用者定義函數
CREATE FUNCTION [dbo].[Simplified] (@str [nvarchar](MAX))
RETURNS [nvarchar](MAX)
AS EXTERNAL NAME [dbclrTranslation].[UserDefinedFunctions].[Simplified];
GO

CREATE FUNCTION [dbo].[Traditional] (@str [nvarchar](MAX))
RETURNS [nvarchar](MAX)
AS EXTERNAL NAME [dbclrTranslation].[UserDefinedFunctions].[Traditional];
GO
```

```
-- 使用 T-SQL 驗證 SQLCLR 翻譯的功能
SELECT *,[dbo].[Simplified]([content]) AS Simplified ,
       [dbo].[Traditional]([content]) AS Traditional
FROM tblCNTW
```

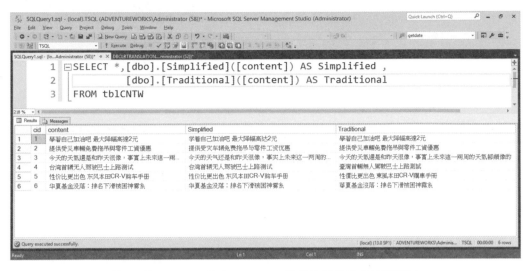

圖 7　使用 T-SQL 整合 SQLCLR 函數進行繁體與簡體翻譯

▶ 實戰解說

此外如果有使用 SQL Server 2016 的用戶，可以試試看 R 語言搭配使用 library(tmcn) 的 toTrad 函數，該函數使用上面有 rev=T，表示要轉換成簡體，有關 tmcn 的下載可以從以下取得，https://goo.gl/0vS1Hc。

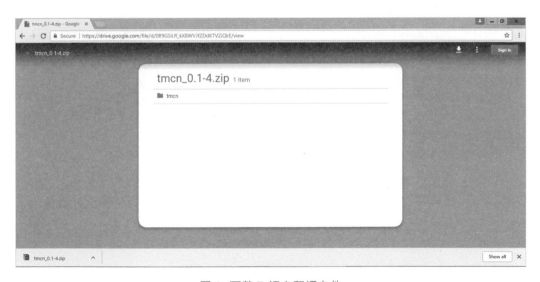

圖 8　下載 R 語言翻譯套件

緊接著執行 C:\Program Files\Microsoft SQL Server\MSSQL13.MSSQLSERVER\R_
SERVICES\bin\ 中的 R.exe 去安裝該 tmcn_0.1-4.zip 套件，過程中可以使用 install.
packages 安裝該套件。

```
Microsoft Windows [Version 6.3.9600]
(c) 2013 Microsoft Corporation. All rights reserved.


C:\temp>services.msc


C:\temp>cd C:\Program Files\Microsoft SQL Server\MSSQL13.MSSQLSERVER\R_SERVICES\bin


C:\Program Files\Microsoft SQL Server\MSSQL13.MSSQLSERVER\R_SERVICES\bin>R


R version 3.2.2 (2015-08-14) -- "Fire Safety"
Copyright (C) 2015 The R Foundation for Statistical Computing
Platform: x86_64-w64-mingw32/x64 (64-bit)


R is free software and comes with ABSOLUTELY NO WARRANTY.
You are welcome to redistribute it under certain conditions.
Type 'license()' or 'licence()' for distribution details.


R is a collaborative project with many contributors.
Type 'contributors()' for more information and
'citation()' on how to cite R or R packages in publications.


Type 'demo()' for some demos, 'help()' for on-line help, or
'help.start()' for an HTML browser interface to help.
Type 'q()' to quit R.


Microsoft R Server version 8.0 (64-bit):
Microsoft packages Copyright (C) 2016 Microsoft Corporation


Type 'readme()' for release notes.


> install.packages("c:/sft/tmcn_0.1-4.zip")
inferring 'repos = NULL' from 'pkgs'
package 'tmcn' successfully unpacked and MD5 sums checked
>
```

另外要檢查 SQL Server R 服務的版本，該驗證環境為 1252 的地區代碼。

```
> sessionInfo()
R version 3.2.2 (2015-08-14)
Platform: x86_64-w64-mingw32/x64 (64-bit)
Running under: Windows Server 2012 x64 (build 9200)

locale:
[1] LC_COLLATE=English_United States.1252
[2] LC_CTYPE=English_United States.1252
[3] LC_MONETARY=English_United States.1252
[4] LC_NUMERIC=C
[5] LC_TIME=English_United States.1252

attached base packages:
[1] stats      graphics  grDevices utils     datasets  methods
[7] base

other attached packages:
[1] RevoUtilsMath_8.0.3 RevoUtils_8.0.3    RevoMods_8.0.3
[4] RevoScaleR_8.0.3    lattice_0.20-33   rpart_4.1-10

loaded via a namespace (and not attached):
[1] tools_3.2.2      codetools_0.2-14 grid_3.2.2
[4] iterators_1.0.8  foreach_1.4.3
```

緊接著就可以使用以下的方式驗證 SQL Server R 服務，是否可以順利翻譯繁體與簡
體中文，過程中可以使用 toTrad 的函數翻譯繁體中文，若是加入 rev=T 就可以翻譯成
簡體中文。

```
-- 翻譯成繁體中文
EXEC sp_execute_external_script
     @language =N'R',
     @script=N'
     library(tmcn)
     t1 <-InputDataSet[,1];
     t2 = toTrad(t1)
     OutputDataSet<-data.frame(t2)  ' ,
```

```
       @input_data_1 =N'select N'' 性价比更出色      本田 CR-V   手 ' ' '
with result sets (([0] nvarchar(120)));
  go
```

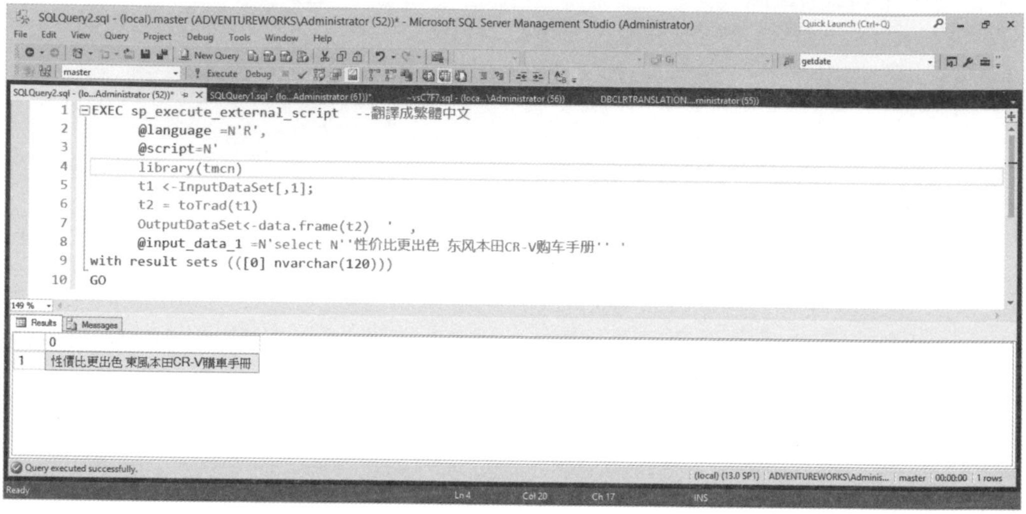

圖 9　使用 tmcn 套件搭配 R 語言進行繁體與簡體翻譯

```
--翻譯成簡體中文
EXEC sp_execute_external_script
      @language =N'R',
      @script=N'
      library(tmcn)
      t1 <-InputDataSet[,1];
      t2 = toTrad(t1,rev=T)
      OutputDataSet<-data.frame(t2)  ',
      @input_data_1 =N'select N'' 學著自己加油吧  最大降幅高達 2 元 ' ' '
with result sets (([0] nvarchar(120)));
GO
```

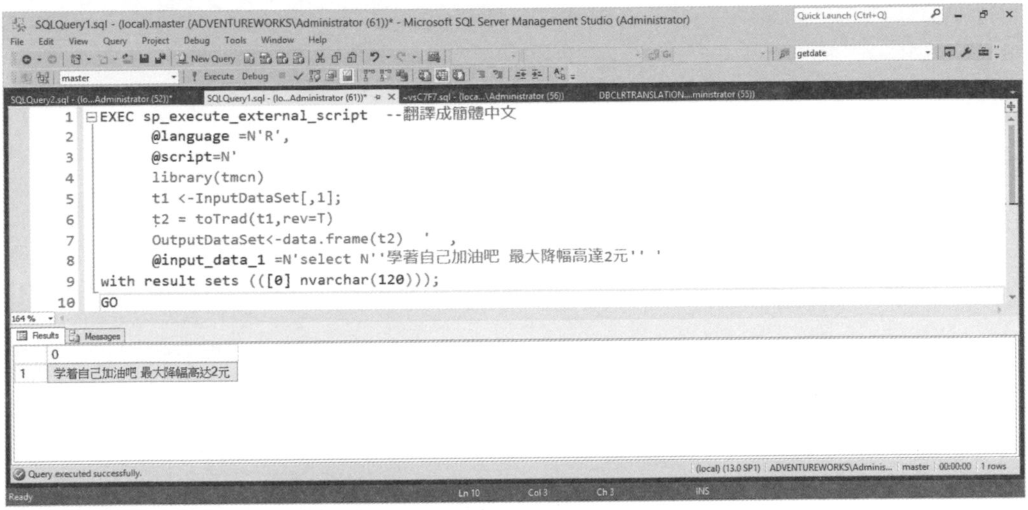

圖 10 使用 tmcn 搭配 rev=T 翻譯成簡體中文

最後可以搭配變數，來實作將資料表給 sp_execute_external_script 陳述式的 @input_data_1，讓整段 T-SQL 可以將資料表中的資料，全部轉換成繁體或是簡體中文。

```
-- 使用變數搭配 sp_execute_external_script 進行動態轉換
USE [TSQL]
GO
DECLARE @sql nvarchar(128)=N'select [content] from [dbo].[tblCNTW] '
EXEC sp_execute_external_script  -- 翻譯成簡體中文
     @language =N'R',
     @script=N'
     library(tmcn)
     t1 <-InputDataSet[,1];
     t2 = toTrad(t1,rev=T)
     OutputDataSet<-data.frame(t2)  ' ,
     @input_data_1 =@sql
with result sets (([0] nvarchar(120)));
GO
```

圖 11 使用變數搭配 sp_execute_external_script

有關繁體簡體的翻譯，上述功能只能作字體的轉換，無法進行如滑鼠與鼠標這類用詞
的對照與轉換。

36.【活用 SQLCLR 讓資料庫可以定期匯入台幣與外幣即時匯率】

38 不用 SQL Server 也可以執行 SQL 陳述式

許多時候在企業環境中需要窮則變，變則通。其中這個「窮」字，到底是山窮水盡，還是公司「窮」到沒錢買 SQL Server，雖然微軟提供的 SQL Server Express 版本是免費，仍然都可能發生各種狀況，就是想要在沒有安裝 SQL Server 下，仍然可以使用 SQL 陳述式，進行資料分析。另外還有個情況是這樣，如果有一些 CSV 檔案，完全不要匯入的 SQL Server 狀況下，僅需要短暫的分析，過程中不想碰觸到太多的 EXCEL 或是複雜的軟體，那該怎樣辦？

▶ 案例說明

答案也不難處理，就是使用 LogParser 2.2 該軟體的下載網址如下：

https://www.microsoft.com/en-us/download/details.aspx?id=24659

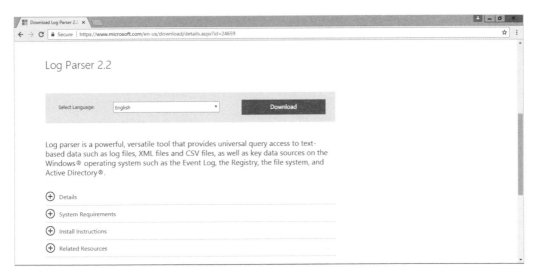

圖 1　下載 Log Parser 2.2 進行安裝

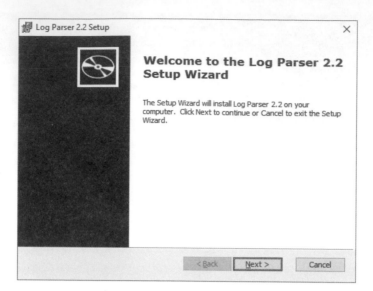

圖 2　安裝 Log Parser 2.2 軟體於 Windows 作業系統

在安裝過程中留意安裝路徑，可以讓後續啟動該執行程式時更為方便。

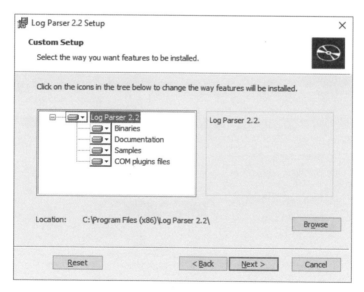

圖 3　預計安裝路徑為 32 位元路徑

啟動該應用程式有兩種方式：第一種就是從開始程式集中找出 Log Parser 2.2 或是開啟命令列 CMD 之後，切換路徑如下 cd "C:\Program Files (x86)\Log Parser 2.2"，都可以啟動 Log Parser 2.2 的命令列模式。

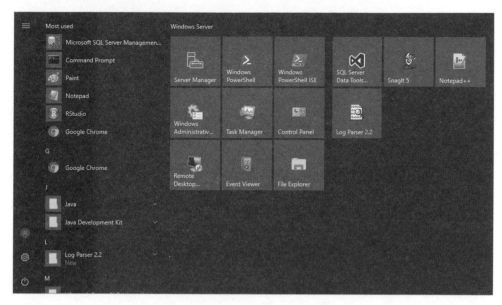

圖 4　啟動 Log Parser 2.2 方式

以下就是啟動 Log Parser 2.2 程式之後所包含的説明，其中會經常使用到的參數有：

◆ -i：指定輸入檔案格式，如 CSV

◆ -o：指定輸出結果格式，如 SQL 就是將結果匯入到 SQL Server。

```
Microsoft (R) Log Parser Version 2.2.10
Copyright (C) 2004 Microsoft Corporation. All rights reserved.

Usage:   LogParser [-i:<input_format>] [-o:<output_format>] <SQL query> |
                   file:<query_filename>[?param1=value1+...]
                   [<input_format_options>] [<output_format_options>]
                   [-q[:ON|OFF]] [-e:<max_errors>] [-iw[:ON|OFF]]
                   [-stats[:ON|OFF]] [-saveDefaults] [-queryInfo]

         LogParser -c -i:<input_format> -o:<output_format> <from_entity>
                   <into_entity> [<where_clause>] [<input_format_options>]
                   [<output_format_options>] [-multiSite[:ON|OFF]]
                   [-q[:ON|OFF]] [-e:<max_errors>] [-iw[:ON|OFF]]
                   [-stats[:ON|OFF]] [-queryInfo]

 -i:<input_format>   :  one of IISW3C, NCSA, IIS, IISODBC, BIN, IISMSID,
```

```
                              HTTPERR, URLSCAN, CSV, TSV, W3C, XML, EVT, ETW,
                              NETMON, REG, ADS, TEXTLINE, TEXTWORD, FS, COM (if
                              omitted, will guess from the FROM clause)
 -o:<output_format>  :  one of CSV, TSV, XML, DATAGRID, CHART, SYSLOG,
                              NEUROVIEW, NAT, W3C, IIS, SQL, TPL, NULL (if omitted,
                              will guess from the INTO clause)
 -q[:ON|OFF]         :  quiet mode; default is OFF
 -e:<max_errors>     :  max # of parse errors before aborting; default is -1
                              (ignore all)
 -iw[:ON|OFF]        :  ignore warnings; default is OFF
 -stats[:ON|OFF]     :  display statistics after executing query; default is
                              ON
 -c                  :  use built-in conversion query
 -multiSite[:ON|OFF] :  send BIN conversion output to multiple files
                              depending on the SiteID value; default is OFF
 -saveDefaults       :  save specified options as default values
 -restoreDefaults    :  restore factory defaults
 -queryInfo          :  display query processing information (does not
                              execute the query)


Examples:
 LogParser "SELECT date, REVERSEDNS(c-ip) AS Client, COUNT(*) FROM file.log
          WHERE sc-status<>200 GROUP BY date, Client" -e:10
 LogParser file:myQuery.sql?myInput=C:\temp\ex*.log+myOutput=results.csv
 LogParser -c -i:BIN -o:W3C file1.log file2.log "ComputerName IS NOT NULL"


Help:
 -h GRAMMAR                  : SQL Language Grammar
 -h FUNCTIONS [ <function> ] : Functions Syntax
 -h EXAMPLES                 : Example queries and commands
 -h -i:<input_format>        : Help on <input_format>
 -h -o:<output_format>       : Help on <output_format>
 -h -c                       : Conversion help


C:\Program Files (x86)\Log Parser 2.2>
```

在開始驗證 Log Parser 2.2 前先準備一個 CSV 檔案，內容如下，其中有兩個欄位與四筆資料，都使用逗號區隔，並且將資料儲存到 C:\SQLBCK\DATA.CSV。

```
工作地點,區域
台北,台北市
板橋,新北市
高雄,高雄市
新莊,新北市
```

首先，可以嘗試使用 Log Parser 2.2 的 SQL 查詢陳述式，來找出前三筆資料，過程中使用的就是跟 SQL Server 一樣的 TOP 語法。以下的圖片可以看到先使用 more 的 DOS 命令檢視該檔案內容，最後再使用 LogParser.exe "select TOP 3 * from C:\SQLBCK\DATA.csv" 讀取指定路徑下的前三筆資料。

```
C:\Program Files (x86)\Log Parser 2.2>more c:\SQLBCK\DATA.csv
工作地點,區域
台北,台北市
板橋,新北市
高雄,高雄市
新莊,新北市

C:\Program Files (x86)\Log Parser 2.2>LogParser.exe "select TOP 3 * from
C:\SQLBCK\DATA.csv"
Filename            RowNumber 工作地點 區域
------------------ --------- ---- ---
C:\SQLBCK\DATA.csv 2         台北    台北市
C:\SQLBCK\DATA.csv 3         板橋    新北市
C:\SQLBCK\DATA.csv 4         高雄    高雄市

Statistics:
-----------
Elements processed: 3
Elements output:    3
Execution time:     0.02 seconds
```

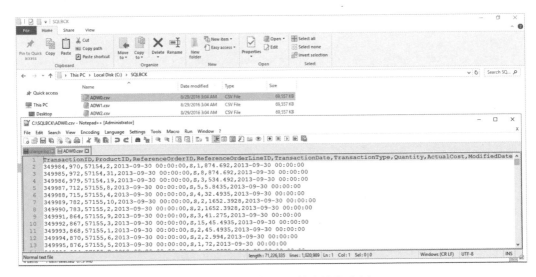

```
C:\Program Files (x86)\Log Parser 2.2>more c:\SQLBCK\DATA.csv
工作地點,區域
台北,台北市
板橋,新北市
高雄,高雄市
新莊,新北市

C:\Program Files (x86)\Log Parser 2.2>LogParser.exe "select TOP 3 * from C:\SQLBCK\DATA.csv"
Filename          RowNumber 工作地點 區域
------------------------------------------------
C:\SQLBCK\DATA.csv 2        台北     台北市
C:\SQLBCK\DATA.csv 3        板橋     新北市
C:\SQLBCK\DATA.csv 4        高雄     高雄市

Statistics:
-----------
Elements processed: 3
Elements output:    3
Execution time:     0.02 seconds

C:\Program Files (x86)\Log Parser 2.2>
```

圖 5 使用 Log Parser 2.2 直接使用 SQL 陳述式查詢檔案內容

緊接著要分析多個巨量的 CSV 檔案,名稱分別為 ADW0.csv / ADW1.csv / ADW2.csv,大小約 70MB 包含 103 萬筆資料。

圖 6 準備巨量的 CSV 檔案進行分析

```
C:\Program Files (x86)\Log Parser 2.2>LogParser.exe "SELECT TOP 3 COUNT(*) AS
                                       TOTAL,ProductID
                                       FROM C:\SQLBCK\ADW?.csv
                                       GROUP BY productID
                                       ORDER BY TOTAL DESC" -i:CSV
```

```
TOTAL    ProductID
------   ---------
113049  870
81081   873
77193   921


Statistics:
-----------
Elements processed: 3062961
Elements output:    3
Execution time:     18.94 seconds
C:\Program Files (x86)\Log Parser 2.2>
```

從上述的資料數量來看約有 306 萬，過程中使用 18.94 秒的時間分析完成所有的是數
據，並且僅回傳前三筆資料。

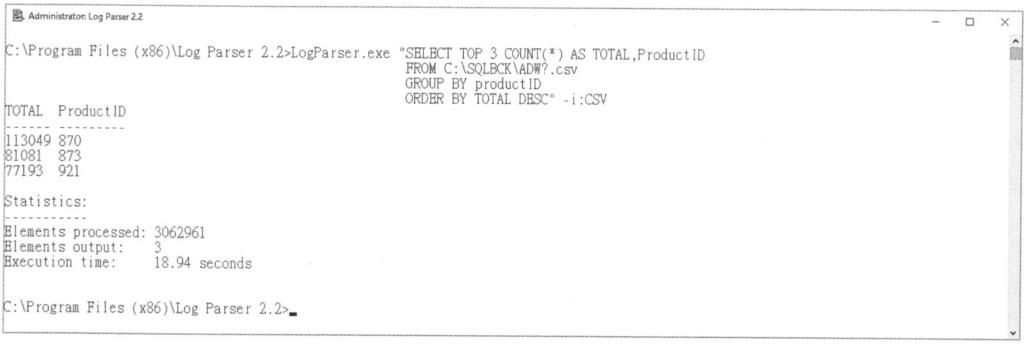

圖 7　檢視 Log Parser 2.2 使用 Group By 功能

此外如果需要將上述的多個巨量的 CSV 檔案，名稱分別為 ADW0.csv / ADW1.csv /
ADW2.csv 轉入到 SQL Server 中來進行後續分析效能比較，可以使用以下的方式。

Log Parser 2.2 在執行的過程會耗用極高的 CPU，處理大量資料匯入到 SQL Server
的動作，然而從 Process 來看該高 CPU 主要是給 SQL Server 耗用在接收資料，至於
Log Parser 2.2 只有耗用 15% 的 CPU。

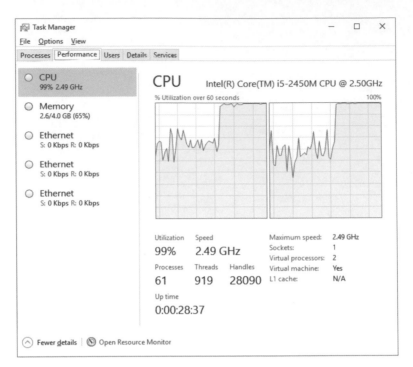

圖 8　使用 Log Parser 2.2 載入到 SQL Server 環境中會耗用 CPU 資源

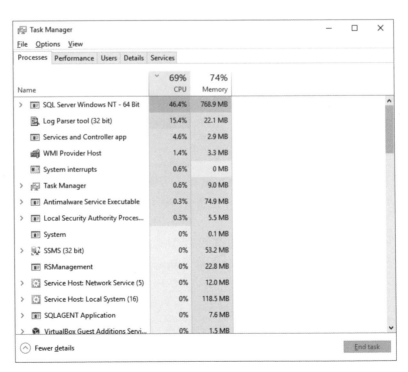

圖 9　從處理程序中可以看到 Log Parser 2.2 使用的 CPU 不高

還有載入的過程中可以使用 EXEC SP_SPACEUSED 陳述式，快速得知已經轉入的筆數，建議少用 SELECT COUNT(*) 的方式，因為後者是會讀取整個資料表，造成不必要的鎖定。

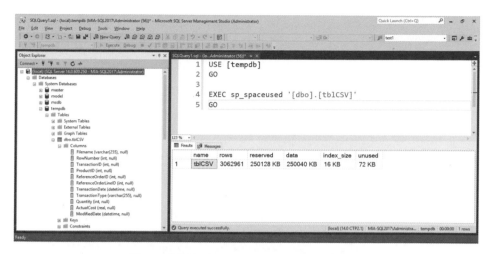

圖 10　檢視經由 Log Parser 2.2 匯入的資料

```
C:\Program Files (x86)\Log Parser 2.2>LogParser.exe
                         "select * INTO tblCSV from C:\SQLBCK\ADW?.csv"
                         -i:CSV -o:SQL -server:(local)
                         -database:tempdb -createTable:on


Statistics:
-----------

Elements processed: 3062961

Elements output:    3062961

Execution time:     491.51 seconds (00:08:11.51)

C:\Program Files (x86)\Log Parser 2.2>
```

上述的陳述式使用到 SQL Server 的 SELECT INTO 陳述式，將查詢結果建立到指定資料庫中的資料表，過程中會指令幾個重要的參數。

- ◆ -i:CSV
- ◆ -o:SQL
- ◆ -server:(local)
- ◆ -database:tempdb
- ◆ -createTable:on

圖 11　使用 Log Parser 2.2 匯入資料到 SQL Server

若是有興趣了解 Log Parser 2.2 如何將資料匯入到 SQL Server 的方式，可以打開 Profiler 就可看到匯入的過程是使用逐筆匯入的方式。

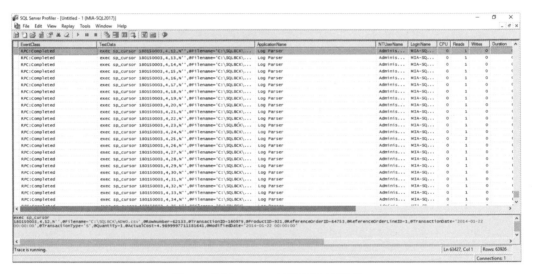

圖 12　使用 Profiler 檢視匯入的過程

若是要比較 Log Parser 2.2 分析 306 萬筆資料與 SQL Server 的速度，可以從以下看到 SQL Server 2017 分析相同數據，僅需要 192 ms 解析語法時間與 594 ms 執行時間。

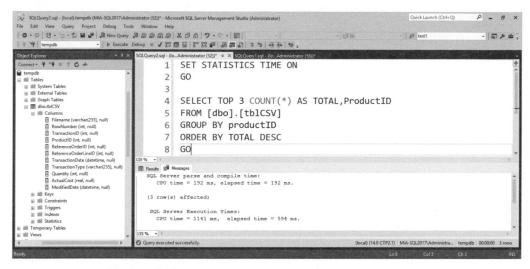

圖 13 使用 SQL Server 分析相同數據僅需要不到一秒時間

雖然 Log Parser 2.2 速度比不上 SQL Server 優異，但是卻可以將資料先行計算後，
再將結果匯入到 SQL Server 資料表，這樣一來可以分散計算的負擔與需要額外多餘
空間，儲存那些不需要匯入資料庫的檔案。

```
C:\Program Files (x86)\Log Parser 2.2>LogParser.exe
                     "SELECT COUNT(*) AS TOTAL,ProductID INTO tblDATA
                     FROM C:\SQLBCK\ADW?.csv
                     GROUP BY productID
                     ORDER BY TOTAL DESC"
                     -i:CSV
                     -o:SQL
                     -server:(local) -database:tempdb -createTable:on
Statistics:
-----------
Elements processed: 3062961
Elements output:    441
Execution time:     12.36 seconds
C:\Program Files (x86)\Log Parser 2.2>
```

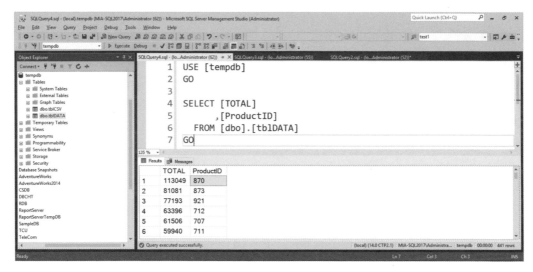

圖 14 使用 Log Parser 2.2 匯入結果到 SQL Server

圖 14 查詢由 Log Parser 2.2 匯入的彙總資料

▶ 注意事項

分析的檔案如果是儲存成 UTF-8 的狀況,使用以下的 LogParser.exe "select TOP 3 *
from C:\SQLBCK\DATA.csv" 讀取指定路徑下的前三筆資料,會發生編碼失敗的狀況。

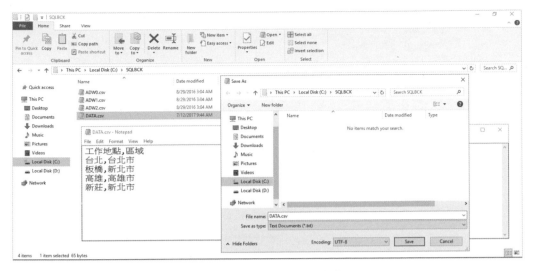

圖 16 使用 UTF-8 編碼方式

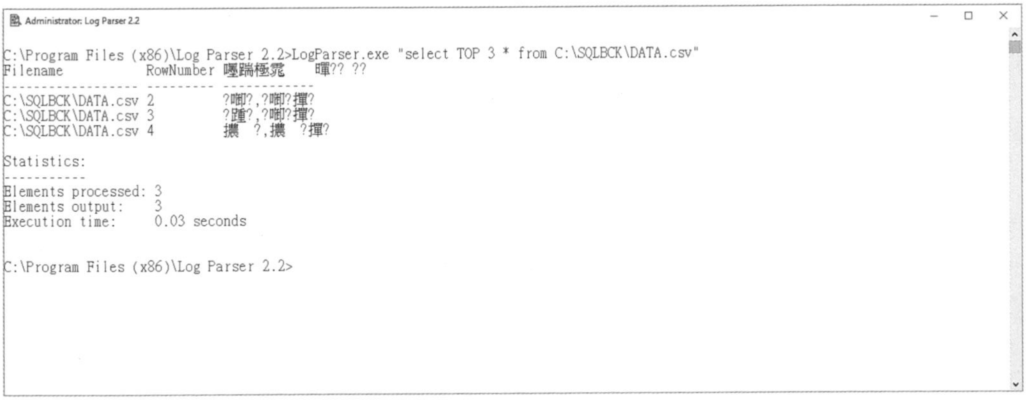

```
Administrator: Log Parser 2.2                                                    –  □  ×

C:\Program Files (x86)\Log Parser 2.2>LogParser.exe "select TOP 3 * from C:\SQLBCK\DATA.csv"
Filename            RowNumber 嘎踣極霓      嘔?? ??
------------------ --------- ------------
C:\SQLBCK\DATA.csv 2           ?喵?,?喵??揮?
C:\SQLBCK\DATA.csv 3           ?踵?,?喵?揮?
C:\SQLBCK\DATA.csv 4           攤  ?,攤  ?揮?

Statistics:
-----------
Elements processed: 3
Elements output:    3
Execution time:     0.03 seconds


C:\Program Files (x86)\Log Parser 2.2>
```

圖 17 發生編碼失敗狀況

要修正這樣的編碼問題，要加入 -iCodePage: 數字，該數字可以從以下的 URL 取得 https://msdn.microsoft.com/en-us/library/windows/desktop/dd317756(v=vs.85). aspx，本範例的 UTF-8 的編碼就是要使用 65001。

圖 18 使用 CodePage 參數解決文字內容編碼狀況

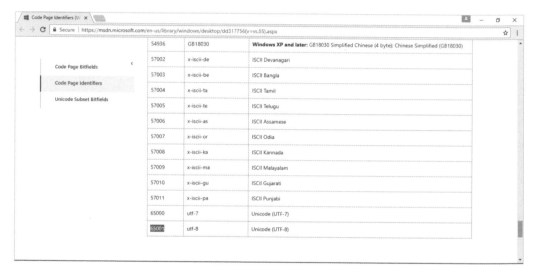

圖 19 查詢 UTF-8 編碼

► 本書相關問題導覽

39.【使用圖形 Log Parser 整合 SQL 分析 IIS LOG】

Lesson ▶ Part 02 資料庫開發技術聖殿

39 使用圖形 Log Parser 整合 SQL 分析 IIS LOG

從上一篇的 Log Parser 2.2 分析大量 CSV 的資料開始,很多人開始導入這樣小工具,今天又分享給大家知道 Log Parser 2.2 的圖形界面工具,它就是包含友善界面工具 Log Parser Studio 的程式。藉由 Log Parser Studio 的程式,可以將之前在方式放置到 Log Parser 2.2 命令列模式的執行方式,轉換到圖形界面,直接分析目錄下的 CSV 檔案或是其他 LOG。值得一提就是,這樣的工具還提供很多分析報表,更提供一個將指令轉換成 PowerShell,如此一來就可以利用 Windows 排程定期讓該 Log Parser/Log Parser Studio 自動為你工作。

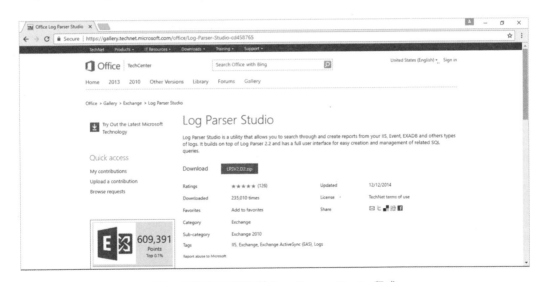

圖 1 下載圖形界面的 Log Parser Studio 程式

下載之後就可以解壓縮,過程中該應用程式可以直接點選 LPS.exe 程式,就可以啟動該圖形界面,過程中該應用程式會檢查 Log Parser 2.2 是否可以先行完成安裝,若是尚未安裝就會出現以下的問題。

圖 2　安裝 Log Parser Studio 需要先安裝 Log Parser 2.2

以下就是安裝 Log Parser 2.2 的路徑，https://www.microsoft.com/en-us/download/details.aspx?id=24659 。

► 案例說明

啟動 Log Parser Studio 之後就可以看到 Library 包含的許多樣版，提供給程式設計人員進行分析不同的資料格式，有以下多種資料格式其中最常用的就是 CSVLOG 或是IIS LOG。

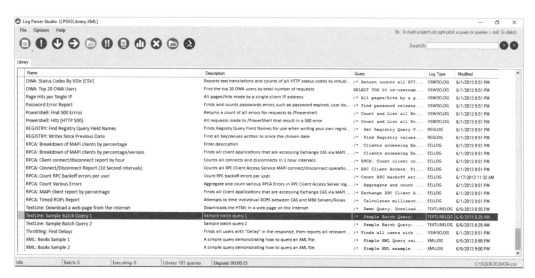

圖 3　從 Library 可以看到支援的文件格式

此外該軟體在安裝目錄下，提供許多的範例格是可以給大家練習，過程中可以搭配 Library 的查詢陳述式，就可以快速查詢該檔案的內容。

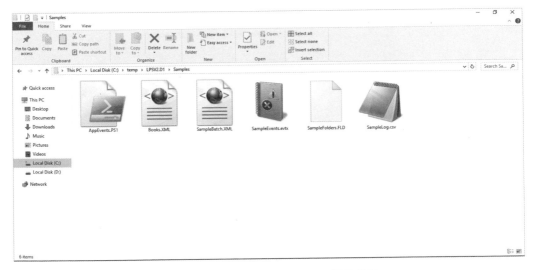

圖 4　檢視 Log Parser Studio 提供的範例

在開始實作分析 IIS LOG 或是 CSV 之前，可以先使用預設的 Library 的 XML 格式分析範例檔案中的 XML 資料。

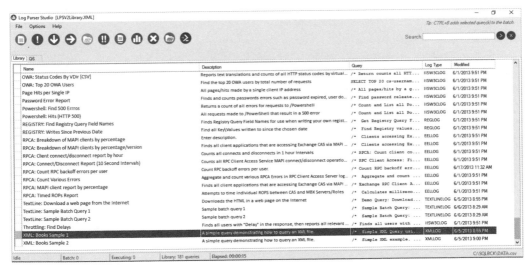

圖 5　使用 XML 範本進行分析

然後點選檔案路徑選取 XML 樣本。

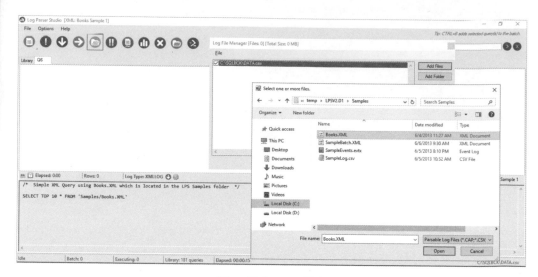

圖 6 開啟 XML 樣本

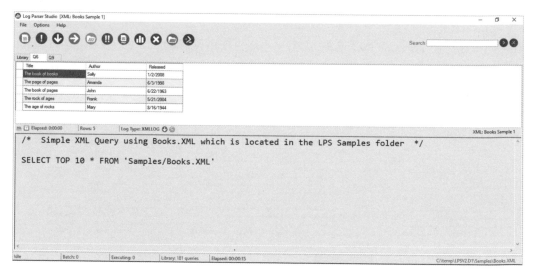

圖 7 點選執行就可以看到使用 SQL 陳述式查詢 XML 資料

```xml
<?xml version="1.0" encoding="UTF-8"?>
- <ArrayOfBooks>
    - <Book>
          <Title>The book of books</Title>
          <Author>Sally</Author>
          <Released>1/2/2008</Released>
      </Book>
    - <Book>
          <Title>The page of pages</Title>
          <Author>Amanda</Author>
          <Released>6/3/1998</Released>
      </Book>
    - <Book>
          <Title>The book of pages</Title>
          <Author>John</Author>
          <Released>6/22/1963</Released>
      </Book>
    - <Book>
          <Title>The rock of ages</Title>
          <Author>Frank</Author>
          <Released>5/21/2004</Released>
      </Book>
    - <Book>
          <Title>The age of rocks</Title>
          <Author>Mary</Author>
          <Released>8/16/1944</Released>
      </Book>
  </ArrayOfBooks>
```

圖 8　檢視 XML 資料內容

▶ 實戰解說

瞭解上述的基本 Library 的樣版使用方式之後，緊接著就可以自己建立一個查詢並且
需要指定一個 LOG 格式。

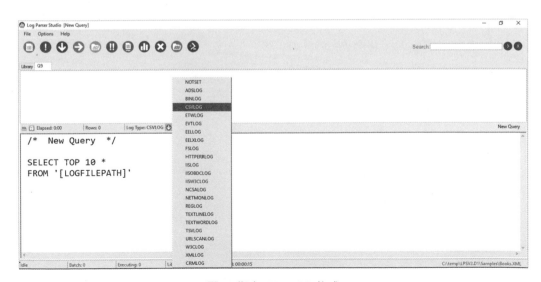

圖 9　指令 CSVLOG 格式

然後再指定檔案路徑或是目錄路徑，如下。

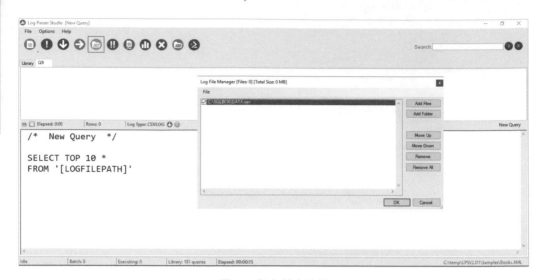

圖 10　指定檔案路徑

完成後就可以按下執行，檢視 CSVLOG 檔案內容。

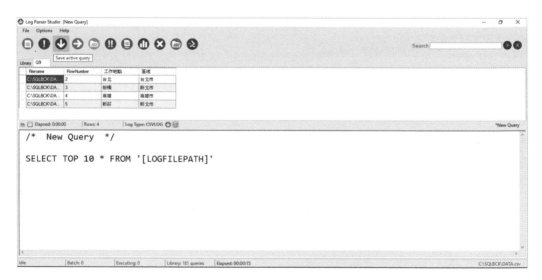

圖 11　檢視從 Log Parser Studio 讀取的資料

上述的查詢 SQL 陳述式可以自行修改。如 SELECT TOP 10 * FROM '[LOGFILEPATH]'
可以變更成以下的方式：

```
/*  自訂查詢  */
SELECT *
FROM 'C:\SQLBCK\DATA.CSV'
ORDER BY 區域
```

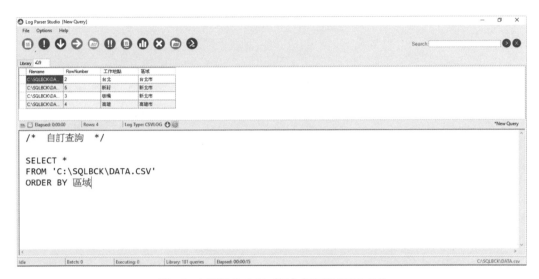

圖 12　自行輸入 SQL 陳述式查詢 CSVLOG

若是要針對目錄下的一群檔案名稱，可以使用？符號搭配以下的方式，進行分析。

```
/*  自訂查詢  */
SELECT TOP 10 *
FROM 'C:\SQLBCK\ADW?.CSV'
```

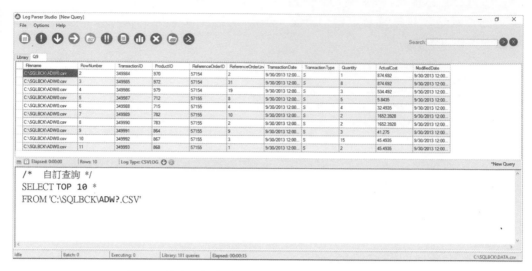

圖 13 整合正規表達式讀取檔案名稱類似的資料內容

以下就是各種 SQL 陳述式，在 Log Parser Studio 的變化技巧。

```
-- 根據檔案名稱找出筆數
/*  自訂查詢  */
SELECT count(*) as total, Filename
FROM 'C:\SQLBCK\ADW?.CSV'
GROUP BY Filename
-- 結果
    total    Filename
    1020987  C:\SQLBCK\ADW0.csv
    1020987  C:\SQLBCK\ADW1.csv
    1020987  C:\SQLBCK\ADW2.csv
```

```
-- 根據檔案名稱找出筆數
/*  自訂查詢  */
SELECT TOP 10 ProductID , count(*) as Total
FROM 'C:\SQLBCK\ADW?.CSV'
GROUP BY ProductID
ORDER BY Total DESC
-- 結果
    ProductID    total
    870  113049
```

```
873  81081
921  77193
712  63396
707  61506
711  59940
708  59184
922  58914
878  51786
871  49464
```

最後可以將結果直接繪製成圖片，過程中可以選擇許多種類的圖形類別。

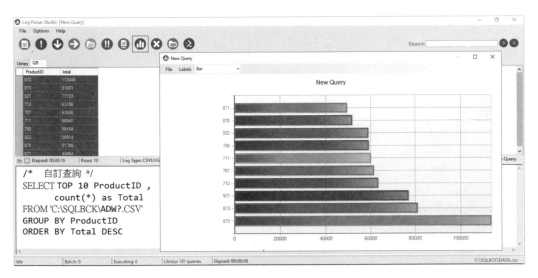

圖 14　直接將結果繪製成圖片

除了分析 CSV 檔案之外，如果需要分析 IIS LOG 的資料也可以使用類似的方式，以下就是分析 C:\SQLBCK\ 中的一個 IIS LOG 檔案。

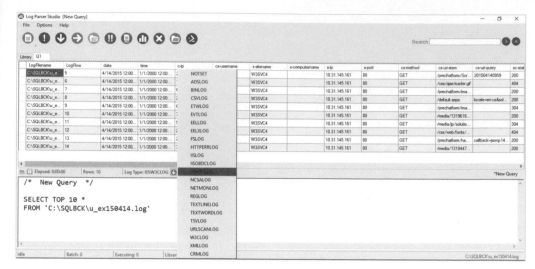

圖 15 使用 IISW3LOG 格式分析指定路徑下的資料

有關 IIS LOG 的統計分析，可以使用預設的 Library 中的模版，分析前 20 URLs。

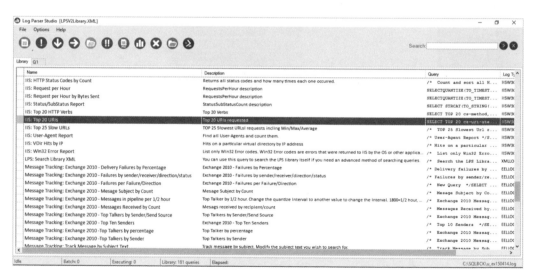

圖 16 使用預設 IIS LOG 模版

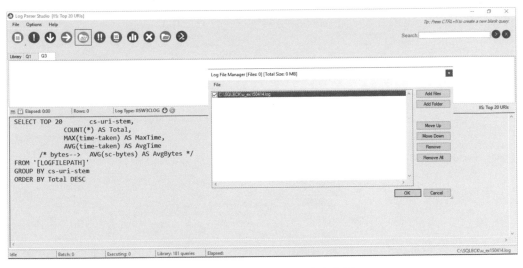

圖 17 指定 IIS LOG 路徑或是名稱

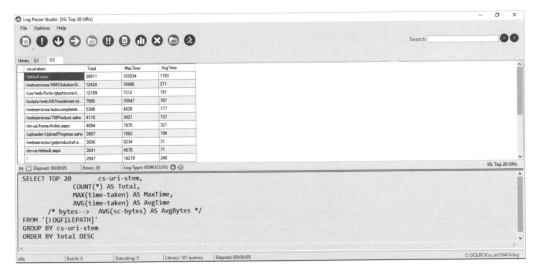

圖 18 查詢最常造訪的前面 20 個 URLs

▶ **注意事項**

當使用 Log Parser Studio 解析檔案內容發生以下編碼失敗的狀況，可以從 CSV Input
format 中的 CodePage 調整。以下的範例就是因為該文字檔案是 UTF-8 編碼，然而
CodePage 卻沒有選擇 65001 格式，導致讀入過程中編碼失敗。

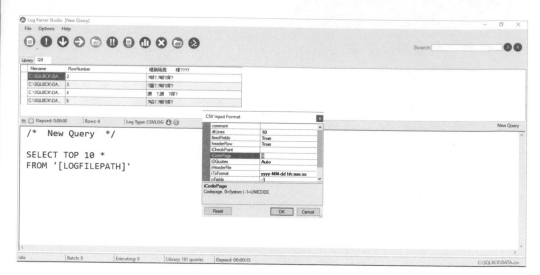

圖 19 UTF-8 需要正確搭配 65001 編碼

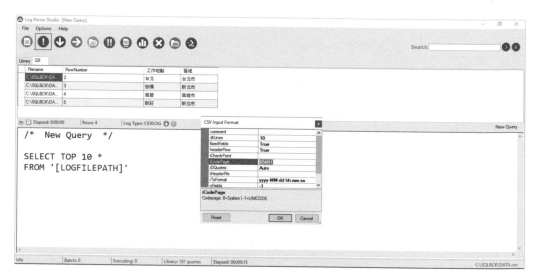

圖 20 正確使用 65001 解決 UTF-8 編碼失敗問題

► 本書相關問題導覽

38.【不用 SQL Server 也可以執行 SQL 陳述式】

40 使用 Excel 或 Access 整合 SQL 分析數據

用簡單東西解決困難任務就是高竿。微軟 Office 中的 Excel 或是 Access，是大家最容易上手的軟體工具，它們除了可以處理試算表或是建立前端資料庫之外，更可以活用到輸入 SQL 陳述式，抓取後端大型資料庫如 SQL Server 或是 Oracle。

▶ 案例說明

當大家打開 Excel 時，可以從 [Data | From Other Sources] 之中選取 [From SQL Server]，然後就跟隨精靈的輔助，一步步抓取資料庫中的數據。

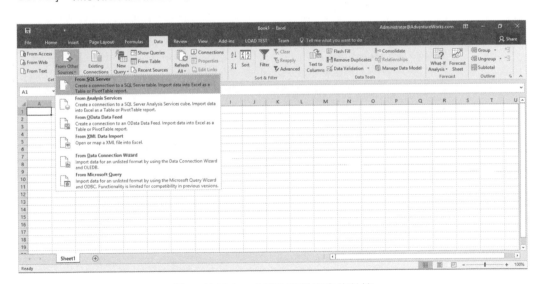

圖 1　使用 Excel 抓取資料庫中的數據

接下來就是輸入帳號與密碼還有 SQL Server 執行個體的名稱，有關 SQL Server 執行個體的名稱部分，可以改用 IP Address，另外有關帳號與密碼的部分可以使用 Windows 的認證，只要該作業人員的 Windows 的帳號已經先被新增到 SQL Server 的 Login。

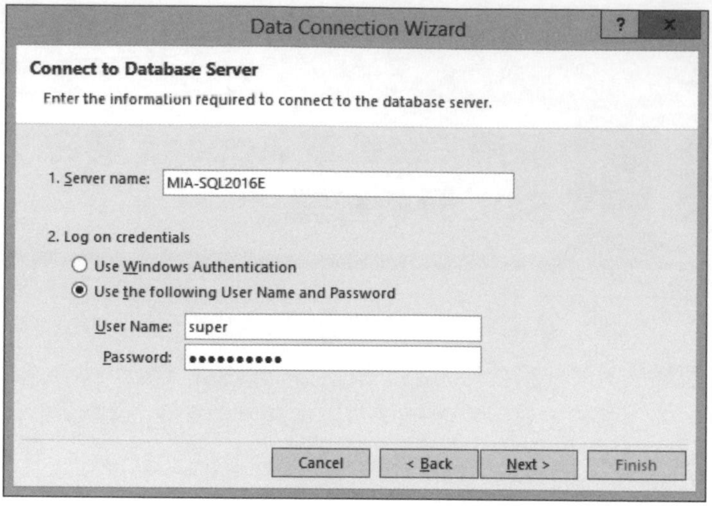

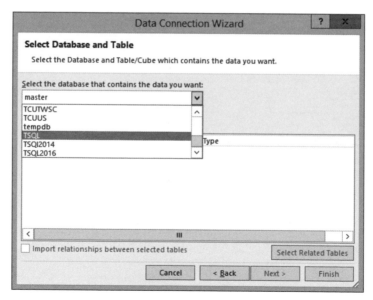

圖 2 從 Excel 中輸入帳號與密碼連接 SQL Server

通過驗證之後，就可以選擇需要查詢的資料庫名稱，可用的資料庫就是根據登入的帳號，預設只會有 tempdb 與 master，若是權限不足可以藉由 DBA(database Administrator) 的輔助進行授權。

圖 3 選擇要抓取資料表的資料庫名稱

完成選擇資料庫之後就可以看到該資料庫下的所有資料表，其中包含 View 檢視表，都允許 Excel 軟體直接查詢並且回傳到前端的試算表，以便於後續的儲存。

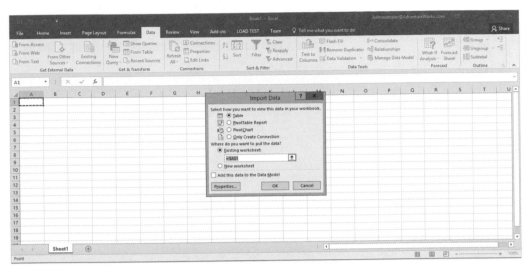

圖 4　完成設定後的 Excel

以下就是使用 Excel 直接抓取 SQL Server 的資料表結果。

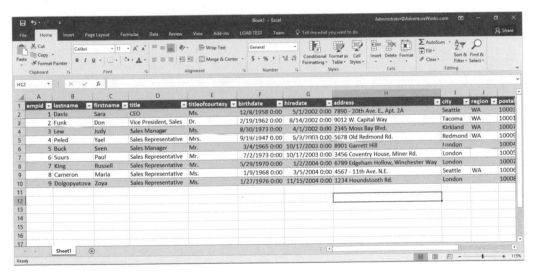

圖 5　檢視 Excel 中的 SQL Server 資料

使用 Excel 連接資料庫的好處，就是當資料庫中的資料已經變更，前端 Excel 使用人員僅需要透過 Refresh 按鈕，便可以快速重新更新後段資料庫數據到前端。

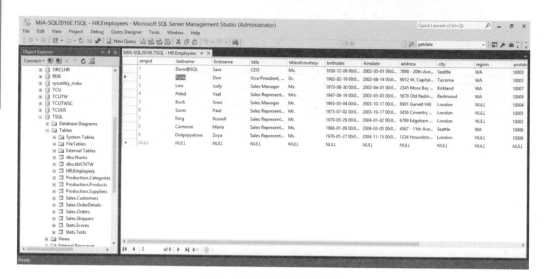

圖 6　嘗試變更後端資料庫

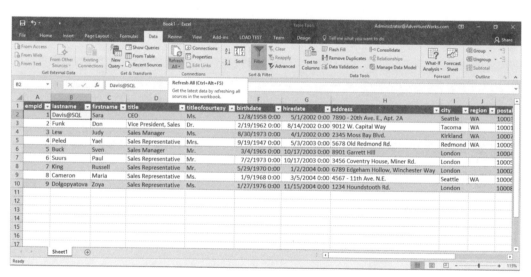

圖 7　按下 Refresh All 就可以更新所有後端資料

在 Office 成員中還可以使用 Access 連接 SQL Server 進行資料的存取，它跟 Excel 最大的差異就是透過 Access 可以直接異動後端資料庫的資料，但是使用 Excel 卻是無法完成這樣的需求。

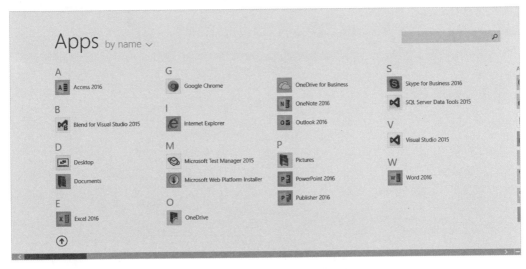

圖 8 開啟 Access 資料庫軟體

過程中可以建立一個空白資料庫，該資料庫就是要匯入 SQL Server 的數據。

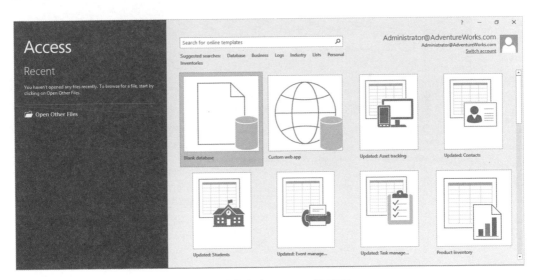

圖 9 建立空白 Access 資料庫

完成後，接下來從該資料庫中的 External Data 頁面選擇 New Data Source 的 From Other Sources 之 ODBC Database 選項。

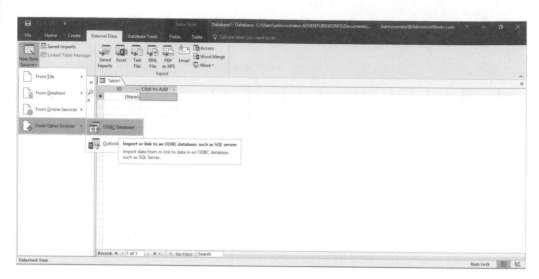

圖 10 選擇連結到外部的資料庫

選擇 ODBC 時有兩種選擇：第一種就是 Import the source data into a new table in the current database，它跟 Excel 一樣採用唯讀的資料型態。

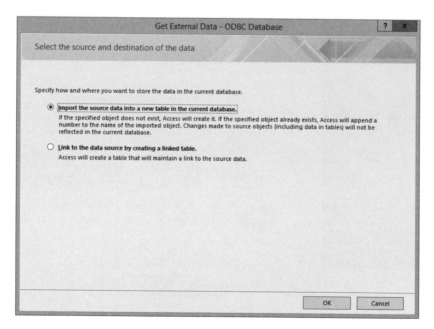

圖 11 選擇 Link to the data source 模式

另外就是使用 Link to the data source by creating a linked table 模式，該模式就針對資料庫的物件建立一個連結到前端的 Access 資料表，該物件允許使用者直接從前端的 Access 異動後端資料庫中的資料表。所以使用該物件時，請特別的小心與留意，緊接著就是要建立 System data source name 給 Access 去連接後端 SQL Server。

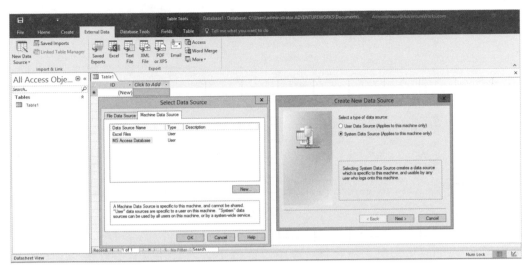

圖 12 設定 System Data Source 名稱

然後可以選擇 SQL Server 資料庫去連接後端 SQL Server 資料來源。

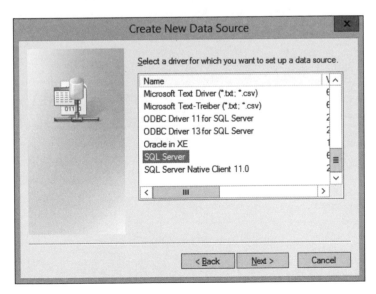

圖 13 選擇 SQL Server 資料來源

過程中指定資料庫的連結方式與伺服器位置。

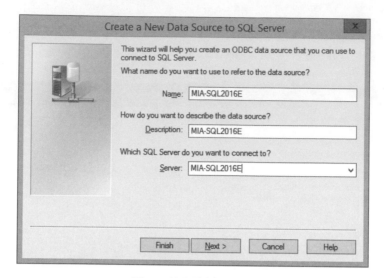

圖 14 輸入資料庫名稱

緊接著選擇通訊協定與 Port 代號,過程中可以使用 Windows 認證或是 SQL Server
認證。

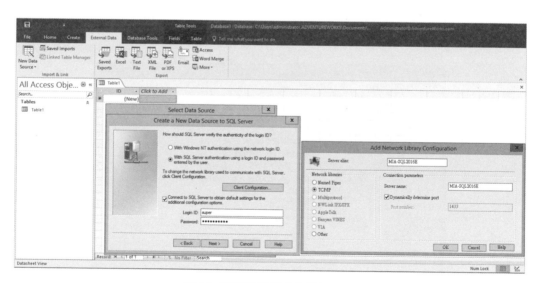

圖 15 選擇認證模式與通訊 Port

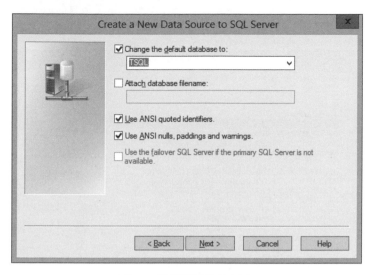

圖 16 選擇預設的資料庫

完成之後就可以從 Data Source 中選擇給 Access 進行連接。

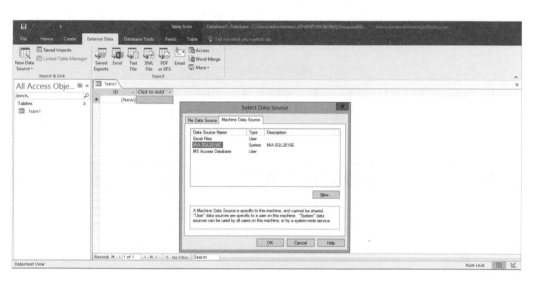

圖 17 選擇已經設定完成的 Data Source

最後選擇 SQL Server 資料庫中的物件，如 HR.Employees。

圖 18　選擇需要 Linked 的物件

最後就可以在 Access 中進行資料異動，該資料異動回直接更新回到 SQL Server 資料表當中。

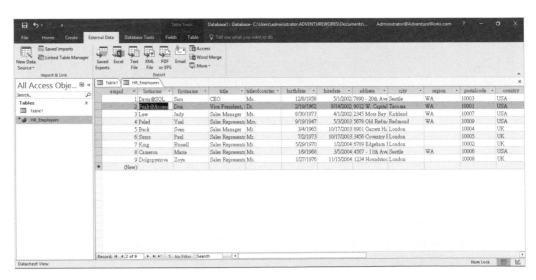

圖 19　直接在 Access 中異動資料

最後從 SQL Server 端，就可以看到 Access 所異動的資料內容。

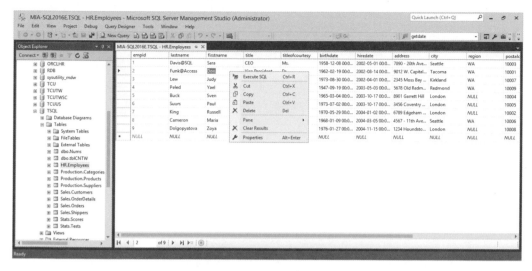

圖 20　檢視被 Access 異動的資料

上述的 Access 存取 SQL Server 是查詢整個資料表，針對大型資料表會影響其效能與同時間其他連線的操作，因此可以使用 SQL 陳述式篩選需要的資料，這個實作僅需要點選該表單中的 [Create | Query Design]，然後點選該 HR.Employees 的連結資料表後再選擇 Pass-Through 的選項就可看到 SQL 陳述式，過程中可以輸入 SQL 陳述式來回傳需要的資料。

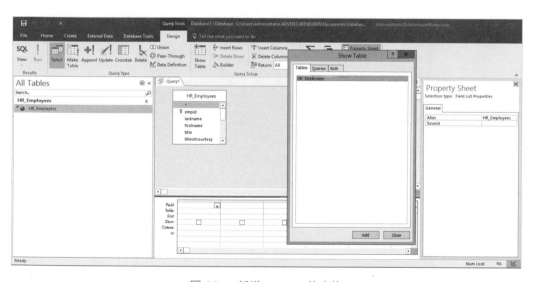

圖 20.1　新增 Access 的查詢

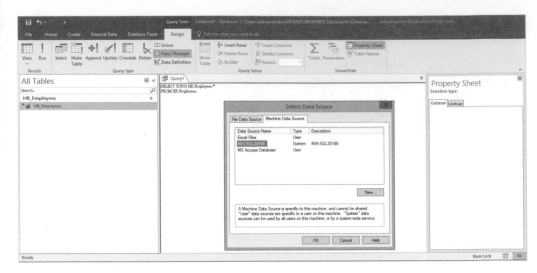

圖 20.2 輸入 SQL 陳述式與指定 DSN

```
-- 指定查詢陳述式

SELECT TOP(3) HR.Employees.*

FROM HR.Employees
```

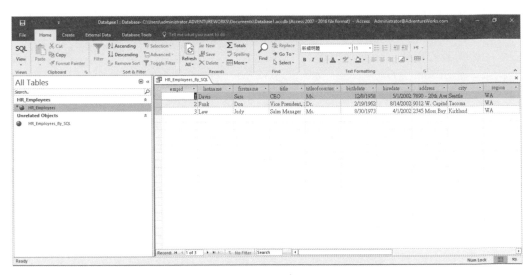

圖 20.3 儲存該 SQL 查詢並且檢視回傳資料

到目前為止使用 Office 資料庫都是針對整個資料表或是物件的抓取，基本上僅適合非常小型的資料表，針對數 GB 等巨大的資料表，非常的不適合這樣進行，所以要分享該如何使用 SQL 陳述式，進行資料的抓取，過程中也會展示如何使用預存程序、使用者自訂函數與檢視的使用方式。

以下的程序會分享如何撰寫 SQL 陳述式於 Excel 當中，首先選擇 [Properties | Connection Properties | Command Type] 為 SQL 型態，這樣一來就可以在 Command Text 中輸入 SQL、使用預存程序、使用者自訂函數與檢視。

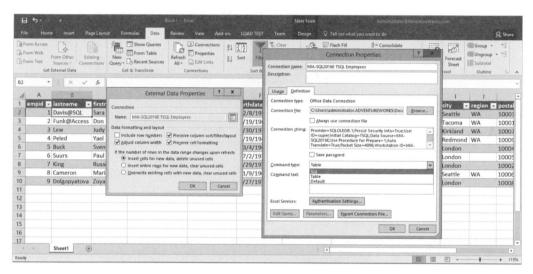

圖 21　變更 Connection Properties 型態

```
-- 輸入 SQL 字串於 Excel Command Text
SELECT TOP(4) * "TSQL"."HR"."Employees"
ORDER BY BIRTHDAY
```

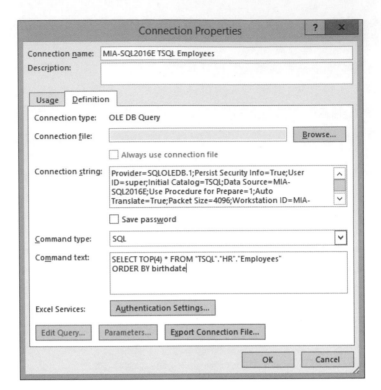

圖 22　改變 Excel 接收的 Command type

最後 Excel 會根據 SQL 陳述式僅顯示 4 筆資料於試算表。

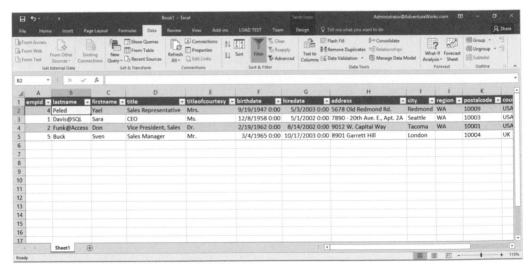

圖 23　使用 Excel 搭配 SQL 陳述式

以下就是使用各種資料庫物件於 Excel 環境中抓取數據的方式。

```
-- 使用 Procedure 準備給 Excel 抓取資料
USE [TSQL]
GO

CREATE OR ALTER PROC usp_excel
 (@region nvarchar(15))
AS
BEGIN
   SELECT *
   FROM [HR].[Employees]
   WHERE [region]=@region
END
GO
-- 使用方式
EXEC usp_excel @region=N'WA'
```

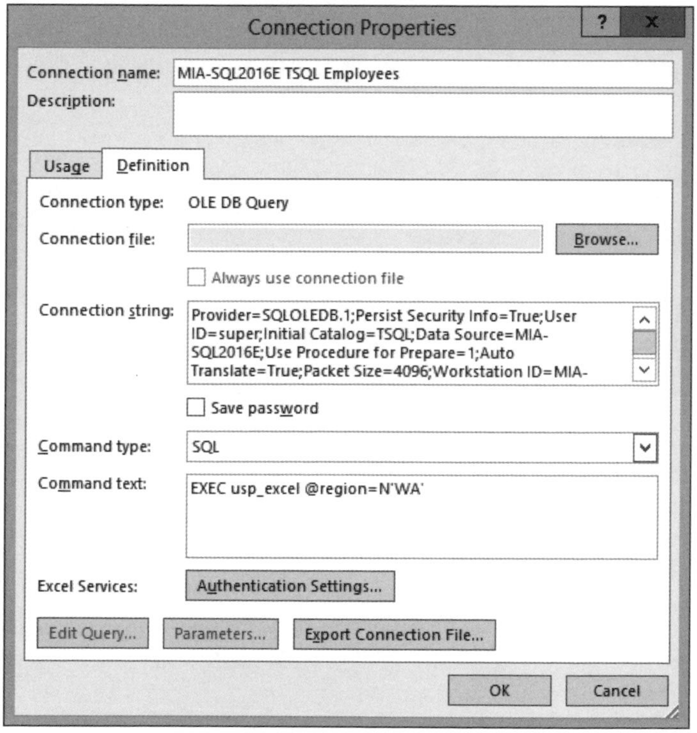

圖 24　Excel 整合預存程序

以下就是使用資料庫中使用者自訂函數，於 Excel 環境中抓取數據的方式。

```sql
-- 使用 function 準備給 Excel 抓取資料
USE [TSQL]
GO

CREATE OR ALTER FUNCTION dbo.fn_excel
 (@region nvarchar(15))
RETURNS TABLE
AS
RETURN(
        SELECT *
        FROM [HR].[Employees]
        WHERE [region]=@region
    )
GO
-- 使用方式
SELECT * FROM dbo.fn_excel(N'WA')
```

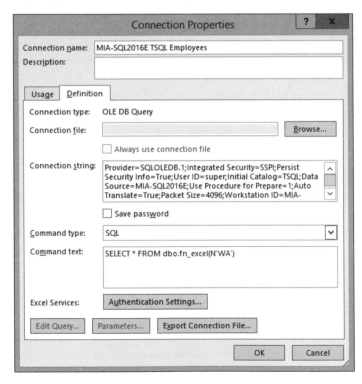

圖 25　Excel 整合使用者自訂函數

```
-- 使用 view 準備給 Excel 抓取資料
USE [TSQL]
GO

CREATE OR ALTER VIEW dbo.vw_excel
AS
        SELECT *
        FROM [HR].[Employees]
        WHERE [region]=N'WA'

GO
-- 使用方式
SELECT * FROM dbo.vw_excel
```

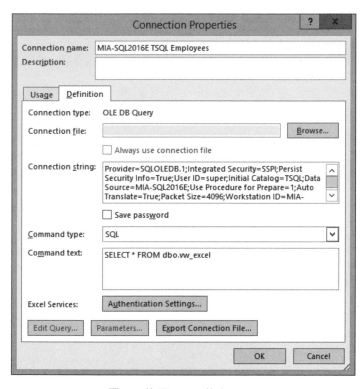

圖 26　使用 VIEW 整合 Excel

最後無論使用上述的 SQL、預存程序、使用者自訂函數或是檢視，都可以看到相同的數據，這樣一來就可以讓 Excel 真正整合 SQL Server 後端的各種物件。

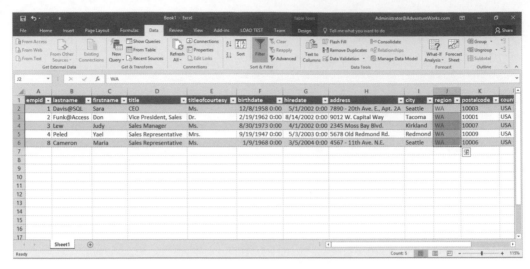

圖 27　使用各種物件查詢資料庫端數據結果

► **注意事項**

如果要讓 Excel 試算表自動更新後端資料庫數據，可以勾選 [Refresh every 60 minutes] 選項，就可以讓資料庫的資料定期更新至前端的 Excel 試算表。

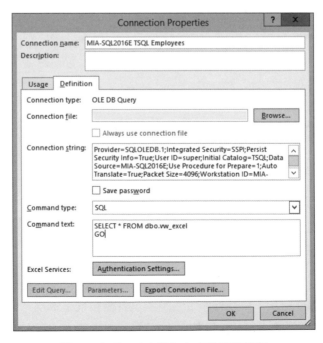

圖 28　在 Excel 中的加上自動更新機制

```
-- 以下的陳述式可以加上最後更新日期，讓前端 Excel 知道最近一次更新狀況
USE [TSQL]
GO


CREATE OR ALTER VIEW dbo.vw_excel
AS

        SELECT   * ,getdate() as ' 最近更新日期 '
        FROM [HR].[Employees]
        WHERE [region]=N'WA'


GO
```

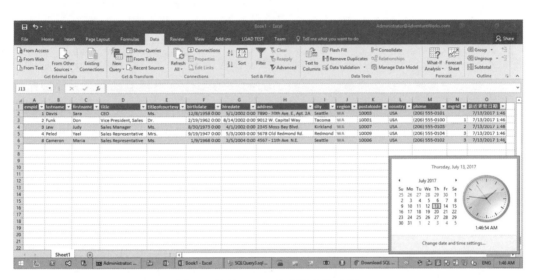

圖 29 檢視 Excel 自動更新的時間

► 本書相關問題導覽

6. 【在 x64 位元的 SQL Server 2016，合併查詢資料庫與 Excel 資料】

41 使用 WMI 工具整合 SQL 分析

有關作業系統的基本資訊如硬碟、處理程序、服務、事件檢視器等等,都可以整合 WMI(Windows Management Instrumentation),再透過腳本語言(Script Language),如 VBScript 或 PowerShell 管理本地或是遠端的 Windows 的機器。

另外,WMI 底層就是 CIM(Common Information Model)與 WBEM(Web-Based Enterprise Management),其中 CIM 有提供一種查詢語言,簡稱 CIM SQL Language (CQL) 查詢作業系統底層的資訊,由於 WMI 就是實作 CIM 提供給前端程式管理作業系統,因此 WMI 就遵循 ANSI 的 SQL 陳述式標準,實作 CQL 語言為 WMI Query Language,簡稱 WQL。從以下的 VBScript 內容整合 WMI 與 Query Language 查詢作業系統中的硬碟,過程中使用 Win32_LogicalDisk 的 Class。

```
strComputer = "."
Set objWMIService = GetObject("winmgmts:\\" & strComputer & "\root\cimv2")
Set colItems = objWMIService.ExecQuery("select * from Win32_LogicalDisk")
For Each objItem in colItems
    Wscript.Echo "Name: " & objItem.Name& vbcrlf & "Size: " & Round(objItem.Size/
(1024*1024)) & "(MB)"
Next
```

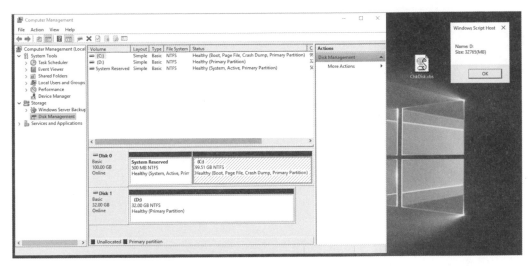

圖 1 使用 VBScript 語言整合 WMI Class 進行查詢

▶ 案例說明

由於現在許多 PowerShell 語言支援各種 Windows 與 Linux 平台，因此特別介紹如何使用 Windows 的 PowerShell 語言，整合 WMI 的 Class 實做 WMI Query Language 進行 Windows 作業系統中的管理。

首先，啟動 PowerShell ISE，這個版本可以有圖形界面，適合初學者第一次使用 PowerShell。

圖 2 啟動 Windows PowerShell ISE 界面

接下來就是使用 Get-WmiObject cmdlet 抓取指定 Windows 中的 WMI 類別的內容，該案例就是 Win32_Volume 類別中的所有資訊，過程中使用 WQL 語法查詢該類別中於指定機器的所有硬碟資訊，並且排除系統保留硬碟。

```
Get-WmiObject -ComputerName localhost -Query "SELECT * FROM Win32_Volume WHERE
    Label!='System Reserved'"
```

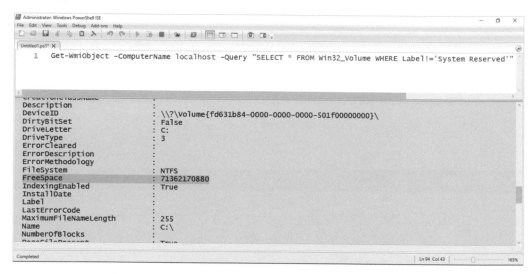

圖 3 使用 WMI 結合 Win32_Volume 類別查詢硬碟可用空間

► 實戰解說

針對常用的 Windows 管理技巧，特別針對 WMI 類別與 WQL 陳述式，實作許多範例，藉由這些範例可以加深讀者對 WMI 與 WQL 的活用技巧。

```
# 活用 WMI 搭配 Win32_Product 類別找出安裝 SQL Server 資訊
Get-WmiObject -ComputerName localhost -Query "SELECT * FROM Win32_Product WHERE Name
LIKE 'SQL Server%Database Engine Services%' "
```

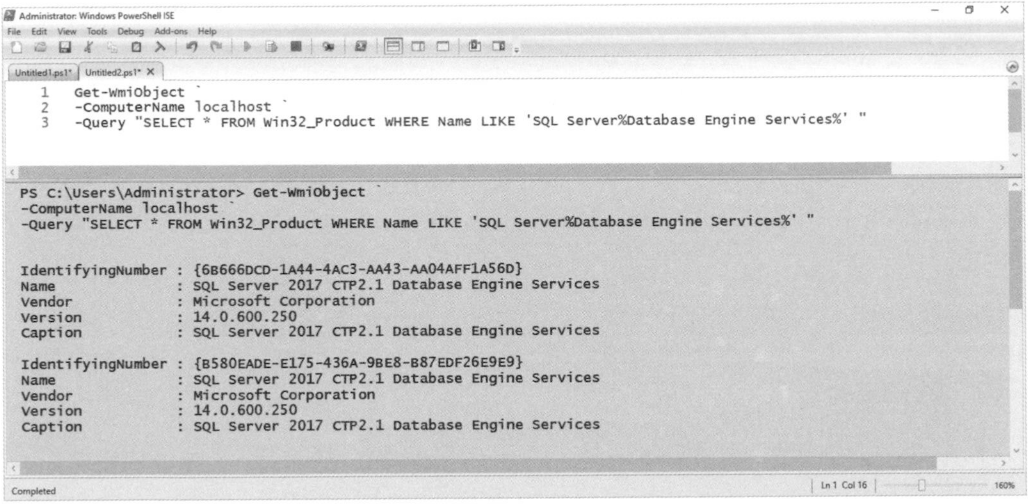

圖 4 WMI 整合 Win32_Product 類別查詢安裝的 SQL Server 版本

```
# 活用 WMI 搭配 Win32_Volume 類別找出安裝 SQL Server 電腦硬碟剩餘空間
Get-WmiObject `
-ComputerName localhost `
-Query "SELECT * FROM Win32_Volume WHERE Label!='System Reserved'" `
| foreach {Write-Host " 硬碟 :" $_.Name " 剩餘空間 (GB):" $($_.Freespace/1GB)}
```

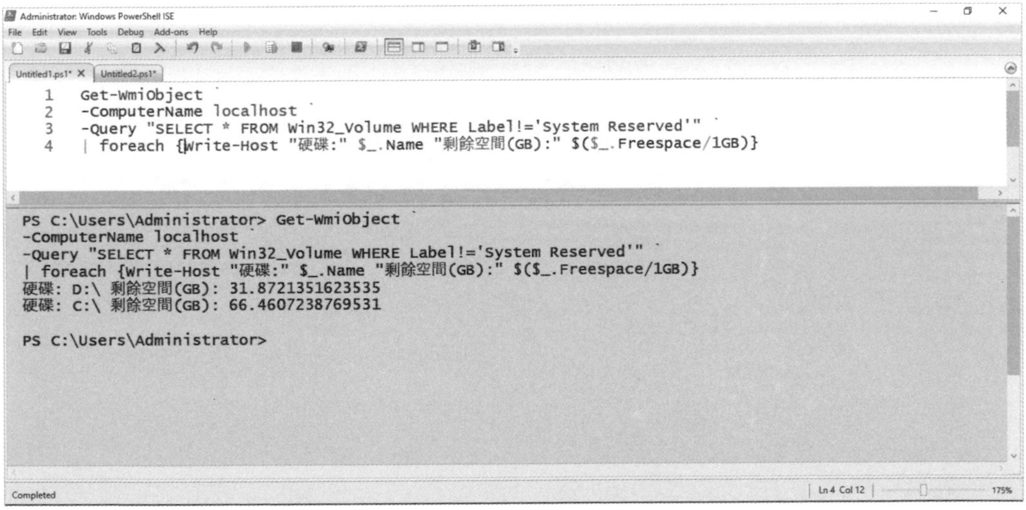

圖 5 WMI 整合 Win32_Volume 類別查詢安裝的 SQL Server 機器剩餘硬碟空間

```
# 活用 WMI 搭配 win32_service 類別找出 SQL Server 相關服務啟動狀況
Get-WmiObject `
-ComputerName localhost `
-Query "SELECT * FROM win32_service WHERE Name like '%SQL%' " `
| Sort-Object -Property Name `
| foreach {Write-Host "Process:" $_.Name "State:" $_.State }
```

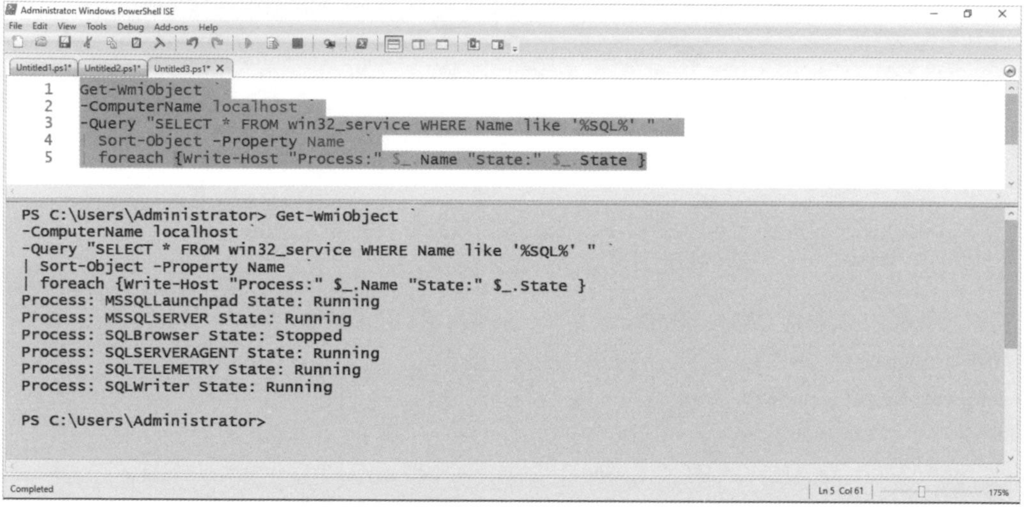

圖 6　WMI 搭配 win32_service 類別找出 SQL Server 相關服務啟動狀況

```
# 活用 WMI 搭配 Win32_Process 類別找出 SQL Server 相關執行程序狀況
Get-WmiObject `
-ComputerName localhost `
-Query "SELECT * FROM Win32_Process WHERE Name like '%SQL%'" `
| foreach {Write-Host "Process Name(ID):" $_.Name"("$_.ProcessId")" }
```

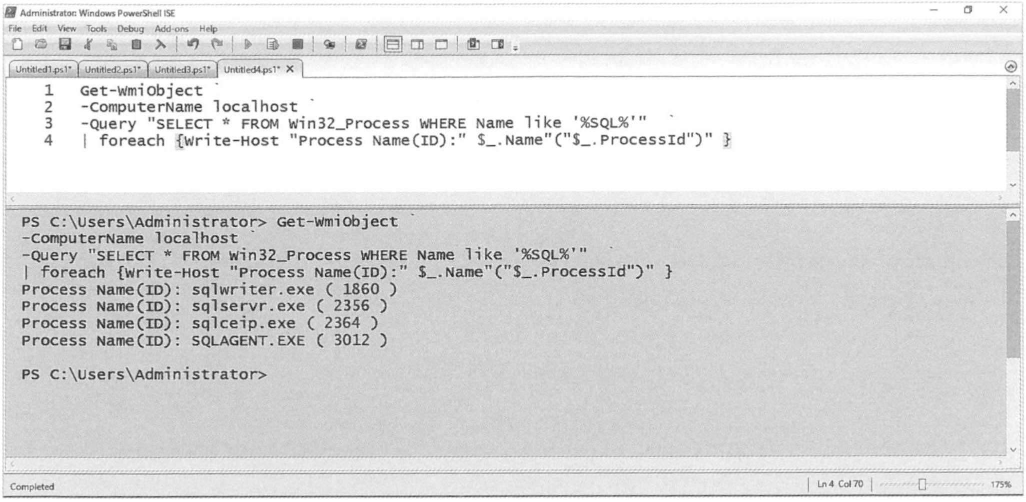

圖 7　WMI 搭配 Win32_Process 類別找出 SQL Server 相關執行程序狀況

```
# 活用 WMI 搭配 Win32_UserAccount 類別找出 SQL Server R 服務建立的帳號
Get-WmiObject `
-ComputerName localhost `
-Query "SELECT * FROM Win32_UserAccount WHERE Name like '%SQL%' " `
| foreach {Write-Host " 帳號:" $_.Name }
```

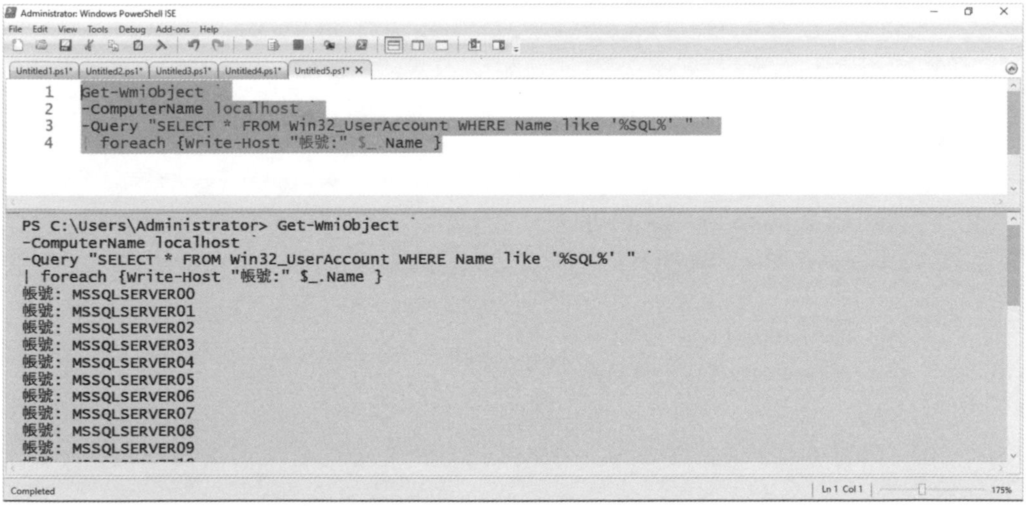

圖 8　WMI 搭配 Win32_UserAccount 類別找出 SQL Server R 服務建立的帳號

最後實作一個 PowerShell 搭配 WMI 的 Query Language 去監控現在系統的 CPU 整體
使用量,過程中會撰寫一個名為 CPUUsage 的函數去使用 Win32_PerfRawData_
PerfOS_Processor 類別進行整個機器的 CPU 使用率計算。

```
##Function of calculate CPU
##Used to verify and test any specified box
Function CPUUsage([string]$ServerName)
{
    [int]$intCount = 100
    [decimal]$total = 0.0

    For ($i=1; $i -le $intCount; $i++)

    {    Start-Sleep -s 1

        $wmi1=get-wmiobject -ComputerName $ServerName -Query "select
PercentProcessorTime,TimeStamp_Sys100NS from Win32_PerfRawData_PerfOS_Processor where
Name='_Total' "

        $N1=$wmi1.PercentProcessorTime
        $D1=$wmi1.TimeStamp_Sys100NS

      Start-Sleep -s 1

        $wmi2=get-wmiobject -ComputerName $ServerName -Query "select
PercentProcessorTime,TimeStamp_Sys100NS from Win32_PerfRawData_PerfOS_Processor where
Name='_Total' "

        $N2=$wmi2.PercentProcessorTime
        $D2=$wmi2.TimeStamp_Sys100NS

      $ND=[decimal]$N2-[decimal]$N1
      $DD=[decimal]$D2-[decimal]$D1

      $PercentProcessorTime = (1 - ($ND/$DD))*100

      If ($PercentProcessorTime -gt 100) {$PercentProcessorTime=100}
      If ($PercentProcessorTime -lt 0  ) {$PercentProcessorTime=0  }

      $total=$total + $PercentProcessorTime
```

```
        Write-host "CPU Utilization      : ", $ServerName ," is ", $PercentProcessorTime


        Start-Sleep -s 1
    }

        $total=$total/$intCount
        Write-host "CPU Utilization(avg) : ", $ServerName ," is ", $Total
-foregroundcolor "magenta"
}
# 程式進入點可以指定機器，也就是說該程式可以監控遠端機器 CPU 使用狀況。
CPUUsage localhost
```

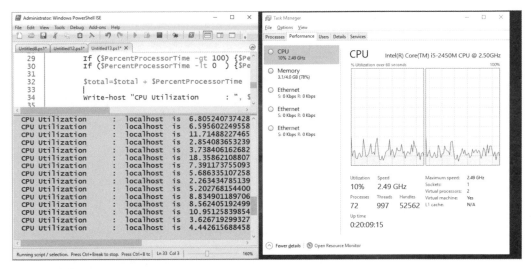

圖 9 使用 WMI 搭配 Win32_PerfRawData_PerfOS_Processor 擷取 CPU 使用率

過程中可以使用以下的程式進行加入壓力測試，讓 CPU 變高。

```
-- 建立一個壓力驗證程式
Microsoft Windows [Version 10.0.14393]
(c) 2016 Microsoft Corporation. All rights reserved.


C:\temp>sqlcmd
1> while 1=1
2>   dbcc checkdb(master)
3>  GO
```

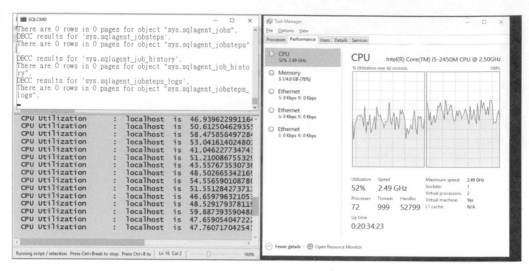

圖 10 驗證 WMI 整合 Win32_PerfRawData_PerfOS_Processor 正確性

► 注意事項

上述的 WMI 與 WQL 陳述式需要有作業系統中 Performance Monitor Users 群組的權限，以下就是該群組的設定值。

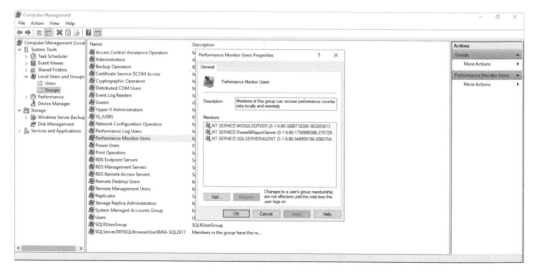

圖 11 基本監控 WMI 群組權限

當權限設定完成後,就可以使用 WBENTEST 應用程式進行 WMI 驗證。

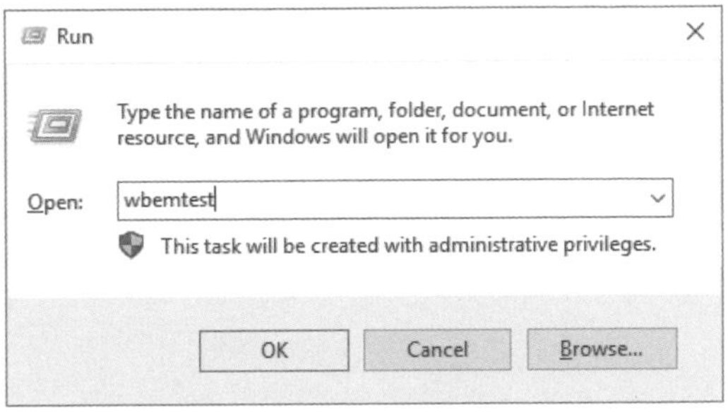

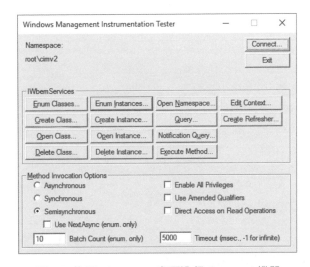

圖 12 使用 wbemtest 驗證 WMI

圖 13 使用 wbemtest 畫面進行 Connect 機器

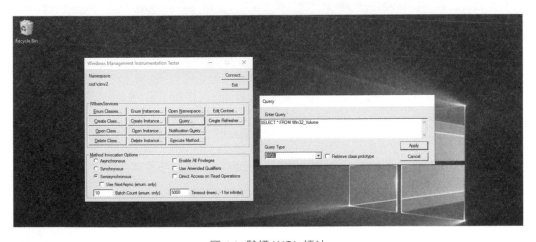

圖 14 驗證 WQL 語法

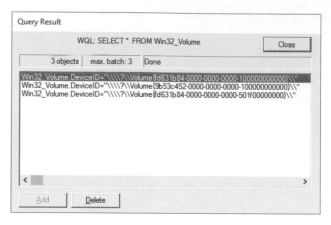

圖 15　查詢出三個磁碟

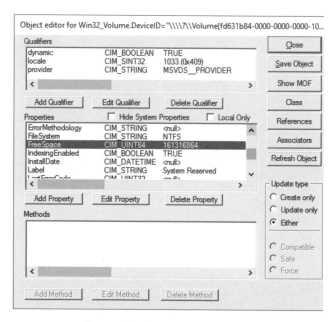

圖 16　檢視每一個磁碟詳細資訊

▶ 本書相關問題導覽

13.【活用 SQL Server R 語言整合作業系統 WMIC 來監控硬碟空間】

Lesson

Part 02 資料庫開發技術聖殿

42

遺忘的相容層級參數對應用程式的影響

基本上，升級資料庫有兩種方式：第一種就是 in-place 升級，使用安裝軟體直接針對現有資料庫進行升級；第二種就是 side-by-side 升級，利用資料庫的備份與還原或是卸離與上載。無論是使用哪一種方式，很多時候資料庫管理人員（DBA），都會忘記將升級後的 SQL Server 的資料庫，變更相容層級。

這一個選項常常被遺忘，因為許多應用程式都是在新版的 SQL Server 下，執行舊版的 T-SQL 陳述式，然而真正使用到新版本的函數或是語法時，就會出現類似以下的錯誤。

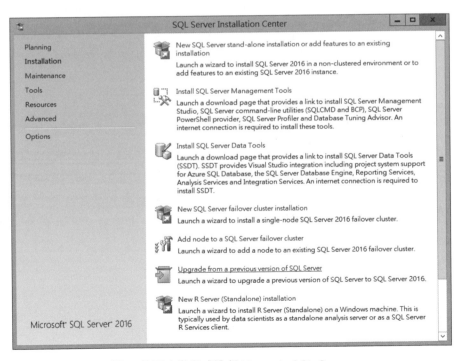

圖 1　使用安裝程式進行 Upgrade SQL Server

```
-- 在 SQL Server 2016 版本下卻無法執行該函數
SELECT try_convert(INT,'123')
-- 結果
Msg 195, Level 15, State 10, Line 23
'try_convert' is not a recognized built-in function name.
```

圖 2　在特定資料庫中無法執行部分函數如 try_convert

▶ 案例說明

基本上這樣的案例是很難從錯誤訊息中，找到蛛絲馬跡，因為上述的錯誤訊息是一個類似語法或是函數名稱錯的敘述，毫無任何隱藏的訊息可以參考。但是這時候可以驗證看看，是否可以在 master 資料庫中執行。這樣的訊息透露出 master 資料庫是真正屬於最新版本的 SQL Server 2016，但升級後的資料庫可能有某些參數是沒有被升級。

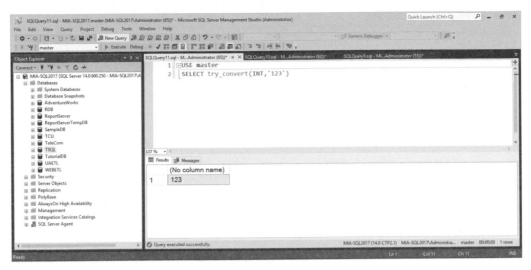

圖 3 從 master 資料庫中驗證是否可以執行相同陳述式

因此從資料庫相容層級的說明文件（http://bit.ly/2tCOm5K）中，可以看到以下的一段說明，似乎跟新功能有關係。

Using Compatibility Level for Backward Compatibility

Compatibility level affects behaviors only for the specified database, not for the entire server. Compatibility level provides only partial backward compatibility with earlier versions of SQL Server. Starting with compatibility mode 130, any new query plan affecting features have been added only to the new compatibility mode. This has been done in order to minimize the risk during upgrades that arise from performance degradation due to query plan changes. From an application perspective, the goal is still to be at the latest compatibility level in order to inherit some of the new features as well as performance improvements done in the Query optimizer space but to do so in a controlled way. Use compatibility level as an interim migration aid to work around version differences in the behaviors that are controlled by the relevant compatibility-level setting. For more details see the Upgrade best practices later in the article.

► **實戰解說**

從上述的相容層級說明文件看到的線索，就先來檢查對應的資料庫相容層級是否是
SQL Server 2016。

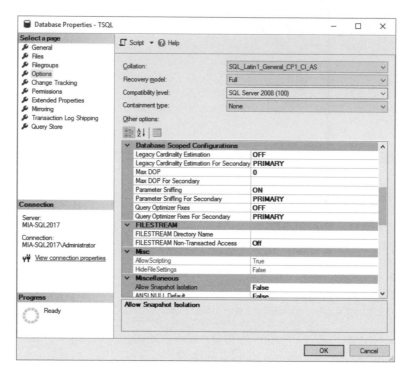

圖 4 發現使用者資料庫竟然是 2008 版本

```
-- 變更資料庫相容層級
USE [master]
GO
ALTER DATABASE [TSQL] SET COMPATIBILITY_LEVEL = 140
GO
```

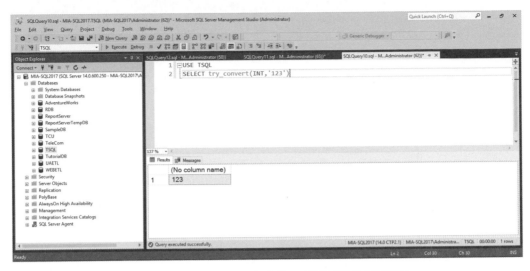

圖 5　變更資料庫相容層級後就可以順利執行新版語法

升級之後的 SQL Server 常常被忽略，去變更資料庫相容層級，導致上述的錯誤，建議可以在升級之後使用以下的方式，查詢哪些資料庫尚未升級資料庫相容層級。

```sql
-- 找出那些資料庫相容層級沒有更新
USE master
SELECT name,compatibility_level
FROM sys.databases
WHERE compatibility_level <>(select compatibility_level from sys.databases where
name='master')
ORDER BY 2
```

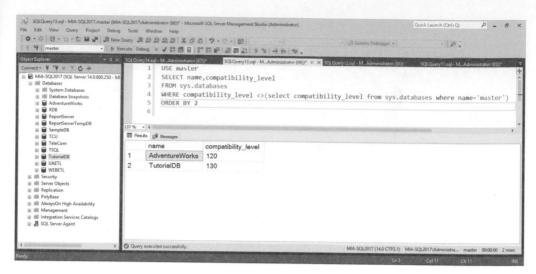

圖 6　檢查那些資料庫尚未升級

▶ **本書相關問題導覽**

15. 【SQL Server 2016 之 STRING_SPLIT 快速解決斷行斷字需求】

43 跨資料表交易藉由使用 TRIGGER 與 CURSOR 簡單化處理

交 易的一致性處理極為重要，方式有很多種類包括前端應用程式使用 SqlConnection.BeginTransaction 搭 配 SqlTransaction 進 行 Commit 或 是 Rollback。若是從後端資料庫則可以使用 BEGIN TRANSACTION 過程中搭配 TRY CATCH 語法進行資料庫端的 Commit 與 Rollback。首先，來假設一個需求就是產品資料表記錄著產品與可用數量。

```
-- 產品資料表
DROP TABLE IF EXISTS products
GO
-- 產品資料表
CREATE TABLE products
(product_id int constraint pk_products primary key ,
 product_name varchar(100),
 stock int)
GO
-- 驗證
insert into products(product_id,product_name,stock) values(100,'iPHONE6',100)
insert into products(product_id,product_name,stock) values(200,'iPHONE7',100)
GO
```

有關訂單的需求就是，每一次產生訂單之後，需要馬上扣除 products 資料表中的 Stock 庫存，讓庫存保持最新狀態並且不允許 Stock 庫存低於 0。

```
-- 訂單資料表
CREATE TABLE subscription
(sub_id    int identity constraint pk_subscription primary key,
 product_id int constraint fk_product_id
          foreign key references products(product_id) ,
```

```
amount      int)
GO
```

▶ 案例說明

基本上要實作出上的需求，先使用資料庫的 begin transaction 方式實作，過程中有多種實作方式，首先第一種就是判斷是否有足夠的庫存，若有就進行新增訂單並且扣除庫存，最後要確認的時候再一次檢查，是否有其他交易導致庫存已經耗盡，若是則進行退回交易（Rollback transaction），不然就是進行交易確認（Commit transaction）。

```
-- 使用資料庫交易取出庫存並且新增訂單
CREATE OR ALTER PROC usp_subscription
    @product_id INT ,
    @amount INT
AS
BEGIN
    BEGIN TRY
        if exists(select * from products
                where product_id =@product_id and
                    (stock-@amount) >=0)
        BEGIN
            BEGIN TRANSACTION
            -- 啟動交易後進行庫存異動
            update products set stock=stock-@amount
            where product_id=@product_id
            -- 新增一筆訂單
            insert into subscription(product_id,amount)
            values(@product_id,@amount)
            -- 顯示訂單編號與庫存資訊
            SELECT scope_identity() as '編號',
                (select amount from subscription
                  where sub_id=scope_identity()) as '已取量',
                (select stock from products
                  where product_id =@product_id) as '可用量'
            -- 確認之前再一次確認若超出庫存就 rollback 否則就 commit
            if exists(select * from products
                    where product_id=@product_id and stock >=0 )
```

```
            commit transaction
        else
            rollback transaction
    END
    ELSE BEGIN
    -- 超出庫存則回傳 0 顯示沒有庫存量
    select '0' as ' 編號 ' , 0 as ' 已取量 ' , 0 as ' 可用量 '
    END
    END TRY
    BEGIN CATCH
        if @@TRANCOUNT > 0 rollback transaction
        select error_message() as [error_message],
               error_number() as [error_number],
               @@trancount as transcount
    END CATCH
END
GO
```

過程中可以搭配 .NET Console 程式呼叫預存程序，驗證這樣的機制是否可以達到上述需求。

```
using System;
using System.Collections.Generic;
using System.Linq;
using System.Text;
using System.Threading.Tasks;
using System.Data.SqlClient;
using System.Data;
using System.Threading;
using System.Diagnostics;

namespace TICKETINGISSUE
{
    class Program
    {
        static string dbConn = "Data Source=.;Initial Catalog=TSQL;Persist Security
Info=True;Integrated Security=SSPI;MultipleActiveResultSets=True";
        static int maxRetries = 3;
```

```csharp
        static int retries = 0;
        static void Main(string[] args)
        {
            Console.OutputEncoding = System.Text.Encoding.Unicode;
            Console.Title = " 跨資料表交易藉由使用 TRIGGER 與 CURSOR 簡單化處理 程式 ";

            Console.Write("Press enter 產品代碼 : ");
            string p_product_id = Console.ReadLine();
            Console.Write("Press enter 多少數量 : ");
            int p_amount = Convert.ToInt32(Console.ReadLine());

            Console.Write("Press enter 重跑時間 ms: ");
            string p_sleep = Console.ReadLine();
            Console.WriteLine("Press ESC to stop");
            while (!(Console.KeyAvailable && Console.ReadKey(true).Key == ConsoleKey.
Escape))
            {
                Stopwatch swapp = new Stopwatch();
                swapp.Start();
                dbList(p_product_id, p_amount);
                swapp.Stop();
                Console.WriteLine("Getting and Updating data again.. duration={0}",
swapp.Elapsed);
                Console.WriteLine(".................................");
                Thread.Sleep(Int32.Parse(p_sleep));

            }
        }
        // 資料庫主程式
        public static void dbList(string p_product_id, int p_amount)
        {
            var p_available="";
            SqlConnection connection = new SqlConnection(dbConn);
            SqlCommand command2 = new SqlCommand("select ISNULL(sum(amount),0) from
subscription where product_id=@p_product_id", connection);
            command2.Parameters.Add("@p_product_id", SqlDbType.NVarChar, 36).Value =
p_product_id;

            try
            {
```

```csharp
            command2.CommandType = CommandType.Text;
            if (connection.State != ConnectionState.Open)
                connection.Open();
            command2.CommandTimeout = 0;
            SqlDataReader custReader = command2.ExecuteReader();
            if (custReader.HasRows)
            {
                while (custReader.Read())
                {
                    p_available = custReader.GetInt32(0).ToString();
                }
            }
        }
        catch (SqlException ex)
        {
            Console.WriteLine(" 請稍後，系統忙碌 [ "+ ex.Number.ToString()+" ]");
        }
        // 執行預存程序新增訂單扣除庫存
        SqlCommand command = new SqlCommand("exec USP_Subscription @product_id=
@p_product_id ,@amount=@p_amount ", connection);

        command.Parameters.Add("@p_product_id", SqlDbType.Int).Value = p_product_id;
        command.Parameters.Add("@p_amount", SqlDbType.Int).Value = p_amount;

        SqlDataAdapter custAdapter = new SqlDataAdapter();
        DataSet customerEmail = new DataSet();

        try
        {
            command.CommandType = CommandType.Text;
            if (connection.State != ConnectionState.Open)
                connection.Open();
            command.CommandTimeout = 0;
            custAdapter.SelectCommand = command;
            custAdapter.Fill(customerEmail, "tblTransaction");

            foreach (DataRow pRow in customerEmail.Tables["tblTransaction"].Rows)
            {
                Console.WriteLine(" 已經使用總量 \t"+ p_available + "\t 編號 " +
pRow[" 編號 "] + "\t 取得量 " + pRow[" 已取量 "] + "\t 剩餘數量 " + pRow[" 可用量 "]);
```

```
                }

            retries = 0;

        }

    catch (SqlException ex)
    {
        if ((retries < maxRetries) && (ex.Number == 41302 || ex.Number == 41839))
        {
            retries++;
            Console.WriteLine(" 系統重試 [" + ex.Number.ToString() + "********
********************************* 重複驗證 *** :" + retries.ToString());

            dbList(p_product_id, p_amount);

        }
        else
        {
            //Console.WriteLine(" 系統忙碌 [ Retry :" + retries.ToString() +"]
" + ex.Number.ToString()+"-"+ex.Message.ToString());
            if ((ex.Number == 50001))

                Console.WriteLine(" 系統提示 :" + ex.Message.ToString());
            else
                Console.WriteLine(" 請稍後，系統忙碌 [ 重試 :" + retries.
ToString() + "] " + ex.Number.ToString());
        }

    }

    finally
    {

        if (connection.State == ConnectionState.Open)
            connection.Close();
    }

    }

}
}
```

## 43

當兩個應用程式需要從產品代號為 100 並且數量也為 100 狀況下，逐一取出 7 與 3 個時，很有可能發生無法取盡的狀況如下，就留下畸零筆數。

圖 1　準備多個連線同時新增訂單與扣除庫存

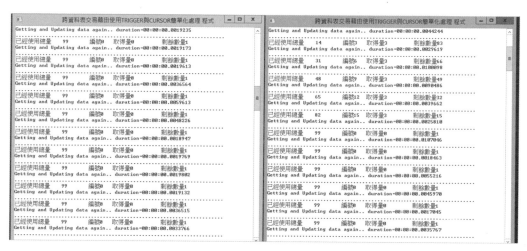

圖 2　發生無法取盡的狀況剩下畸零筆數 1 筆

這時候如果加入連線該連線只取 1 筆資料，就可以完全讓所有 100 個數量取盡，並且也沒有發生多取的狀況。

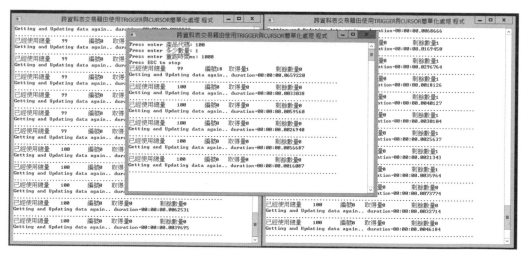

圖 3　全數取盡庫存並且無超出資料

此外上述的預存程序因為需要使用兩次的查詢判斷，若是要避免過多的判斷，可以使用 UPDATE OUTPUT 的陳述式。

```sql
-- 搭配 UPDATE OUTPUT 判斷是否有足夠數量
CREATE OR ALTER PROC usp_subscription
    @product_id INT ,
    @amount INT
AS
BEGIN
    BEGIN TRY
        if exists(select * from products
                    where product_id =@product_id and
                        (stock-@amount) >=0)
        BEGIN
            BEGIN TRANSACTION
            -- 啟動交易後進行庫存異動
            update products set stock=stock-@amount
            where product_id=@product_id
            -- 新增一筆訂單
            insert into subscription(product_id,amount)
            values(@product_id,@amount)
            -- 顯示訂單編號與庫存資訊
            SELECT scope_identity() as '編號',
                    (select amount from subscription
                      where sub_id=scope_identity()) as '已取量',
                    (select stock from products
                      where product_id =@product_id) as '可用量'
            -- 確認之前再一次確認若超出庫存就 rollback 否則就 commit
            if exists(select * from products
                        where product_id=@product_id and stock >=0 )
             commit transaction
            else
             rollback transaction
        END
        ELSE BEGIN
        -- 超出庫存則回傳 0 顯示沒有庫存量
        select '0' as '編號' , 0 as '已取量' , stock as '可用量'
        from  products
        where product_id =@product_id
        END
```

```
        END TRY
        BEGIN CATCH
            if @@TRANCOUNT > 0 rollback transaction
            select error_message() as [error_message],
                    error_number() as [error_number],
                    @@trancount as transcount
        END CATCH
    END
    GO
```

▶ **實戰解說**

上述兩種方式都需要透過 BEGIN TRANSACTION 進行交易的控制，因為縱然是資料庫端的交易控制仍需要小心，才有辦法控制，否則就會發生意外的狀況。首先在建立資料表的過程中，需要額外加入三個觸發程序於 subscription 資料表，來控制庫存的數量，第一個就是 INSTEAD OF INSERT，第二個是 AFTER UPDATE，第三個為 AFTER DELETE。前面第一個之所以使用 INSETAD OF INSERT 主要是在讓資料新增到資料庫之前，就判斷是否有足夠的數量，過程中要留意如果是一次新增多筆資料，需要搭配 CURSOR 進行逐筆處理，否則會發生遺漏的狀況。

第二個 AFTER UPDATE 觸發程序則判斷是否異動的資料，可以滿足最後的庫存必須大於 0 的狀態。第三個 AFTER DELETE 則是用來退回任何 DELETE 訂單的狀況，避免發生刪除訂單後，發生庫存不一致的情況。

```
---------------------------------------------------------------
-- 新增 instead of 觸發程序來判斷是否資料異動時候，是否庫存量足夠
---------------------------------------------------------------
USE TSQL
GO
CREATE OR ALTER TRIGGER tri_insert on subscription
    instead of insert
AS
BEGIN
  set nocount on
  -- 宣告變數準備承接觸發程序的欄位
  declare @sub_id int, @product_id int, @amount int
```

```
-- 因為異動為多筆可以使用 cursor 逐筆處理
declare icur cursor for select sub_id,product_id,amount from inserted
-- 開啟 cursor
open icur
-- 逐筆取出
fetch next from icur into @sub_id, @product_id,@amount
while(@@FETCH_STATUS=0)
begin
        -- 判斷剩下庫存是否足夠可以扣除，因為在 TRIGGER 所以不用多餘啟動 BEGIN TRAN，
因為本身就是 implicit transaction
      if exists(select * from products where product_id =@product_id and
(stock-@amount) >=0)
      begin
          -- 如果數量足夠才確認新增並且扣除庫存
          insert into subscription(product_id,amount)
           values(@product_id,@amount)
          update products set stock=stock-@amount
           where product_id=@product_id
      end
  -- 逐筆取出
  fetch next from icur into @sub_id, @product_id,@amount
  end
  -- 最後關閉 cursor
  close icur
  deallocate icur
END
GO
```

```
-----------------------------------------------------------------
-- 變更使用 AFTER 觸發程序來判斷是否資料異動時候，是否庫存量足夠
-----------------------------------------------------------------
CREATE OR ALTER TRIGGER ti_update on subscription
instead of update
AS
BEGIN
  set nocount on

  -- 宣告變數準備承接觸發程序的欄位
  declare @sub_id int, @product_id int, @amount int
```

```
-- 因為異動為多筆可以使用 cursor 逐筆處理
declare icur cursor for select sub_id,product_id,amount from inserted
-- 開啟 cursor
open icur
-- 逐筆取出
fetch next from icur into @sub_id, @product_id,@amount
while(@@FETCH_STATUS=0)
begin
     -- 判斷剩下庫存是否足夠可以扣除
-- 因為在 TRIGGER 所以不用多餘啟動 BEGIN TRAN，因為本身就是 implicit transaction
     declare @old_amount int=(select amount from deleted where sub_id =@sub_id)
     if exists(select * from products
             where product_id =@product_id and (stock-@amount+@old_amount) >=0)
     begin
        update subscription set  amount=@amount
           where  sub_id =@sub_id
        update products set stock=stock-@amount+@old_amount
           where product_id=@product_id
     end
   -- 逐筆取出
  fetch next from icur into @sub_id, @product_id,@amount
  end
  -- 最後關閉 cursor
  close icur
  deallocate icur
END
GO
```

```
-------------------------------------------------
-- 使用觸發程序退掉所有的 delete 動作，避免發生庫存不一致
-------------------------------------------------
CREATE OR ALTER TRIGGER  tri_delete on subscription
after delete
AS
BEGIN
  set nocount on
  rollback
END
GO
```

最後驗證的時候，為了要讓 .NET 前端呼叫相同的預存程序，可以將原本複雜的預存程序改變成以下的簡單新增訂單的狀態。

```
-- 使用 TRIGGER 之後新增訂單扣除庫存，僅需要單獨處理 subscription
CREATE OR ALTER PROC usp_subscription
    @product_id INT ,
    @amount INT
AS
BEGIN
    BEGIN TRY
      insert into subscription(product_id,amount)
      values(@product_id,@amount)
      SELECT @@identity as ' 編號 ',
                  (select isnull(amount,0) from subscription
                   where sub_id=@@identity) as ' 已取量 ',
                  (select isnull(stock,0) from products
                   where product_id =@product_id) as ' 可用量 '
    END TRY
    BEGIN CATCH
        select error_message() as [error_message],
               error_number() as [error_number],
               @@trancount as transcount
    END CATCH
END
GO
```

最後驗證的方式就可以簡單執行預存程序，就可看到自動扣除庫存。

```
-- 新增訂單 扣除庫存
exec usp_subscription @product_id =100 , @amount=10
exec usp_subscription @product_id =100 , @amount=30
GO
SELECT * FROM products
GO
SELECT * FROM subscription
GO
```

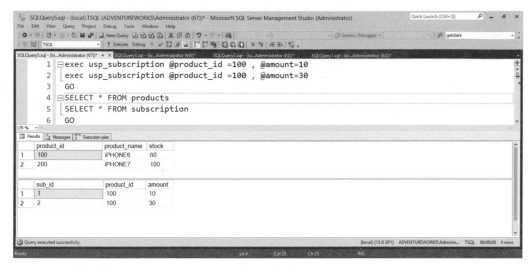

圖 4　新增訂單自動扣除庫存

當使用觸發程序的時候，因為在 INSETAD OF 觸發程序中有額外處理自動加號碼
（identity），所以使用預存程序進行新增訂單，再自動執行觸發程序的過程，就不適
合在預存程序中使用 scope_identity() 的函數，因為該函數無法取得預存程序中的自
動加號值，主要原因是 scope_identity() 的函數如果再跨越兩個預存程序（包含觸發
程序）時，最上層預存程序就無法藉由 scope_identity() 的函數取出新增值。反而需
要使用 @@identity，來取出該 SESSION 的自動加號值，過程中需要留下該觸發程序
是否會觸動其他具有 identity 的資料表，如果是就無法使用這樣的方式解決此問題。

```sql
-- 小心使用 scope_identity，該案例因為 INSTEAD OF 則無法取出正確自動加號
CREATE OR ALTER PROC usp_subscription
    @product_id INT ,
    @amount INT
AS
BEGIN
    BEGIN TRY
        insert into subscription(product_id,amount)
        values(@product_id,@amount)
        SELECT SCOPE_IDENTITY() as ' 編號 ',
                    (select isnull(amount,0) from subscription
```

```
                              where sub_id=SCOPE_IDENTITY()) as '已取量',
                           (select isnull(stock,0) from products
                              where product_id =@product_id) as '可用量'
        END TRY
        BEGIN CATCH
            select error_message() as [error_message],
                    error_number() as [error_number],
                    @@trancount as transcount
        END CATCH
    END
    GO
```

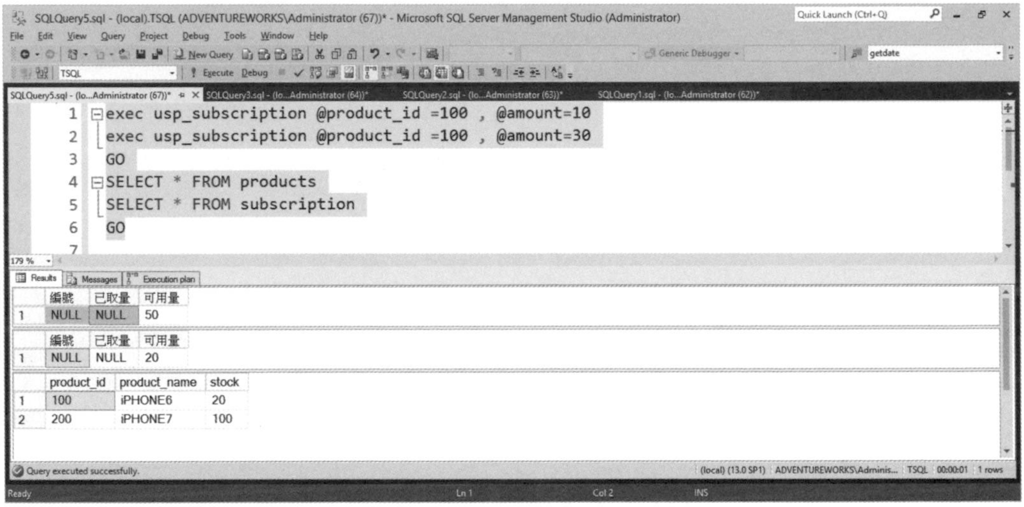

圖 5　使用 scope_identity 導致無法正確取出號碼

► **本書相關問題導覽**

18.【自動給號的 IDENTITY 使用技巧】

35.【使用條件約束技巧，實作單筆資料出貨日期需要大於訂單日期】

44

活用 CROSS APPLY 與 OUTER APPLY 搭配 TVF

在 SQL Server 領域許多時候，要將文字資料提取關鍵詞並整理成組合表，例如 A_B_C 轉換為 1，C_D_E 轉換為 2，A_F 轉換為 3，類似這樣的需求有不同組合，希望可以隨時根據需求更動。基本上這樣的需求可以使用 CASE 搭配 WHEN 將已知的組合重組資料，但資料無法彈性運用，一旦增加資料就要重新確認組合不易維護 T-SQL 陳述式，以下就是使用 CASE WHEN 的作法。

```sql
-- 使用 CASE 方式驗證轉換資料顯示格式
USE TSQL
GO


DROP TABLE IF EXISTS tblData
GO


CREATE TABLE tblData
(xid  int identity,
 xdata varchar(10)
)
GO
insert into tblData(xdata)
values('A_B_C'),('A_B_C'),('C_D_E')
     ,('C_D_E'),('A_F'),('A_F')
     ,('A_F'),('A_Q')
GO
-- 規則如下
--A_B_C 轉換為 1
--C_D_E 轉換為 2
--A_F 轉換為 3
SELECT xdata,
      CASE xdata  WHEN 'A_B_C' THEN 1
```

```
                WHEN 'C_D_E' THEN 2
                WHEN 'A_F'   THEN 3
                ELSE '0'     END AS [ 轉換結果 ]
FROM    tblData
GO
-- 結果
xdata       轉換結果
---------- -----------
A_B_C       1
A_B_C       1
C_D_E       2
C_D_E       2
A_F         3
A_F         3
A_F         3
A_Q         0

(8 row(s) affected)
```

上述陳述式可以針對少量的條件進行撰寫,如果該對應的邏輯會頻繁的調整,則使用 CASE 的方式就會經常修改 T-SQL 程式碼,著實不是個好方式。

▶ **案例說明**

要解決上述需求搭配動態陳述式,可以參考 SQL Server 從 2005 開始所新增的 APPLY 運算子,可以在 SELECT 的查詢陳述之中,搭配資料表值使用者自訂函數 (TVF),回傳資料列進行合併查詢。

以下的範例會先建立一個資料表儲存所有的測試資料,該資料表主要是儲存產品代號 與產品名稱,此外還會建立一個資料表值使用者自訂函數 (TVF)。

```
-- 建立完成資料表之後,接著新增三筆測試資料
USE [TSQL]
GO
DROP TABLE IF EXISTS t_parts
GO
```

```
CREATE TABLE t_parts
(partNumber INT,      -- 料件號碼
 partdesc NVARCHAR(6) -- 產品説明
)
GO
-- 新增三筆產品基本資料
INSERT INTO t_parts VALUES (99, N' 汽車 ')
INSERT INTO t_parts VALUES (333,N' 電腦 ')
INSERT INTO t_parts VALUES (444,N' 休閒 ')
GO
```

此外建立出貨記錄資料表,包含數量與產品代號,這個資料表主要是模擬每一項產品的出貨記錄。

```
-- 建立出貨資料表
USE [TSQL]
GO
DROP TABLE IF EXISTS t_orderLineItem
GO
CREATE TABLE t_orderLineItem
( [order] INT,    -- 訂單序號
  [partNumber] INT -- 料件號碼
)
GO

-- 新增三筆出貨記錄
-- 注意第 99 號產品沒有出貨記錄
INSERT INTO t_orderLineItem VALUES (100, 333)
INSERT INTO t_orderLineItem VALUES (200, 333)
INSERT INTO t_orderLineItem VALUES (200, 444)
GO
```

接著建立一個資料表值使用者自訂函數,它的主要定義就是輸入產品代號,回傳所有出貨記錄數量與產品代號的資料集,建立指令與説明如下。

```
-- 建立資料表值使用者自訂函數
USE [TSQL]
GO
CREATE OR ALTER FUNCTION udf_partsOnOrders
 ( @partNumber INT ) -- 輸入產品代號
RETURNS TABLE        -- 回傳所有的出貨記錄
AS
RETURN (
        SELECT [order] as Quantity     -- 改變輸出名稱為 Quantity
        FROM   t_orderLineItem
        WHERE  partNumber=@partNumber  -- 找出符合的產品
        )
GO
```

測試的過程可以直接使用 SELECT 的查詢陳述式，搭配該函數在 FROM 子句中使用，並且輸入料號參數就可以回傳該料號對應的出貨記錄。

```
-- 測試使用者自訂函數
USE [TSQL]
GO
-- 在 FROM 子句中使用該資料表值函數，並且輸入 333 產品參數
SELECT * FROM dbo.udf_partsOnOrders(333)
GO
-- 結果
Quantity
-----------
100
200
(2 row(s) affected)
```

如果要找出所有產品與出貨記錄時，可以在 CROSS APPLY 運算子左邊置放產品資料表 (t_parts)，右邊置放資料表值使用者自訂函數 (dbo.udf_partsOnOrders) 並且使用產品代號作為參數傳遞，以下就是範例程式。

```
-- 使用 CROSS APPLY 搭配資料表值使用者自訂函數
SELECT * FROM dbo.t_parts CROSS APPLY
    dbo.udf_partsOnOrders(partNumber)
GO
-- 結果
partNumber  partdesc Quantity
----------- -------- -----------
333         電腦     100
333         電腦     200
444         休閒     200

(3 row(s) affected)
```

上述的陳述式主要的核心技術就是，當查詢 dbo.t_parts 資料表的時候，藉由 CROSS APPLY 運算子，將 dbo.t_parts 資料表的 partNumber 資料行，傳給 dbo.udf_partsOnOrders 函數，當成輸入參數。此外，深入瞭解上述的輸出結果，可以發現 99 號的產品雖然沒有出貨記錄，但是整個輸出結果卻自動刪除該筆資料的顯示，所以當使用 APPLY 運算子，除了一般的 CROSS 使用技巧之外，也可以搭配 OUTER 針對所有資料列的查詢。以下就是找出三種產品中，無出貨記錄者。

```
-- 使用 OUTER APPLY 搭配資料表值使用者自訂函數
SELECT *
FROM t_parts OUTER APPLY
    dbo.udf_partsOnOrders(partNumber)

GO
-- 結果
partNumber  partdesc Quantity
----------- -------- -----------
99          汽車     NULL
333         電腦     100
333         電腦     200
444         休閒     200

(4 row(s) affected)
```

解決上述的狀況可以使用 CROSS(OUTER) APPLY 搭配 Table value function(TVF) 的
方式，以下就是建立一個動態的對應資料表，名稱為 tblMAP 如下。

```
---- 對應表
USE [TSQL]
GO
DROP TABLE IF EXISTS tblMap
GO
CREATE TABLE tblMap
(src varchar(12),
 result int)
GO
-- 新增對應資料
insert into tblMap(src,result)
values('A_B_C',1),('C_D_E',2),('A_F',3)
GO
```

另外再建立一個 TVF 支援輸入參數後，回傳對應的轉換值。

```
-- 建立 TVF
CREATE OR ALTER function dbo.fn_Map
(@src varchar(10))
returns table
as
-- 根據輸入值回傳對應代碼
return(
      select result
      from tblMap
      where src=@src)

 GO
```

最後就可以驗證該 TVF 直接轉換字串為代碼的功能，該陳述是可以找出可以對應的
結果。

```
-- 驗證
SELECT a.*,b.*
FROM tblData a CROSS APPLY dbo.fn_Map(xdata) as b
GO
```

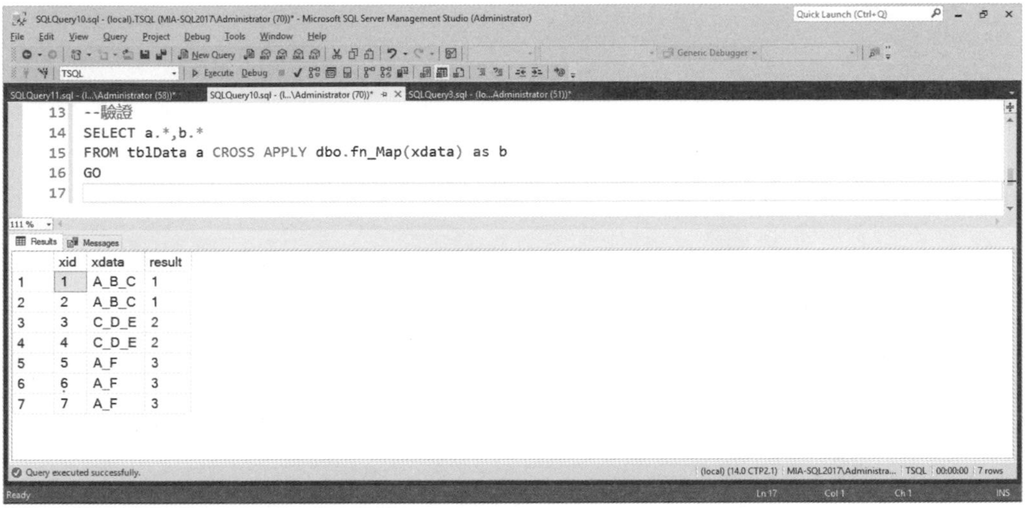

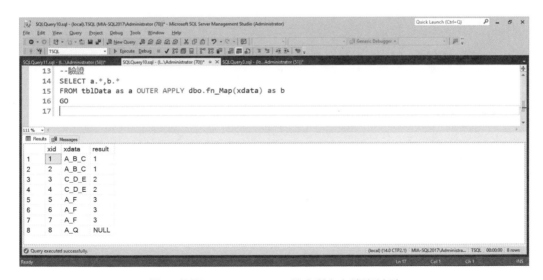

圖 1 　檢視使用 CROSS APPLY 搭配 TVF 結果

最後若是要輸出所有左邊的資料，可以使用 OUTER APPLY 的方式。

圖 2 　使用 OUTER APPLY 輸出所有左邊資料列

▶ 注意事項

當使用 CROSS APPLY 與 OUTER APPLY 過程，右邊的 TVF 一定建議要加入資料表別名，方便指定要輸出 TVF 的欄位還是左邊資料表的資料欄位。

```
-- 建議使用資料表別名
SELECT *
FROM tblData CROSS APPLY dbo.fn_Map(xdata)
GO
```

▶ 本書相關問題導覽

16. 【使用 PIVOT 與自訂字串分解函數，再將每一列資料轉換成每一欄位】

Part **3**

SQL Server 2016 新功能介紹

Lesson

Part 03 SQL Server 2016新功能介紹

01

Stretch database 延展資料庫

► 觀念介紹

第一次看到延展資料庫（Stretch database）的新功能時，直覺就是 Microsoft 想要藉由 Azure 的超大空間與運算功能，解決本地資料庫經常碰到空間短缺或是計算能力不足的狀況，將本地端（On-Premises）資料庫的資料，藉由外部資料來源（External Data Sources）與連結伺服器（Linked Server）的連線，搬動到雲端的 Azure SQL Database。

延展資料庫運作原理

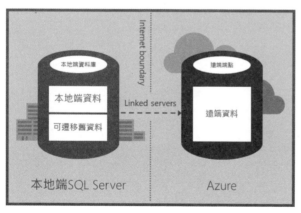

- 從本地端資料庫建立連結伺服器到雲端Azure SQL Databases.

- 本地端SQL Server伺服器就是使用連結伺服器(Linked Server)與遠端機器連線。

- 設定精靈會自動使用Azure帳號去建立Azure SQL databases並且協助指定可移動的資料表。

- 現有的應用程式查詢資料過程，會從本地與遠端Azure SQL databases一起查詢

圖 1 延展資料庫實作的架構圖

然而經過深入研究後，竟然發現延展資料庫功能，允許以資料表為基本單位，整合 filter predicate 的 [資料表值使用者自訂函數]（user-defined table valued function），使用 ALTER TABLE 的 DDL 陳述式，控制資料的搬動方向。意思就是說，不只可以從本地端資料庫搬動到 Azure 的 SQL Database，更可以反向從 Azure 的 SQL Database

將資料移回來本地端資料庫。過程中唯一要注意就是，需要從本地端資料庫，開啟從 Outbound 的 firewall 的 TCP 1433 port 到遠端的 Azure 的 SQL Database，並且在 Azure 的 SQL Database 端需要允許本地端的連線。

延展資料庫確保工作不受影響

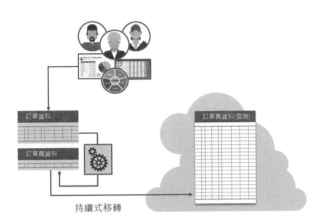

- 設定延展資料庫後，可以指定特定資料表進行移轉，過程中資料查與異動仍可進行，不會影響現有作業。

- 基本上資料表就等同原來的儲存方式，對資料庫管理人員或是資料庫開發人員，無須改變作業`方式。

- 可以設定 filter function，讓延展資料庫中的資料表可以定期將舊資料移送到雲端儲存，節省本地端儲存空間與成本。

圖 2　延展資料庫是以資料表為基本單位進行資料移轉

因此，要實作該延展資料庫的功能，唯一要確認就是有三件事情。第一個就是要有 Azure 服務的帳號，因為延展資料庫設定過程中，精靈會要求資料庫管理人員填入 Azure 的帳號與密碼，去連接雲端的 Azure SQL Databases。第二個就是本地端的 SQL Server 機器需要可以藉由 Outbound firewall 的 TCP 1433 port 到遠端 Azure 的 SQL Database，第三個就是雲端 Azure 的 SQL Database 需要開啟 ACL(Access Control List) 給本地端的 IP 連接。

當完成上述三個需求之後，接下來就是示範驗證本地端資料庫伺服器，是否可以連上預先設定好的 Azure 的 SQL Database 連線，如果該連線無法使用 telnet 經由 TCP 1433 port 時，接下來的所有設定就會發生失敗。

首先用 Azure 登入帳號，建立一個 Azure 的 SQL Database，過程中需要設定 SQL Database、伺服器名稱與容量 (DTU，database transaction per unit) 如下。

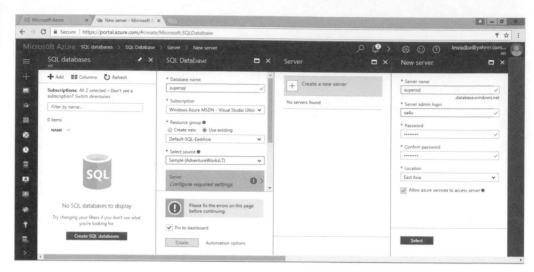

圖 3 先使用 Azure 帳號建立 SQL Database 驗證本地端與伺服器端是否可以連通

有關 Azure SQL Database 允許的連線設定方面，建議過程中一定要在 set server firewall 選單，設定 ACL 指定給本地端的 IP 進行連結與測試，這樣可以保護 Azure 的 SQL Database。

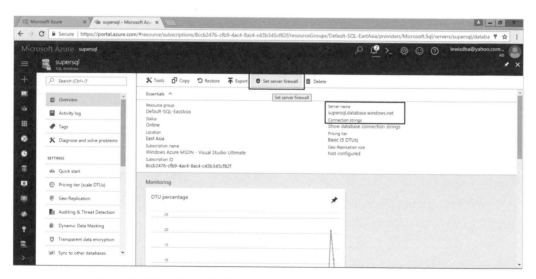

圖 4 設定防火牆與查詢該 Azure SQL Database 所在伺服器名稱

```
-- 驗證 On-premises 機器是否可以連上 Azure 的 SQL Database
-- 範例 supersql.database.windows.net
-- 該伺服器支援設定延展資料庫使用
```

```
--TCP: 1433
C:\temp>ping supersql.database.windows.net
Pinging eastasia1-a.control.database.windows.net [191.234.2.139] with 32 bytes of data:
Request timed out.
Request timed out.
Request timed out.
Request timed out.
Ping statistics for 191.234.2.139:
    Packets: Sent = 4, Received = 0, Lost = 4 (100% loss),
C:\temp>telnet supersql.database.windows.net 1433
```

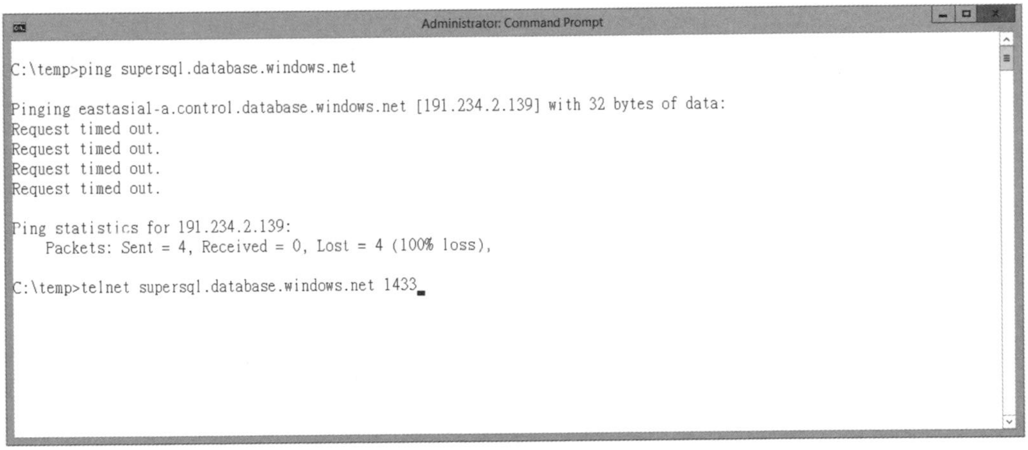

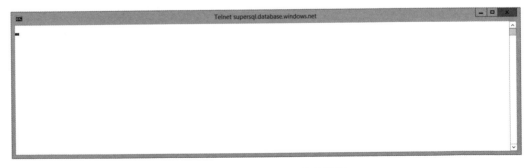

圖 5　準備使用 telnet 驗證連線 1433 到 Azure SQL Database 是否正常

當順利可以從本地端的 On-Premises 伺服器，連上 Azure 的 SQL Database 所在伺服器的 1433 Port 就可以看到以下空白畫面。

圖 6　完成 1433 Port 連線驗證

▶ 實戰解說

現在就讓我們先用精靈的協助與部分的 T-SQL 指令，啟動 SQL Server 2016 的延展資料庫功能。

◈ 步驟一

啟動 SQL Server 執行個體的 sp_configure 功能。

```
-- 延展資料庫在 sp_configure 新功能，啟動 RDA (remote data archive)
-- 組態設定
EXEC sp_configure 'remote data archive', '1';
GO
RECONFIGURE
GO


-- 結果
Configuration option 'remote data archive' changed from 0 to 1. Run the RECONFIGURE
statement to install.
```

◈ 步驟二

針對指定資料庫，使用精靈設定資料庫與資料表階層的延展功能。

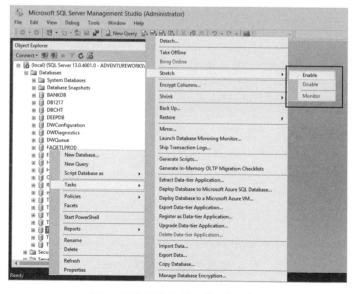

圖 7　啟動指定資料庫的延展功能

圖 8　精靈會建立 master key 與 credentail 連結 Azure 的 SQL database

緊接著精靈會顯示可以移轉的資料表，該部分有許多限制，主要是因為移轉到 Azure 的 SQL Database 時，資料表需要符合以下的限制。其中我們會經常碰到的限制是，Default/Check/Foreign key 等等條件約束，當然這些存在時，系統就不允許選擇該資料表，進行資料延展。

https://docs.microsoft.com/en-us/sql/sql-server/stretch-database/limitations-for-stretch-database

◈ 資料表屬性

- ◆ More than 1,023 columns

- ◆ More than 998 indexes

- ◆ Tables that contain FILESTREAM data

- ◆ FileTables

- ◆ Replicated tables

- ◆ Tables that are actively using Change Tracking or Change Data Capture

- ◆ Memory-optimized tables

◈ 資料型別

- ◆ timestamp

- ◆ sql_variant

- ◆ XML

- ◆ geometry

- ◆ geography

- ◆ hierarchyid

- ◆ CLR user-defined types (UDTs)

◈ 欄位屬性

- ◆ COLUMN_SET

- ◆ Computed columns

◈ 條件約束

- ◆ Check constraints

- ◆ Default constraints

- ◆ Foreign key constraints that reference the table

◈ 索引

- ◆ Full text indexes

- ◆ XML indexes

- ◆ Spatial indexes

- ◆ Indexed views that reference the table

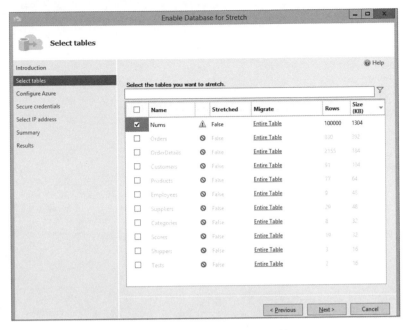

圖 9 資料表需要符合條件限制

接下來要輸入擁有的 Azure 帳號，在 SQL Server 的延展資料庫設定精靈中，指定或是建立新的 Azure Server，過程中建議指定靠近本地端資料庫所在地區的 Azure 伺服器。

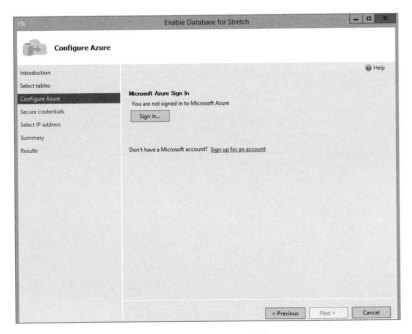

圖 10 輸入 Azure 帳號

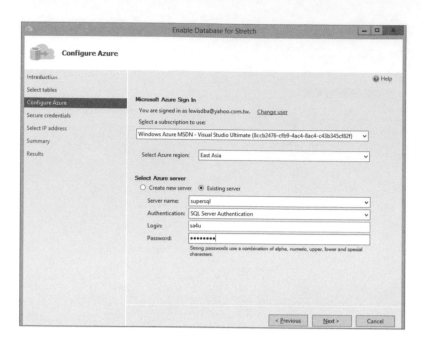

圖 11　指定現有 Azure 伺服器或是新建立

緊接著建立 DMK（Database Master Key），以便保護該資料庫在雲端的安全性。

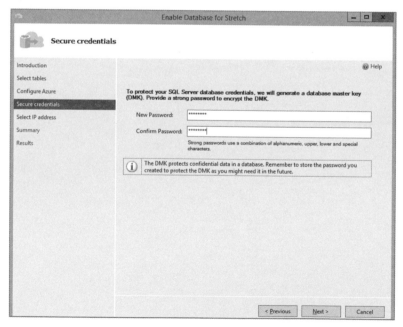

圖 12　建立 DMK 來確保資料庫安全性

再來就是設定 Azure SQL database 的防火牆，該部分指定地端的 IP 區段，這樣就可以避免其他非規定的 IP，連上該 Azure SQL database 進行惡意破壞。

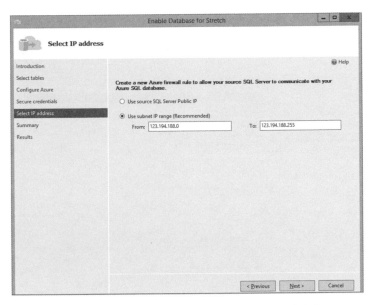

圖 13 設定 Azure SQL Database 的 ACL 與防火牆

當準備好所以設定之後，精靈將會針對地端資料庫建立對應的 Azure SQL Database 資料庫儲存地端的延展資料。

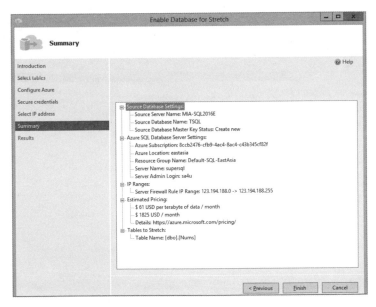

圖 14 準備好設定延展資料庫精靈選項

經過精靈設定之後，耗用大約數分鐘的時間，就可以看到以下的結果，如果要檢視作業記錄也可從提供的連結點選獲得。

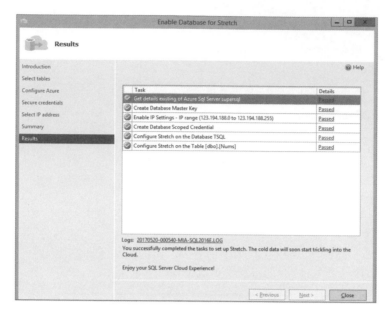

圖 15　完成延展資料庫設定作業

完成設定後的資料庫，就會呈現跟本地端資料庫不一樣的圖示，可以點選該 [資料庫 | 右鍵 | Tasks | Stretch | Monitor]，啟動監控視窗，就可以看到整個資料庫進行延展的移轉進度狀況。

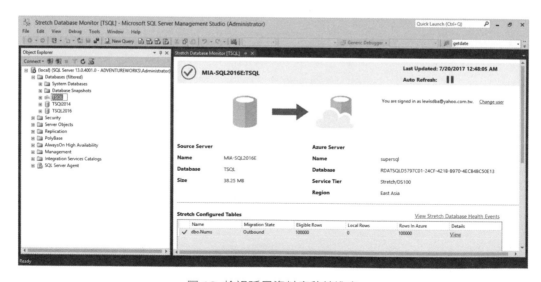

圖 16　檢視延展資料庫移轉進度

如果有機會在實作該延展資料庫之前，先使用 SQL Server Management Studio 連上 Azure SQL Databases，然後再完成設定之後重新整理畫面，就可以看到精靈已經幫忙在指定的伺服器中建立新的 Azure 的 SQL Database，然後也建立對應的移轉資料表。該新建立的 Azure 的 SQL Database 目的就是在儲存本地端上傳的資料表內容，該資料庫可以使用 SELECT * FROM sys.tables，檢視經由本地端資料庫移轉上的對應物件。

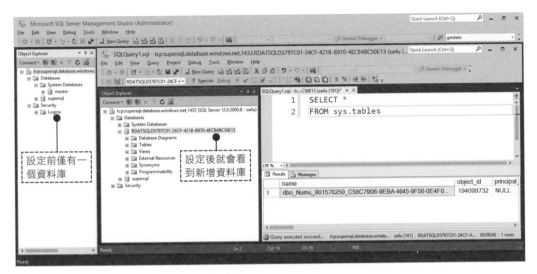

圖 17　檢視延展資料庫啟動前後的差異

▶ 進階應用

由於延展資料庫的移轉基本單位為 [單一資料表]，不是整個資料庫，所以當完成延展資料庫設定之後，針對過程中指定的資料表，就可以從上述的 Monitor 監控視窗中檢視移轉的狀態。如果新建立的資料表，也可以使用以下的範例，啟動資料移轉到 Azure 的 SQL Database 功能。

```
-- 建立一個符合規範的資料表，並且啟動為延展資料選項
USE [TSQL]
GO
SELECT * INTO [dbo].[TransactionHistory]
FROM AdventureWorks.[Production].[TransactionHistory]
GO
-- 啟動延展功能，選項中的 OUTBOUND 就是指出該資料表所有資料移到雲端
```

```
ALTER TABLE [dbo].[TransactionHistory]
SET(REMOTE_DATA_ARCHIVE = ON (MIGRATION_STATE = OUTBOUND))
GO
-- 結果
Command(s) completed successfully.
```

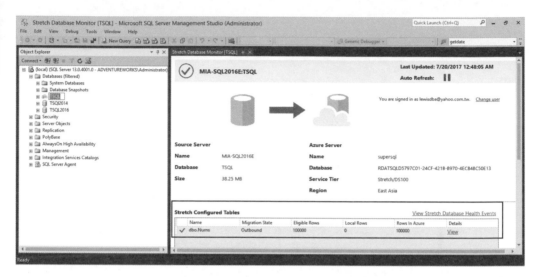

圖 18　檢視新增延展資料表的遞送進度

有關延展資料庫的功能，預設就是將指定的資料表中的所有資料，全數移轉到 Azure 的 SQL Database，意思就是說本地僅留下資料表結構，預設是沒有包含任何資料，這樣一來，查詢時都需要往雲端的 Azure SQL Database 去執行，效率上就會因 remote Query 緣故造成執行時間會增加。

```
-- 該 TransactionHistoryII 資料表由以下發生產生確保沒有 INDEX 干擾查詢計畫
SELECT *
INTO AdventureWorks.[Production].[TransactionHistoryII]
FROM  AdventureWorks.[Production].[TransactionHistory]
GO
-- 比較地端與雲端資料查詢效率
SELECT COUNT(*) AS [LOCAL]
FROM  AdventureWorks.[Production].[TransactionHistoryII]
GO
```

```
SELECT COUNT(*) AS [STRETCH]
FROM [TSQL].[dbo].[TransactionHistory]
GO
```

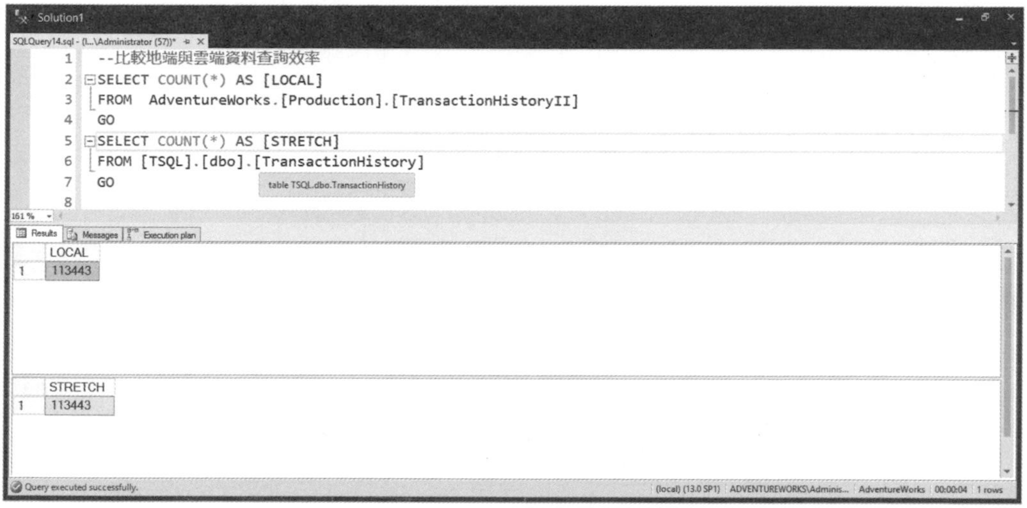

圖 19　對比本地端與雲端資料表查詢狀況

從等待回應時間上面來看，本地端的資料表還是佔有效能的時間優勢，執行時間比較為 19.2500ms（本地端等待伺服器時間）：1734ms（雲端等待伺服器時間）。

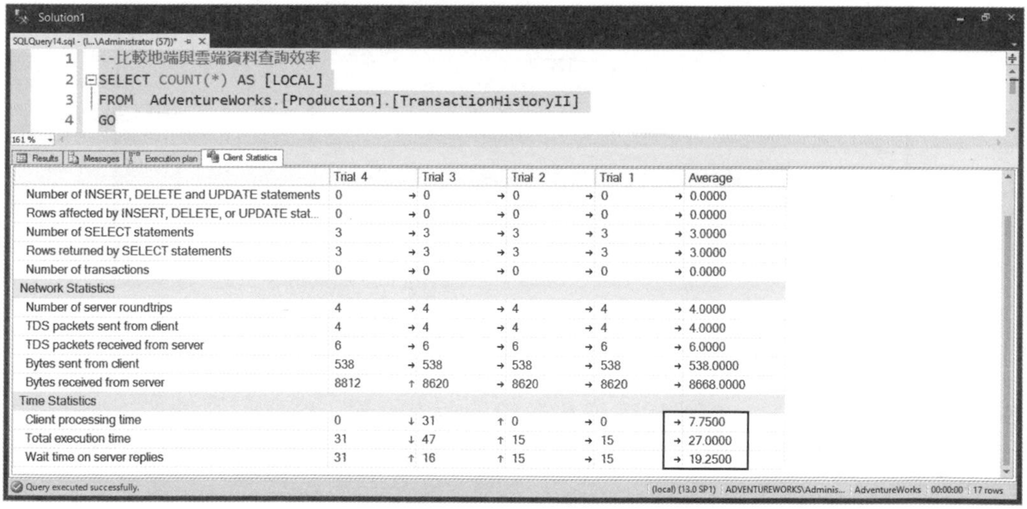

圖 20　檢視本地端的執行等待時間

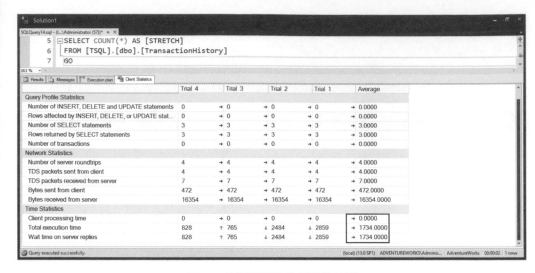

圖 21　檢視雲端的執行等待時間

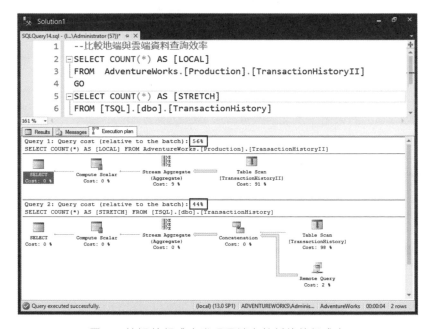

圖 22　檢視執行成本發現雲端有較低的執行成本

由於延展資料庫預設，會將指定資料表中的所有資料，傳送到雲端的 Azure SQL Database，無論是傳送的過程或是之後加入 filter predicate 的使用者自訂函數，來調整本地端與雲端儲存資料量，都可以使用以下的陳述式，查詢出來整個資料表的資料分布狀況。

```
-- 藉由以下判斷式, 更可以清楚該延展資料表現在儲存狀況
exec sp_spaceused
@objname = N'[dbo].[TransactionHistory]',
@mode = 'REMOTE_ONLY', @oneresultset = 1
GO
exec sp_spaceused
@objname = N'[dbo].[TransactionHistory]',
@mode = 'LOCAL_ONLY', @oneresultset = 1
GO
```

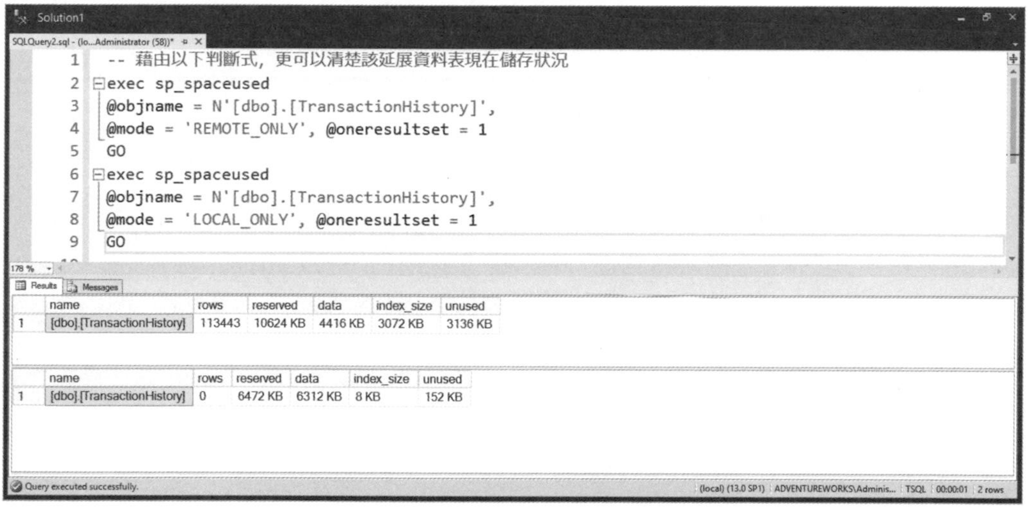

圖 23　檢視本地端與雲端中的資料分布狀況

此外如果有執行等待時間或是其他因素考量，需要將現有被延展的資料表，將資料移轉回來到本地端，就可以使用以下的陳述式，讓資料從 Azure 移轉回到本地端，或是也可以暫停任何移轉中的動作。

```
-- 藉由以下陳述式，執行移回本地(INBOUND)，移轉到 Azure(OUTBOUND)，作業暫停(PAUSED)
ALTER TABLE [dbo].[TransactionHistory]
SET(REMOTE_DATA_ARCHIVE = ON (MIGRATION_STATE = INBOUND))
GO
```

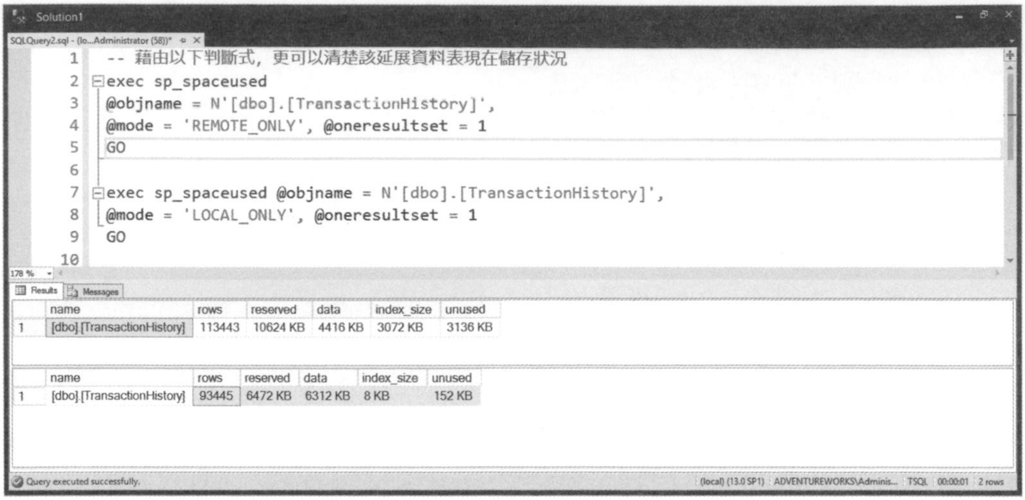

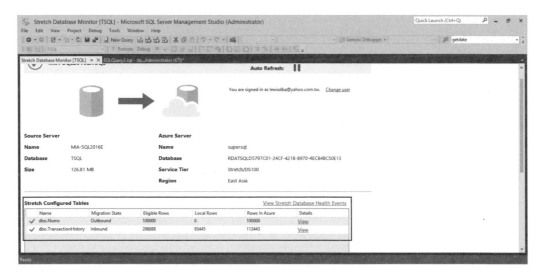

圖 24 檢視移轉回本地端的狀況

圖 25 從監控視窗中檢查本地端的資料狀況

```
-- 藉由以下陳述式，執行作業暫停 (PAUSED)
ALTER TABLE [dbo].[TransactionHistory]
SET(REMOTE_DATA_ARCHIVE = ON (MIGRATION_STATE = PAUSED))
GO
```

最後提供以下的目錄檢視或是動態檢視，供大家查詢現在延展資料庫狀態。

```
-- 查詢移轉狀況
select * from sys.dm_db_rda_migration_status
-- 查詢 AZURE 儲存延展資料庫
select * from sys.remote_data_archive_databases
-- 查詢延展資料表
select * from sys.remote_data_archive_tables
-- 查詢延展資料庫的外部資料來源連線
select * from sys.external_data_sources
-- 查詢延展資料庫連接到 AZURE 的 SQL Database 連線帳號
select * from sys.database_scoped_credentials
```

此外還可以使用 SQL Server Management Studio 連接 AZURE 的 SQL Database 資料庫，檢視已經搬移的資料儲存狀況。

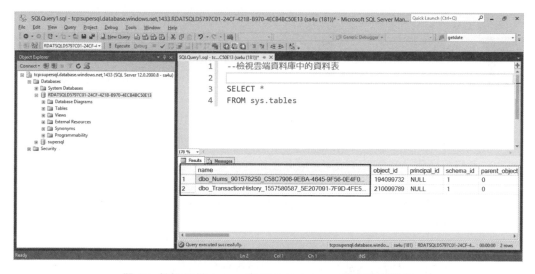

圖 26 檢視雲端 Azure 的 SQL Database 儲存的資料表

本文章所介紹的是預設功能，意思就是延展資料表的資料，都會全部移轉到 Azure 的 SQL Database 或是全部移回到本地資料庫，尚未啟動根據重要資料放本地端 / 歷史資料放雲端的分配，進行分開儲存。有關此部分，會在下一篇延展資料庫進階介紹。最後從 SQL Server 2016 的界面來看，當資料庫被啟動延展功能之後，就會有以下系統物件隨之產生，因此在管理上建立不要手動任意刪除，避免造成錯誤。

◆ 新增該資料庫中的 External Data Sources 物件

◆ 新增伺服器中的 Linked Servers

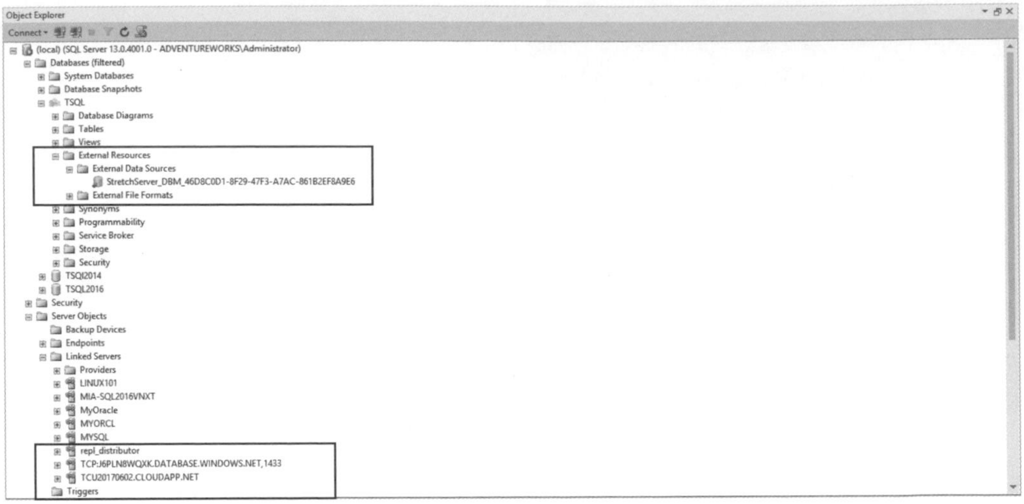

圖 27　檢視啟動延展資料庫後的新增物件

▶ **注意事項**

提醒大家，使用該延展資料庫時，記得以下事情：

1. 請備份該資料庫的 MASTER KEY，過程中陳述式 BACKUP MASTER KEY TO FILE。因為當有延展功能的資料庫發生毀損，整個系統重新安裝還原後，該 DATABASE MASTER KEY，需要重新還原，不然會看到以下錯誤：

   ```
   Please create a master key in the database or open the master key in the
   session before performing this operation.
   ```

2. 如果需要停用資料庫的延展功能，可以透過以下的陳述式進行，但是先決條件 是要該資料庫中的已經被啟動延展功能的資料表，先搬移回到本地端資料庫或 是捨棄雲端的資料量。

   ```
   -- 停用延展資料庫功能
   ALTER DATABASE [TSQL]
       SET REMOTE_DATA_ARCHIVE = OFF ;
   GO
   -- 結果，因為有資料表已經啟動延展功能需要先停用資料表
   Msg 14802, Level 16, State 1, Line 8
   Cannot disable REMOTE_DATA_ARCHIVE because the database contains at least one
   table having REMOTE_DATA_ARCHIVE enabled.
   ```

```
Msg 5069, Level 16, State 1, Line 8
ALTER DATABASE statement failed.
首先要檢查那些資料表，已經被啟用為延展資料庫的功能。
-- 找出那些資料表有啟動該功能
USE [TSQL]
SELECT object_name(object_id) AS stretched_table,*
FROM sys.remote_data_archive_tables
GO
-- 結果
Nums
TransactionHistory
Dim_Account
```

接下來就使用 INBOUND 的選項，將該三個資料表的資料，從雲端的 Azure SQL Database 進行移轉到本地端的資料庫。

```
-- 找出那些資料表有啟動該功能
USE [TSQL]
ALTER TABLE [Nums] SET ( REMOTE_DATA_ARCHIVE = ON (MIGRATION_STATE = INBOUND) );
ALTER TABLE [TransactionHistory] SET ( REMOTE_DATA_ARCHIVE = ON (MIGRATION_STATE =
INBOUND) );
ALTER TABLE [Dim_Account] SET ( REMOTE_DATA_ARCHIVE = ON (MIGRATION_STATE =
INBOUND) );
GO
```

最後當上述三個資料表已經完成移轉回到本地端的資料庫後，就可以關閉該資料庫的延展功能，若要檢查該三個資料表是否都移轉回到本地端，可以使用以下的方式。

```
-- 找出那些資料表已經移轉回來到本地端
exec sp_spaceused @objname = N'[dbo].[Nums]',
                  @mode = 'REMOTE_ONLY', @oneresultset = 1
exec sp_spaceused @objname = N'[dbo].[TransactionHistory]',
                  @mode = 'REMOTE_ONLY', @oneresultset = 1
exec sp_spaceused @objname = N'[dbo].[Dim_Account]',
                  @mode = 'REMOTE_ONLY', @oneresultset = 1
-- 結果，如果都移轉回到本地端就會看到以下的訊息
Msg 14821, Level 16, State 2, Procedure sp_spaceused, Line 323 [Batch Start
Line 18]
```

```
Cannot execute in REMOTE_ONLY mode since remote part does not exist or is
invalid for this operation.
```

現在就可以進行取消延展資料庫的功能。

```
-- 取消延展資料庫功能
ALTER DATABASE [TSQL]
    SET REMOTE_DATA_ARCHIVE = OFF ;

GO
-- 結果，如果都移轉回到本地端就會看到以下的訊息
Command(s) completed successfully.
```

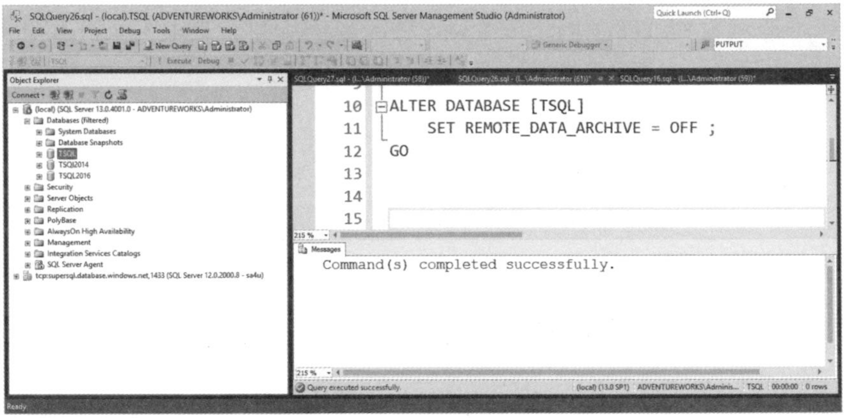

圖 28 被取消延展功能的資料庫圖樣就恢復正常

3. 如果要監控延展資料庫連線狀況，可以使用以下的預存程序

```
USE [TSQL]
EXECUTE sys.sp_rda_test_connection
GO
-- 結果
The Remote Data Archive connection to the server 'supersql.database.windows.
net' succeeded.
```

► 關鍵字搜尋

Stretch database、REMOTE_DATA_ARCHIVE、external_data_sources、Linked
Server。

02 Stretch database 延展資料庫進階活用

當完成設定延展資料庫之後，接著就是要針對該資料庫，指定資料表中那些資料，進行延展功能的設定，這樣一來，才不會讓指定資料表中的所有資料，全數都移轉到雲端的 Azure SQL Database。如果全部資料都在雲端的 Azure SQL Database，雖然前端應用程式不用變更，但是距離與藉由網路的查詢的關係，會導致過長的等待時間。所以才需要加入額外設定，讓使用者應用程式都可以不用變更，分開近期與遠期資料，分別儲存在不同地點，讓近期資料距離使用者更近，加速查詢回應時間。

延展資料庫確保工作不受影響

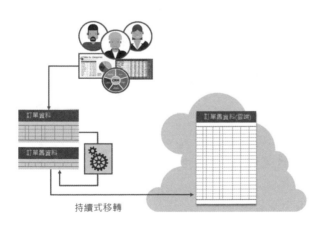

- 設定延展資料庫後，可以指定特定資料表進行移轉，過程中資料查與異動仍可進行，不會影響現有作業。

- 基本上資料表就等同原來的儲存方式，對資料庫管理人員或是資料庫開發人員，無須改變作業方式。

- 可以設定filter function，讓延展資料庫中的資料表可以定期將舊資料移送到雲端儲存，節省本地端儲存空間與成本。

圖 1　使用延展資料庫可以確保前端應用程式不用修改

微軟 SQL Server 2016 的延展資料庫功能，最小基本單位是資料表，然後可以搭配 filter predicate 的使用者自訂函數，去分割該資料表並且指定那些資料放在 On-premises 本地端資料庫與雲端的 Azure SQL database 裡面。

當使用者查詢具有延展功能的資料表時，最佳化執行器會根據資料存放位置，決定要去本地查詢還是到 Azure 的 SQL databases。另外，使用延展資料庫最大的好處就是，解決單一資料表儲存所有的歷史資料，會自動根據不同條件，決定儲存位置 (放在本地的本地端資料庫、雲端的 Azure SQL databases)，雖然過程中會碰到等待雲端伺服器，透過網路回應時間的問題，但是至少可以將最近資料放置到距離使用者較近，減少等待時間的狀況。

現在讓我們建立一個新的資料表，來驗證 filter predicate 的延展資料庫功能，這個驗證也可以使用現有既存的資料表進行設定。

```sql
-- 建立新的資料表並且啟動為延展資料庫的選項
USE [TSQL]
GO
-- 使用 SQL Server 2016 SP1 語法
DROP TABLE IF EXISTS [Dim_Account]
-- 針對新建立的資料表啟動延展功能
CREATE TABLE [dbo].[Dim_Account](
      [DM_ACCOUNT_ID] [int] NOT NULL,
      [CREATED_DATE] [datetime] NULL,
      [SALES_REGION] [nvarchar](30) NULL
) ON [PRIMARY]
GO
-- 啟動延展功能 ，OUTBOUND 表示將全部資料移轉到 Azure
ALTER TABLE [dbo].[Dim_Account]
SET(REMOTE_DATA_ARCHIVE = ON (MIGRATION_STATE = OUTBOUND))
GO


-- 查詢空間使用，注意使用 REMOTE_ONLY 與 LOCAL_ONLY
exec sp_spaceused @objname = N'[dbo].[Dim_Account]',
                @mode = 'REMOTE_ONLY', @oneresultset = 1
exec sp_spaceused @objname = N'[dbo].[Dim_Account]',
                @mode = 'LOCAL_ONLY', @oneresultset = 1
GO
```

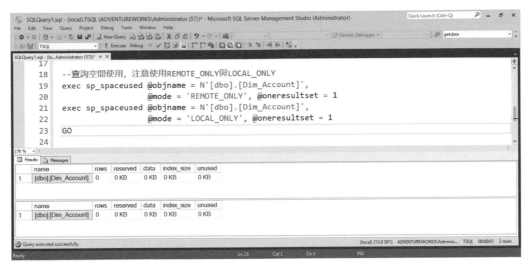

圖 2　新建立與設定延展功能的資料表的空間使用狀況

如果要驗證整個延展資料庫搬移能力，可以使用 BCP 程式，載入大量資料。這樣一來系統就會自動將新增到此資料表的資料，批次遞送到雲端儲存。

```
2000 rows sent to SQL Server. Total sent: 762000
2000 rows sent to SQL Server. Total sent: 764000
2000 rows sent to SQL Server. Total sent: 766000
2000 rows sent to SQL Server. Total sent: 768000
2000 rows sent to SQL Server. Total sent: 770000
2000 rows sent to SQL Server. Total sent: 772000
2000 rows sent to SQL Server. Total sent: 774000
2000 rows sent to SQL Server. Total sent: 776000

776286 rows copied.
Network packet size (bytes): 4096
Clock Time (ms.) Total     : 14297  Average : (54297.13 rows per sec.)

C:\temp>bcp TSQL.dbo.Dim_Account in C:\temp\Account.txt -c -T -Slocalhost -b2000
```

圖 3　使用 BCP 應用程式大量載入資料給具有延展功能的資料表

當大量輸入資料之後，可以使用 DMV 查詢資料搬移狀況，發現系統預設搬移筆數 9999 筆，並且記錄每一次的搬移狀況。

```
-- 查詢 DMV 檢視搬移狀況
USE [TSQL]
SELECT *
FROM sys.dm_db_rda_migration_status
WHERE table_id=object_id('[dbo].[Dim_Account]')
ORDER BY start_time_utc desc
GO
```

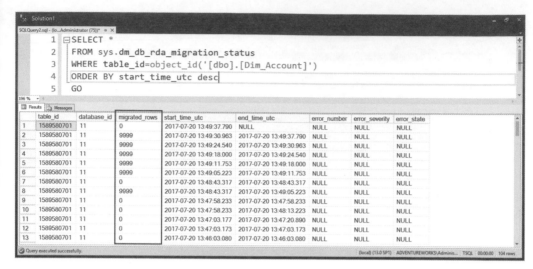

圖 4 使用 DMV 檢視指定資料表搬移資料的狀況

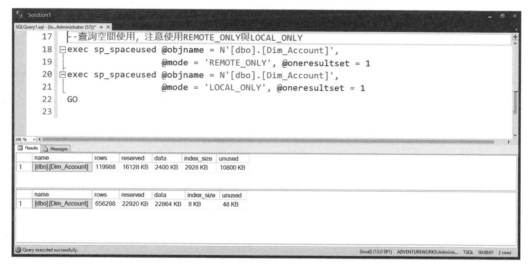

圖 5 使用 sp_spaceused 預存程序檢查資料搬移狀況

最後可以發現整個被設定延展的資料表，全部資料都已經從本地端的資料庫，搬移到
Azure SQL Database 裡面。唯一要留意的就是本地的資料表，空間並沒有釋放出
來，依然是 22920 KB。反倒是 Azure 的 SQL Database，佔用空間已經從原來的
0KB，增加到 38336 KB。過程中筆數滴水不漏，這段是由延展資料庫內部搬動技術
控制，可以在網路不穩狀況下，保持資料沒有遺漏。

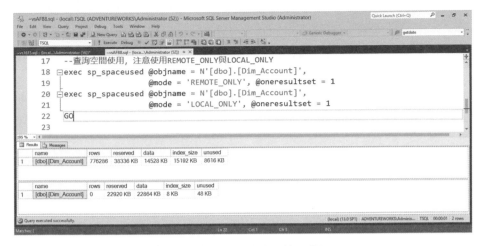

圖 6　檢視完成後的空間使用狀況

SQL Server 2016 之所以可以控制資料搬動過程中，滴水不漏就是在雲端的資料表，會多建立一個欄位（bactchID-NNNNNNNNN），監控搬動批次。

```
-- 查詢 Azure SQL Database 中的延展資料表
SELECT * FROM sys.tables
GO
SELECT *
FROM [dbo_Dim_Account_1589580701_EE2125FA-9BB6-4515-A6A5-34E69DD2617F]
ORDER BY 4 DESC
GO
```

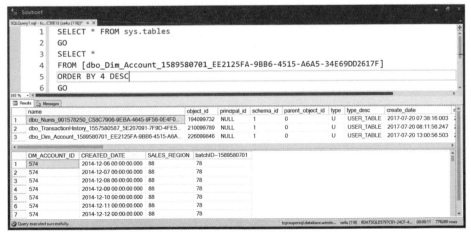

圖 7　雲端資料表可以看到資料被搬移過來的詳細資訊

▶ **實戰解說**

常完成資料準備後,接下來要驗證兩個議題。

第一就是,如何將近期資料放在本地端資料庫,早期資料放在 Azure 的 SQL Database 裡面。有關這個問題,答案就是 filter predicate 的使用者自訂函數。藉由它的輔助,就可以真正表現出延展資料庫應該有的功能,意思就是達到近期資料放在本地端資料庫,加速使用者查詢與異動。至於歷史性的資料,就放在 Azure SQL Database 裡面,記得不可以再被更新與刪除。

設定過程中需要搭配,使用者自訂的函數,該函數是要回傳資料表值(table-valued functions)格式,類似分割資料表一樣,將資料分離到本地端資料庫或是雲端 Azure SQL Database 裡面。舉例來說,現在的 [dbo].[Dim_Account] 資料表,年度分度是這樣:

```
-- 檢查資料分佈
USE [TSQL]
GO
SELECT MIN([CREATED_DATE]) AS MAX_DATE,
       MAX([CREATED_DATE]) AS MIN_DATE
FROM [dbo].[Dim_Account]
GO
-- 結果
MAX_DATE                MIN_DATE
----------------------- -----------------------
2012-12-28 00:00:00.000 2016-06-30 00:00:00.000

(1 row(s) affected)
```

讓我們來實作一個使用者自訂的函數,僅留下 2016/1/1 之後資料於本地端資料庫,其他都搬動到雲端 Azure SQL Database 裡面。該部分主要是利用使用者自訂函數,讓系統搬移之前,藉由該函數與資料表的指定欄位,進行 CROSS APPLY 的比對,決定哪些資料列是 is_eligible(允許資料),然後搬動整批 is_eligible 資料集到雲端 AzureSQL Database 裡面。此外,建立該函數時,需要使用 WITH SCHEMABINDING 防止使用者自訂函數,已經被繫結到延展資料表之後,被任意的變更。另外,函數裡面要留意只可以使用決定性(deterministic)運算式,禁止使用不決定性運算式,例如 RAND()。

```
-- 建立一個 table-valued functions
-- 輸出 is_eligible 當成可以搬移的數值
USE [TSQL]
GO
CREATE OR ALTER FUNCTION dbo.fn_stretchpredicate
 (@CREATED_DATE datetime)
RETURNS TABLE
WITH SCHEMABINDING
AS
RETURN      SELECT 1 AS is_eligible
            WHERE @CREATED_DATE <  CONVERT(datetime, '2016/1/1', 111)

GO
```

現在來使用該函數判斷哪些資料是屬於 is_eligible，換句話説是可以移轉到 Azure SQL Database 的歷史資料。

```
-- 驗證該函數的正確性
SELECT COUNT(*) as number_is_eligible,is_eligible
FROM [Dim_Account] CROSS APPLY fn_stretchpredicate(CREATED_DATE)
GROUP BY is_eligible
GO
-- 結果
number_is_eligible is_eligible
------------------ -----------
666600              1

(1 row(s) affected)
```

當準備好使用者自訂的函數之後，就可以嘗試將早期資料，移轉到 Azure SQL Database，僅將 2016/1/1 之後近期資料，放在本地端資料庫。

```
-- 以下命令將資料分開到兩地儲存
ALTER TABLE [Dim_Account] SET ( REMOTE_DATA_ARCHIVE = ON (
     FILTER_PREDICATE = dbo.fn_stretchpredicate(CREATED_DATE),
     MIGRATION_STATE = OUTBOUND
) )
GO
```

```
-- 結果
Msg 14840, Level 16, State 1, Line 2
The filter predicate cannot be set for table 'dbo.Dim_Account' because all rows are
already eligible for migration.
```

結果會出乎意料，就是系統會顯示 Command(s) completed successfully 或是錯誤．，
結果發現沒有近期資料被搬回，主要原因就是所以資料都已經在 Azure 上面，沒有任
何資料在本地端，所以該函數就起不了作用。

此時的解決辦法，就是從雲端的 Azure SQL Database 移回所有資料，然後重新指定
使用者自訂函數到該資料表，這樣系統才會根據函數定義來搬動資料，將近期資料留
在本地端資料庫。

所以，建議不要一開始就將所有資料搬動到 Azure 的 SQL Database 裡面資料，反倒
是要先定義好哪些資料要留在本地端，然後針對該資料表再啟動該功能。

```
-- 以下命令將資料從 Azure SQL Database 裡面資料返回 On-premises 本地資料庫
USE [TSQL]
ALTER TABLE [Dim_Account]
SET ( REMOTE_DATA_ARCHIVE = ON (
      MIGRATION_STATE = INBOUND
) )
GO
-- 結果
Command(s) completed successfully.
```

等待所有資料都從 Azure 的 SQL Database 裡面資料移回本地後，就可以套用使用者
自訂的函數到指定的資料表。系統就又會自動，將符合條件的歷史資料 (如早於
2016/1/1) 的資料搬動到 Azure SQL Database 裡面，其餘最新資料就留在本地端資料
庫不動。

```
-- 套用函數讓系統根據指定欄位，進行區分資料儲存不同地方
-- 其中 CREATED_DATE 是 Dim_Account 用來區分的來欄位

ALTER TABLE [Dim_Account]
SET ( REMOTE_DATA_ARCHIVE = ON (
```

```
        FILTER_PREDICATE = dbo.fn_stretchpredicate(CREATED_DATE),
    MIGRATION_STATE = OUTBOUND
) )
GO
-- 結果
Command(s) completed successfully.
```

若是要從 DMV，觀察資料表是否設定完成使用者自訂的函數，可以參考下列的指令。

```
-- 查詢 DMV 了解 filter predicate 使用狀況
USE [TSQL]
GO
SELECT *
FROM sys.remote_data_archive_tables
GO
```

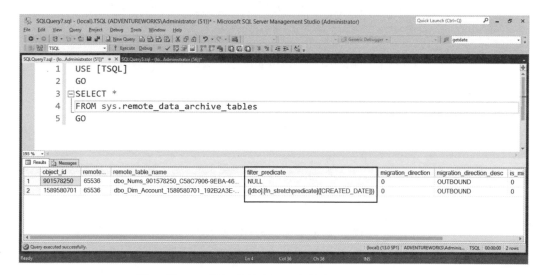

圖 8　從 DMV 檢視資料表是否有整合 filter predicate

最後檢查是否所有新的資料都留在本地端，以及早期歷史資料是否也順利搬移到 Azure SQL Database 裡面。

```
-- 先判斷大於 2016/1/1 之後資料量
USE [TSQL]
```

```
GO
SELECT count(*) AS [ 大於 2016/1/1 之後資料量 ]
FROM [dbo].[Dim_Account]
WHERE CREATED_DATE >= CONVERT(datetime, '2016/1/1', 111)
GO
-- 結果
大於 2016/1/1 之後資料量
---------------
109686

(1 row(s) affected)
```

然後使用 sp_spaceused 方式，檢查資料狀況。

```
-- 查詢空間使用，注意使用 REMOTE_ONLY 與 LOCAL_ONLY
USE [TSQL]
GO
exec sp_spaceused @objname = N'[dbo].[Dim_Account]',
                  @mode = 'REMOTE_ONLY', @oneresultset = 1
exec sp_spaceused @objname = N'[dbo].[Dim_Account]',
                  @mode = 'LOCAL_ONLY', @oneresultset = 1

GO
```

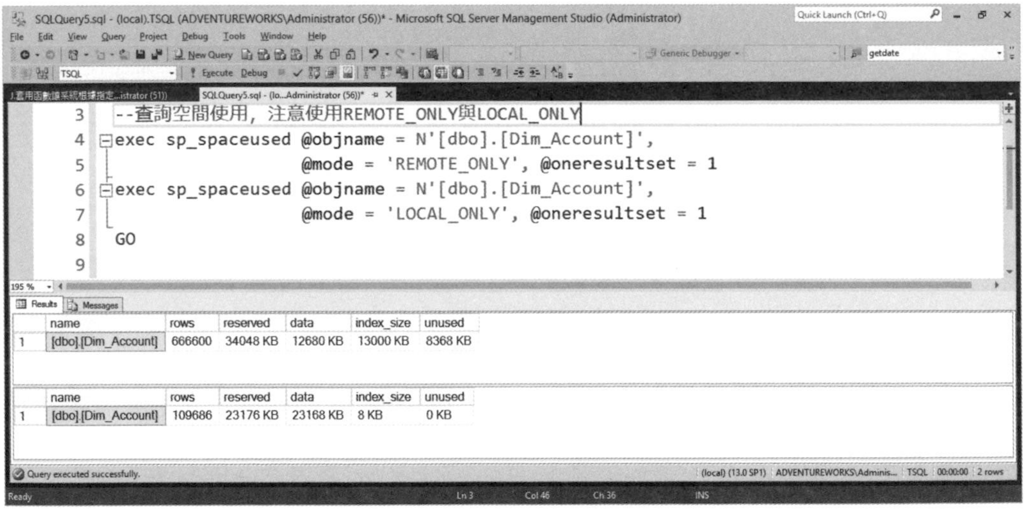

圖 9　完成移轉後近期資料就留下本地端

當資料移轉完成後，現在要開始檢視整體的效能，過程中可以使用執行計畫進行檢視。

```sql
-- 分別查詢 On-premises 與 Azure 資料
USE [TSQL]
GO
-- 查詢 On-premises 資料
SELECT COUNT(*) AS TOTAL,
       MAX(CREATED_DATE) AS [MAX(CREATED_DATE)],
       MIN(CREATED_DATE) AS [MIN(CREATED_DATE)]
FROM   [Dim_Account]
WHERE CREATED_DATE >='2016-01-01 00:00:00.000'
GO
-- 查詢 Azure 資料
SELECT COUNT(*) AS TOTAL,
       MAX(CREATED_DATE) AS [MAX(CREATED_DATE)],
       MIN(CREATED_DATE) AS [MIN(CREATED_DATE)]
FROM   [Dim_Account]
WHERE  CREATED_DATE <'2016-01-01 00:00:00.000'
GO
```

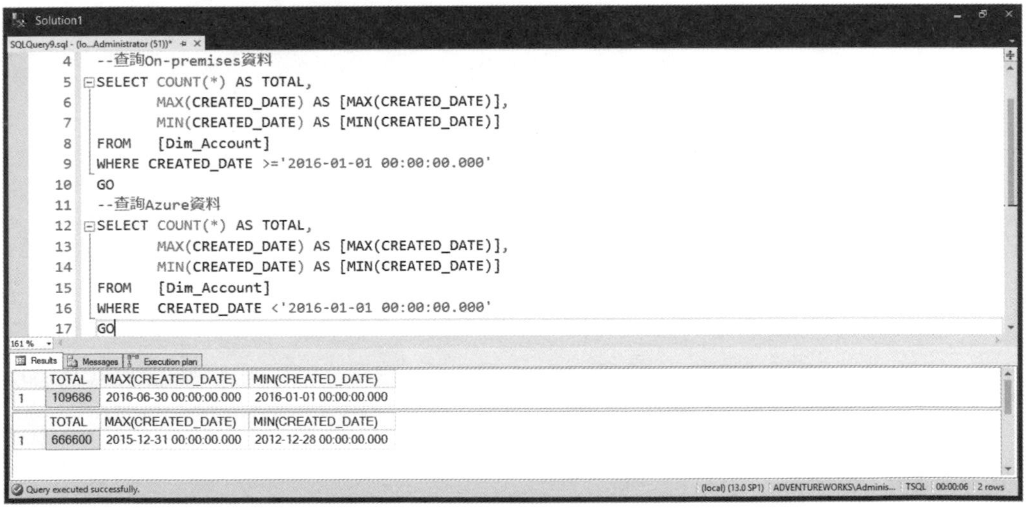

圖 10　查詢本地端與雲端資料並且檢視執行計畫

發現執行計畫查詢 Azure SQL Database 資料庫時，會有 remote query，它就是最佳
化執行器查詢遠端資料狀況。

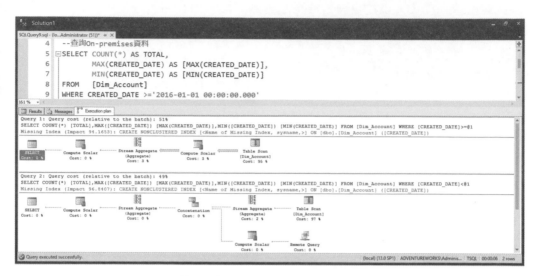

圖 11　檢視執行計畫與遺漏的索引

接下來就是根據建議，建立遺漏的索引。

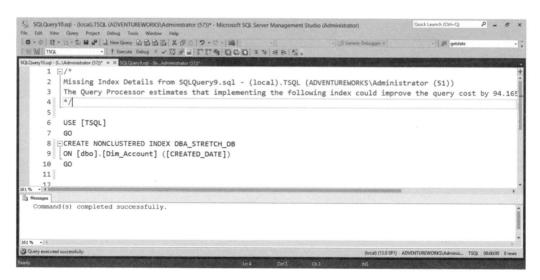

圖 12　建立遺漏索引

再一次執行時，發現 Azure SQL Database 提供更佳的效率，比較成本為本地端對比
雲端為 97%：3%。

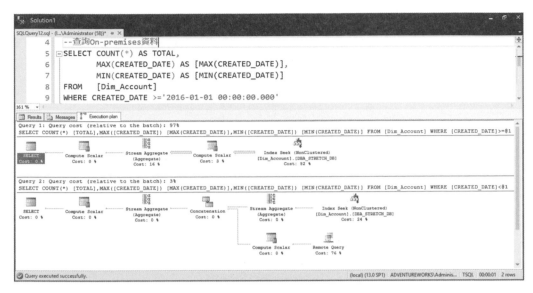

圖 13　檢視執行計畫

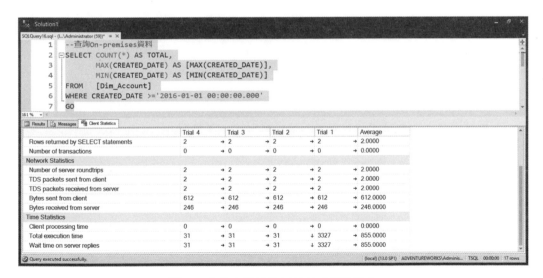

圖 14　查詢本地端資料等待時間比較少

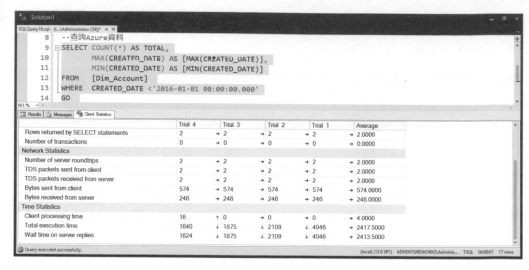

圖 15 查詢雲端資料等待時間比較長

因此，使用延展資料庫時，可以發現除了多一點點的伺服器等待時間之外，其他益處有：1.較低的執行成本、2.彈性的儲存空間、3.減少管理的負擔。

▶ 注意事項

以下是針對設定延展功能資料表操作的提醒。

◆ 萬一發生網路連線中斷，縱然要查詢延展資料表中的本地端資料，一樣會發生錯誤狀況，因此建議需要確保網路是要可以正常連線。

```
-- 查詢空間使用，注意使用 REMOTE_ONLY 與 LOCAL_ONLY
exec sp_spaceused @objname = N'[dbo].[Dim_Account]',
                  @mode = 'REMOTE_ONLY', @oneresultset = 1
exec sp_spaceused @objname = N'[dbo].[Dim_Account]',
                  @mode = 'LOCAL_ONLY', @oneresultset = 1
GO
Msg 14821, Level 16, State 2, Procedure sp_spaceused, Line 323 [Batch Start Line 1]
Cannot execute in REMOTE_ONLY mode since remote part does not exist or is
invalid for this operation.
```

◆ 當執行 sp_spaceused 函數時，發生以下的錯誤就表示該延展資料庫的資料表，已經沒有雲端上面的 Azure SQL Database 的佔用儲存空間。

```
-- 查詢空間使用，注意使用 REMOTE_ONLY 與 LOCAL_ONLY
exec sp_spaceused @objname = N'[dbo].[Dim_Account]',
                  @mode = 'REMOTE_ONLY', @oneresultset = 1
exec sp_spaceused @objname = N'[dbo].[Dim_Account]',
                  @mode = 'LOCAL_ONLY', @oneresultset = 1
GO
Msg 14821, Level 16, State 2, Procedure sp_spaceused, Line 323 [Batch Start Line 1]
Cannot execute in REMOTE_ONLY mode since remote part does not exist or is
invalid for this operation.
```

◆ 不可以針對 Azure 的 SQL database 上面的資料進行異動，如 UPDATE 與 DELETE。

```
-- 嘗試變更雲端的歷史資料
UPDATE top(1) [Dim_Account] SET SALES_REGION=888
WHERE DM_ACCOUNT_ID=582 AND CREATED_DATE<'2016/1/1'
```

```
Msg 14875, Level 16, State 1, Line 5
DML operation failed because it would have affected one or more migrated
(or migration-eligible) rows.
The statement has been terminated.
```

◆ 資料表預設啟動延展，就是全部資料都放到 Azure 的 SQL database，若是要搬移回來可以使用以下 INBOUND 指令。

```
-- 嘗試將雲端資料移轉回本地端
ALTER TABLE [Dim_Account]
SET ( REMOTE_DATA_ARCHIVE = ON (
  MIGRATION_STATE = INBOUND) )
GO
```

◆ 當資料表已經在搬移過程中，無論是 INBOUND 或是 OUTBOUND，都不可以再馬上反向操作，除非等到前一動作結束。

```
Msg 14868, Level 16, State 0, Line 2
Inbound migration is in progress or paused. Migration direction outbound cannot
be set at this time. Please retry after inbound migration is complete.
```

◆ 萬一發生網路連線中斷，縱然要查詢延展資料表中的本地端資料，一樣會發生錯誤狀況，因此建議需要確保網路是要可以正常連線，所以遠端連線出現問題時，任何查詢到該資料表，就會出現以下錯誤。

```
OLE DB provider "SQLNCLI11" for linked server "(null)" returned message "Login
timeout expired".
OLE DB provider "SQLNCLI11" for linked server "(null)" returned message "A
network-related or instance-specific error has occurred while establishing a
connection to SQL Server. Server is not found or not accessible. Check if
instance name is correct and if SQL Server is configured to allow remote
connections. For more information see SQL Server Books Online.".
Msg 67, Level 16, State 1, Line 7
Named Pipes Provider: Could not open a connection to SQL Server [67].
```

◆ 有關 filter predicate 的使用者自訂函數，僅適用於 OUTBOUND 移出動作，若是用在 INBOUND 就會發生以下錯誤

```
-- 不可以整合 FILTER_PREDICATE 與 INBOUND 參數
ALTER TABLE [Dim_Account] SET ( REMOTE_DATA_ARCHIVE = ON (
     FILTER_PREDICATE = dbo.fn_stretchpredicate(CREATED_DATE),
     MIGRATION_STATE = INBOUND
) )
GO
```

```
Msg 14878, Level 16, State 1, Line 13
The filter predicate cannot be set for table 'Dim_Account' together with
inbound migration.
```

◆ 掛載 filter predicate 的使用者自訂函數時，資料表的資料不可以處在搬動的過程，否則會出現這樣錯誤。

```
-- 無法在搬移資料過程中掛載 filter predicate 使用者自訂函數
USE [TSQL]
GO
CREATE OR ALTER  FUNCTION [dbo].[fn_stretchpredicate3months]
 (@CREATED_DATE datetime)
RETURNS TABLE
WITH SCHEMABINDING
AS
RETURN     SELECT 1 AS is_eligible
           WHERE @CREATED_DATE <  CONVERT(datetime,'2016/1/1', 111)

GO
```

```
Msg 14878, Level 16, State 1, Line 23
The filter predicate cannot be set for table 'Dim_Account' together with
inbound migration.
```

◆ 建立 filter predicate 的使用者自訂函數，雖然可以使用 GETDATE() 等函數去指定前幾個月資料要進行移轉，但是當綁定延展資料表時，就會發生以下的錯誤，主要是該 filter predicate 的使用者自訂函數不支援動態的資料，如 GETDATE()。

```
-- 嘗試使用 filter predicate 函數搭配 GETDATE()
-- 雖然可以建立函數，但是掛載過程中就會發生失敗
USE [TSQL]
GO
--SELECT CONVERT(datetime, dateadd(month,-24,CAST(getdate() AS DATE)), 111)
--2015-07-21 00:00:00.000
CREATE OR ALTER  FUNCTION [dbo].[fn_stretchpredicate24months]
 (@CREATED_DATE datetime)
RETURNS TABLE
WITH SCHEMABINDING
AS
```

```
RETURN
SELECT 1 AS is_eligible
WHERE @CREATED_DATE <  CONVERT(datetime,
                                dateadd(month,-24,CAST(getdate() AS DATE)),
                                111)

GO
-- 進行掛載使用者自訂函數
ALTER TABLE [Dim_Account]
SET ( REMOTE_DATA_ARCHIVE = ON (
    FILTER_PREDICATE = dbo.fn_stretchpredicate24months(CREATED_DATE),
    MIGRATION_STATE = OUTBOUND
) )
GO
-- 結果
Msg 14853, Level 16, State 1, Line 1
Function 'dbo.fn_stretchpredicate24months' cannot be used as Stretch filter
predicate because it does not meet necessary requirements.
```

◆ 掛載後的 filter predicate 的使用者自訂函數，就不可以變更裡面的區間或是值，需要建立新函數後再掛載到該資料表，否則會出現以下錯誤。

```
-- 嘗試變更 filter predicate 函數
USE [TSQL]
GO
ALTER   FUNCTION [dbo].[fn_stretchpredicate]
 (@CREATED_DATE datetime)
RETURNS TABLE
WITH SCHEMABINDING
AS
RETURN     SELECT 1 AS is_eligible
           WHERE @CREATED_DATE < CONVERT(datetime, '2016/2/1', 111)

GO
-- 結果
Msg 3729, Level 16, State 3, Procedure fn_stretchpredicate, Line 2 [Batch Start
Line 13]Cannot ALTER 'dbo.fn_stretchpredicate' because it is being referenced
by object 'Dim_Account'.
```

◆ 掛載 filter predicate 的新使用者自訂函數，條件範圍必須要能被之前條件涵蓋，例如初始指定 2016/1/1 為分界點，新的函數必須只可以 2016/1/1 之後，否則會出現以下錯誤。

```
-- 嘗試變更 filter predicate 函數
-- 錯誤示範，修正後時間 2015/2/1 不可以小於原來時間 2016/1/1
USE [TSQL]
GO
CREATE OR ALTER  FUNCTION [dbo].[fn_stretchpredicate20150101]
 (@CREATED_DATE datetime)
RETURNS TABLE
WITH SCHEMABINDING
AS
RETURN     SELECT 1 AS is_eligible
           WHERE @CREATED_DATE <  CONVERT(datetime, '2015/2/1', 111)

GO
ALTER TABLE [Dim_Account] SET ( REMOTE_DATA_ARCHIVE = ON (
     FILTER_PREDICATE = dbo.fn_stretchpredicate20150101(CREATED_DATE),
     MIGRATION_STATE = OUTBOUND
) )
GO
-- 結果
Msg 14841, Level 16, State 5, Line 24
The filter predicate 'dbo.fn_stretchpredicate0201' for table 'dbo.Dim_Account'
cannot be replaced with 'dbo.fn_stretchpredicate' because conditions necessary
to perform the replacement are not satisfied.
```

```
-- 嘗試變更 filter predicate 函數
-- 正確做法為，修正後時間 2016/2/1 必須大於原來時間 2016/1/1
USE [TSQL]
GO
CREATE OR ALTER  FUNCTION [dbo].[fn_stretchpredicate20160201] ·
 (@CREATED_DATE datetime)
RETURNS TABLE
WITH SCHEMABINDING
AS
RETURN     SELECT 1 AS is_eligible
```

```
                    WHERE @CREATED_DATE <  CONVERT(datetime, '2016/2/1', 111)

GO
ALTER TABLE [Dim_Account] SET ( REMOTE_DATA_ARCHIVE = ON (
      FILTER_PREDICATE = dbo.fn_stretchpredicate20160201(CREATED_DATE),
      MIGRATION_STATE = OUTBOUND
) )
GO
-- 結果，就可以正確變更，因為 2016/2/1 日期大於 2016/1/1
```

▶ 關鍵字搜尋

Filter predicate、Table-Valued User-Defined Functions、Stretch database、is_eligible。

03 Row Level Security 資料列權限活用案例

▶ **觀念介紹**

在資料庫的資料表之中，如果要根據不同登入帳號與資料庫使用者，去區分權限回傳不同的資料列，達到安全分級的功能。大部分的做法就是建立許多的檢視表（View）或是預存程序（Stored Procedure），再去根據不同的登入帳號與資料庫使用者去授權，這樣的方式雖然可以達到資料列權限分級與授權的效果，但是過多的物件建立，會增加資料庫管理人員額外的工作量。

微軟在很早以前就提供一個函數，可以解決類似這樣的 Row Level Security（RLS）的需求，該函數稱之為 CONTEXT_INFO()，它可以讓單一資料表可以根據連線（Session）的 CONTEXT_INFO() 內容，在相同 T-SQL 查詢陳述式下，根據連線的 CONTEXT_INFO() 內容，輸出對應權限的資料列，達到 Row Level Security（RLS）的需求。

基本上該功能在 Oracle 已經行之有年，它就是 Oracle VPD（Virtual Private Database），很開心從 SQL Server 2016 的新功能中看到它。然而這樣的功能在早期的 SQL Server 版本依然可以藉由類似的方式實做出來，首先讓我們回顧一下當時 SQL Server 2000-2014，怎樣利用連線的 CONTEXT_INFO() 內容，實作出來類似 RLS 功能，最後再來進入如何使用 SQL Server 2016 的新功能，資料列層級安全性（Row Level Security, RLS）。

資料列層級安全性 (RLS)

☐ 提供更細微的權限控制,可針對單
一資料表中的不同資料列,限制不
同帳號存取的功能

☐ 協助去防止任何未授權存取行為,
可以實作出單一資料表,藉由連線
資訊過濾查詢結果,取代使用
WHERE條件的過濾方式。

☐ 實作過程僅需要藉由 Security
Policy 搭配所建立使用者自訂函數,
就可以實作無須變更應用程式。

☐ 資料存取的邏輯與限制條件完全撰
寫在資料庫端,可減少前端應用程
式的變更需求。

圖 1　SQL Server 2016 RLS 活用方式

▶ 實戰解說

以往查詢資料表的過程,可以利用 WHERE 陳述式,篩選輸出的結果,來實作權限控
管需求。除此之外,還有一個更好的選擇,就是根據連接伺服器的執行階段資訊,自
動判斷可查詢的資料。這類型可以應用於多人同時使用單一資料表,相同資料表儲存
多個企業的資料,希望根據執行階段資訊,在相同查詢過程中,自動根據連結資訊內
容,決定可以回傳的資訊。

這樣的實作的過程中,會利用 CONTEXT_INFO() 函數,來設定各個連接伺服器的執行
階段資訊,完成執行階段資訊的設定。所有的設定值,可以在以下的幾個動態檢視或
系統資料表看到內容。

```
-- 查詢連結執行階段的資訊
select context_info from sys.dm_exec_sessions
select context_info from sys.sysprocesses
select context_info from sys.dm_exec_requests
```

現在讓我們來練習如何使用 CONTEXT_INFO() 函數，來設定各個連結執行階段的資訊，過程中會使用 CONVERT 函數，先將資料轉換成 varbinary 的格式，再指定給 SET CONTEXT_INFO 去設定各個連結執行階段的資訊，另外如果需要將設定連結執行階段的資訊取出，可以使用 context_info() 函數先取出 varbinary 資料，再藉由 CONVERT 函數將資料還原為原始字串。

```
USE [TSQL]
GO
-- 設定目前工作階段或批次的 context_info 值
DECLARE @vinfo varbinary(128)
SET @vinfo=CONVERT(varbinary(128),'LEWIS')
SET CONTEXT_INFO @vinfo
GO
-- 利用函數取出 CONTEXT_INFO
SELECT CONVERT(varchar(18),context_info()) 'Client_Info'
-- 結果
Client_Info
------------------
LEWIS
(1 個資料列受到影響 )
```

上述的陳述式主要是將指定的 LEWIS 字串，藉由 SET CONTEXT_INFO 的陳述式，設定到連結執行階段的資訊，再藉由 context_info() 的函數取出連結執行階段資訊。以下的動態管理檢視（DMV），也記錄著連結執行階段的資訊於指定的 context_info 欄位，只要透過 @@SPID 廣域變數傳遞給該動態管理檢視，就可以順利取出連結執行階段資訊。

```
-- 利用動態目錄檢視與系統資料表查詢
SELECT CONVERT(varchar(128),context_info) 'Client_Info',
       'sys.dm_exec_sessions' [ 取出 CONTEXT_INFO]
FROM  sys.dm_exec_sessions -- 根據動態檢視取出 CONTEXT_INFO
WHERE session_id=@@spid
UNION ALL
SELECT CONVERT(varchar(128),context_info) 'Client_Info',
         'sys.sysprocesses'
FROM  sys.sysprocesses       -- 根據系統資料表取出 CONTEXT_INFO
WHERE spid=@@spid
```

```
UNION ALL
SELECT CONVERT(varchar(128),context_info) 'Client_Info',
       'sys.dm_exec_requests'
FROM   sys.dm_exec_requests  -- 根據動態檢視取出 CONTEXT_INFO
WHERE session_id=@@spid
GO
```

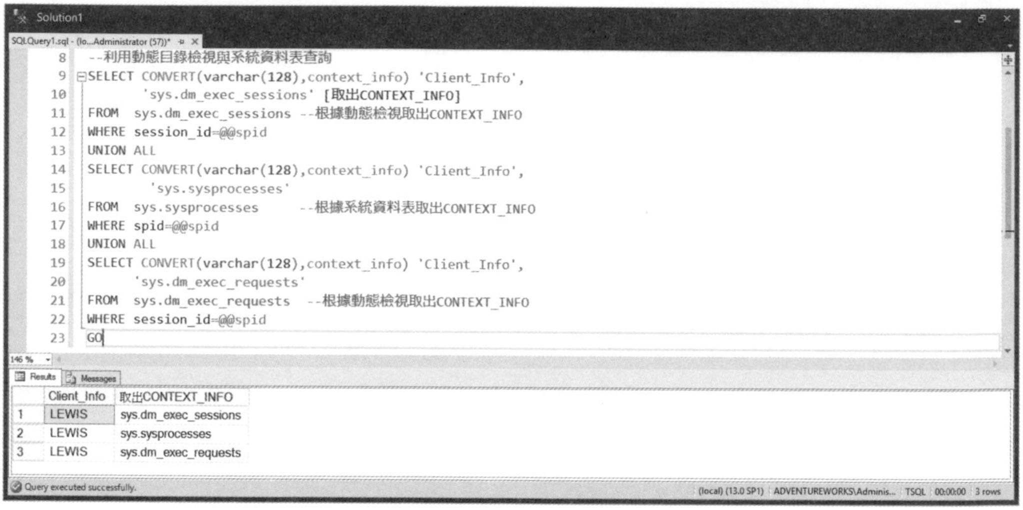

```
    8    --利用動態目錄檢視與系統資料表查詢
    9  ⊟SELECT CONVERT(varchar(128),context_info) 'Client_Info',
   10        'sys.dm_exec_sessions' [取出CONTEXT_INFO]
   11    FROM  sys.dm_exec_sessions --根據動態檢視取出CONTEXT_INFO
   12    WHERE session_id=@@spid
   13    UNION ALL
   14    SELECT CONVERT(varchar(128),context_info) 'Client_Info',
   15         'sys.sysprocesses'
   16    FROM  sys.sysprocesses      --根據系統資料表取出CONTEXT_INFO
   17    WHERE spid=@@spid
   18    UNION ALL
   19    SELECT CONVERT(varchar(128),context_info) 'Client_Info',
   20         'sys.dm_exec_requests'
   21    FROM  sys.dm_exec_requests  --根據動態檢視取出CONTEXT_INFO
   22    WHERE session_id=@@spid
   23    GO
```

	Client_Info	取出CONTEXT_INFO
1	LEWIS	sys.dm_exec_sessions
2	LEWIS	sys.sysprocesses
3	LEWIS	sys.dm_exec_requests

圖 2　使用 SET CONTEXT_INFO 方式設定

當了解每一條資料庫連線，可以透過 SET CONTEXT_INFO 指令去設定各個連結執行
階段的資訊，藉此識別每一條連線內容。現在就準備要實作，透過相同的查詢與單一
檢視表（VIEW），利用 context_info() 資訊決定可回傳檢視表內容，讓相同的陳述式，
如 SELECT * FROM 檢視表，根據不同的執行階段的資訊，回傳對應的資料集。

整個設計重點就是該檢視表的定義陳述式，需要判斷執行階段的資訊，讓檢視的
WHERE 條件去根據執行階段的資訊，進行資料篩選與回傳所需的資料。接下來的範
例，設計一個資料表與檢視表，透過判斷執行階段的資訊，實作上述的需求。

```
-- 建立可以包含多個地區的資料表
USE [TSQL]
GO
DROP TABLE IF EXISTS dbo.MultiCorp
GO
```

```
CREATE TABLE  dbo.MultiCorp(
    CorpID    char(2) ,     -- 公司別
    AreaID    char(2) ,     -- 地區代號
    AreaName  nvarchar(30)  -- 地區名稱
)
GO
-- 根據公司別新增資料
INSERT INTO MultiCorp VALUES('TP','11',N' 基隆 ')
INSERT INTO MultiCorp VALUES('TP','12',N' 台北 ')
INSERT INTO MultiCorp VALUES('TP','13',N' 桃園 ')
INSERT INTO MultiCorp VALUES('TP','14',N' 宜蘭 ')
INSERT INTO MultiCorp VALUES('TP','15',N' 金門 ')
INSERT INTO MultiCorp VALUES('SC','21',N' 苗栗 ')
INSERT INTO MultiCorp VALUES('SC','22',N' 台中 ')
INSERT INTO MultiCorp VALUES('SC','23',N' 南投 ')
INSERT INTO MultiCorp VALUES('SC','24',N' 彰化 ')
INSERT INTO MultiCorp VALUES('KS','31',N' 嘉義 ')
INSERT INTO MultiCorp VALUES('KS','32',N' 高雄 ')
INSERT INTO MultiCorp VALUES('KS','33',N' 屏東 ')
GO
SELECT * FROM MultiCorp
GO
```

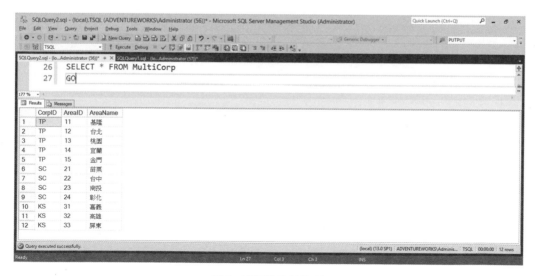

圖 3　檢視輸入的資料

緊接著建立一個檢視表（VIEW），該檢視表的定義內容會利用 CONTEXT_INFO() 函數值，自動辨別連結執行階段資訊，來決定回傳的資料集。當程式開發人員或是資料庫管理人員，在沒有設定連結執行階段的資訊前提下，直接查詢該檢視表，會發現沒有任何資料回傳，原因就是該檢視表，已經加入自動辨別執行階段資訊，搭配 WHERE 條件去篩選資料。

```sql
-- 建立檢視
USE [TSQL]
GO
CREATE OR ALTER VIEW vwCorp
AS
  SELECT *
  FROM dbo.MultiCorp
  WHERE CorpID=convert(char(2),CONTEXT_INFO())
  -- 根據執行階段的 CONTEXT_INFO 決定可用的公司別
GO
SELECT * FROM vwCorp
GO
```

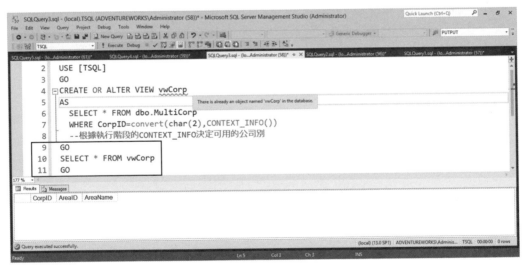

圖 4　直接查詢檢視沒有執行階段資訊則無法回傳正確資料

此外為了方便資料使用者可以快速地設定執行階段資訊，協助建立預存程序給資料使用者執行，去設定連結執行階段資訊。

```
-- 建立預存程序可以快速設定 CONTEXT_INFO 資訊
USE [TSQL]
GO
CREATE OR ALTER  PROC uspCInfo
 @client_info varchar(128)
AS
DECLARE @vinfo VARBINARY(128)
SET @vinfo=CONVERT(VARBINARY(128),@client_info)
SET CONTEXT_INFO @vinfo
GO
```

所以當直接查詢檢視表，沒有先執行上述預存程序去設定連結執行階段資訊，發現查詢檢視表，是不會回傳任何資訊，原因就是預設 CONTEXT_INFO() 回傳值為 NULL。

```
-- 未設定 CONTEXT_INFO 資訊前，就直接查詢檢視
SELECT * FROM vwCorp
-- 結果
CorpID UserID UserName
------ ------ ------------------------------

(0 個資料列受到影響 )
```

正確使用此檢視表的方式，就是要在查詢該檢視表之前，先執行預存程序去指定到正確的 CONTEXT_INFO 資訊，才可以透過檢視表取得指定的資料，範例如下。

```
-- 查詢檢視表並根據 context_info 決定回傳地區
USE [TSQL]
EXEC uspCInfo 'KS' -- 設定 KS 區域
SELECT * FROM vwCorp
GO
EXEC uspCInfo 'TP' -- 設定 TP 區域
SELECT * FROM vwCorp
GO
```

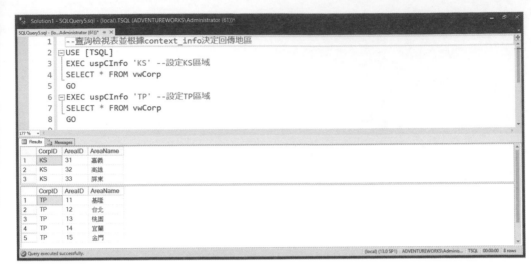

圖 5　使用不同執行階段資訊去取得對應的資料集

當使用到 SQL Server 2016 時，藉由安全性原則（Security Policies）整合使用者自訂函數，來限制 Session 存取指定資料表（Table）的過程中，一定要設定 CONTEXT_INFO() 設定才可以查詢資料，這樣針對資料表限制資料列的存取權限的方式，就稱之為 Row Level Security（RLS）。在 SQL Server 2016 的 RLS 實作方式是針對資料表，然而 SQL Server 2000-2014 的實作方式是藉由檢視表（View）或是預存程序（Stored Procedure），雖然兩者都是藉由 CONTEXT_INFO() 判斷連結執行階段資訊，限制回傳資料集，但是最大的差異是限制的對象不同。

SQL Server 2016 RLS的實作原理

SQL Server 2016 RLS 允許使用者去檢視相同的資料表，需要根據自訂函數、安全性原則與CONTEXT_INFO的執行階段資訊，判斷限制條件回傳對應的資料集。基本上它有別於SQL Server 2000-2014使用VIEW或是PROCEDURE實作的資料列權限，因為SQL Server 2016的RLS直接針對資料表進行限制，早期版本需要藉由其他物件的輔助。

圖 6　使用 SQL Server 2016 RLS 實作資料表階層的安全性

值得一提就是在 SQL Server 2016 的資料表階層的安全性，任何的查詢是如果沒有符合 Security Policy 與 Predicate function 的使用者自訂函數條件，就連 sysadmin 或是 dbo 也無法看到資料表內容。

▶ 進階應用

從應用角度來看，要實作 SQL Server 2016 的 RLS 功能，可以藉由以下的範例，學習甚麼是 Security Policy、甚麼是 Filter Predicate 的使用者自訂函數與如何整合 CONTEXT_INFO，進行運用。

◆ 步驟一

建立資料庫階層的使用者（user）帳號，該使用者帳號是屬於無須伺服器（SQL Server）登入帳號（login），主要是方便程式驗證之用，反觀實際的案例，可以從（SQL Server）登入帳號（login）建立後，產生對應的資料庫階層的使用者（user）帳號，依然可以套用以下的驗證方式。

```
-- 建立資料庫端使用者
USE [TSQL]
CREATE USER [AllenM] WITHOUT LOGIN WITH DEFAULT_SCHEMA=[dbo]
CREATE USER [ApgarV] WITHOUT LOGIN WITH DEFAULT_SCHEMA=[dbo]
CREATE USER [AppUser] WITHOUT LOGIN WITH DEFAULT_SCHEMA=[dbo]
CREATE USER [BartonC] WITHOUT LOGIN WITH DEFAULT_SCHEMA=[dbo]
CREATE USER [CharcotJ] WITHOUT LOGIN WITH DEFAULT_SCHEMA=[dbo]
CREATE USER [CodyR] WITHOUT LOGIN WITH DEFAULT_SCHEMA=[dbo]
GO
```

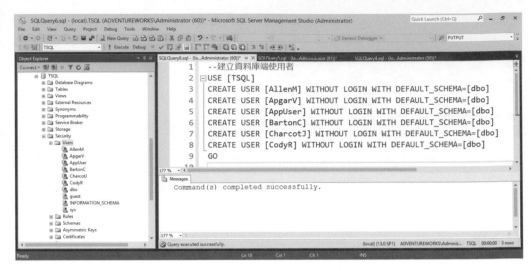

圖 7　檢視已經建立的資料庫使用者

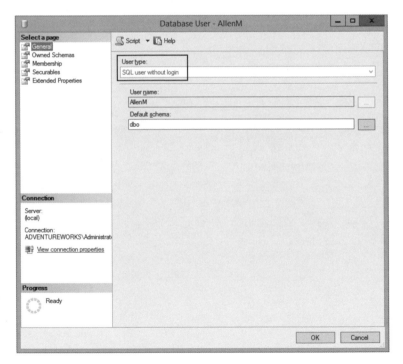

圖 8　檢視沒有登入帳號的資料庫使用者

```
-- 權限管理方便，可以新增一個 SalesGroup 群組進行授權
CREATE ROLE [SalesGroup]
GO
```

```
-- 建立角色並且設定成員到角色
CREATE ROLE [SalesGroup]
GO
ALTER ROLE [SalesGroup] ADD MEMBER [AllenM]
ALTER ROLE [SalesGroup] ADD MEMBER [ApgarV]
ALTER ROLE [SalesGroup] ADD MEMBER [AppUser]
ALTER ROLE [SalesGroup] ADD MEMBER [BartonC]
ALTER ROLE [SalesGroup] ADD MEMBER [CharcotJ]
ALTER ROLE [SalesGroup] ADD MEMBER [CodyR]
GO
```

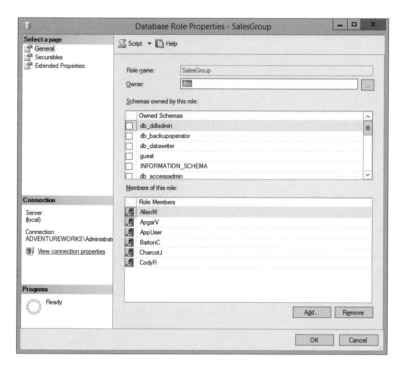

圖 9　檢視角色與資料庫使用者

```
-- 成員與群組檢查
SELECT user_name(role_principal_id) as [ 角色 ],
       user_name(member_principal_id) as [ 使用者 ]
FROM   sys.database_role_members
WHERE  user_name(role_principal_id)='SalesGroup'
ORDER BY 2
GO
```

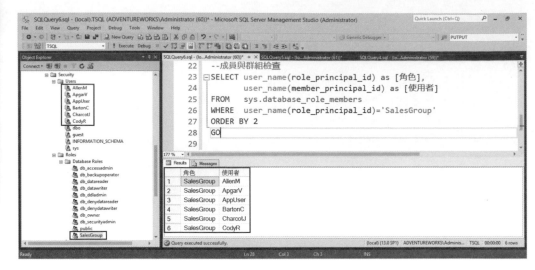

圖 10 檢視使用者與角色的對應

◈ 步驟二

將上述的資料庫使用者名稱，儲存到資料表以便後續搭配使用者自訂函數，判斷該使
用者可以存取哪些公司別（CorpID）的資料。

```sql
-- 將上述人員設定到應用程式資料表
USE [TSQL]
DROP TABLE IF EXISTS [dbo].[Sales]
GO
CREATE TABLE [dbo].[Sales](
    [SaleId] INT primary key,
    [Name]   NVARCHAR(25),
    [CorpID] CHAR(2))
GO
-- 新增資料
INSERT INTO [dbo].[Sales]
([SaleId],[Name],[CorpID])
VALUES(1,N'AllenM'   ,'TP'),
      (2,N'ApgarV'   ,'TP'),
      (3,N'BartonC'  ,'SC'),
      (4,N'CharcotJ','KS'),
      (5,N'CodyR','KS')
GO
```

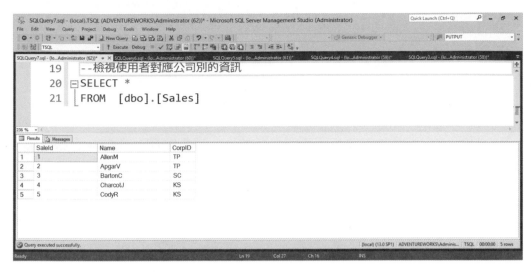

圖 11 檢視使用者與公司別資料對應

◈ 步驟三

現在建立公司別與地區資料表（MultiCorp），該資料表就是上述 Sales 資料表的子資料表（Child Table），兩者的關聯就是：Sales 資料表的 CorpID 會對應到多筆 MultiCorp 的 CoprID 資料。

```
-- 建立公司別與地區關聯資料表
USE [TSQL]
GO
DROP TABLE IF EXISTS MultiCorp
GO
CREATE TABLE  dbo.MultiCorp(
    CorpID    char(2) ,    -- 公司別
    AreaID    char(2) ,    -- 地區代號
    AreaName  nvarchar(30)  -- 地區名稱
)
GO
-- 根據公司別新增資料
INSERT INTO MultiCorp VALUES('TP','11',N'基隆')
INSERT INTO MultiCorp VALUES('TP','12',N'台北')
INSERT INTO MultiCorp VALUES('TP','13',N'桃園')
INSERT INTO MultiCorp VALUES('TP','14',N'宜蘭')
INSERT INTO MultiCorp VALUES('TP','15',N'金門')
```

```
INSERT INTO MultiCorp VALUES('SC','21',N'苗栗')
INSERT INTO MultiCorp VALUES('SC','22',N'台中')
INSERT INTO MultiCorp VALUES('SC','23',N'南投')
INSERT INTO MultiCorp VALUES('SC','24',N'彰化')
INSERT INTO MultiCorp VALUES('KS','31',N'嘉義')
INSERT INTO MultiCorp VALUES('KS','32',N'高雄')
INSERT INTO MultiCorp VALUES('KS','33',N'屏東')
GO
```

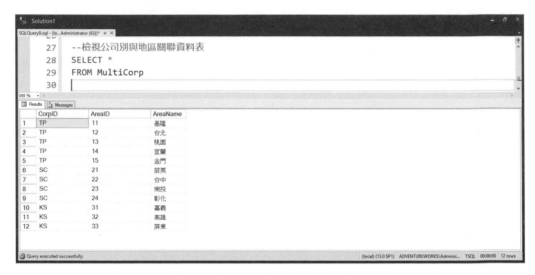

圖 12　檢視公司別與地區關聯資料表

◈　步驟四

授權給所有的資料庫使用者，允許它們查詢該 MultiCorp 公司別與地區關聯資料表，
過程中可以直接授權該資料表給 SalesGroup 角色，就可以完成權限的授權。

```
-- 讓所有業務人員，可以查詢公司別與地區關聯資料表
GRANT SELECT on MultiCorp to SalesGroup
GO
```

◈ 步驟五

建立資料表值使用者自訂函數（Table Valued User-Defined Function），該部分是 SQL Server 2016 導入給 Security Policy 來控制 RLS（Row Level Security）的底層要素。該函數根據輸入參數 @CorpID 判斷當下的使用者（user_name()）是否有資料存在於 Sales 資料表的 CorpID。

```
-- 建立資料表值使用者自訂函數
-- 需要使用 WITH SCHEMABINDING
-- 比對 Sales 資料表該 user_name() 與對應 CorpID 是否符合權限
-- 該函數會在實作 Security Policy 的過程，進行 CROSS APPLY 查詢
USE [TSQL]
GO
CREATE OR ALTER FUNCTION dbo.fn_SecurityPredicate
 (@CorpID CHAR(2)) -- 根據公司別參數進行判斷
RETURNS TABLE
WITH SCHEMABINDING
AS  -- 回傳資料表值
    RETURN (
    SELECT 1 as [fn_SecurityPredicate_Result]
    FROM dbo.Sales d
    WHERE d.name = user_name() -- 當時使用者
    AND      d.CorpID=@CorpID   )
GO
```

◈ 步驟六

最後一個步驟就是建立 Security Policy 在限定資料表中的資料列的檢視權限，該安全性原則是 SQL Server 2016 的新增物件，它會搭配建立的資料表值使用者自訂函數，限定所指定的資料表根據欄位判斷是否符合安全性原則。

```
-- 建立安全性原則 Security Policy。
-- 增加 FILTER PREDICATE 搭配上述建立使用者自訂函數，檢查任何查詢權限
-- 指定資料表欄位當成函數參數
USE [TSQL]
GO
CREATE SECURITY POLICY dbo.fn_SecurityPolicy
```

```
ADD FILTER PREDICATE dbo.fn_SecurityPredicate(CorpID)

ON dbo.MultiCorp

GO
```

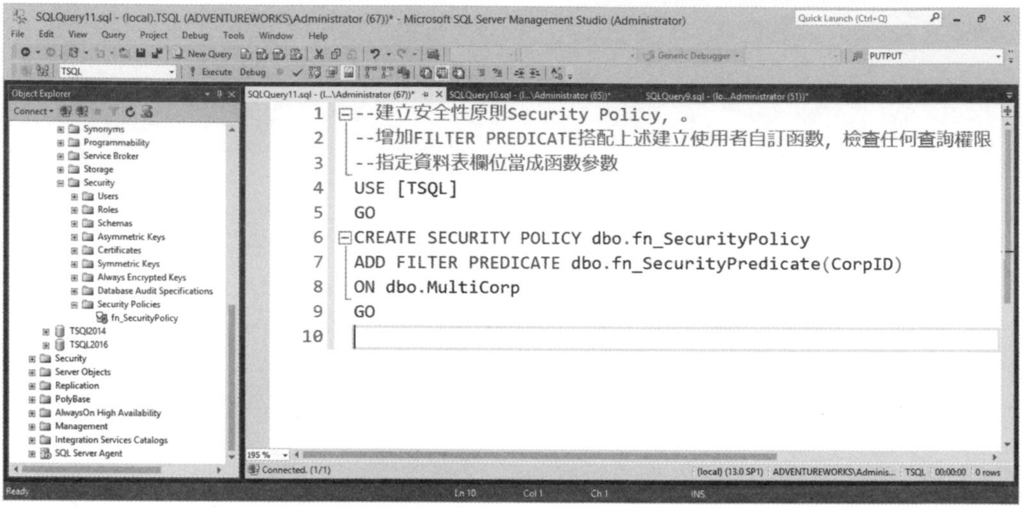

圖 13 建立 Security Policy 限制資料列的存取

◇ **步驟七**

當要實際驗證時，可以使用 EXECUTE AS USER 的方式，指定特定使用者的 USER_
NAME() 來驗證是否可以藉由 Security Policy 去限制回傳的資料。

```
-- 使用 user_name() 對應的使用者，就可以正確查詢指定公司資料
EXECUTE ('SELECT USER_NAME() as [ 業務 ],* FROM [MultiCorp];')
AS USER = 'AllenM'
GO -- 公司別 TP
EXECUTE ('SELECT USER_NAME() as [ 業務 ],* FROM [MultiCorp];')
AS USER = 'BartonC'
GO -- 公司別 SC
```

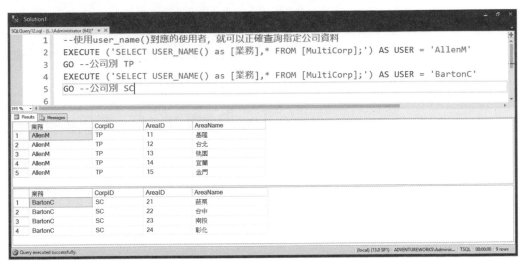

圖 14　驗證不同使用者可以檢視到不同資料列

◈　**步驟八**

驗證時如果使用者是 sysadmin/dbo，因為它們沒有在 Sales 資料表中指定 Corp 權限，所以在 Security Policy 的限制下，就無法回傳任何的資料。

```
-- 使用 sysadmin/dbo 沒有特別指定情況下，是無法查詢資料。
USE [TSQL]
GO
-- 檢視當下使用者
SELECT SUSER_SNAME() AS [LOGIN], USER_NAME() AS [DBO]
GO
-- 嘗試查詢具有 Security Policy 保護的資料表
SELECT * FROM dbo.MultiCorp
GO
```

圖 15　sysadmin 與 dbo 沒有權限查詢被 Security Policy 保護資料表

▶ 活用案例

SQL Server 2016 仍可支援搭配 SET CONTEXT_INFO 設定 CONTEXT_INFO() 方式，
再搭配 Security Policy 實作出，類似以往的資料過濾的功能，以下就是利用另一種情
境解釋這樣狀況。

◈ 步驟一

實作一個資料庫使用者，並且授權給該使用者，可以直接查詢 MultiCorp 資料表的所
有資料。

```
-- 建立使用者沒有登入密碼
USE [TSQL]
CREATE USER SuperUser WITHOUT LOGIN
GRANT SELECT ON MultiCorp TO SuperUser
GO
```

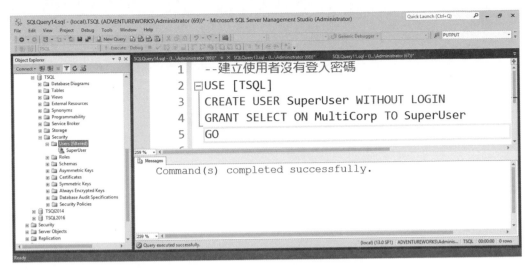

圖 16　建立 SuperUser 使用者並且授權可以存取 MultiCorp

◇　**步驟二**

建立使用者預存程序，執行的過程接收 @Corp_ID 公司別代號，然後執行 SET
CONTEXT_INFO 陳述式，設定連結執行階段資訊。

```
-- 輸入公司別參數，讓預存程序設定 Session CONTEXT_INFO
USE [TSQL]
GO
-- 輸入公司別參數，讓預存程序設定 Session CONTEXT_INFO
CREATE OR ALTER PROCEDURE dbo.usp_setContextInfoAsCorpID
    (@CorpID char(2))
AS
    DECLARE @myCoprtID varbinary(128)=
(SELECT cast(@CorpID as varbinary (128)))
    SET CONTEXT_INFO  @myCoprtID
GO
-- 將權限設定給 SuperUser
GRANT EXECUTE ON dbo.usp_setContextInfoAsCorpID TO SuperUser
GO
```

◈ 步驟三

建立一個資料表值函數,回傳值給 Security Policy,判斷是否可以回傳 MultiCorp 資料表的資料。

```
-- 輸入公司別參數,讓預存程序可以設定 CONTEXT_INFO
USE [TSQL]
GO
CREATE OR ALTER FUNCTION dbo.fn_CorpIDAccessPredicate
     (@CorpID char(2))
RETURNS TABLE
WITH SCHEMABINDING
AS
    RETURN SELECT 1 AS fn_accessResult
    WHERE DATABASE_PRINCIPAL_ID() =
        DATABASE_PRINCIPAL_ID ('SuperUser')
    AND   CONVERT(char(2),
                CONVERT(varbinary(128), CONTEXT_INFO())) = @CorpID
GO
```

◈ 步驟四

最後一個步驟就是建立 Security Policy 在限定資料表的查詢權限。

```
-- 建立安全性原則。
-- 增加 FILTER PREDICATE 搭配上述建立使用者自訂函數
-- 指定資料表欄位當成函數參數
USE [TSQL]

CREATE SECURITY POLICY dbo.CorpIDAccessPolicy
ADD FILTER PREDICATE
    dbo.fn_CorpIDAccessPredicate(CorpID)
ON dbo.MultiCorp
GO
```

◈ **步驟五**

啟動 Security Policy 之後，一樣先拿 sysadmin 與 dbo 驗證，是否可以順利查詢 MultiCorp 資料表。

```
-- 建立安全性原則。
-- 增加 FILTER PREDICATE 搭配上述建立使用者自訂函數
-- 指定資料表欄位當成函數參數
USE [TSQL]


CREATE SECURITY POLICY dbo.CorpIDAccessPolicy
ADD FILTER PREDICATE
    dbo.fn_CorpIDAccessPredicate(CorpID)
ON dbo.MultiCorp
GO
```

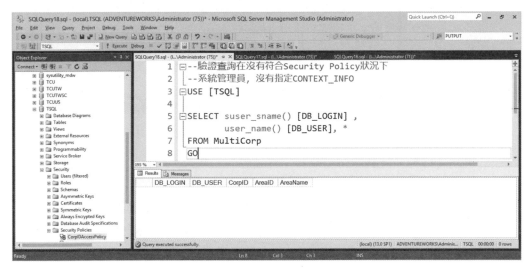

圖 17　系統管理員依然無法在有 Security Policy 限制下存取資料列

◈ **步驟六**

現在一樣拿 sysadmin 與 dbo 驗證，在有指定 CONTEXT_INFO 情況下，是否可以順利查詢 MultiCorp 資料表。

```
-- 系統管理員，但是有指定 CONTEXT_INFO
USE [TSQL]
```

```
GO
EXECUTE dbo.usp_setContextInfoAsCorpID 'TP'
GO
SELECT   suser_sname() [DB_LOGIN] ,
         user_name() [DB_USER],*
FROM     MultiCorp
GO
```

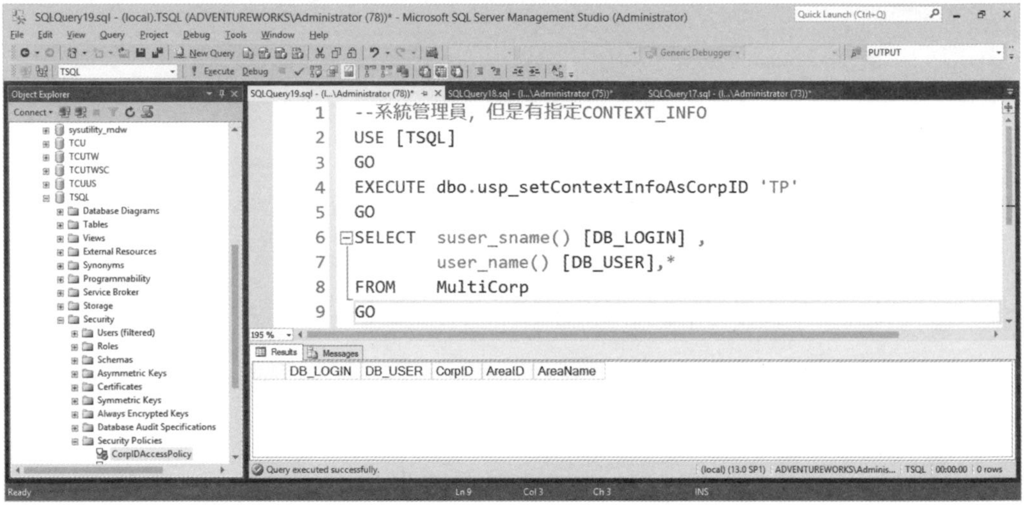

圖 18 使用 sysadmin 與 dbo 指定 CONTEXT_INFO 依然無法查詢到資料

◆ 步驟七

最後使用 SuperUser 驗證，指定 CONTEXT_INFO，驗證是否可以順利查詢到資料表中的資料列。-- 使用 SuperUser 使用者並且有指定 CONTEXT_INFO

```
USE [TSQL]
GO
EXECUTE AS USER = 'SuperUser'
GO
EXECUTE dbo.usp_setContextInfoAsCorpID 'TP'
GO
SELECT suser_sname() [DB_LOGIN] ,
       user_name() [DB_USER],*
FROM   MultiCorp
```

```
SQLQuery20.sql - (L...\Administrator (74))* ⊕ ✕
    1    --使用SuperUser使用者並且有指定CONTEXT_INFO
    2    USE [TSQL]
    3    GO
    4    EXECUTE AS USER = 'SuperUser'
    5    GO
    6    EXECUTE dbo.usp_setContextInfoAsCorpID 'TP'
    7    GO
    8  ⊟SELECT suser_sname() [DB_LOGIN] ,
    9          user_name() [DB_USER],*
   10    FROM MultiCorp
```

	DB_LOGIN	DB_USER	CorpID	AreaID	AreaName
1	S-1-9-3-357782160-1255123802-1374943402-1811004371	SuperUser	TP	11	基隆
2	S-1-9-3-357782160-1255123802-1374943402-1811004371	SuperUser	TP	12	台北
3	S-1-9-3-357782160-1255123802-1374943402-1811004371	SuperUser	TP	13	桃園
4	S-1-9-3-357782160-1255123802-1374943402-1811004371	SuperUser	TP	14	宜蘭
5	S-1-9-3-357782160-1255123802-1374943402-1811004371	SuperUser	TP	15	金門

圖 19 搭配預存程序設定 context_info 與 Security Policy 實作 RLS

從 SQL Server 2005 開始,微軟就開始慢慢深耕權限設定的功能,很開心看到 SQL Server 2016 有提供 RLS(row level security)的功能,讓程式開發人員可以使用單一帳號的狀況下,指定 Session 的 CONTEXT_INFO 再搭配 Security Policy 的限制,讓單一資料表根據使用者名稱,回傳對應資料列。這樣的功能堪稱一大創舉,雖然 Oracle 早就提供 VPD(Virtual Private Database),但是微軟急起直追的精神,值得嘉許。特別一提就是微軟這樣的 RLS 功能,前端應用程式幾乎不用大改變,僅需要設定對應的一個使用者自訂函數與 Security Policy(安全性原則),就可以輕鬆實作出這樣的功能。

► 注意事項

當設計 SQL Server 2016 的 Security Policy,需要留意單一資料表,一次僅可以啟動一個 Security Policy,否則會出現以下的錯誤。

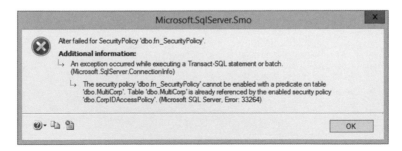

圖 20 一次僅可以啟動一個 Security Policy

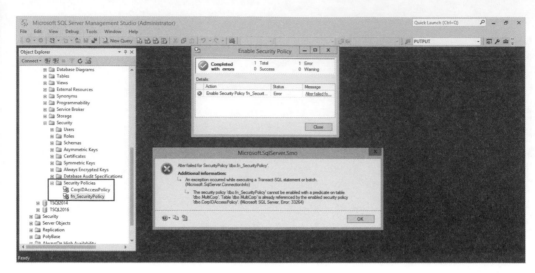

圖 21　檢視所有的 Security Policy

► 關鍵字搜尋

context_info()、SET CONTEXT_INFO、Security Policy。

04

Always Encrypted 一律加密與 Dynamic Data Masking 動態資料隱碼

▶ 觀念介紹

微軟的 SQL Server 一直持續強化其安全性，從 SQL Server 2005 開始就導入服務主要金鑰（Service Master Key），這個是整個 SQL Server 的密碼架構的根源，從該金鑰延伸出來資料庫階層的金鑰，還有憑證（Certification）與對稱（Symmetric）以及非對稱（Asymmetric）金鑰，可以進行資料加密與解密。

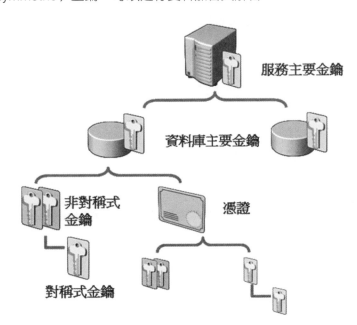

圖 1 SQL Server 服務主要金鑰

在 SQL Server 2005 的階段，可以使用 EncryptByAsymKey 非對稱金鑰加密、DecryptByAsymKey 非對稱金鑰解密，EncryptByKey 與 DecryptByKey 對稱金鑰加解密，EncryptByCert 與 DecryptByCert 憑證加解密。

```
-- 使用非對稱金鑰進行加密與解密
USE [TSQL]
GO
-- 建立非對稱金鑰
CREATE ASYMMETRIC KEY AsymKey99 -- 非對稱金鑰名稱
    WITH ALGORITHM = RSA_2048 -- 使用 RSA 的 2048 位元方式
    ENCRYPTION BY PASSWORD = 'P@ssw0rd';
GO
-- 宣告解密密碼
DECLARE @key  nvarchar(64)  =N'P@ssw0rd'
-- 原始資料字串
DECLARE @str  nvarchar(128) =N' 超級資料庫 '
-- 加密
DECLARE @data varbinary(512)=(SELECT  EncryptByAsymKey
                                      (AsymKey_ID('AsymKey99'), @str) )
SELECT  @data AS [ 加密資料 ]
-- 解密
SELECT  CONVERT(nvarchar(128), -- 轉換後的資料類型
        DecryptByAsymKey( AsymKey_Id('AsymKey99'), -- 非對稱金鑰
        @data,                  -- 進行解密的資料
        @key)                   -- 解密的密碼
        ) AS [ 解密資料 ]
GO
```

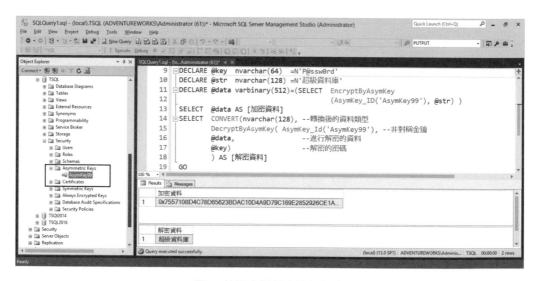

圖 2 使用非對稱金鑰加解密

發展到 SQL Server 2008 版本，就開始導入延伸事件（Extended events），該版本的安全性的稽核（Audit），就是使用該延伸事件，進行資料庫階段與伺服器階段的監控。

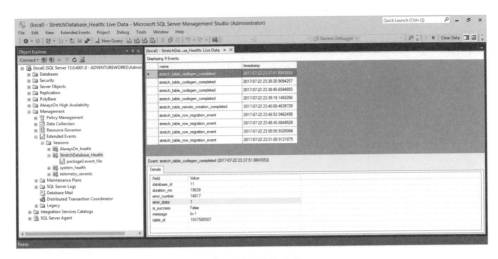

圖 3　檢視延伸事件

有關 Audit 的部分可以從 [Security | Audits] 設定稽核的輸出資料儲存位置，格式可以是 File / Security Log / Application Log。

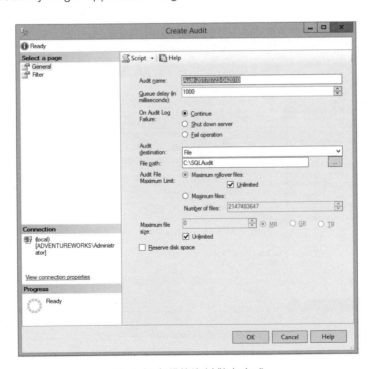

圖 4　設定稽核資料儲存方式

當設定 Audit 之後就可以啟動該 Audit 選項，再來就可以設定 [Server Audit Specification]，該部分就是要稽核伺服器階段的行為，像是登入失敗的狀況，就可以選擇 [FAILED_LOGIN_GROUP] 的稽核動作類別。

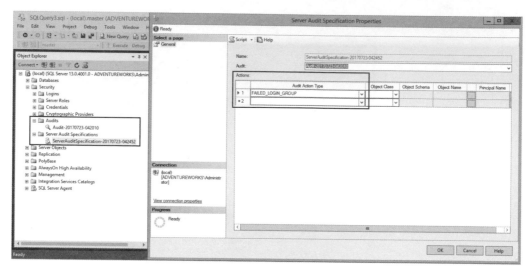

圖 5 檢視伺服器稽核項目

若是要使用 Audit 監控資料庫端的 DML 的相關行為，如 SELECT 查詢 Dim_Account 資料表，就可以使用以下的範例設定指定資料表的查詢行為。

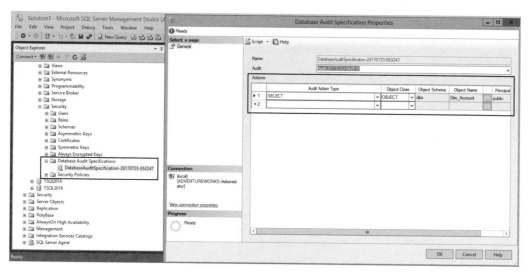

圖 6 設定資料庫稽核項目

完成後就可以使用 SQLCMD，驗證登入失敗的稽核動作，過程中刻意輸入錯誤的密碼去驗證 Audit 是否可以正確抓取。

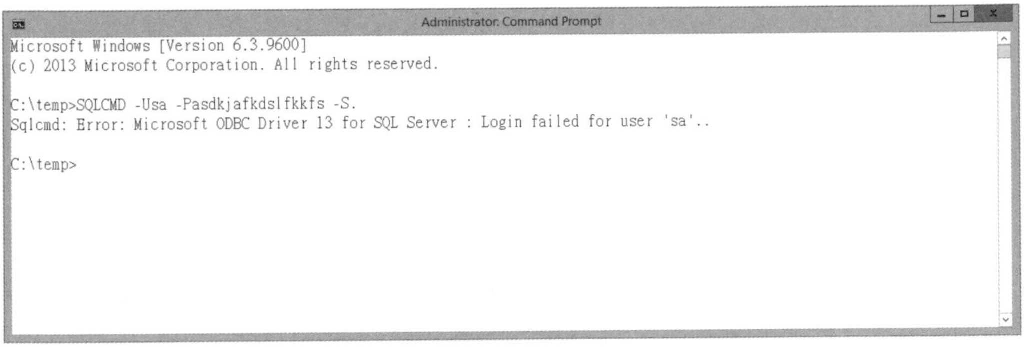

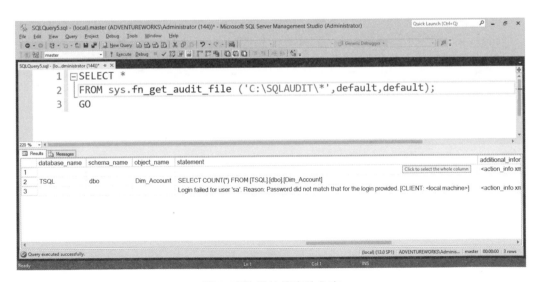

圖 7　使用 SQLCMD 驗證登入失敗的稽核項目

如果要查詢稽核的資料，可以使用 sys.fn_get_audit_file 預存程序，指定稽核檔案的路徑，就可以一次查詢出來所有的稽核資料。

```
-- 查詢稽核資料
SELECT *
FROM sys.fn_get_audit_file ('C:\SQLAUDIT\*',default,default);
GO
```

圖 8　查詢稽核檔案的內容

另外在 SQL Server 2008 版本，更提供整體資料庫加密的方式，稱之為透明資料加密，TDE（Transparent Data Encryption），它可以防止資料庫備份檔案或是實體檔案，因為意外外流然後被還原導致機密洩漏。該架構主要是從伺服器階段的 Service Master Key(SMK)，到資料庫階段的 Database Master Key（DMK），再根據伺服器憑證與資料庫加密金鑰，進行整個資料庫的透明加密。

- **Service Master Key (SMK)**
  - Created during SQL Server installation
  - Encrypted by Windows DPAPI
- **Database Master Key (DMK)**
  - Created in **master** database
  - Encrypted by SMK
- **Server Certificate**
  - Created in **master** database
  - Encrypted by DMK
- **Database Encryption Key (DEK)**
  - Created in user database
  - Encrypted by server certificate

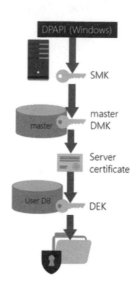

圖 9　整個資料庫透明資料加密流程

```
-- 首先在 SQL Server，建立產生 TDE 的【MASTER KEY】
CREATE MASTER KEY ENCRYPTION BY PASSWORD = 'Pa$$w0rd1';
GO
```

```
-- 然後在 Windows 平台中建立產生 TDE 的【CERTIFICATE】
CREATE CERTIFICATE MyvNextCert WITH SUBJECT = 'SQL Server vNext';
GO
```

```
-- 轉向範例資料庫建立對應的資料庫加密金鑰【DATABASE ENCRYPTION】
USE [TSQL]
GO
CREATE DATABASE ENCRYPTION KEY WITH ALGORITHM = AES_256
ENCRYPTION BY SERVER CERTIFICATE MyvNextCert;
GO
```

```
-- 最後就可以使用 ALTER DATABASE 指令，啟動資料庫的透明加密
ALTER DATABASE TSQL SET ENCRYPTION ON;
GO
```

圖 10　檢視已經啟動的透明資料加密選項

當具有 TDE 的資料庫的備份檔案，拿到沒有對應的金鑰與憑證的伺服器，進行資料庫還原時，就會看到以下的錯誤。

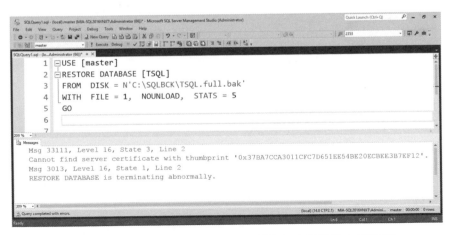

圖 11　目的伺服器因為沒有金鑰與憑證就無法還原 TDE 資料庫

從 SQL Server 2012 開始，執行個體允許定義屬於企業專屬的 User-defined Server Roles，比起 Fixed server roles 的實用性，在權限設定上面更具有彈性。

```
-- 建立使用者自訂伺服器角色
USE [master]
GO
CREATE SERVER ROLE [StopServerRole] AUTHORIZATION [sysadmin]
GO
GRANT SHUTDOWN TO [StopServerRole]
GO
```

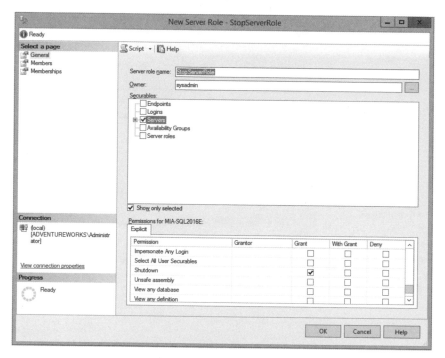

圖 12　自訂使用者伺服器階段的角色

發展到 Azure 時代的 SQL Server 2012 版本，已經採用 Partial 的資料庫選項，允許建立 Contained database，讓資料庫可以獨立於任何的 SQL Server 執行個體階段的 Login 帳號。另外在 SQL Server 2012 的階段，還允許建立資料庫階層的 user 帳號，不用搭配伺服器階段的 Login 帳號。要建立 Partial 資料庫需要先啟動伺服器階段的 Partial 選項。

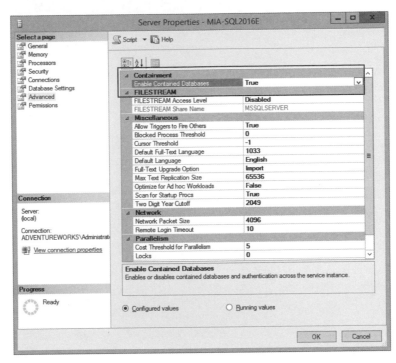

圖 13 啟動伺服器的 Partial 選項

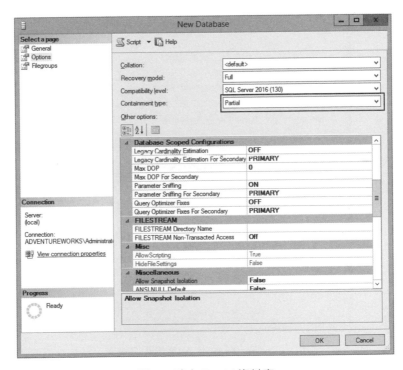

圖 14 建立 Partial 資料庫

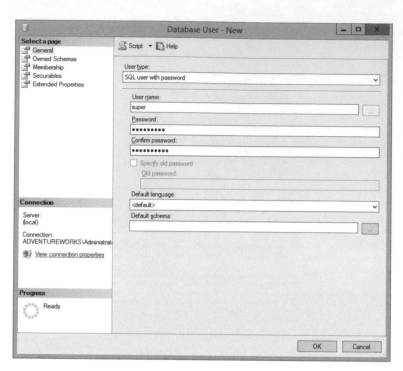

圖 15　建立有密碼的使用者

圖 16　使用 SSMS 登入 Partial 資料庫

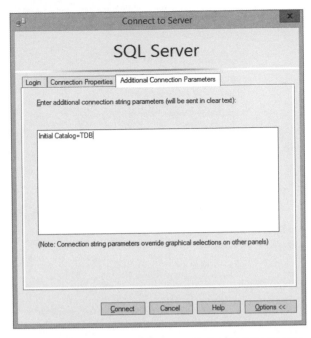

圖 17　連接到 Partial 資料庫需要設定初始資料庫名稱

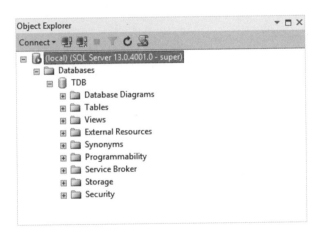

圖 18　使用 Partial 資料庫登入的帳號儘可以看到指定資料庫

到 SQL Server 2014 版本，針對三個 SQL Server 階層，新增下列三項增強設定。

◆ CONNECT ANY DATABASE 權限

　　該部分可以限制帳號僅檢視資料庫階層設定，但是不允許檢視其他物件內容，
這樣可以讓該使用者，僅針對資料庫階層選項，如復原模式、自動模式等等進
行設定，然而對該資料庫中的資料表、檢視表或是預存程序等，則無存取權限。

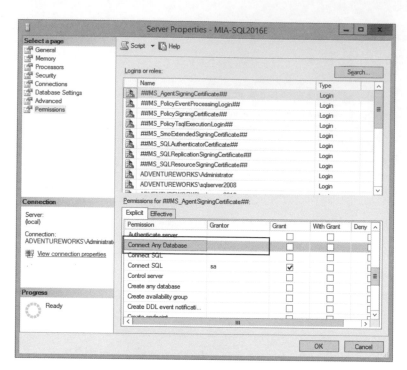

圖 19 連接任何資料庫權限

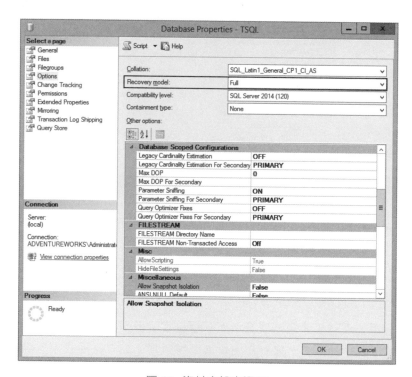

圖 20 資料庫設定選項

◆ IMPERSONATE ANY LOGIN Permission

在 SQL Server 2005 開始可以使用 Execute as Login 的方式，模擬其他使用者的 Login 帳號進行驗證伺服器階層的動作，除了 sysadmin 群組下的成員可以直接執行 Execute as Login 陳述式之外，其他 Login 帳號需要得到額外授權。現在多此權限可以讓指定的 Login 帳號，可以一次取得所有其他 Login 的 impersonate 權限。

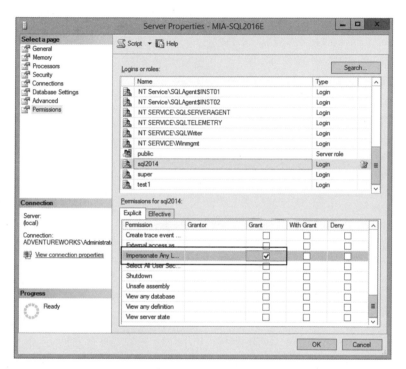

圖 21　授權給 sql2014 允許去模擬任何的 login

◆ 例如將該權限授權給 [sql2014] 一般 Login 登入帳號

```
-- 授權 sql2014 有此權限
use [master]
GO
GRANT IMPERSONATE ANY LOGIN TO [sql2014]
GO
```

◆ 該 sql2014 帳號可以變更 LOGIN 身分從 sql2014 到 sa，協助建立資料庫。

```
-- 使用 sql2014 登入帳號驗證 impersonate 權限
use [master]
GO
-- 使用 sql2014 建立資料庫會發生失敗
SELECT SUSER_SNAME()
CREATE DATABASE DB2014
/*
Msg 262, Level 14, State 1, Line 4
CREATE DATABASE permission denied in database 'master'.
*/
GO
-- 轉換成 sa 之後就可以執行建立資料庫的動作
EXECUTE AS LOGIN='sa'
   SELECT SUSER_SNAME()
   CREATE DATABASE DB2014
   --Command(s) completed successfully.
REVERT
GO
-- 當返回原來的 sql2014 身分之後，依然無法存取新建立的資料庫
SELECT * FROM DB2014.sys.tables
/*
Msg 916, Level 14, State 1, Line 17
The server principal "sql2014" is not able to access the database "DB2014"
under the current security context.
*/
```

◆ SELECT ALL USER SECURABLES Permission

有此權限後，就等同稽核人員一樣，可去檢視所有資料庫物件，這樣設定可以免除反覆在各個資料庫中，單獨授權 user 的動作。

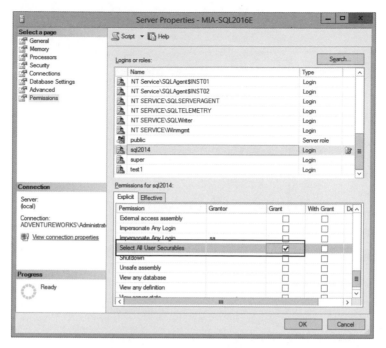

圖 22 查詢所有使用者物件權限

如授權 sql2014 有此權限，再搭配 CONNECT ANY DATABASE Permission，就可以看到各個資料庫中的物件。

```
-- 授權給 sql2014 有此權限
GRANT SELECT ALL USER SECURABLES TO [sql2014]
GO
-- 額外授權可以檢視所有資料庫
GRANT CONNECT ANY DATABASE TO [sql2014]
GO
```

然後就可以使用 [sql2014] 帳號登入 SQL Server 執行以下的陳述式，就可以看到該 [sql2014] 可以不用設定每個資料庫的使用者狀況下，仍然可以存取各個資料庫中的資料表。

```
-- 使用 sql2014 帳號檢查所有資料庫的物件
EXECUTE master.sys.sp_MSforeachdb
'USE [?]; SELECT db_name() as DB_NAME,
              count(*) as []
     FROM sys.tables'
```

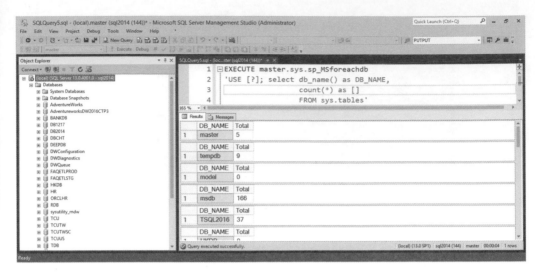

圖 23　查詢所有資料庫物件

▶ 實戰解說

◈ 一、SQL Server 2016 版本 Always Encrypted 一律加密

以往的加密解密方式，都無法避免 DBA 窺視到資料庫端資料，或是傳輸過程中，被看到敏感性資料。例如，透明資料加密（TDE）或是伺服器階段的權限，都無法限制 sysadmin 角色去瀏覽任何資料庫中的資料。

因此到 SQL Server 2016 時，微軟導入 ADO.Net 的 NET SqlClient 4.6 驅動程式，將敏感性資料的加密解密都由前端處理。這樣一來身為資料庫 DBA 管理人員，或是任何有瀏覽資料內容的使用者，再也無法從資料庫階段的工作（如 Profiler），取得敏感性資料。

此外如果很不幸發生資料庫被駭客攻擊，盜走整個資料庫檔案，該 SQL Server 2016 的 Always Encrypted，依然確保資料無法被檢視，以下就是 Always Encrypted 示意圖。

甚麼是一律加密(Always Encrypted)？

功能

整合 ADO.NET 所提供的前端函式庫進行透明加密，確保敏感性資料在傳輸過程與儲存方式都是加密狀態。

益處

敏感資料無論在本地端或是雲端，在任何查詢的過程都維持在加密的狀態

未授權的使用者都沒有辦法存去資料與金鑰

無須變更使用者應用程式

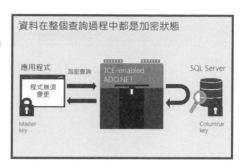

圖 24 一律加密方式 -Always Encrypted

實作的過程需要從使用者端使用 SQL Server Management Studio（SSMS）或是 PowerShell，去建立資料庫階層的 Column Master Key（CMK，資料行主要金鑰），該 CMK 可以儲存在目前者、本機電腦、Azure 金鑰保存庫或是金鑰儲存提供者。該資料行主要金鑰，主要是保護接下來要建立 Column Encryption Key（CEK，資料行加密金鑰），然後 [資料行加密金鑰，CEK]，再針對資料內容進行保護。

因此當使用者，從遠端使用 SSMS 連上該資料庫之後，所建立的 CMK 預設會儲存在使用者端的 Windows Certificate Store 端，也放在 SQL Server 資料庫端的 [Security | Always Encrypted Keys | Column Master Keys]。該部分可以使用 certmgr.msc 從使用者端的電腦的 [Personal | Certificates] 中看到所建立憑證。

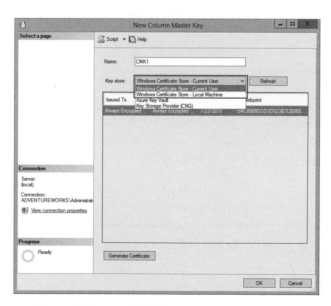

圖 25 建立 CMK 來保護 Column Encryption Key

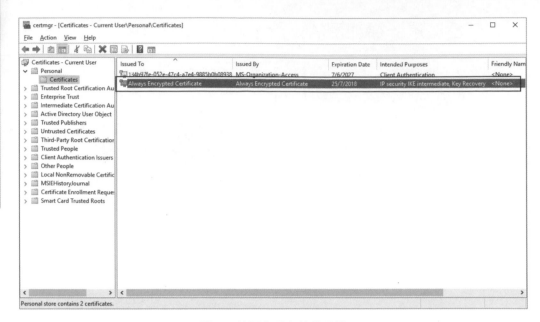

圖 26 檢視使用者端的憑證

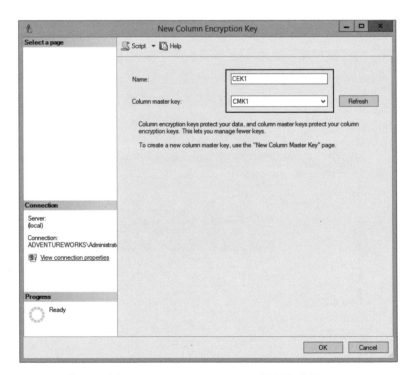

圖 27 建立 Column Encryption Key 根據指定的 CMK

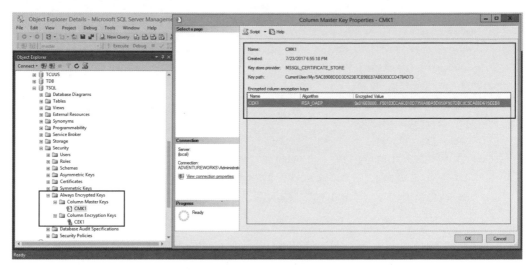

圖 28 完成 CMK 與 CEK 建置

完成上述金鑰建立之後,就可以準備開始搭配前端應用程式,進行 Always Encrypted
的實作。首先建立一個搭配 Column encryption key(資料行加密金鑰)的資料表,
其中僅針對敏感性資料進行資料加密,過程中有兩種加密方式,DETERMINISTIC 與
RANDOMIZED,其中 RANDOMIZED 的加密方式比較安全不容易被破解,但是不支
援 WHERE 子句的比較、SELECT 的 DISTINCT、FROM 的 JOIN 與 GROUP BY。反
觀如果是用 DETERMINISTIC 加密方式相對不安全,因為當資料量少的時候,就容易
被破解,然而使用該 DETERMINISTIC 方式,卻是可以支援 WHERE 子句的比較、
SELECT 的 DISTINCT、FROM 的 JOIN 與 GROUP BY。

```
USE [TSQL]
GO
-- 注意 DETERMINISTIC 需要使用 _BIN2 定序
DROP TABLE IF EXISTS [Patients]
GO
-- 建立包含 Always Encrypted 資料表
CREATE TABLE [dbo].[Patients](
 [PatientId] [int] IDENTITY(1,1) PRIMARY KEY,
 [SSN] [nvarchar](11) COLLATE Latin1_General_BIN2
 ENCRYPTED WITH (ENCRYPTION_TYPE = DETERMINISTIC,
    ALGORITHM = 'AEAD_AES_256_CBC_HMAC_SHA_256',
    COLUMN_ENCRYPTION_KEY = CEK1) NOT NULL,
 [FirstName] [nvarchar](50) NULL,
```

```
[LastName] [nvarchar](50) NULL,
[MiddleName] [nvarchar](50) NULL,
[StreetAddress] [nvarchar](50) NULL,
[City] [nvarchar](50) NULL,
[ZipCode] [int] NULL,
[State] [nvarchar](50) NULL,
[BirthDate] [datetime2]
ENCRYPTED WITH (ENCRYPTION_TYPE = RANDOMIZED,
   ALGORITHM = 'AEAD_AES_256_CBC_HMAC_SHA_256',
   COLUMN_ENCRYPTION_KEY = CEK1) NOT NULL
)
ON [PRIMARY]
GO
```

其中若是使用 DETERMINISTIC 加密時，該資料行僅支援 *_BIN2 定序，不然就會看
到以下錯誤：

```
--DETERMINISTIC 的 Always Encrypted 的設定沒有使用正確定序
-- 建立包含 Always Encrypted 資料表
CREATE TABLE [dbo].[Patients](
 [PatientId] [int] IDENTITY(1,1) PRIMARY KEY,
 [SSN] [nvarchar](11)
 ENCRYPTED WITH (ENCRYPTION_TYPE = DETERMINISTIC,
   ALGORITHM = 'AEAD_AES_256_CBC_HMAC_SHA_256',
   COLUMN_ENCRYPTION_KEY = CEK1) NOT NULL,
...
)
GO
-- 結果
Msg 33289, Level 16, State 38, Line 7
Cannot create encrypted column 'SSN', character strings that do not use a *_BIN2
collation cannot be encrypted.
```

當完成上述設定後，緊接著開發 .NET 程式搭配 ADO.Net SqlClient driver for .NET
4.6，一起實作加密的設定，過程中可以使用 SQL Server Profiler 檢視傳送的參數，就
可以發現上述設定的欄位資料，都是全時加密，並且從資料庫檢視結果一樣提供完整
加密，連 sysadmin 都無法解開，過程中方便觀察起見，使用 SQL Server 認證的方式

連接，並且使用 sql2016 的帳號連線，所以開啟 Profiler 之後就指定該 login name 進行側錄。

```csharp
using System;
using System.Data;
using System.Data.SqlClient;
namespace AlwaysEncryptedDemo
{
    /// <summary>
    /// 展示 Always Encrypted.
    /// 除了 ColumnEncryptionSetting 連線字串參數之外，其餘都一樣
    ///
    ///
    /// 需求
    ///     .NET 4.6
    ///
    /// </summary>
    class Program
    {
        private static SqlConnection _sqlconn;

        /// <summary>
        /// Insert a row for a new patient.
        /// </summary>
        /// <param name="ssn">Patient's SSN.</param>
        /// <param name="firstName">Patient's First name</param>
        /// <param name="lastName">Patient's last name</param>
        /// <param name="birthdate">Patient's date of bith</param>
        private static void AddNewPatient(string ssn, string firstName, string
lastName, DateTime birthdate)
        {
            SqlCommand cmd = _sqlconn.CreateCommand();

            // 注意使用參數化方式 參數一樣有加密
            //
            cmd.CommandText = @"INSERT INTO [dbo].[Patients] ([SSN], [FirstName],
[LastName], [BirthDate]) VALUES (@SSN, @FirstName, @LastName, @BirthDate);";

            SqlParameter paramSSN = cmd.CreateParameter();
            paramSSN.ParameterName = @"@SSN";
```

```
        paramSSN.DbType = DbType.String;
        paramSSN.Direction = ParameterDirection.Input;
        paramSSN.Value = ssn;
        paramSSN.Size = 11;
        cmd.Parameters.Add(paramSSN);

        SqlParameter paramFirstName = cmd.CreateParameter();
        paramFirstName.ParameterName = @"@FirstName";
        paramFirstName.DbType = DbType.String;
        paramFirstName.Direction = ParameterDirection.Input;
        paramFirstName.Value = firstName;
        paramFirstName.Size = 50;
        cmd.Parameters.Add(paramFirstName);

        SqlParameter paramLastName = cmd.CreateParameter();
        paramLastName.ParameterName = @"@LastName";
        paramLastName.DbType = DbType.String;
        paramLastName.Direction = ParameterDirection.Input;
        paramLastName.Value = lastName;
        paramLastName.Size = 50;
        cmd.Parameters.Add(paramLastName);

        SqlParameter paramBirthdate = cmd.CreateParameter();
        paramBirthdate.ParameterName = @"@BirthDate";
        paramBirthdate.DbType = DbType.DateTime2;
        paramBirthdate.Direction = ParameterDirection.Input;
        paramBirthdate.Value = birthdate;
        cmd.Parameters.Add(paramBirthdate);

        cmd.ExecuteNonQuery();
    }


    /// <summary>
    /// 根據 SSN 查詢資料
    /// </summary>
    /// 輸入 SSN 參數
    private static void FindAndPrintPatientInformation(string ssn)
    {
        SqlDataReader reader = null;
        try
```

```csharp
            {
                reader = (ssn == null) ? FindAndPrintPatientInformationAll() : FindAnd
PrintPatientInformationSpecific(ssn);

                PrintPatientInformation(reader);
            }
            finally
            {
                if (reader != null)
                {
                    reader.Close();
                }
            }
        }


        /// <summary>
        /// 查詢所有資料
        /// </summary>
        private static void FindAndPrintPatientInformation()
        {
            FindAndPrintPatientInformation(null);
        }


        /// <summary>
        /// 使用 datareader 查詢所有資料
        /// </summary>
        ///
        private static SqlDataReader FindAndPrintPatientInformationAll()
        {
            SqlCommand cmd = _sqlconn.CreateCommand();

            // Normal select statement.
            //
            cmd.CommandText = @"SELECT [SSN], [FirstName], [LastName], [BirthDate]
FROM [dbo].[Patients] ORDER BY [PatientId]";
            SqlDataReader reader = cmd.ExecuteReader();
            return reader;
        }


        /// <summary>
```

```
        /// 參數化查詢
        /// </summary>
        ///
        ///
    private static SqlDataReader FindAndPrintPatientInformationSpecific(string ssn)
        {
            SqlCommand cmd = _sqlconn.CreateCommand();

            // 針對加密欄位查詢 過程中沒有進行任何程式的變更 .
            //
            cmd.CommandText = @"SELECT [SSN], [FirstName], [LastName], [BirthDate]
FROM [dbo].[Patients] WHERE [SSN] = @SSN;";

            SqlParameter paramSSN = cmd.CreateParameter();
            paramSSN.ParameterName = @"@SSN";
            paramSSN.DbType = DbType.String;
            paramSSN.Direction = ParameterDirection.Input;
            paramSSN.Value = ssn;
            paramSSN.Size = 11;
            cmd.Parameters.Add(paramSSN);

            SqlDataReader reader = cmd.ExecuteReader();
            return reader;
        }


        /// <summary>
        /// 格式化輸出顯示
        /// </summary>
        ///
        private static void PrintPatientInformation(SqlDataReader reader)
        {
            string breaker = new string('-', (19 * 4) + 9);
            Console.WriteLine();
            Console.WriteLine(breaker);
            Console.WriteLine(breaker);
            Console.WriteLine(@"| {0,15} | {1,15} | {2,15} | {3,25} |", reader.
GetName(0), reader.GetName(1), reader.GetName(2), reader.GetName(3));
            if (reader.HasRows)
            {
                while (reader.Read())
```

```
            {
                Console.WriteLine(breaker);
                Console.WriteLine(@"| {0,15} | {1,15} | {2,15} | {3,25} | ",
reader[0], reader[1], reader[2], ((DateTime)reader[3]).ToLongDateString());
            }
        }
        Console.WriteLine(breaker);
        Console.WriteLine(breaker);
        Console.WriteLine();
        Console.WriteLine();
    }


    /// <summary>
    /// 列印訊息
    /// </summary>
    static void PrintUsage()
    {
Console.WriteLine(@"Usage: AlwaysEncryptedDemo <server_name> <database_name>");
Console.WriteLine();
    }
    // 程式進入點
    static void Main(string[] args)
    {
        String DatabaseServerName = "";
        String DatabaseName = "";

        Console.OutputEncoding = System.Text.Encoding.Unicode;
        Console.WriteLine(" 請輸入伺服器名稱或是 IP 位置 ");
        DatabaseServerName = Console.ReadLine();

        Console.WriteLine(" 請輸入資料庫名稱 ");
        DatabaseName = Console.ReadLine();

        // 連線資訊
        SqlConnectionStringBuilder strbldr = new SqlConnectionStringBuilder();


        strbldr.DataSource = DatabaseServerName;
        strbldr.InitialCatalog = DatabaseName;
        strbldr.IntegratedSecurity = false;
```

```
// 方便追蹤使用固定帳號，此部分可以修改成信任式連結
strbldr.UserID = "sql2016";
strbldr.Password = "pass@word1";

// 該部分就是宣告要啟用 ColumnEncryptionSetting
//
strbldr.ColumnEncryptionSetting = SqlConnectionColumnEncryptionSetting.
Enabled;

_sqlconn = new SqlConnection(strbldr.ConnectionString);

_sqlconn.Open();

try
{
// 新增資料列 .
// 注意在前端沒有改變依然使用正常明碼資料
//
AddNewPatient("123-45-6789", "Lewis", "Yang", new DateTime(1917, 1, 17));
AddNewPatient("111-22-3333", "Ada", "Guo", new DateTime(1974, 11, 3));
AddNewPatient("562-00-6354", "Jane", "Lin", new DateTime(1928, 10, 30));

    // 查詢資料
    // 參數一樣使用明碼，但是過程中 Profiler 無法側錄
    //
    FindAndPrintPatientInformation("123-45-6789");
    FindAndPrintPatientInformation("111-22-3333");
    FindAndPrintPatientInformation();
    Console.WriteLine("Press any key to exit");
    Console.ReadKey();
}
catch (SqlException ex)
{
    Console.WriteLine(" 系統加解密錯誤 [ " + ex.Message.ToString() + " ]");
}
finally
{
    _sqlconn.Close();
}
```

```
        }
    }
}
```

驗證的過程中,請先啟動 SQL Server Profiler 進行側錄,並且在 Login Name 中指定 [sql2016] 的帳號如下:

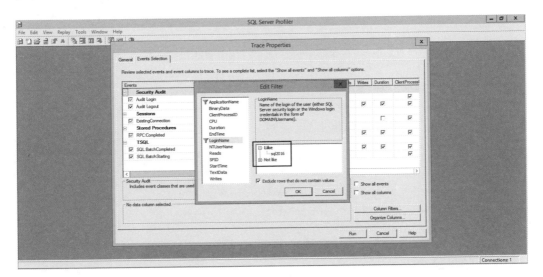

圖 29　啟動 SQL Server Profiler

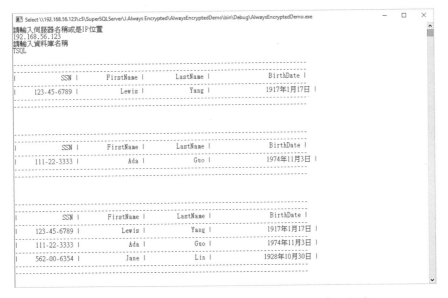

圖 30　從前端儲存有 CMK 金鑰的電腦執行該應用程式

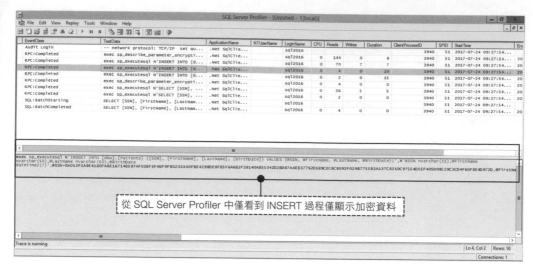

圖 31 後端 SQL Server Profiler 無法窺視新增過程

```
-- 使用 SQL Server Profiler 取得的 INSERT 稽核資料
exec sp_executesql N'INSERT INTO [dbo].[Patients]
([SSN], [FirstName], [LastName], [BirthDate])
VALUES (@SSN, @FirstName, @LastName, @BirthDate);',
N'@SSN nvarchar(11),
@FirstName nvarchar(50),
@LastName nvarchar(50),
@BirthDate datetime2(7)',
@SSN=0x0101ECC8E4C22607D36163AFABD0E6F79F400278535DDDCE22F7E2E476EF0EBEB13CD92A24
D956D2A7E6D20A123E896DA7E6EF973C1DC564B464119E
D4B27C0FC423A453F2F7281C6660BD61F0FE703D4E,
@FirstName=N'Lewis',
@LastName=N'Yang',
@BirthDate=0x01C69553D2D44BB1D1516E3305E195624636333CD3A36F39C5E401B1B47A64BCD6A4
A29E45D49AA4380D05B944C2DB252652071FB5B5B33B4FC521649E60FCA3CA
```

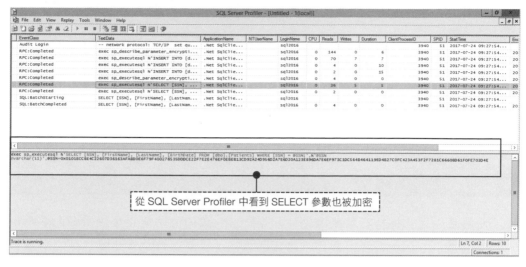

圖 32　後端 SQL Server Profiler 看到連 SELECT 參數都加密

```
-- 使用 SQL Server Profiler 取得的 SELECT 稽核資料，發現參數有加密
exec sp_executesql N'SELECT [SSN], [FirstName], [LastName], [BirthDate]
FROM [dbo].[Patients]
WHERE [SSN] = @SSN;',
N'@SSN nvarchar(11)',@SSN=0x0101ECC8E4C22607D36163AFABD0E6F79F400278535DDDCE22F7
E2E476EF0EBEB13CD92A24D956D2A7E6D20A123E896DA7E6EF973C1DC564B464119ED4B27C0FC423
A453F2F7281C6660BD61F0FE703D4E
```

從上述的過程中可以看到在有 CMK 金鑰的前端電腦，可以順利執行該應用程式，過程中前端應用程式依然輸入明碼，但是從 SQL Server Profiler 看到 ADO.NET 4.6 已經配合 CMK 與 CEK 進行資料加解密，此外連查詢 SELECT 的參數也進行加密，這樣的功能在前端應用程式中，唯一要修改就是啟動連接字串的參數 SqlConnectionColumnEncryptionSetting.Enabled。

再者如果將此應用程式，複製到沒有前端 CMK 金鑰的另外一台前端電腦，執行該應用程式時，偵測到沒有 CMK 金鑰驗證，就會出現以下的錯誤，這樣的錯誤告訴我們一個很重要的事情，就是有正確 CMK 金鑰狀況下，才可以順利啟動應用程式。基本上該 CMK 的建立會在前端電腦透過 SSMS 或是 PowerShell 連接到後端資料庫完成，過程中資料庫管理人員都沒有機會取得該 CMK 金鑰，這樣就可以確保唯有此應用程式，搭配 CMK 金鑰才可以正確連接有一律加密的資料庫中的資料表。

圖 33 沒有 CMK 金鑰或是錯誤的金鑰都無法啟動該應用程式

▶ 進階應用

除了使用應用程式進行資料維護之外,微軟的一律加密功能支援使用 SQL Server Management Studio,SSMS 直接查詢加密資料,只要執行該 SSMS 鎖在電腦具有 CMK 的憑證,就可以順利從 SSMS 中進行一律加密資料表的維護作業。

過程中如果需要從作業系統中的匯出 CMK 金鑰,可以使用 certmgr.msc 從具有該 CMK 金鑰的電腦的 [Personal | Certificates] 中瀏覽此憑證,在輸入密碼之後進行匯出,然後再匯入到指定電腦。

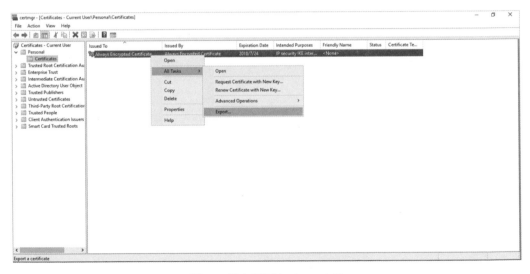

圖 34 從來源匯出 CMK 金鑰

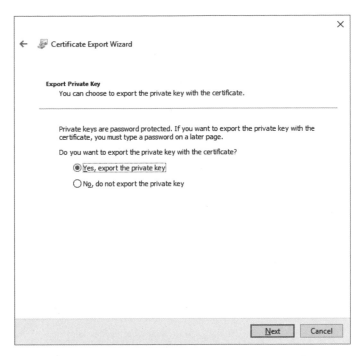

圖 35　建議匯出 private key 並且使用密碼保護

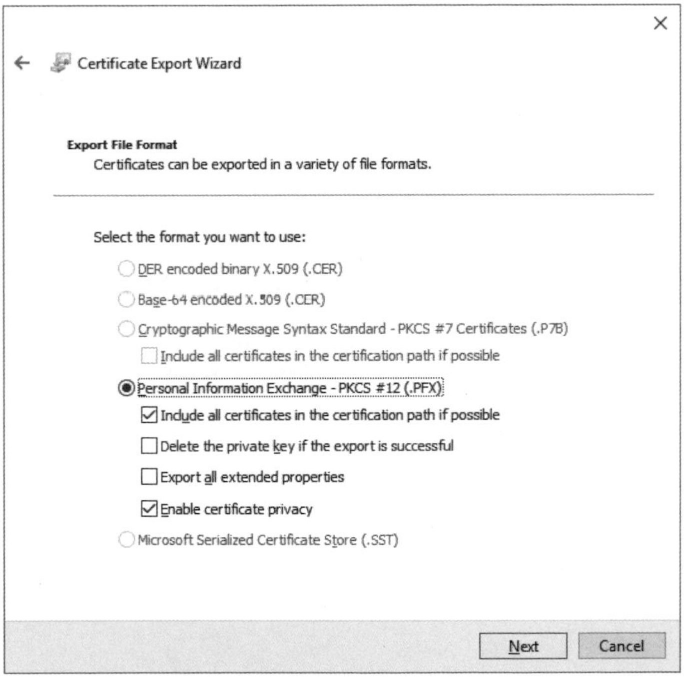

圖 36　使用預設值

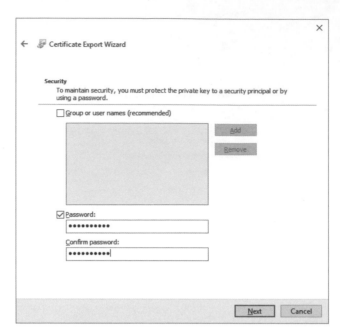

圖 37　記得藉由密碼保護此 CMK

再匯入過程中僅需要點選該 pfx 檔案，就可以啟動匯入精靈過程中會被要求輸入密碼，最後就可以在該新機器中的 [Personal | Certificates] 中瀏覽此匯入的憑證。

圖 38　點選 pfx 後就可以直接匯入 CMK 金鑰

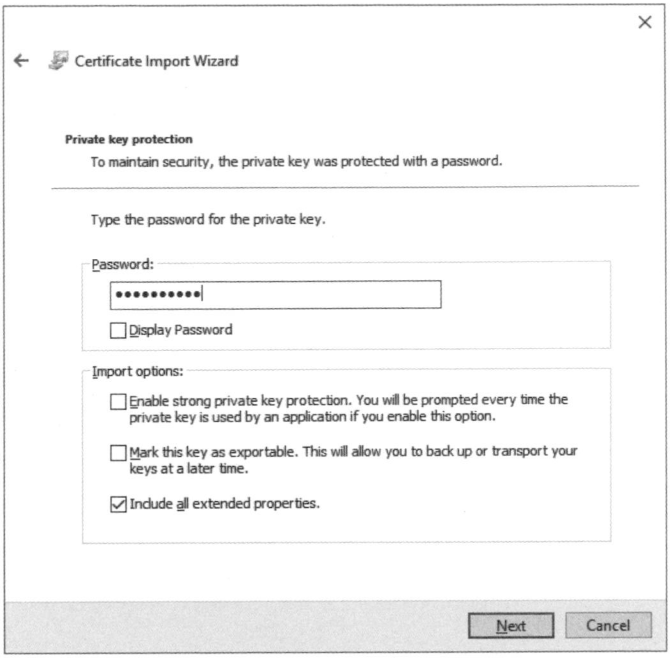

圖 39 輸入保護 pfx 的金鑰密碼

當完成整個 CMK 金鑰匯入之後，建議啟動 SSMS R17 版本去連接具有一律加密資料庫的 SQL Server，過程中可以輸入 Column Encryption Setting=Enabled 的狀要連接參數，讓 SSMS 可以使用參數化的加密傳送方式，並且可以在此參數的輔助之下，直接使用明碼的方式進行查詢與異動加密資料。

圖 40 使用一般 SQL Server 帳號連接一律加密資料庫

圖 41 重要的連線關鍵字可以直接在 SSMS 看到明碼資料

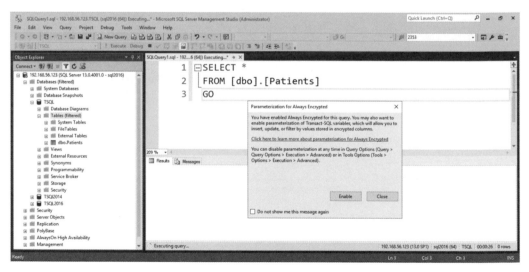

圖 42 執行過程中會顯示參數化查詢才可以協助加解密

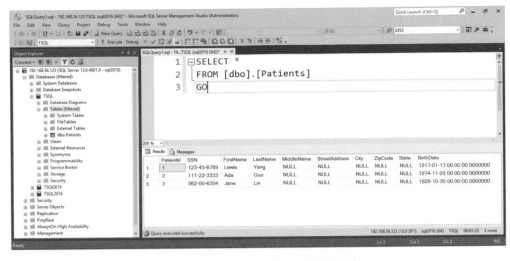

圖 43　使用 SSMS 直接看到明碼資料

```
-- 啟動 Column Encryption Setting=Enabled 參數
SELECT *
FROM [dbo].[Patients]
GO
```

該部分之所以可以解密，主要就是連線的過程中已經指定給 SSMS 要去使用 Column
Encryption Setting=Enabled 參數，現在來使用另一個 SSMS 沒有啟動該參數的狀
況，就會發現兩個敏感性資料已經被加密。

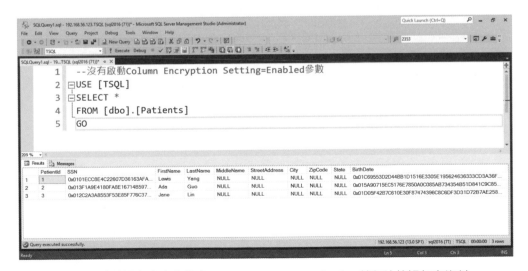

圖 44　連線過程中沒有指定 Column Encryption Setting 就無法檢視加密資料

```
-- 沒有啟動 Column Encryption Setting=Enabled 參數
USE [TSQL]
SELECT *
FROM [dbo].[Patients]
GO
```

若是這時候有個資料庫管理人員,沒有此 CMK 金要直接從後端伺服器中啟動該 SSMS 去連線並且查詢該一律加密的資料表,就僅會看到加密的資料。

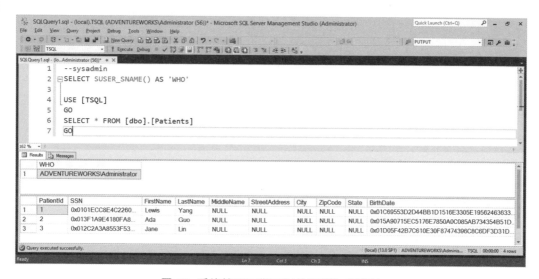

圖 45 系統管理原僅可以檢視到加密資料

```
-- 使用 sysadmin 去檢視資料過程中沒有啟動 Column Encryption Setting=Enabled 參數
SELECT SUSER_SNAME() AS 'WHO'

USE [TSQL]
GO
SELECT * FROM [dbo].[Patients]
GO
```

若系統管理員在沒有正確 CMK 金鑰下,使用 Column Encryption Setting=Enabled 啟動 SSMS 連接一律加密的資料庫進行查詢該加密資料表,就會發生以下錯誤。

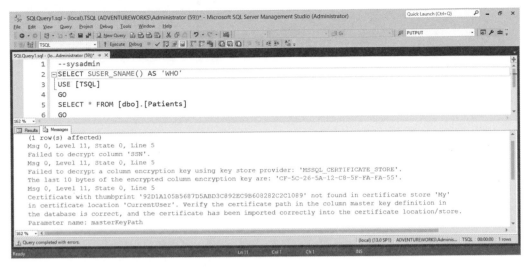

圖 46　系統管理原因為沒有正確 CMK 金鑰發生查詢錯誤狀況

◆ 二、SQL Server 2016 版本 Dynamic Data Masking

除了上述 SQL Server 2016 的一律加密功能之外，微軟在 SQL Server 2016 還提供一種根據資料表 [UNMASK] 權限，允許顯示完整資料或是部分資料的設定。這樣的功能可以讓多個使用者都有查詢資料表權限，但針對敏感性資料的部分，可以藉由 UNMASK 的設定與資料表 MASKED WITH (FUNCTION) 的指定，僅顯示隱碼給沒有 UNMASK 權限的使用者。

換言之，針對有加入 MASK 函數的資料表，僅針對有 UNMASK 權限者，才可以看到完整資料，其他有存取權限但是沒有 UNMASK 權限者，就看會到隱碼如下。

動態資料隱碼

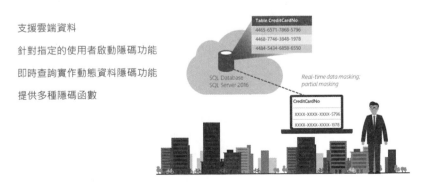

圖 47　動態資料隱碼功能

以下步驟就是實作資料隱碼功能步驟，首先建立資料表，並且針對欄位定義 MASK 與對應函數，過程中會發現針對 sysadmin 就無法產生隱碼作用，因為 sysadmin 有 UNMASK 權限。

```sql
-- 建立具有 MASK 功能的資料表
USE [TSQL]
GO
DROP TABLE IF EXISTS Membership
GO
CREATE TABLE Membership
  (MemberID int IDENTITY PRIMARY KEY,
   FirstName varchar(100)
     MASKED WITH (FUNCTION = 'partial(1,"XXXXXXX",0)') NULL,
   LastName varchar(100) NOT NULL,
   Phone# varchar(12)
     MASKED WITH (FUNCTION = 'default()') NULL,
   Email varchar(100)
     MASKED WITH (FUNCTION = 'email()') NULL
)
GO
-- 然後新增完整資料
INSERT Membership (FirstName, LastName, Phone#, Email)
VALUES
('Roberto', 'Tamburello', '555.123.4567', 'RTamburello@contoso.com'),
('Janice' , 'Galvin'    , '555.123.4568', 'JGalvin@contoso.com.co'),
('Zheng'  , 'Mu'        , '555.123.4569', 'ZMu@contoso.net');
GO
-- 最後查詢資料過程中使用 sysadmin 檢視
SELECT * FROM Membership;
-- 結果，針對 sysadmin 就無法產生隱碼作用，因為 sysadmin 有 UNMASK 權限
```

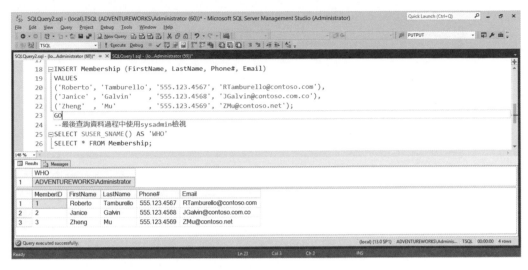

圖 48 使用 sysadmin 去檢視原始資料

為了要驗證動態資料隱碼功能，請建立驗證使用者，僅給該資料表查詢權限，無 UNMASK 權限。

```
-- 驗證 MASK 功能的資料表
USE [TSQL]
GO
-- 建立 TestUser 僅有查詢權限
CREATE USER TestUser WITHOUT LOGIN;
GRANT SELECT ON Membership TO TestUser;
GO
-- 模擬該使用者去查詢資料
EXECUTE AS USER = 'TestUser';
SELECT USER_NAME() AS 'WHO';
SELECT * FROM Membership;
REVERT;
GO
```

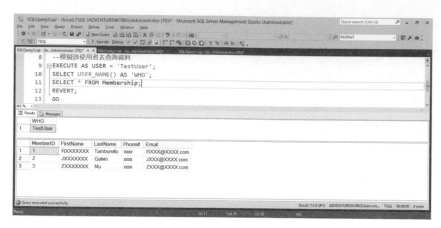

圖 49　驗證 MASK 功能

此外，針對現有資料行，也可以新增 MASK 函數，保護現有的敏感性資料。

```
-- 針對 LastName 新增隱碼函數
USE [TSQL]
GO
ALTER TABLE Membership
ALTER COLUMN LastName ADD MASKED WITH (FUNCTION = 'partial(1,"XXX",0)');
GO
-- 模擬該使用者去查詢資料
EXECUTE AS USER = 'TestUser';
SELECT USER_NAME() AS 'WHO';
SELECT * FROM Membership;
REVERT
GO
```

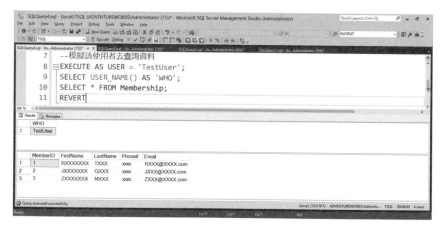

圖 50　新增隱碼函數到現有的資料行

若是授權 UNMASK 權限給驗證使用者，則該驗證使用者就可以看到完整資料。

```
-- 授權 UNMASK 給驗證使用者
USE [TSQL]
GO
GRANT UNMASK TO TestUser;
GO
-- 模擬該使用者去查詢資料
EXECUTE AS USER = 'TestUser';
SELECT USER_NAME() AS 'WHO';
SELECT * FROM Membership;
REVERT
GO
```

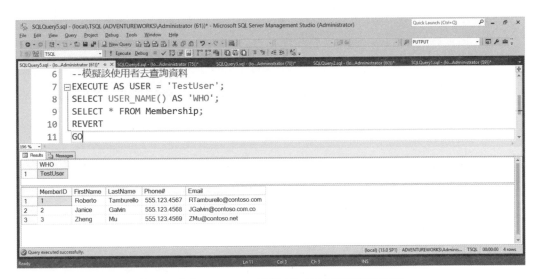

圖 51　具有 UNMASK 權限者可以檢視到完整資料

從資料庫角度來看，SQL Server 是現階段 RDBMS 中，針對安全性下過很多工夫的標竿資料庫，從 SQL Server 2005 開始的服務主要金鑰（Service Master Key）架構，到 SQL Server 2008 的 Extended Events、Audit 與 TDE 透明資料加密，以及 SQL Server 2012 的 User-defined Server Roles，還有 SQL Server 2014 新增的三種伺服器階段的權限，都展示出微軟對 SQL Server 安全性的重視。最重要就是在 SQL Server 2016 的階段，更導入 Always Encrypted 與 Dynamic Data Masking 功能，加強資料傳輸與儲存的安全性。

► **注意事項**

當使用 SSMS 搭配正確 CMK 金鑰與 Column Encryption Setting=Enabled 參數連線到一律加密的資料庫，進行資料查詢與異動時，一定要使用參數化的方式，否則此時從後端資料庫的 SQL Server Profiler 就可以錄製到明碼的參數，造成機密資料外漏，過程中也會發生無法比對的錯誤。

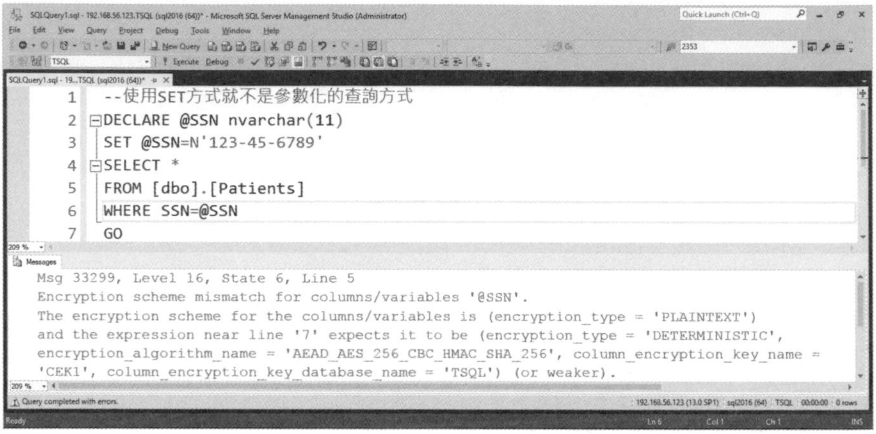

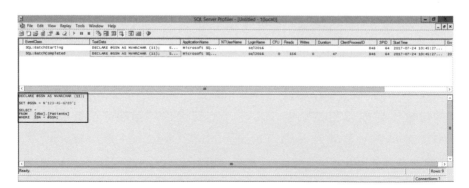

圖 52 不正確的參數化設定導致參數外漏與發生錯誤

```
-- 使用 SET 方式就不是參數化的查詢方式
DECLARE @SSN nvarchar(11)
SET @SSN=N'123-45-6789'
SELECT *
FROM [dbo].[Patients]
WHERE SSN=@SSN
GO
```

圖 53 從 SQL Serve Profiler 檢視到明碼參數

正確的使用方式就該宣告之後，需要立即給初始值，還有需要輸入正確的資料型別，才可以啟動一律加密的正確參數化查詢。

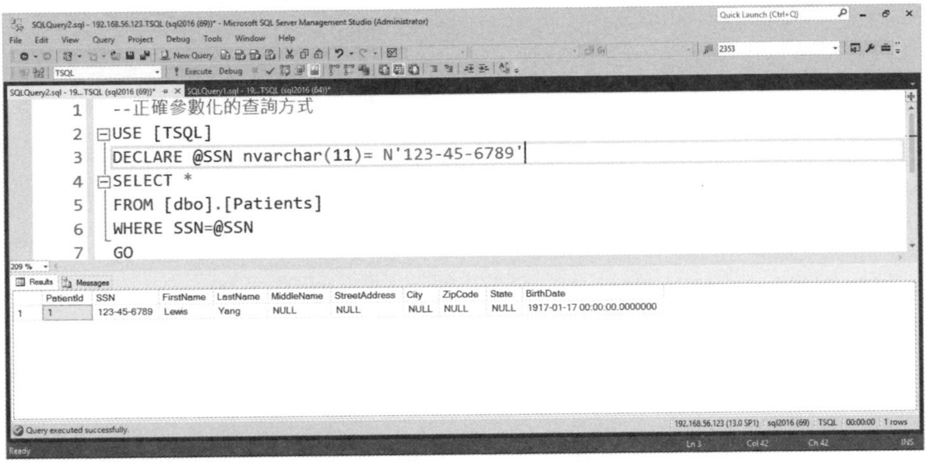

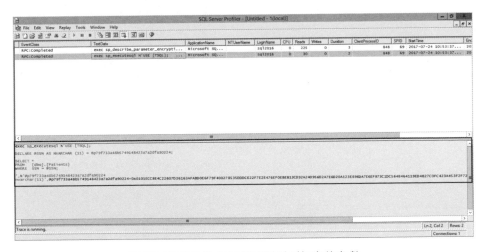

圖 54　正確使用參數化查詢可以保護輸入的參數

```
-- 正確參數化的查詢方式
USE [TSQL]
DECLARE @SSN nvarchar(11)= N'123-45-6789'
SELECT *
FROM [dbo].[Patients]
WHERE SSN=@SSN
GO
```

圖 55　正確參數化查詢可以看到加密的參數

◆ 使用該一律加密功能的時候，仍有些許限制，以下的欄位屬性與設定，是現階段一律加密不支援的資料行屬性部分。

```
xml
rowversion
image
ntext
text
sql_variant
hierarchyid
geography
geometry
alias
user-defined types
不支援的查詢子句
FOR XML
FOR JSON PATH
不支援的設定
Transactional or merge 複寫設定
Distributed queries (linked servers)
```

◆ 使用動態資料隱碼功能時，有以下的限制：

```
Encrypted columns (Always Encrypted)
FILESTREAM
COLUMN_SET
```

▶ 關鍵字搜尋

Always Encrypted、Dynamic Data Masking、Column master key、Column encryption key。

05 Live Query Statistics 即時查詢統計資料

▶ 觀念介紹

當碰到 T-SQL 陳述式發生緩慢的狀況時，如果需要優化，有受過專業訓練的 DBA，可以使用 SQL Server Profiler 監控，然後再使用 Database Engine Tuning Advisor 去自動分析可能建立的 INDEX 與統計資訊，如下圖。

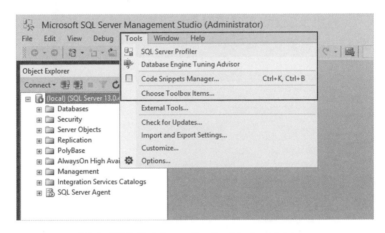

圖 1 使用 Database Engine Tuning Advisor

過程中點選要分析的 Workload 檔案、資料庫名稱與選擇需要優化的資料表，建議不要全選所有的資料，並且不要在系統繁忙的進行此項作業，因為會影響線上作業。

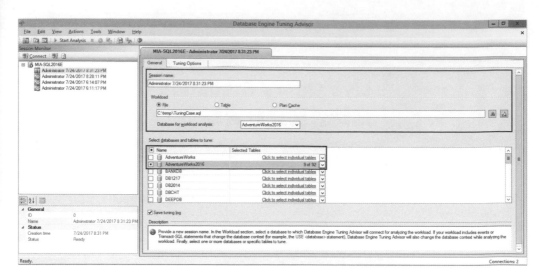

圖 2　選擇需要優化的對應資料表

有關調整選項可以採用預設值，該預設值主要就是限制優化的耗用時間、建議建立索引、建議分割與是否保留現有的索引架構。

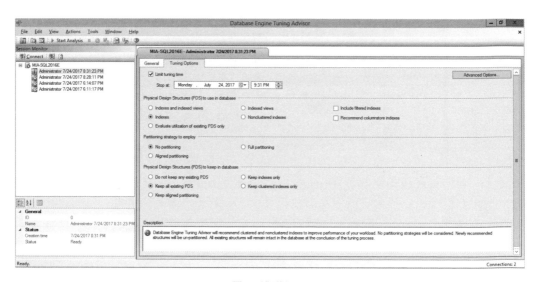

圖 3　進階選項

當分析完成後，遺漏的索引或是統計資訊就會顯示在畫面中，這樣一來，就可以儲存成 T-SQL 進行後續的索引建立，過程中該精靈會說明需要建立的索引或是統計資訊，可以改善多少的成本效率，以下案例會需要建立三個索引，並且可以改善 21% 成本使用。

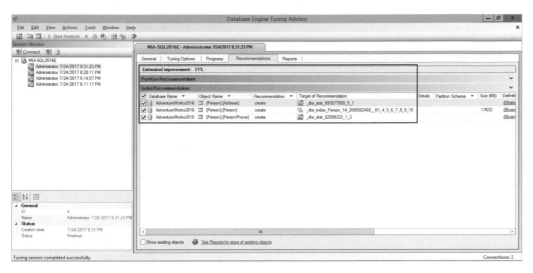

圖 4　檢視 Database Engine Tunin Advisor 建議

使用 SQL Server Management Studio 去檢視執行計畫，從 SQL Server 7.0 到 SQL Server 2014 之間的版本，提供一個稱之為 [Display Estimated Execution Plan，顯示估計執行計畫]，讓程式設計人員知道整個執行過程，最多的成本會發生在哪裡。

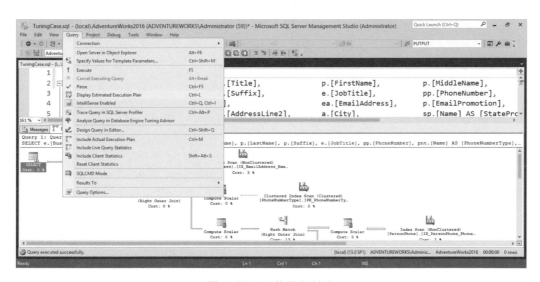

圖 5　顯示預估執行計畫

從下列執行計畫中可以看到最多的執行成本為 [AdventureWorks2016].[Person]. [Person].[PK_Person_BusinessEntityID] [p]，進行 Clustered Index Scan，該動作就跟 Table Scan 兩者差異不大。

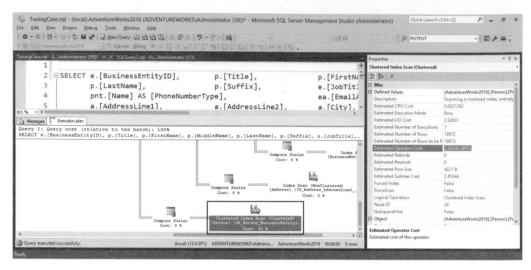

圖 6 找出執行成本中最大的節點

```
-- 複雜查詢
USE [AdventureWorks2016]
SELECT  e.[BusinessEntityID],
        p.[Title],
        p.[FirstName],
        p.[MiddleName],
        p.[LastName],
        p.[Suffix],
        e.[JobTitle],
        pp.[PhoneNumber],
        pnt.[Name] AS [PhoneNumberType],
        ea.[EmailAddress],
        p.[EmailPromotion],
        a.[AddressLine1],
        a.[AddressLine2],
        a.[City],
        sp.[Name] AS [StateProvinceName],
        a.[PostalCode],
        cr.[Name] AS [CountryRegionName],
        p.[AdditionalContactInfo]
FROM    [HumanResources].[Employee] AS e INNER JOIN [Person].[Person] AS p
        ON RTRIM(LTRIM(p.[BusinessEntityID])) = RTRIM(LTRIM(e.[BusinessEntityID]))
        INNER JOIN [Person].[BusinessEntityAddress] AS bea
        ON RTRIM(LTRIM(bea.[BusinessEntityID])) = RTRIM(LTRIM(e.[BusinessEntityID]))
```

```
            INNER JOIN [Person].[Address] AS a
            ON RTRIM(LTRIM(a.[AddressID])) = RTRIM(LTRIM(bea.[AddressID]))
            INNER JOIN [Person].[StateProvince] AS sp
            ON RTRIM(LTRIM(sp.[StateProvinceID])) = RTRIM(LTRIM(a.[StateProvinceID]))
            INNER JOIN [Person].[CountryRegion] AS cr
            ON RTRIM(LTRIM(cr.[CountryRegionCode])) = RTRIM(LTRIM(sp.[CountryRegionCode]))
            LEFT OUTER JOIN [Person].[PersonPhone] AS pp
            ON RTRIM(LTRIM(pp.BusinessEntityID)) = RTRIM(LTRIM(p.[BusinessEntityID]))
            LEFT OUTER JOIN [Person].[PhoneNumberType] AS pnt
            ON RTRIM(LTRIM(pp.[PhoneNumberTypeID])) = RTRIM(LTRIM(pnt.[PhoneNumberTypeID]))
            LEFT OUTER JOIN [Person].[EmailAddress] AS ea
            ON RTRIM(LTRIM(p.[BusinessEntityID])) = RTRIM(LTRIM(ea.[BusinessEntityID]))
GO
```

▶ 實戰解說

任何執行陳述式的過程，還可以加入 [Include Actual Execution Plan，包括實際執行計畫] 的選項，讓最後執行結果輸出後，一併輸出執行計畫的結果，過程中如果碰到系統需要處理很久的狀況，該等待的過程就僅會看到以下的白畫面。

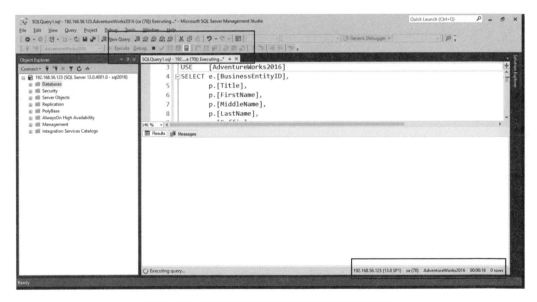

圖 7　遇到效率不彰的情況僅能等待資料的顯示

幸運的話，等待一陣子就可以看到部分資料會被緩慢輸出，說真的對大多數的人來說，僅能猜問題大概會出在哪裡而已，並沒有辦法透視問題到底出在哪個環節。

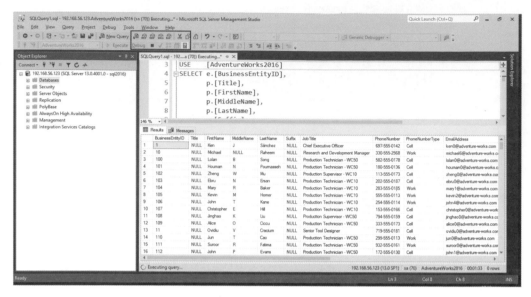

圖 8　檢視資料緩慢輸出資料

▶ 進階應用

SQL Server 2016 推出一個新功能就是 [LIVE QUERY STATISTICS(LQS)，即時查詢統計資料] 的功能，讓 T-SQL 執行的過程中，就可以從 SQL Server Management Studio 畫面看到每一個作業單位的執行狀況。包括作業名稱、產生筆數、耗用時間、完成比例的即時狀況，如下。

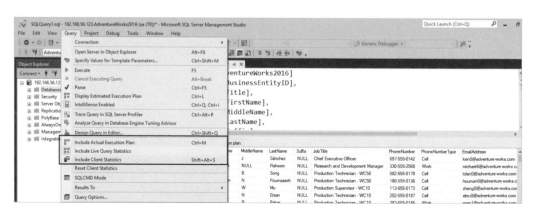

圖 9　啟動即時查詢統計資料

當啟動該即時查詢統計資料選項之後,緊接著就是按下執行按鈕 (Execute),就可以看到動態的查詢結果。

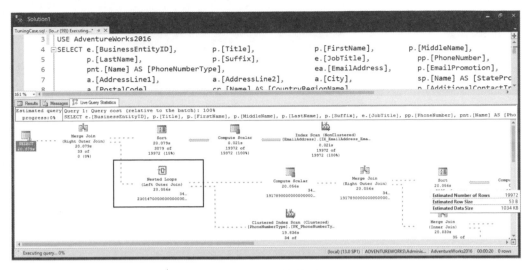

圖 10 顯示動態查詢結果

有了這樣的新利器,對程式設計人員來說,就是一大福音。此外也可以使用 Activity Monitor 檢視即時執行計畫。

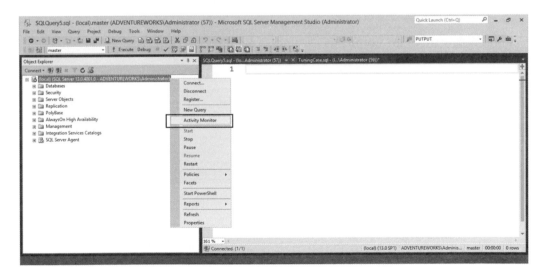

圖 11 啟動 Activity Monitor 視窗

從 Activity Monitor 視窗也可以看到即時查詢統計資料。

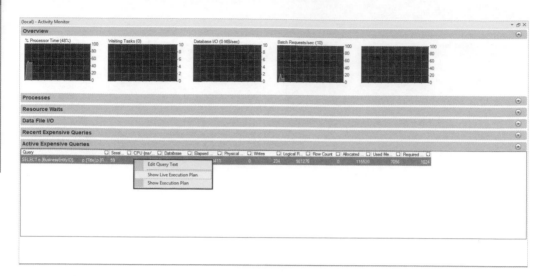

圖 12　檢視 Live Execution Plan

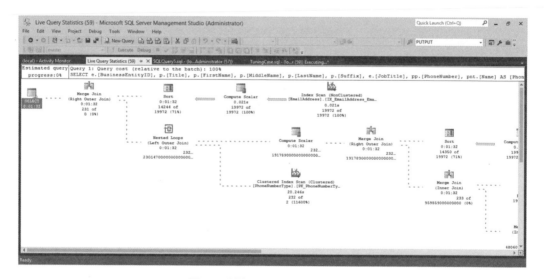

圖 13　瀏覽 Live Execution Plan

若是要從 T-SQL 陳述式，啟動即時查詢統計資料，可以藉由以下設定，該即時查詢統計資料的啟動方式分成兩種，分別為單一連線的啟動與針對所有 SQL Server 啟動，設定完成後就可以從 Activity Monitor 檢視到連線的即時查詢統計資料。

◈ 方式一、針對單一連線啟動即時查詢統計資料

```
-- 啟動單一連線的即時查詢統計資料
SET STATISTICS XML ON
GO
或是
SET STATISTICS PROFILE ON
GO
-- 執行陳述式就可以從 Activity Monitor 中看到該資訊。
```

◈ 方式二、針對全部 SQL Server 連線啟動即時查詢統計資料

過程中可以開啟 [SQL Server Management Studio | Management | Extended Events |Sessions]，來啟用擴充的事件，該擴充事件需要包含 [query_post_execution_showplan] 的選項，設定方式如下。

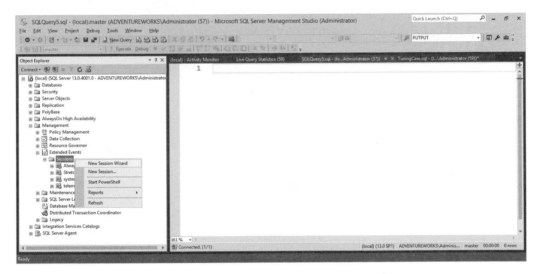

圖 14　啟動 Session 設定精靈

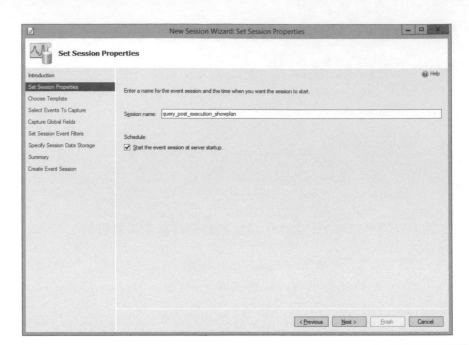

圖 15　輸入 Session 名稱

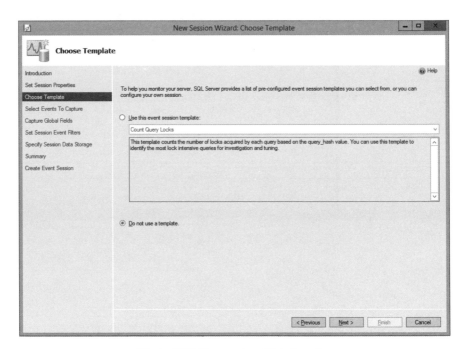

圖 16　不使用 template 建立 Session

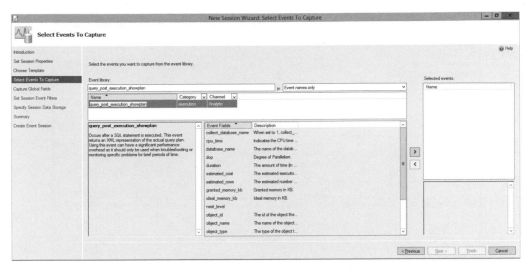

圖 17 選擇指定的事件

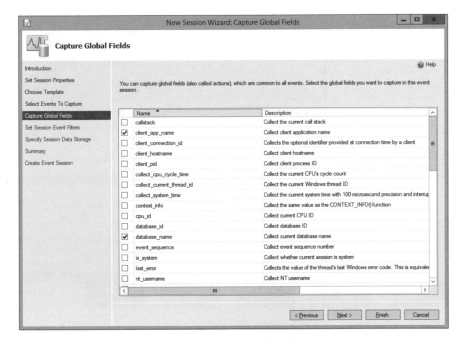

圖 18 選擇需要輸出欄位

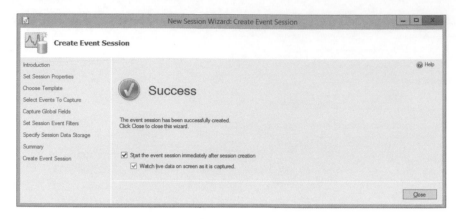

圖 19　完成設定並且啟動該功能

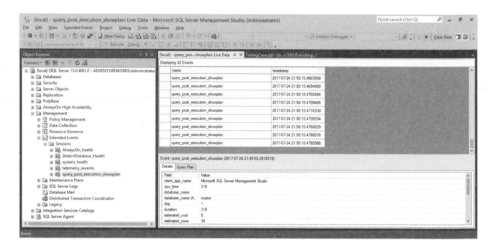

圖 20　檢視該 Session 是否正常啟動

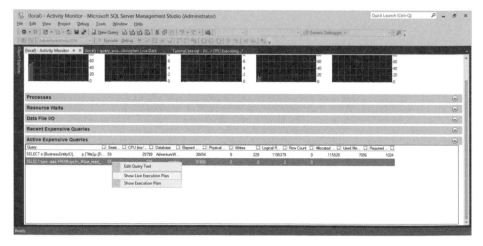

圖 21　當啟動該 query_post_execution_showplan 選項就可以檢視到即時資訊

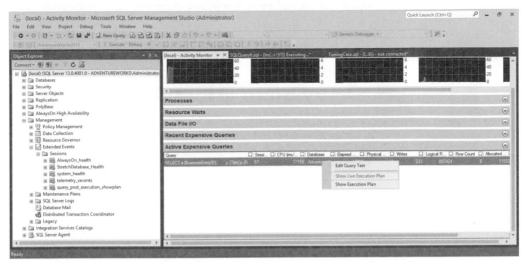

圖 22　當沒有啟動該 query_post_execution_showplan 選項就無法檢視到即時資訊

► 注意事項

SQL Server 2016 提供即時查詢統計資料的功能，可以讓使用者可以看到即時統計資料。這雖然是一個很方便的工具，但是切記非必要時不要任意啟動，因為它會耗用系統資源，尤其是不要啟動全域性的 [query_post_execution_showplan] 擴充事件的工作階段。

► 關鍵字搜尋

Live Query Statistics、SET STATISTICS XML ON、SET STATISTICS PROFILE ON、query_post_execution_showplan、extended event。

06 Query Store 查詢存放區

▶ 觀念介紹

最佳化執行器（Query Optimizer）執行的過程會產生許多執行計畫，最佳化執行器作業包含有 Parse、Compilation 然後 Optimization 與 Execute，最後才會產生最佳化的執行計畫，放在記憶體。從 SQL Server 2005 開始可以藉由 DMV（Dynamic Management View）查詢 SQL Server 記憶體中執行計畫。

所有的執行計畫，SQL Server 會放在記憶體中的 Plan Cache，但是當 SQL Server 重新開機、記憶體不足，或是有被手動清除執行計畫，這些歷史的執行計畫都會煙消雲散，無法取得進行比較分析。

另外一種情境就是，想要比對版本升級之後，SQL Server 引擎對執行計畫的變更，光從 DMV 查詢記憶體中執行計畫是不夠的。而 SQL Server 2016 之查詢存放區（Query Store），就可以解決上述的需求，在了解 QL Server 2016 新增儲存執行計畫之前，先來使用 DMV 查詢現在 SQL Server 中的所有執行計畫。

```
-- 先清除記憶體中所有執行計畫
DBCC FREEPROCCACHE

-- 模擬單一查詢
SELECT count(*)
FROM [AdventureWorks].[HumanResources].[Department]
GO
-- 馬上從 DMV 中取出執行計畫
SELECT  st.text, qp.query_plan, cp.cacheobjtype, cp.objtype, cp.plan_handle
FROM    sys.dm_exec_cached_plans cp
        cross apply sys.dm_exec_sql_text(cp.plan_handle) st
        cross apply sys.dm_exec_query_plan(cp.plan_handle) qp
GO
```

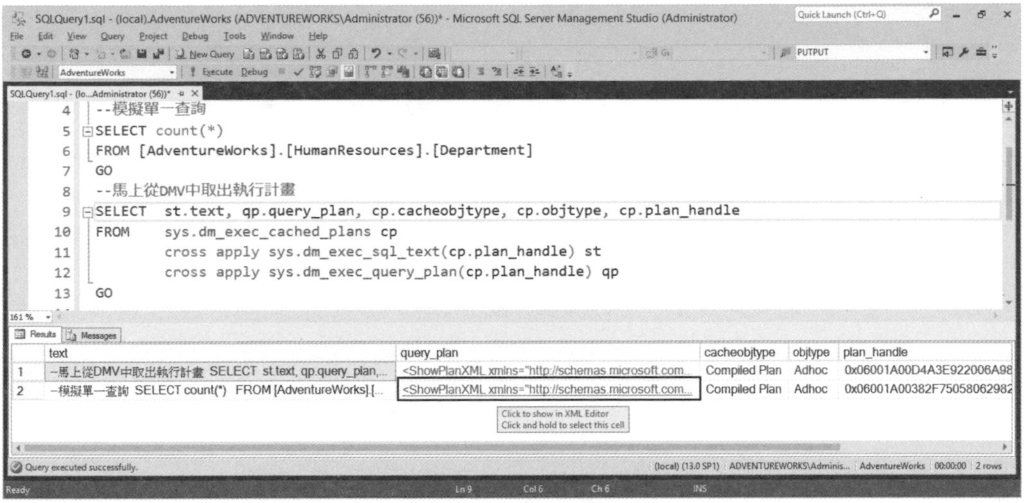

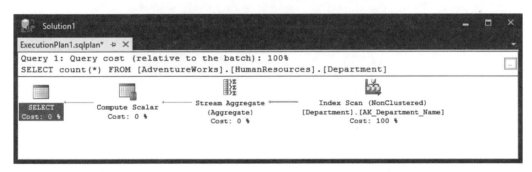

圖 1 從 DMV 中取出執行計畫

圖 2 點選該 XML 連結就可以從 SSMS 看到執行計畫

有關執行計畫的查詢,可以參考以下的 DMV。

```
-- 編譯期間:
sys.query_store_query_text
sys.query_context_settings
sys.query_store_query
sys.query_store_plan
sys.database_query_store_options


-- 執行期間:
sys.query_store_runtime_stats_interval
sys.query_store_runtime_stats
```

▶ **實戰解說**

從 SQL Server 2016 開始，微軟從資料庫階層中提供一個永久儲存執行計畫的區域，稱之為 [查詢存放區，Query Store]。以下是它的運作原理，就是當最佳化執行器進行編譯與執行階段的計畫，都會寫入到資料庫系統資料表，過程中採用非同步方式在背景執行，分別將編譯階段的查詢語句與執行階段的計畫，搭配統計資訊，從 SQLOS（記憶體）中取出，寫入到該資料庫的系統資料表，提供後續的查詢。

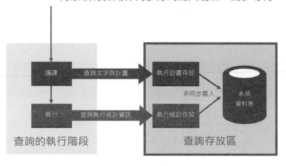

圖 3　使用 Query Store 儲存執行計畫

查詢存放區提供給後續讀取存放的執行計畫時，就會從 SQLOS 的記憶體與硬碟內容進行合併，輸出最新的執行計畫。

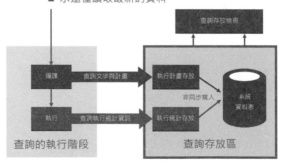

圖 4　使用 Query Store 讀取執行計畫

預設新建立的資料庫是沒有啟動 [查詢存放區] 功能，但是可以藉由以下的陳述式，啟動資料庫開始收集執行階段的計畫。過程中可以指定儲存區大小、清除時間、收集間隔與資料排除間隔。

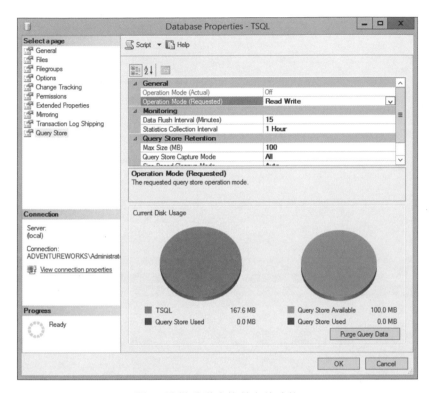

圖 5　準備啟動查詢儲存的功能

Operation Mode（Requested）有三種選項，說明如下：

◆ OFF：關閉查詢存放區功能，例如要設定資料庫是 [QueryStoreDemo]。

```
USE [master]
GO
ALTER DATABASE [QueryStoreDemo] SET QUERY_STORE = OFF
GO
```

◆ Read Only：提供唯讀功能，不繼續收集新的執行計畫。

```
USE [master]
GO
```

```
ALTER DATABASE [QueryStoreDemo] SET QUERY_STORE = ON
GO
ALTER DATABASE [QueryStoreDemo] SET QUERY_STORE (OPERATION_MODE = READ_ONLY)
GO
```

◆ Read Write：除了提供讀取功能，繼續收集新的執行計畫。

```
USE [master]
GO
ALTER DATABASE [QueryStoreDemo] SET QUERY_STORE (OPERATION_MODE = READ_WRITE)
GO
```

過程中如果有設定成唯讀再轉回讀寫，唯讀的過程會暫停收集，當檢視 [Top Resource Consuming Queries] 報表，就會看到中斷的資料區間。

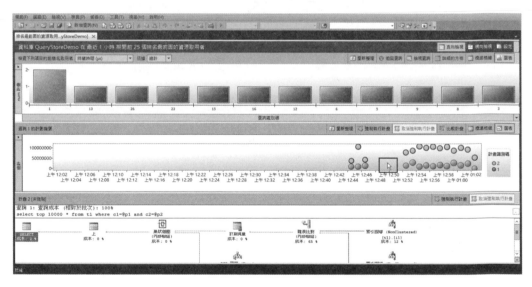

圖 6　查詢存放區功能發生中斷因為過程中有設定成唯讀

此外如果按下 [清除查詢資料（Purge Query Data）] 按鈕，就會將之前收的計畫從系統資料表中移除。

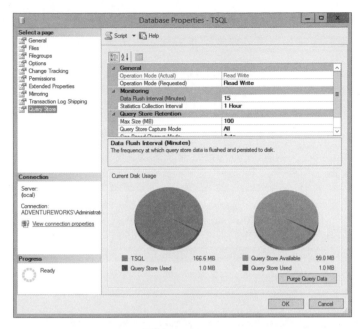

圖 7　清除存在的 Query Data

► 進階應用

對多數人而言，啟動該查詢計畫的收集功能，不會有太大的困難，最難的是解讀該圖表的意義。要瀏覽該查詢存放區報表，可以從該資料庫展開看到 [Query Store] 四張報表，以下的範例將使用 [Top Resource Consuming Queries] 報表進行解說。

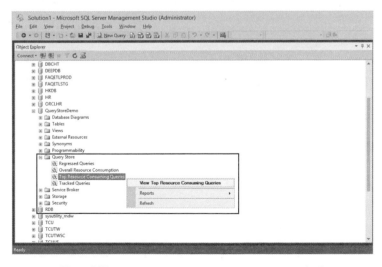

圖 8　瀏覽 Top Resource Consuming Queries 報表

從 [Top Resource Consuming Queries] 報表，可以看到收集到的執行計畫數量（num 計畫），該部分點選後就可以清楚對應到查詢陳述式所產生的執行計畫數量。

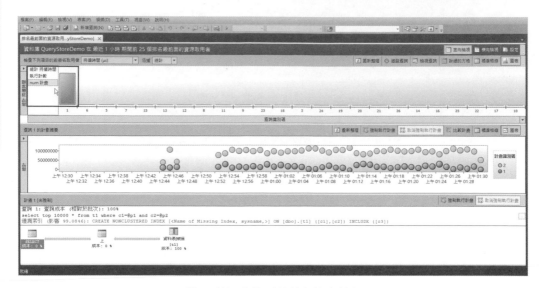

圖 9　檢視收集到的執行計畫數量

以下的游標處就說明該查詢狀況，執行次數有 45588 次，總共有兩種執行計畫被收集到，如中間的圖表，有兩個執行計劃識別碼（2 藍色 /1 灰色）。藍色部分就是現在正在被使用的執行計畫，可以將滑鼠移到任何中間藍色的點，就可以看到最下面顯示的執行計畫。

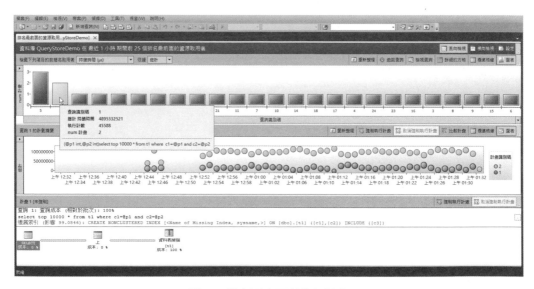

圖 10　觀察到有兩種執行計畫

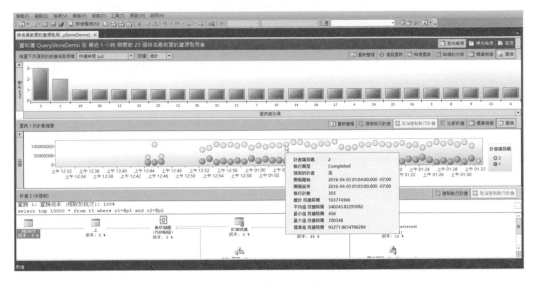

圖 11　檢視執行中的計畫

當瀏覽其他收集到的可能執行計畫，如下圖就是檢視計畫識別碼 1 的部分，該計畫就是因為有遺漏索引（missing index），所以最佳化執行器才會捨棄不使用。

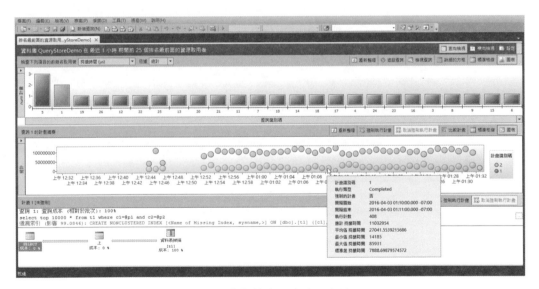

圖 12　執行計畫 1 有遺漏索引

強制執行計畫功能，可以從中間的圖表點選 [強制執行計畫]，該功能就是類似 PLAN GUIDE 的強制應用，精靈就會讓最佳化執行器碰到該陳述式，就使用指定的執行計畫 1，該計畫有遺漏索引所以最佳化執行器就捨棄不使用。

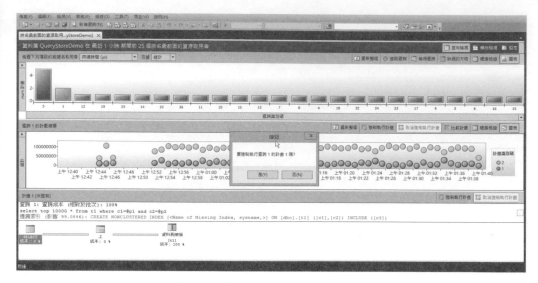

圖 13　強制執行計畫指定使用的計畫

以下就是變更後，最佳化執行器針對執行計畫使用狀況，過程中可以發現執行計畫的
識別碼已經從第 2 號轉成第 1 號，因為第 1 號執行計畫會有遺漏索引，該部分可以到
[標準格線] 中看到，最小 CPU 時間遠高於第 2 號。換言之，當有遺漏索引的執行計
畫，容易導致 CPU 變高，所以最佳化執行器就捨棄該執行計畫，另找其他有效部分。

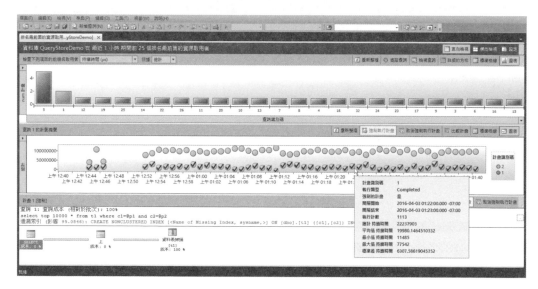

圖 14　執行計畫已經變更成另一個

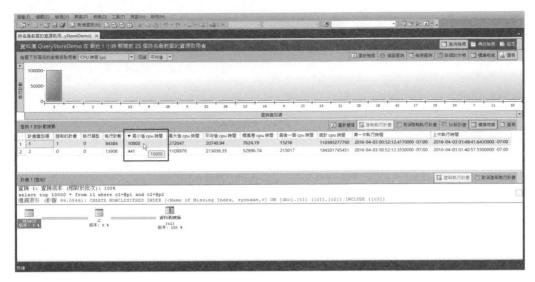

圖 15　發現另一個執行計畫耗用較高 CPU

另外可以藉由該圖表的功能，比較所有可能執行計畫，檢視最佳化執行器正在使用與收集到其他執行計畫的差異。以下就是兩個執行計畫的比較圖，上面是第 1 號有遺漏索引，下面是第 2 號為正在被線上連線所使用的執行計畫。

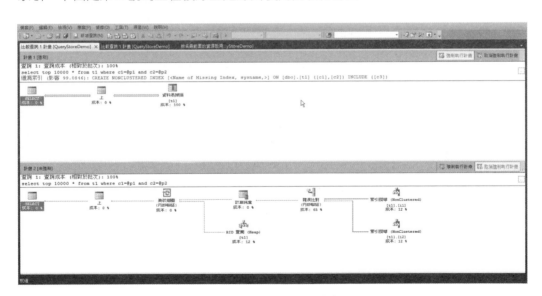

圖 16　比較兩個執行計畫

最後取消強制執行計畫，可以讓最佳化執行器恢復到正常選擇的模式。

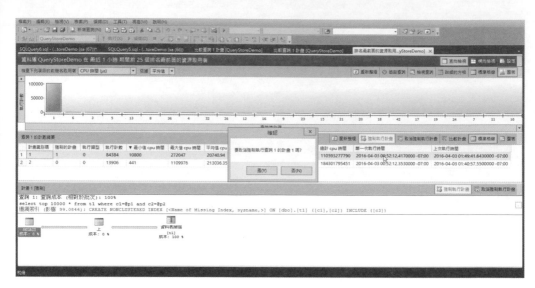

圖 17 強制取消自訂執行計畫

資料庫管理員可以在上述的模擬過程，配合最佳化執行器建議，手動建立遺漏索引。然後就會在 [查詢儲存區]，馬上看到另一個新的執行計畫，該新的執行計畫是來自最佳化執行器因為新建立的遺漏索引，所自動產生的新執行計畫。下列的範例的第 9 號執行計畫，就是在建立遺漏索引之後，系統自動新增。

```
-- 建立遺漏的索引
USE [QueryStoreDemo]
GO
CREATE NONCLUSTERED INDEX DBA_INDEX_1
ON [dbo].[t1] ([c1],[c2])
INCLUDE ([c3])
GO
```

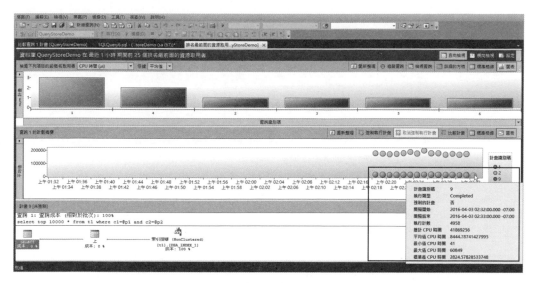

圖 18　因為新建立的索引讓系統產生新的執行計畫

重新檢視新增的執行計畫，它提供更佳的效率，最少 CPU 時間，主要就是因為最佳化執行器已經使用到剛剛 DBA 建立的遺漏索引。

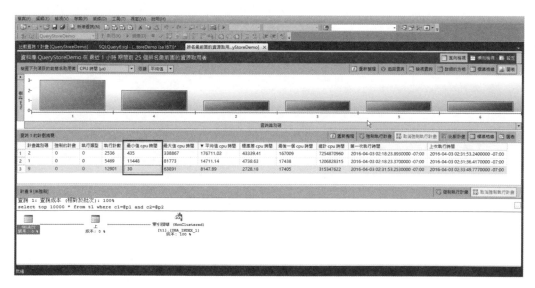

圖 19　建立遺漏索引後的執行計畫效能更佳

SQL Server 2016 的查詢存放區（Query Store）功能，可以讓資料庫管理員省下寫程式的時間，直接收集所有指定資料庫產生的執行計畫，提供給資料庫管理員與開發人員方便進行效能問題的除錯與答案的找尋。過程中該查詢存放區功能，提供許多豐富的報表給 SQL Server 2016 使用者進行分析與解讀，只是要解讀該類的報表，還真的需要一定專業程度的資料庫管理員與開發人員才可以從中找到問題解決的蛛絲馬跡。

最後提供給大家幾個有用的 T-SQL 查詢資料庫執行計畫。

```
--Find last n queries that were executed on the database
SELECT TOP 10 qt.query_sql_text, q.query_id, qt.query_text_id, p.plan_id, rs.last_
execution_time FROM sys.query_store_query_text qt  JOIN sys.query_store_query q ON
qt.query_text_id = q.query_text_id  JOIN sys.query_store_plan p ON q.query_id =
p.query_id JOIN  sys.query_store_runtime_stats rs ON p.plan_id = rs.plan_id ORDER BY
rs.last_execution_time DESC
```

```
--Find the count of executions for each query
SELECT q.query_id, qt.query_text_id, qt.query_sql_text,  SUM(rs.count_executions) AS
total_execution_count FROM sys.query_store_query_text qt  JOIN  sys.query_store_query
q ON qt.query_text_id = q.query_text_id  JOIN sys.query_store_plan p ON q.query_id =
p.query_id JOIN sys.query_store_runtime_stats rs ON p.plan_id = rs.plan_id GROUP BY
q.query_id, qt.query_text_id, qt.query_sql_text ORDER BY total_execution_count DESC
```

```
--Find n queries with the longest execution time in the last hour
SELECT TOP 10 qt.query_sql_text, q.query_id, qt.query_text_id, p.plan_id,
getutcdate() as CurrentUTCTime, rs.last_execution_time, rs.avg_duration FROM sys.
query_store_query_text qt  JOIN  sys.query_store_query q ON qt.query_text_id = q.
query_text_id  JOIN sys.query_store_plan p ON q.query_id = p.query_id JOIN sys.query_
store_runtime_stats rs ON p.plan_id = rs.plan_id WHERE rs.last_execution_time >
dateadd(hour, -1, getutcdate()) ORDER BY rs.avg_duration DESC
```

```
--Find n queries that had the biggest average physical IO reads in the last 24 hours
with row counts and execution counts
SELECT TOP 10 qt.query_sql_text, q.query_id, qt.query_text_id, p.plan_id,  rs.runtime_
stats_id, rsi.start_time, rsi.end_time, rs.avg_physical_io_reads,  rs.avg_rowcount,
rs.count_executions FROM sys.query_store_query_text qt  JOIN  sys.query_store_query q
ON qt.query_text_id = q.query_text_id  JOIN sys.query_store_plan p ON q.query_id =
p.query_id JOIN sys.query_store_runtime_stats rs ON p.plan_id = rs.plan_id  JOIN sys.
query_store_runtime_stats_interval rsi ON rsi.runtime_stats_interval_id = rs.runtime_
stats_interval_id WHERE rsi.start_time >= dateadd(hour, -24, getutcdate())  ORDER BY
rs.avg_physical_io_reads DESC
```

```
--Find queries with multiple plans
WITH Query_MultPlans AS (  SELECT COUNT(*) AS cnt, q.query_id   FROM sys.query_store_
query_text qt  JOIN sys.query_store_query q  ON qt.query_text_id = q.query_text_id
JOIN sys.query_store_plan p ON p.query_id = q.query_id  GROUP BY q.query_id  HAVING
COUNT(DISTINCT plan_id) > 1 ) SELECT q.query_id, OBJECT_NAME(object_id) AS
ContainingObject,  query_sql_text, plan_id, p.query_plan AS plan_xml, p.last_compile_
start_time, p.last_execution_time FROM Query_MultPlans qm JOIN sys.query_store_query q
ON qm.query_id = q.query_id JOIN sys.query_store_plan p ON q.query_id = p.query_id
JOIN sys.query_store_query_text qt  ON qt.query_text_id = q.query_text_id ORDER BY
query_id, plan_id
```

```
--Find all queries that regressed in performance, where execution time was doubled
within the last 48 hours
SELECT qt.query_sql_text, q.query_id, qt.query_text_id,  p1.plan_id AS plan1, rsi1.
start_time AS runtime_stats_interval_1, rs1.runtime_stats_id AS runtime_stats_id_1,
rs1.avg_duration AS avg_duration_1,  p2.plan_id AS plan2, rsi2.start_time AS runtime_
stats_interval_2, rs2.runtime_stats_id AS runtime_stats_id_2, rs2.avg_duration AS
plan2 FROM sys.query_store_query_text qt  JOIN  sys.query_store_query q ON qt.query_
text_id = q.query_text_id  JOIN sys.query_store_plan p1 ON q.query_id = p1.query_id
JOIN sys.query_store_runtime_stats rs1 ON p1.plan_id = rs1.plan_id  JOIN sys.query_
store_runtime_stats_interval rsi1 ON rsi1.runtime_stats_interval_id = rs1.runtime_
stats_interval_id  JOIN sys.query_store_plan p2 ON q.query_id = p2.query_id  JOIN sys.
query_store_runtime_stats rs2 ON p2.plan_id = rs2.plan_id  JOIN sys.query_store_
runtime_stats_interval rsi2 ON rsi2.runtime_stats_interval_id = rs2.runtime_stats_
interval_id WHERE rsi1.start_time > dateadd(hour, -48, getutcdate()) AND rsi2.start_
time > rsi1.start_time AND  rs2.avg_duration > 2*rs1.avg_duration
```

▶ 注意事項

由於該查詢存放區（Query Store）跟一般使用者資料表，共用同一個資料庫，因此暫
用相同的空間，設定上要留意保留時間，避免發生過大導致硬碟空間不夠的問題。

▶ 關鍵字搜尋

Query Store、Missing Index、PLAN GUIDE、Dynamic Management View。

Lesson

> **Part 02 資料庫開發技術聖殿**

07 備份與還原到雲端

▶ 觀念介紹

從 SQL Server 2014 開始，SQL Server 引擎支援建立 Azure 雲端的儲存體，可以讓部分數據藉由 file group 與 data file 的指定，將資料表直接置放在特定的 Azure 中預先建立好的儲存體。

以下就是連線的簡易説明。資料表（Table）→ 資料庫檔案群（Filegroup）→ 實體檔案（data file）→ 建立登入帳號（Credential in SQL Server login）→ 設定 SAS（Shared access signature）→ 雲端 Azure Storage → 儲存體 Container。

現在，我們使用新版的 SQL Server 2016 來做練習，將 SQL Server 的備份放到 Azure，然後再將 data file / log file 藉由還原的方式，讓資料庫檔案放在 Azure 上儲存體的容器。

▶ 實戰解說

◇ **步驟一**

登入 Azure 建立儲存體，建立 Storage account(classic)，以下的範例將建立儲存體名稱為【msl60509033.core.windows.net】。

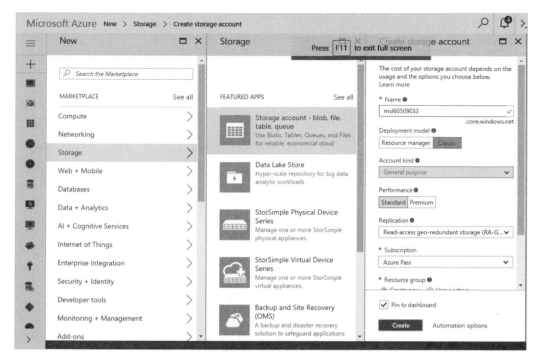

圖 1　建立 Classic 儲存體

◆　步驟二

可以使用 [Microsoft Azure Storage Explorer] 或是 [Azure PowerShell]，進行容器建立。可以先到該網址下載 http://storageexplorer.com/，安裝在對應的平台（現在也支援 LINUX 與 MAC 平台）。安裝後就可以按照以下的方式產生 SAS 的 URL。

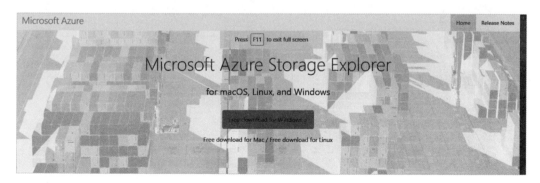

圖 2　下載 Aure Storage Explorer

啟動該應用程式就可以輸入 Azure 帳號，之後就可以建立 Classic Storage 的訊息。

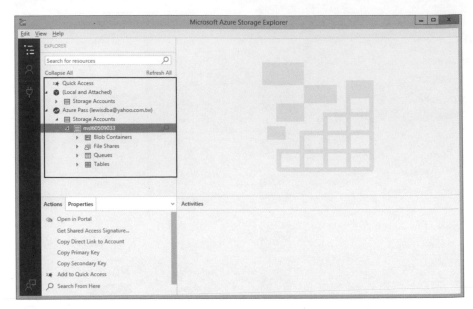

圖 3　成功連線到已經建立完成的 Azure 儲存體

完成上述連線後就可以瀏覽到 [Blob Container]，該部分就是預計要給 SQL Server2016 的資料庫檔案與備份儲存位置，現在讓我們建立一個名為 [sqlserver2016] 的容器。

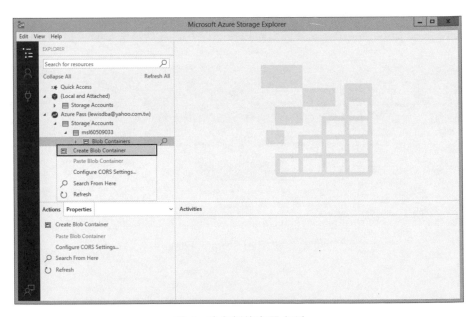

圖 4　建立新的容器名稱

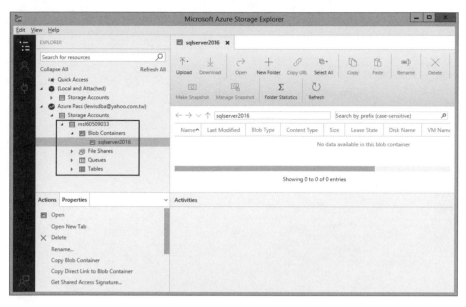

圖 5 瀏覽容器 sqlserver2016

再來就是點選該容器，進行 SAS（Shared Access Signature）設定，這個設定值很重要，它是決定 SQL Server 是否允許連線到雲端的 Azure 的儲存體容器關鍵。

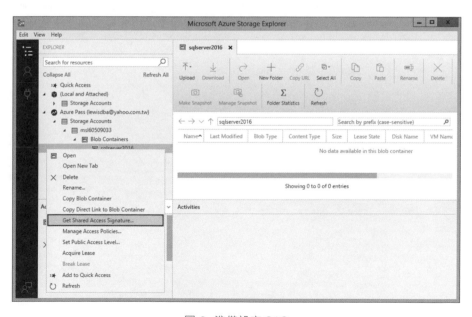

圖 6 準備設定 SAS

其中可設定該 SAS 針對該容器的存取動作（Read、Write、Delete、List）與過期時間，以下就是設定可用時間。

圖 7　設定 SAS 選項包括時間與允許動作

按下 [Create] 之後就可以看到產生的 SAS URL 與 Query String。

圖 8　複製 URL 與 Query String

```
Container
sqlserver2016

URL
https://msl60509033.blob.core.windows.net/sqlserver2016?st=2017-07-
26T07%3A19%3A00Z&se=2017-07-27T07%3A19%3A00Z&sp=rwdl&sv=2016-05-31&sr=c&sig=qVT89LTCXg
aF0fuCWn1mdy243ZSD0KO%2Fxg27ARejIF8%3D

Query String
?st=2017-07-26T07%3A19%3A00Z&se=2017-07-27T07%3A19%3A00Z&sp=rwdl&sv=2016-05-31&sr=c&si
g=qVT89LTCXgaF0fuCWn1mdy243ZSD0KO%2Fxg27ARejIF8%3D
```

然後可以使用 SQL Server Management Studio 建立雲端連線需要 Security 的
Credential，其中設定值的部分可以參考以下設定。

```
-- 建立 Login 的 Credential
--supersqlserver ：就是儲存體名稱
--sqlserver2016 是容器名稱
--st=2017-07-26T07%3A19%3A00Z&se=2017-07-27T07%3A19%3A00Z&sp=rwdl&sv=2016-05-31&sr=c&s
ig=qVT89LTCXgaF0fuCWn1mdy243ZSD0KO%2Fxg27ARejIF8%3D 是 SAS 連線字串

USE master
GO
CREATE CREDENTIAL [https://msl60509033.blob.core.windows.net/sqlserver2016]
WITH
 IDENTITY='Shared Access Signature',  SECRET=' st=2017-07-26T07%3A19%3A00Z&se=2017-07-
27T07%3A19%3A00Z&sp=rwdl&sv=2016-05-31&sr=c&sig=qVT89LTCXgaF0fuCWn1mdy243ZSD0KO%2Fxg27
ARejIF8%3D'
GO
```

圖 9 建立 SQL Server 的 Security 階層的 Credential

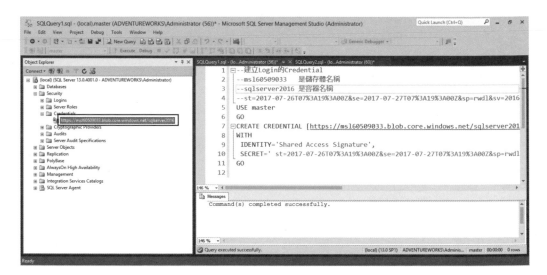

圖 10 檢視設定完成的 Credential

```
-- 使用 BACKUP DATABASE TO URL 驗證該 SAS 與 Login Credential 是否順利作業
BACKUP DATABASE msdb
TO  URL = N'https://ms160509033.blob.core.windows.net/sqlserver2016/msdb_backup_
2016_05_09_064743.bak'
WITH COMPRESSION,  NAME = N'msdb-Full Database Backup', FORMAT
GO
-- 結果
Processed 1816 pages for database 'msdb', file 'MSDBData' on file 1.
```

```
Processed 3 pages for database 'msdb', file 'MSDBLog' on file 1.
BACKUP DATABASE successfully processed 1819 pages in 2.254 seconds (6.302 MB/sec).
```

從上述的結果可以看到該 SAS 與 Login Credential 已經可以順利作業,接下來再使用 SQL Server Management Studio 連接到 Azure Storage,檢視上述備份的結果,其中該儲存體帳號就是【msl60509033】,對應的 Account Key 可以從上面步驟二的 Azure 的 Primary Access Key 複製後再貼上就可以順利連上。

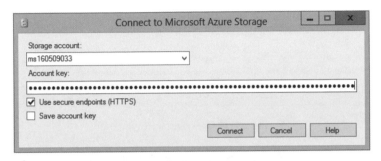

圖 11 使用 SSMS 連上 Azure Storage

```
☐ 🗔 (local) (SQL Server 13.0.1300.275 - ADVENTUREWORKS\Admin
   ☐ 📁 Databases
   ☐ 📁 Security
   ☐ 📁 Server Objects
   ☐ 📁 Replication
   ☐ 📁 Polybase
   ☐ 📁 AlwaysOn High Availability
   ☐ 📁 Management
   ☐ 📁 Integration Services Catalogs
   ☐ 📁 SQL Server Agent
☐ 📄 ms160509033 (Azure Storage Account - Encrypted)
   ☐ 📁 Containers
      ☐ 📁 sqlserver2016
            📄 msdb_backup_2016_05_09_064743.bak
```

圖 12 從 SSMS 中檢視完成的備份檔案

▶ 進階應用

許多時候可以使用 [Azure PowerShell] 設定連線,以下就對該方式進行詳細解說:若要使用 [Azure PowerShell],可以從以下網址下載最新的 Azure PowerShell 進行安裝:http://aka.ms/webpi-azps。

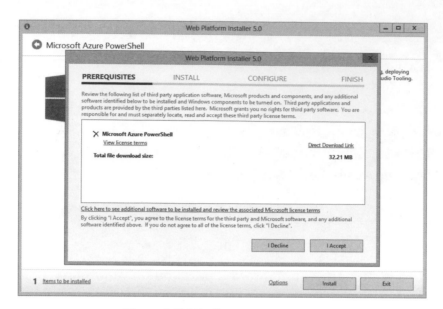

圖 13　安裝最新的 Azure PowerShell

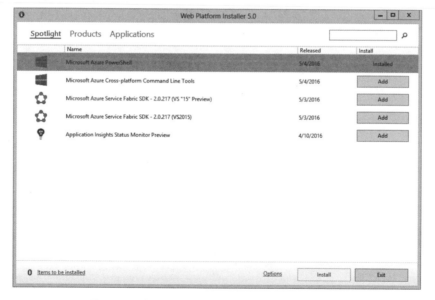

圖 14　完成 Microsoft Azure PowerShell 的安裝

緊接著啟動該 Windows PowerShell ISE，可以嘗試檢查是否可以順利敲出【Add-AzureAccount】，接下來就可以使用 Azure PowerShell 去建立容器與產生建立 Credential 所需要的 T-SQL 指令。

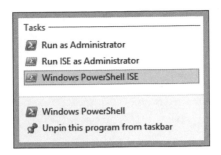

圖 15　啟動 PowerShell

```
# 使用 Windows PowerShell ISE 執行，該 StorageAccountName 要先在 Azure 上面建立，容器的部
分會在完成後自動建立。
Add-AzureAccount
$StorageAccountName='msl60509033'
# A new container name, must be all lowercase.
#
$ContainerName='sqlserver2016'


# Sets up the Azure Account, Subscription, and Storage context
#
#Add-AzureAccount
$accountKeys = Get-AzureStorageKey -StorageAccountName $storageAccountName
$storageContext = New-AzureStorageContext -StorageAccountName $storageAccountName
-StorageAccountKey $accountKeys.Primary


# Creates a new container
#
$container = New-AzureStorageContainer -Context $storageContext -Name $containerName
$cbc = $container.CloudBlobContainer


# Sets up a Stored Access Policy and a Shared Access Signature for the new container
#
$permissions = $cbc.GetPermissions();
$policyName = 'policy1'
$policy = new-object 'Microsoft.WindowsAzure.Storage.Blob.SharedAccessBlobPolicy'
$policy.SharedAccessStartTime = $(Get-Date).ToUniversalTime().AddMinutes(-5)
$policy.SharedAccessExpiryTime = $(Get-Date).ToUniversalTime().AddYears(10)
$policy.Permissions = "Read,Write,List,Delete"
$permissions.SharedAccessPolicies.Add($policyName, $policy)
$cbc.SetPermissions($permissions);
```

```
# Gets the Shared Access Signature for the policy
#
$policy = new-object 'Microsoft.WindowsAzure.Storage.Blob.SharedAccessBlobPolicy'
$sas = $cbc.GetSharedAccessSignature($policy, $policyName)
Write-Host 'Shared Access Signature= '$($sas.Substring(1))''

# Outputs the Transact SQL to create the Credential using the Shared Access Signature
#
Write-Host 'Credential T-SQL'
$TSQL = "CREATE CREDENTIAL [{0}] WITH IDENTITY='Shared Access Signature',
SECRET='{1}'" -f $cbc.Uri,$sas.Substring(1)
Write-Host $TSQL
```

過程中會彈跳出來輸入 Azure 帳號與密碼，該部分就是要設定此 PowerShell 連線使
用指定 Azure Account 去建立對應容器。

```
-- 最後結果就會輸出如下
# 輸出結果，可以將以下的 TSQL 放到 SSMS 中進行執行，就可以建立對應的 Credential
Id                                           Type Subscriptions
Tenants
--                                           ---- -------------
-------
ms160509033@outlook.com                      User
46132a7a-aa69-4ee5-9416-1db07e0dd08e         {a755a72f-c3ca-4134-ac6f-a903920feda0}
Shared Access Signature=  sv=2015-04-05&sr=c&si=policy1&sig=OYhT6l9nQauWlOqJqzl6LQYYD1
0nG2tdv5zltZdbQIU%3D
Credential T-SQL
CREATE CREDENTIAL [https://ms160509033.blob.core.windows.net/sqlserver2016] WITH
IDENTITY='Shared Access Signature', SECRET='sv=2015-04-05&sr=c&si=policy1&sig=OYhT6l9n
QauWlOqJqzl6LQYYD10nG2tdv5zltZdbQIU%3D'
```

現在就使用 SQL Server Management Studio 進行 Credential 建立與驗證是否可以順
利備份到 Azure 的儲存體。

```
-- 建立對應 Credential 與進行備份驗證
CREATE CREDENTIAL [https://ms160509033.blob.core.windows.net/sqlserver2016]
WITH IDENTITY='Shared Access Signature',
SECRET='sv=2015-04-05&sr=c&si=policy1&sig=OYhT6l9nQauWlOqJqzl6LQYYD10nG2tdv5zltZdbQIU
%3D'
GO


-- 備份到雲端
BACKUP DATABASE master
TO  URL = N'https://ms160509033.blob.core.windows.net/sqlserver2016/master_backup_
2016_05_09_064743.bak'
WITH COMPRESSION,  NAME = N'msdb-Full Database Backup', FORMAT
GO


-- 結果
Processed 472 pages for database 'master', file 'master' on file 1.
Processed 4 pages for database 'master', file 'mastlog' on file 1.
BACKUP DATABASE successfully processed 476 pages in 1.598 seconds (2.324 MB/sec).
```

圖 16 驗證備份到雲端

當順利完成上述的設定之後，就可以正式使用 BACKUP DATABASE TO URL 指令，
將本地端重要資料庫，直接備份到雲端的 Azure 儲存體中的容器。

```
-- 使用 BACKUP DATABASE TO URL 將資料庫備份到 AZURE
USE master;
ALTER DATABASE AdventureWorks2014
SET RECOVERY FULL
GO

BACKUP DATABASE AdventureWorks2014
TO URL = N'https://ms160509033.blob.core.windows.net/sqlserver2016/ADW2014_backup_
2016_05_09_064743.bak'
WITH COMPRESSION,FORMAT
GO
-- 結果
Processed 24344 pages for database 'AdventureWorks2014', file 'AdventureWorks2014_
Data' on file 1.
Processed 2 pages for database 'AdventureWorks2014', file 'AdventureWorks2014_Log' on
file 1.
BACKUP DATABASE successfully processed 24346 pages in 22.042 seconds (8.629 MB/sec).
```

完成後就可以使用 Microsoft Azure Storage Explorer 檢視到此備份檔案，最後，讓我
們直接使用 RESTORE DATABASE 指令，直接將資料庫從本地端還原 Azure 儲存體的
容器，先檢查尚未還原前，該 [AdventureWorks2014] 資料庫的檔案狀況。

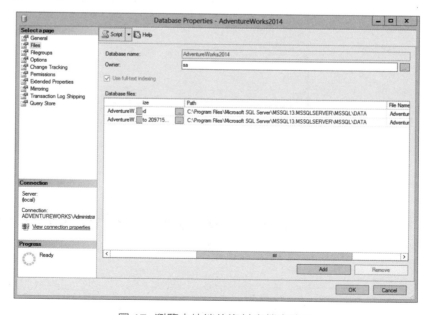

圖 17　瀏覽本地端的資料庫檔案路徑

```
-- 使用 RESTORE DATABASE FROM URL 將直接將資料庫還原到 AZURE
USE master;
RESTORE DATABASE AdventureWorks2014
FROM URL = N'https://ms160509033.blob.core.windows.net/sqlserver2016/ADW2014_backup_
2016_05_09_064743.bak'
WITH
    MOVE 'AdventureWorks2014_data' to N'https://ms160509033.blob.core.windows.net/
sqlserver2016/AdventureWorks2014_Data.mdf'
    ,MOVE 'AdventureWorks2014_log'  to N'https://ms160509033.blob.core.windows.net/
sqlserver2016/AdventureWorks2014_Log.ldf'
    , REPLACE
GO
-- 結果
Processed 24344 pages for database 'AdventureWorks2014', file 'AdventureWorks2014_
Data' on file 1.
Processed 2 pages for database 'AdventureWorks2014', file 'AdventureWorks2014_Log' on
file 1.
RESTORE DATABASE successfully processed 24346 pages in 138.144 seconds (1.376 MB/sec).
```

經過上述的還原後，該資料庫的實體檔案就已經直接從本地端到 Azure 儲存體的容器。

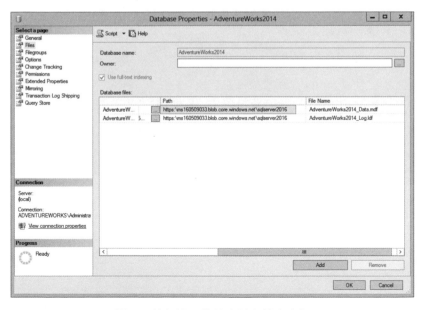

圖 18　檢視還原後的資料庫檔案路徑

從 SQL Server 2014 開始微軟就開始深耕資料庫在雲端的整合，現在到了 SQL Server 2016 更可以直接還原到資料庫到 Azure 儲存體的容器。

如果搭配 Azure 儲存體的容器，更可以支援資料庫檔案大小到達 500 TB。此外在 SQL Server 2106 版本，可以使用 Azure 雲端資料庫的備份檔案實作出 file-snapshot 備份並且還原到指定的時間點。

▶ 注意事項

使用 PowerShell 安裝 Credential 時會有許多狀況，可以參考之前案例。

```
# 第一項，安裝 Azure PowerShell 之後，仍無法找到 Add-AzureAccount Cmdlet，但是卻可以找
  到 Add-AzureRMAccount

PS C:\Users\Administrator> add-azureAccount
add-azureAccount : 無法辨識 'add-azureAccount' 詞彙是否為
Cmdlet、函數、指令檔或可執行程式的名稱。請檢查名稱拼字是否正確，如果包含路徑的話，請確
認路徑是否正確，然後再試一次。
位於 線路 :1 字元 :1
+ add-azureAccount
+ ~~~~~~~~~~~~~~~~
    + CategoryInfo          : ObjectNotFound: (add-azureAccount:String) [],
CommandNotFoundException
    + FullyQualifiedErrorId : CommandNotFoundException
```

解決方案 : 進行 Windows Update 並且重新啟動該機器。

▶ 關鍵字搜尋

Azure Storage、Backup to URL。

08 Temporal Table 時光回溯器

許多 Oracle 使用者第一次使用到 SQL Server 時，都會問一下如果資料不小心被異動或是想找歷史異動記錄，是否有更方便的方式可以取得。現在 SQL Server 2016 的用戶可以使用 Temporal table 搭配 History tables（歷史資料表）功能，來達成上述的需求。SQL Server 2016 的 System-versioned 的 Temporal table，可以在建立資料表時，就指定該歷史資料表的名稱，也可以讓系統自動設定歷史資料表名稱。

► **實戰解說**

設計 Temporal table 過程有一個很重要條件，就是要有主索引鍵（Primary key），建立 Temporal table 時，系統會自動建立一個歷史資料表，來輔助記錄任何原始資料的異動。

```
-- 建立 Temporal table，注意要有 SysStartTime、SysEndTime 與 PERIOD 關鍵字
-- 注意需要有 Primary Key
USE [TSQL]
GO
CREATE TABLE dbo.Employees(
    EMPLOYEE_ID INT NOT NULL primary key,
    FIRST_NAME VARCHAR(20),
    LAST_NAME VARCHAR(25),
    EMAIL VARCHAR(25),
    PHONE_NUMBER VARCHAR(20),
    HIRE_DATE DATETIME,
    JOB_ID VARCHAR(10),
    SALARY INT,
```

```
    COMMISSION_PCT INT,
    MANAGER_ID INT,
    DEPARTMENT_ID INT,
    SysStartTime datetime2
GENERATED ALWAYS AS ROW START NOT NULL, -- 指定該資料列的記錄起訖時間
    SysEndTime datetime2
GENERATED ALWAYS AS ROW END NOT NULL, -- 指定該資料列的記錄起訖時間
    PERIOD FOR SYSTEM_TIME (SysStartTime, SysEndTime)
)
WITH (SYSTEM_VERSIONING = ON)
GO
```

建立上述的 Temporal table 之後，從 SQL Server Management Studio 界面就可以看到該資料表變成具有一個時間標記的 System-Versioned 資料表。

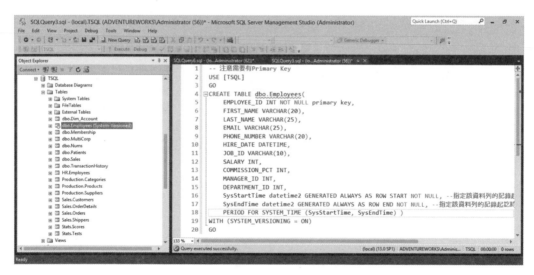

圖 1　建立 temporal table

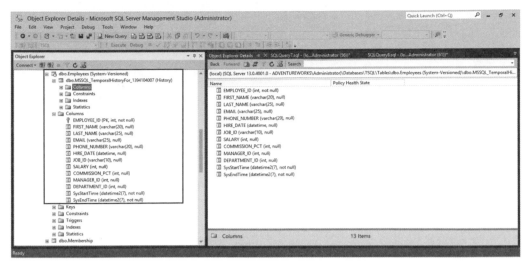

圖 2 瀏覽 System-Versioned 資料表與對應歷史資料表

針對具有 System-Versioned 的資料表進行新增的過程中，無須針對 SysStartTime 與 SysEndTime 欄位給予值。

```
-- 新增資料
USE [TSQL]
GO
INSERT INTO [dbo].[Employees]
([EMPLOYEE_ID],[FIRST_NAME],[LAST_NAME],[EMAIL],[PHONE_NUMBER],
 [HIRE_DATE],[JOB_ID],[SALARY],[COMMISSION_PCT],[MANAGER_ID],[DEPARTMENT_ID])
VALUES
(100,'LEWIS','YANG','LEWIS@Super.com','+886911',
 '2016/10/25','MANAGER',20000,0,NULL,100)
GO
-- 結果
(1 row(s) affected)
```

接下來進行資料的異動，就可以看出具有 System-Versioned 的 Temporal table 資料表，就會自己記錄歷史的異動歷程。

```
-- 異動資料，將薪資從 20000 新增到 30000，再改 10000
USE [TSQL]
GO
```

```
UPDATE [dbo].[Employees] SET SALARY=30000 WHERE EMPLOYEE_ID=100
UPDATE [dbo].[Employees] SET SALARY=10000 WHERE EMPLOYEE_ID=100
-- 結果
(1 row(s) affected)
(1 row(s) affected)
```

最後再使用 T-SQL 查詢過去的所有異動狀況，需要在 WHERE 條件中指定異動時間起迄，搭配 FOR SYSTEM_TIME BETWEEN 關鍵字。

```
USE [TSQL]
GO
-- 藉由 SYSTEM_TIME 區間進行查詢
DECLARE @Start datetime2 = '2016-10-25 10:26:38.0669946'
DECLARE @End datetime2   = '9999-12-31 23:59:59.9999999'
SELECT * FROM [dbo].[Employees]
    FOR SYSTEM_TIME BETWEEN @Start AND @End
WHERE EMPLOYEE_ID=100
GO
```

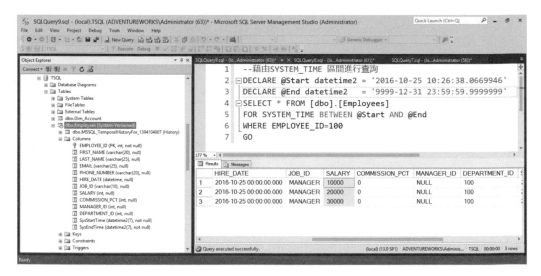

圖 3　查詢異動歷史資料

許多人詢問，針對已經存在的資料表是否也可以使用該項功能？答案是可以，不用重新建立，僅需要些微修正就可以達到此功能，以下就是主要步驟：

準備一個資料表，尚未有啟動 System-Versioned 的 Temporal table 功能。

```sql
------------------------
-- 範例資料表
------------------------
USE [TSQL]
GO
DROP TABLE IF EXISTS EMP
GO
CREATE TABLE [dbo].[EMP](
        [EMPLOYEE_ID] INT NOT NULL PRIMARY KEY,
        [FIRST_NAME] [nvarchar](20) NULL,
        [LAST_NAME] [nvarchar](25) NOT NULL,
        [EMAIL] [nvarchar](25) NOT NULL,
        [PHONE_NUMBER] [nvarchar](20) NULL,
        [HIRE_DATE] [datetime2](7) NOT NULL,
        [JOB_ID] [nvarchar](10) NOT NULL,
        [SALARY] INT NULL,
        [COMMISSION_PCT] INT NULL,
        [MANAGER_ID] INT NULL,
        [DEPARTMENT_ID] INT NULL)
GO
INSERT [dbo].[EMP] ([EMPLOYEE_ID], [FIRST_NAME], [LAST_NAME], [EMAIL], [PHONE_NUMBER],
 [HIRE_DATE], [JOB_ID], [SALARY], [COMMISSION_PCT], [MANAGER_ID], [DEPARTMENT_ID])
  VALUES (100 , N'Steven', N'King', N'SKING',N'515.123.4567',
         '2003-06-17', N'AD_PRES',24000, NULL, NULL,90 ),
        (101 , N'Neena', N'Kochhar', N'NKOCHHAR',N'515.123.4568',
         '2005-09-21', N'AD_VP', 17000, NULL,100 , 90 ),
        (102 , N'Lex', N'De Haan', N'LDEHAAN',N'515.123.4569',
         '2001-01-13' , N'AD_VP',17000, NULL,100 ,90 )
GO
-- 查詢資料
SELECT * FROM EMP
GO
```

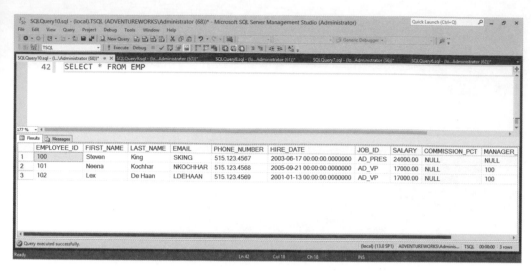

圖 4　建立一般資料表不具有 System-Versioned 功能

若是要啟動 System-Versioned 的 Temporal table 功能，僅需要使用以下三個步驟：

◈　**步驟一**

加入該資料表的 SYSTEM_TIME 欄位與 PERIOD 屬性，該部分就是要將現有的 EMP
資料表，加入時間起迄如 SysStartTime、SysEndTime 與 PERIOD FOR SYSTEM_
TIME 宣告。

```sql
-- 新增欄位
ALTER TABLE dbo.EMP
ADD  SysStartTime datetime2 GENERATED ALWAYS AS ROW START NOT NULL
        constraint df_start DEFAULT GETUTCDATE(),
    SysEndTime datetime2 GENERATED ALWAYS AS ROW END NOT NULL
        constraint df_end DEFAULT CAST('9999-12-31 23:59:59.9999999' AS datetime2),
PERIOD FOR SYSTEM_TIME (SysStartTime, SysEndTime)
GO
```

◈　**步驟二**

啟動該資料表的 SYSTEM_VERSIONING = ON 功能，過程中系統會自動建立歷史資
料表名稱。

```
-- 啟動 System-Versioned 的 Temporal table 功能
ALTER TABLE dbo.EMP
SET (SYSTEM_VERSIONING = ON)
GO
```

◆ **步驟三**

另外一種啟動該資料表的 SYSTEM_VERSIONING = ON 功能,過程中可以指定歷史
資料表名稱。

```
-- 啟動 System-Versioned 的 Temporal table 功能
ALTER TABLE dbo.EMP
SET (SYSTEM_VERSIONING = ON
(HISTORY_TABLE = dbo.EMP_History))
GO
```

使用 SSMS 去瀏覽歷史資料表時,會發現該 Temporal tables 對應的歷史資料表是沒
有 Primary key,縱然該 Temporal tables 有 Primary key 存在。

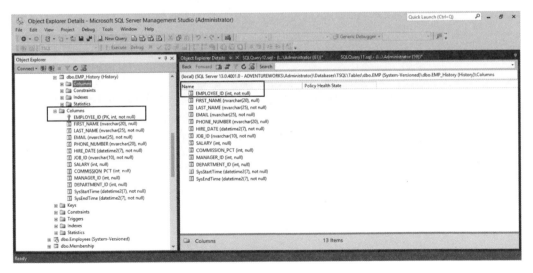

圖 5　瀏覽資料表與其對應的歷史資料表

進行驗證時，可以使用 UPDATE 測試，來驗證是否可以從一般資料表轉換成具有歷史
資料記錄功能的 Temporal table。

```
-- 驗證 temporal table 功能 24000 修改成 38000 然後再改成 2
UPDATE [dbo].EMP SET SALARY=38000 WHERE EMPLOYEE_ID=100
UPDATE [dbo].EMP SET SALARY=2 WHERE EMPLOYEE_ID=100
GO
```

查詢異動資料，可以使用兩種方式：第一查詢原始資料表，並且指定時間區間，該部
分的查詢就是顯示指定區間中的該資料值。例如，該 100 號員工新增是從 24000 修
改成 38000，又馬上從 38000 修改成 2，此種查詢方式就僅有抓到 24000 與 2 的
資料。

```
-- 驗證 Temporal table 功能方式一 ，查詢指定區間的確認值
DECLARE @Start datetime2 = '2016-10-25 10:26:38.0669946'
DECLARE @End datetime2 = '9999-12-31 23:59:59.9999999'
SELECT * FROM dbo.EMP
FOR SYSTEM_TIME BETWEEN @Start AND @End
WHERE EMPLOYEE_ID=100
GO
```

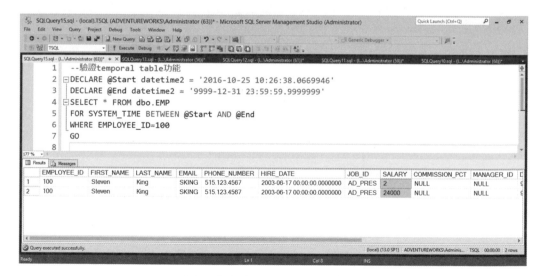

圖 6 指定時間區間查詢歷史資料

另外一種查詢異動資料，可以直接查詢歷史資料表，就可以看到異動的資料歷程。

```
-- 驗證直接查詢歷史資料表 發現可以顯示中間快速異動的資料
SELECT *
FROM [dbo].[EMP_History]
WHERE [EMPLOYEE_ID]=100
GO
```

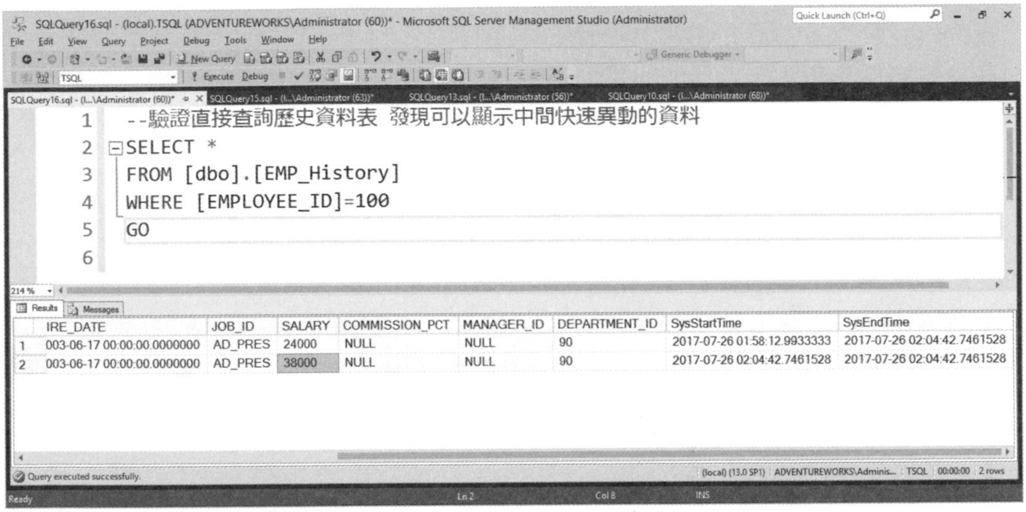

圖 7 直接查詢歷史資料表

最後如果需要復原並且取消 Temporal table 的 System-versioned 時光回溯功能，可以按照以下的方式進行移除，最後歷史資料表會保留在資料庫，這部分可以手動再移除。

```
-- 取消 Temporal table 功能
ALTER TABLE dbo.EMP
SET (SYSTEM_VERSIONING = OFF)
GO
-- 移除 SYSTEM_TIME PERIOD 功能
ALTER TABLE dbo.EMP
DROP PERIOD FOR SYSTEM_TIME
GO
-- 移除限制條件
ALTER TABLE EMP
```

```
DROP CONSTRAINT df_start
GO
-- 移除限制條件
ALTER TABLE EMP
DROP CONSTRAINT df_end
GO
-- 移除時間起迄欄位
ALTER TABLE EMP
DROP COLUMN SysStartTime
GO
-- 移除時間起迄欄位
ALTER TABLE dbo.EMP
DROP COLUMN SysEndTime
GO
```

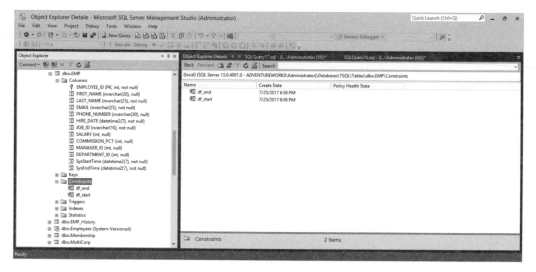

圖 8　移除 Temporal table 功能

▶ 注意事項

建立 temporal tables 時需有 primary key，否則會有以下的錯誤：

```
-- 錯誤訊息
Msg 13553, Level 16, State 1, Line 4
System versioned temporal table 'TSQL.dbo.Employees' must have primary key defined.
```

此外無法直接移除 Temporal table，需要先關閉該 temporal table 功能。

```
drop table dbo.Employees
-- 錯誤訊息
Msg 13552, Level 16, State 1, Line 7
Drop table operation failed on table 'TSQL.dbo.Employees' because it is not supported
operation on system-versioned temporal tables.
```

針對已經啟動 Temporal tables 功能資料表，該資料表不支援 TRUNCATE。

```
TRUNCATE table [dbo].[Employees]
GO
-- 錯誤訊息
Msg 13545, Level 16, State 1, Line 1
Truncate failed on table 'TSQL.dbo.Employees' because it is not supported operation on
system-versioned tables.
```

▶ 關鍵字搜尋

system-versioned、temporal table。

MEMO

SQL Server 與 R 開發實戰講堂

作　　者：楊志強
企劃編輯：莊吳行世
文字編輯：詹祐甯
設計裝幀：張寶莉
發 行 人：廖文良

發 行 所：碁峰資訊股份有限公司
地　　址：台北市南港區三重路 66 號 7 樓之 6
電　　話：(02)2788-2408
傳　　真：(02)8192-4433
網　　站：www.gotop.com.tw
書　　號：ACD015800
版　　次：2017 年 09 月初版
　　　　　2018 年 07 月初版二刷
建議售價：NT$680

國家圖書館出版品預行編目資料

SQL Server 與 R 開發實戰講堂 / 楊志強著. -- 初版. -- 臺北市：
　　碁峰資訊, 2017.09
　　　面；　公分
　　　ISBN 978-986-476-603-1(平裝)
　　1.資料庫管理系統　2.SQL(電腦程式語言)
312.7565　　　　　　　　　　　　　　　　106016624

讀者服務

● 感謝您購買碁峰圖書，如果您對本書的內容或表達上有不清楚的地方或其他建議，請至碁峰網站：「聯絡我們」\「圖書問題」留下您所購買之書籍及問題。(請註明購買書籍之書號及書名，以及問題頁數，以便能儘快為您處理)
http://www.gotop.com.tw

● 售後服務僅限書籍本身內容，若是軟、硬體問題，請您直接與軟體廠商聯絡。

● 若於購買書籍後發現有破損、缺頁、裝訂錯誤之問題，請直接將書寄回更換，並註明您的姓名、連絡電話及地址，將有專人與您連絡補寄商品。

● 歡迎至碁峰購物網
http://shopping.gotop.com.tw
選購所需產品。